沈阳近代建筑史

陈伯超 刘思铎 沈欣荣 哈静 等著

中国建筑工业出版社

图书在版编目（CIP）数据

沈阳近代建筑史／陈伯超等著. —北京：中国建筑工业出版社，2015.11

ISBN 978-7-112-18540-5

Ⅰ.①沈… Ⅱ.①陈… Ⅲ.①建筑史-沈阳市-近代 Ⅳ.①TU-092.5

中国版本图书馆CIP数据核字（2015）第236423号

本书作为国家自然科学基金资助项目“沈阳近代建筑史研究”（项目号：51178273）的主体成果，其内容也为辽宁省社会科学规划基金重点资助项目“沈阳近代建筑文化研究”（项目号：L14AZS003）提供了多方面的成果支持。本书打破了按照“进化论”模式通过时间断代探寻发展规律的方法，而是根据近代沈阳城市和建筑的具体情况，采用以“沈阳城市板块”为单元的空间界域分析法，分别揭示和分析各城市板块的形成过程与原因、规划布局、建筑特点及其发展规律，并分别以建筑类型、建筑技术、建筑师与建筑管理、本土化与标志性特征为专题，阐释了它们的发展过程和地域性特征。为了解和研究沈阳近代城市与建筑情况提供了详实的资料和令人信服的分析与结论，也为当代沈阳城市建设提供了科学的依据和有价值的参考。

责任编辑：李东禧　唐　旭　杨　晓
责任校对：李美娜　关　健

（以下按姓氏笔画排序）
主要撰稿人：刘思铎　李　勇　沈欣荣　陈伯超　郝　鸥　哈　静　徐　帆　谢占宇
参与撰稿者：王肖宇　马小童　包慕萍　兰　洋　吴　鹏　何颖娴　张　勇　张艳锋
陈旭东　胡艳宁　柏传友　原砚龙　高笑赢　童　彤

沈阳近代建筑史
陈伯超　刘思铎　沈欣荣　哈　静　等著
*
中国建筑工业出版社出版、发行（北京西郊百万庄）
各地新华书店、建筑书店经销
北京锋尚制版有限公司制版
北京顺诚彩色印刷有限公司印刷
*
开本：880×1230毫米　1/16　印张：19½　字数：482千字
2016年1月第一版　2016年1月第一次印刷
定价：78.00元
ISBN 978-7-112-18540-5
（27779）

前　言

中国近代建筑历史发展过程的特殊性

中国建筑的近代化不能以“现代化的转型”一言蔽之，它不同于西方建筑的近代化过程。它既包括中西古典建筑向现代化的转型，也包括对西洋古典建筑的引进以及外来建筑在被引进过程中的本土化。

中国建筑的近代史是中国近代史的一部分。中国近代是一个特殊的时期：外国列强以洋枪洋炮打乱了中国历史自身的发展规律，使这一段历史不能再继续按部就班地遵循它原本的发展轨道，而任由外国列强摆布。西洋文化、西洋技术伴随着西洋炮舰堂而皇之地破门而入，打破了它几千年的独统地位。反客为主的西洋文化从上层建筑到物质基础的不同层面上，成为当时中国文化的时尚。

处于这个时期、这样历史背景下的中国建筑，不能例外地脱离开它长期一贯且独树一帜的建筑发展路径，进入到了洋化轨道之中，西洋化成为中国和沈阳近代建筑发展的时代大潮。

中国建筑的近代化主要包括三个方面的内容：一是西洋建筑的进入及其本土化的过程，这一过程并不排除对西洋古典建筑和新古典建筑的引进和接纳；二是本土建筑（主要指中国传统建筑）的变异和继续发展；三是建筑的现代化转型。在内容上，它比欧洲建筑的近代化过程主要体现为现代化转型要更加丰富。欧洲进入近代的标志和前提条件是工业革命的发生和大机器生产的实现。由此形成的技术和经济基础以及二战后对建筑的大量需求，使得建筑发生了革命性的转变，走上了现代化（英语中“近代化”与“现代化”并无严格的区别）之路。用“建筑的现代转型”概括这一阶段欧洲建筑发展的特点虽然不是非常准确，但其内容不失完整。然而，若认为中国建筑的近代化类同于欧洲同一时期的发展过程，将会忽略如前所述的前两个方面的内容，而且是很重要的部分，其研究结果将会有所缺失和偏颇。

1. 历史发展的一般规律

达尔文“进化论”的横空出世，一举冲破了传统理念的束缚，让人们以科学的目光认识到世间生物发展的真实规律，更引发了社会学家对历史发展规律的深入思考和探究。于是，一种全新的、科学的历史观得到了确认：被植入了生物进化论基因的“历史进化论”体系，开始成为世界以及中国历史学研究的主流。

康有为指出，“人类社会的物质文明和精神文明都在进步之途，从前曾经‘废席地而用几桌，废豆殂而用盘碟’；后来则‘以楼代屋，以电代火，以机器代人力’。”①梁启超评论说：“中国数千年学术之大体，大抵皆取保守主义，以为文明世界在于古时，日趋而日下。（康有为）先生独发明《春秋》三世主义，以为文明世界在于他日，日进而盛。”②梁启超认为，进化有一定的次序和固定的阶段，这种次序不能打乱或超越。“何为进化？其变化有一定之秩序，生长焉，发达焉，如生物界及人间世之现象也。”③孙中山指出：“……人类的历史是不断升腾的过程，且后一个阶段较前一个阶段在价值上为优。”④

先哲的认识正确地反映出了历史发展的基本规律——类同于生物的进化过程：由低级到高级，由简单到复杂，不断前行，不断进化。因此，历史研究的方法，必然要体现和符合历史进化论的规律。正如梁启超在《新史学》中给历史立下的三个相互关联的界说：“历史者，叙述进化之现象也”，“历史者，叙述人类进化之现象也”，“历史者，叙述人群进化之现象，而求得其公理公例者也”。于是，历史（也包括建筑历史）研究的方法大体上分为两类。一类是综合演进式研究：按照历史发展的时间顺序，根据事物发展阶段进行断代，展示不同阶段事物发展的状态、水平、特征、缘由和关联，进而找出并归纳历史发展的基本规律。另一类是专题演进式研究。就建筑历史研究而言，可以将建筑发展的过程分解为不同层面，从不同视角分别对它们的发展过程进行解析，比如建筑空间演进史、建筑技术史、建筑营造史……当然，无论哪种研究方法，都是依托于历史进化论的基本理念。

以欧洲为代表的世界建筑的近代化进程，不可豁免地体现着进化式发展的规律。它以技术、材料、社会生活与观念的革命性转变与发展为基础，完成了西洋古典建筑的现代化转型。这一过程体现为由低级到高级、由雏形到发展到兴盛再到成熟、由尝试到推广再到规范化……的特点，属于明显的进化式演进。

2. 中国近代建筑史的非进化式发展历程

中国近代是一个特殊的历史时期。外国列强的干涉力完全盖过了中国历史发展的内在动力，使得中国近代历史冲出了自身发展规律的控制。中国建筑的近代化体现为西洋建筑的传入及其植地过程中的本土化结果，它从根本上打破了中国传统建筑几千年的独统地位，将这块曾经创造了建筑奇迹的东方建筑圣坛让与西洋建筑。反客为主的西洋建筑成了中国近代建筑的主角。在这种外来政治、经济与文化力量的共同作用之下，中国近代建筑呈现为非线型的和非进化式的发展势态，既不同于中国古代与现代建筑的发展情况，也不同于欧洲近代建筑的发展路径。

西洋建筑在进入中国之前就已踏上了近代化的进程，并经历了反叛、提高、完善和成熟的阶段，最终完成了现代化的转型。然而，中国建筑的近代化恰如在超市买东西：在已经经历了发展全过程并展示着不同发展阶段建筑成果的欧洲

① 见参考文献1。

② 见参考文献1。

③ 见参考文献2。

④ 见参考文献3，第153页。

“建筑市场上”，挑选合意的“商品”——“购物者”也许并不关心产品生产的先后次序，是第几代、第几版，而更在乎自己的口味。这种在“西洋近代建筑超市”中，经外国人的引介或中国人的选择拿过来的舶来品，再经过为适应当地条件的本土化加工过程，恰恰是中国近代建筑发展的切实写照。

建筑的引进并不需要遵循当初它们在发展过程中的先后顺序，而是根据具体的需求和中国的实际条件进行选择的结果。前期引进的建筑比后来引进的建筑更为先进的现象是普遍存在的。引进的顺序完全可能与发展顺序形成“倒插笔”式的结果。

因此，面对这种历史的特殊性，面对这种“选择-加工”式的发展特征，用历史研究中普遍采用的进化论方法来探索中国和沈阳近代建筑的发展规律是不恰当的，其结论也必将有所偏颇。这就需要我们打破常规，而采取一种具有针对性和科学性的研究方法。

3. 建筑近代化“推手”——设计师的重要作用

在中国建筑近代化的过程中，设计师作为西洋建筑引进过程中的直接推手，所发挥的作用是十分重要的，包括对建筑形态的遴选，对建筑空间、功能内容、建筑技术、结构与设备技术、建筑材料、建筑施工等具体问题的解决，他们是建筑西洋化的诠释者与导入人，也是令西洋建筑在诸多条件与其原生地皆存差异的情况下落地中国的主要运作者与实现人。因此，出自不同设计师之手的西洋风建筑，大都体现出他们的个人癖好、见解、审美观、技术专长、手法特点和设计品位。从中国近代建筑作品中所体现出来的设计师的作用往往比其他时期更为直接与明显。

按照设计师的国别大致分为两大类：西洋人和东方人。

来自西洋国家的设计师在中国所提交的作品大多具有这样的共性特点：

（1）中国建筑的近代化主要体现为建筑西洋化的过程，而他们对西洋建筑了解透彻，娴熟掌握了西洋建筑的设计要领与手法。他们的作品在较大程度上属于对西洋建筑文化直接搬用和移植的范畴，只是当建筑材料和建造技术因地域条件无法满足时，局部地采取以地方性的材料和技术对原型做法的替代办法。在西洋人眼中，这类建筑似乎更为“正统”和“地道”。

（2）来自不同国家的设计师的作品也有细微差别，在许多人眼中更真切地看到的是它们与传统中式建筑的巨大反差，而它们之间的差别往往被忽视，然而，对于中国近代建筑的专业研究来说，这却是不容忽略的部分。

由于来自东方国家的设计师是在学习别人的东西，在这个过程中必然会加入他们自己的理解和某些习惯做法，因此，他们的设计作品不可避免地会与原生地的西洋建筑有所区别并反映出设计师个人或来自国家的文化印迹，其结果就常常被人们批评为“不伦不类”和“不地道”，其实，这种对西洋建筑的改良，恰恰孕育了一种再创造因素。

根据对中国近代建筑的影响，来自东方国家的设计师又可以分为日本设计师、中国学院派设计师和非学院派设计师。

（1）日本的明治维新给许多日本青年带来了赴欧留学的机会，其中不乏一批接受西方建筑教育和西洋文化洗礼的青年建筑师。这批喝洋墨水成长起来的设计师回到日本后，却面临日本国内十分有限的建筑市场，大有英雄无用武之地之感受。恰恰是日本在中国的利益索求成就了这些青年建筑师们的深造之旅。随着日本的侵华步伐，妄图把中国广袤的疆域变成日本国土的延展，在日本建筑师的眼前呈现出一片得以施展专业才华的广阔空间与天地。一时间，中国大地，尤其是由日本势力独霸的“南满洲”，成为日本海归建筑师们的试验场。他们留洋的学习成果在这里得到展示；他们从欧洲学来的建筑理论和设计手段，在这里转化为建筑实践和建设成果；他们对西洋建筑的认识，在这里得到了升华。

他们的设计作品流淌着西洋建筑与东方文化相互融合的“血脉”，呈现为有别于出自“纯”西洋建筑师之手的“西洋式建筑风格”。

（2）近代也正是中国第一代留洋建筑师初露头角的时期。他们努力学习、解读和把握西洋建筑文化和建筑技术之真谛，贯彻着由海外导入的建筑设计理念。也正是这种理念所倡导的“紧密结合当地当时条件进行建筑设计”的思想以及这一代设计师群体所具备的深厚的东方文化底蕴和中国人普遍的价值观，使得他们一直探索着将西洋建筑与中国实况相互结合之路。这种追求展示在他们从初始到后期的一系列作品的发展与进化过程之中。他们是中国近代学院派建筑师的代表。专业素养使得他们的设计作品体现着西洋建筑的经典与精华，追逐着西洋建筑发展的潮流。他们在外来势力当道的中国近代建筑舞台上，毫不逊色地占据着一席之地。

（3）论数量，由中国设计师设计的作品更多地出自非学院派设计师之手。当时，能够出国进行建筑学专业学习并回国工作的仅是凤毛麟角。国内的建筑学专业又刚刚起步，每年培养的毕业生相对于从事建筑设计工作的技术人员数量也是微不足道的。也有少数留洋归来从事建筑设计且颇有成就者，他们在国外所学习的专业却并非建筑学，而是凭着他们的在国外对西洋建筑的认真观察，凭着他们对建筑的挚爱和过人的聪敏，成了中国近代建筑设计队伍中的重要力量（如原留学意大利学水利后改做建筑设计的天津的沈理源，原在美国学矿冶回国兼做建筑师的沈阳的穆继多等）。大多数从事建筑设计的中国设计师并没有受过建筑学专业高等教育，而是出自土木、测绘等专业的专科学校，或是由原建筑绘图员转做设计工作，或是在工程实践中摸索成长起来的设计师。

这类“非学院派设计师”对西洋建筑中严谨的秩序、规制并不了解，也无从深究，他们的目光往往聚焦于对西洋建筑样式中最华丽、热烈、抓人眼球的部位与片段的模仿，将这些符号拼合在一起，具有十分典型的“折衷主义”特征。

也许，从西洋建筑的角度来看，他们的作品并非经典，但绝对不失西洋风范，反而其西洋建筑特色往往十分浓郁，且以繁杂的细部令建筑更具装饰性。为追求洋风样式，不但会毫不犹豫地略掉学院派的种种清规戒律，甚至不顾建筑形式与功能的一致性、内部空间与外形的一致性、建筑形态与结构关系的一致性……这种不按规矩出牌的成果，往往更接近社会审美情趣，更符合大众口味，成为近代建筑艺术中的“波普”成分。

设计师在近代所担当的重要角色及其作用，是中国建筑在不同地域形成风格差异的一个重要原因。特别是某一类设计师的作品相对集中于某一地区时，则会成为构成不同的地域性建筑特色的重要原因，如上海的近代建筑大多由西洋设计师所为，大连聚集了大量日本设计师的作品，而广东、福建较多地汇聚着中国本土设计师的设计成果。因此，这些地区的洋风建筑又呈现出鲜明的地域性差异和各自的风格。

沈阳的这种现象也十分典型，主要体现在呈不同“板块结构”的各个城市区域之间。

“满铁附属地城市板块”作为日本帝国侵华的地界，无论是中国人还是西洋人都受到严格排斥，那里的建筑完全是按照日本人的需求和口味由日本建筑师引进与设计的，其作品大多呈现为具有东洋特点的新古典主义风格；“商埠地城市板块”则是多元势力的地盘，由欧美设计师和使用者按照他们的习惯与需求直接从本国引进的建筑类型与技术在该地界之内开花结果，更接近于欧洲本土的味道，不乏甚是“地道”的欧式经典之作；

位于“老城区城市板块”之内的洋风建筑大多出自中国非学院派建筑师之手，是以中国人眼中的“欧式标准”进行设计与建造的，“洋门脸”、“中华巴洛克”、繁琐装饰类建筑居多，折衷主义味道甚浓；而于20世纪40年代突击建成的铁西工业区所体现出来的设计理念，则源自日本建筑师对“现代主义”思想的接纳与应用，从规划到单体建筑设计都是纯粹功能主义理念与现代技术的赤裸展示。因此，同处沈阳城内不同板块之中的建筑，虽然都源自欧美，都可以归结为西洋样式，但却呈现出迥异的建筑风范。这是由于建筑引入人的眼光与设计手法的区别以及使用人的需求与价值观的不同所致。

这种地域性的差异并非仅仅表现在建筑样式方面，也体现在建筑材料与技术、建筑的发展进程等各个方面。沦陷前的近代沈阳，以奉系为代表的地方势力和以日本为主体的外来势力势均力敌，占据各自的板块疆域，在政治、经济和行政管理方面都有其各自的独立性和自主性，互不相让又互不交往，故而导致了各城市板块之间在一定程度上的封闭性和相对闭锁。正是由于它们之间的文化与技术交流受到约束与限制，更加剧了由不同的设计师所带来的地域性差异。比如20世纪初即由日本设计师在满铁附属地应用的红砖、混凝土、三角形屋架、框架结构等，甚至几十年后在老城区还未得到应用和推广……不同城市板块之间的建筑存在着鲜明的区别和发展顺序与跨度的差异。

所以，若笼统地将近代建筑作为一个固化的整体，去研究它的发展过程和特点，势必存在许多无法厘清的问题与矛盾，也难于找出它真正的发展规律。这也正是对沈阳近代建筑研究采取以城市板块为单元，而非断代分期、按不同发展阶段进行研究的原因之一。

目录
CONTENTS

03 沈阳近代建筑类型化的发展与特点

04 沈阳近代建筑技术的发展

05 沈阳近代建筑教育、建筑师与建筑管理

06 沈阳近代建筑的本土化及其标志性特征

01

沈阳城市与建筑近代化的背景

进入近代之前的沈阳（奉天[①]），作为中国最后一个封建王朝占领中原之前的都城和之后的陪都，具有特殊的政治地位、优越的经济条件和厚实的建设基础。随着清王朝的灭亡，近代中国进入了一个群雄并起、军阀争势的历史时期。1927年，奉系军阀——“东北王”张作霖在乱世之中逐渐夺得头势，被各地军阀拥举而登上北洋军政府海陆大元帅之高位，成了南方国民革命军统一中国之前北洋政府的实际掌控者。为了站稳脚跟，也为了外与日本、内与各路军阀相周旋与抗争，他和他的继承者张学良将沈阳作为奉系大本营，大力发展军事、经济、交通以及文化事业，城市建设因此而得到极大发展，成为中国北方最大的都市之一。

这一时期沈阳的城市空间得到了扩延——在老城区和满铁附属地的基础上又拓展出“商埠地”和“大东—西北工业区”两大城市板块，并完成了对各城市板块的整合过程。建筑与城市设施的近代化进程进入繁荣期。

1931年“九一八事变”之后，沈阳被日本强行占领，沦落为殖民地。日本为实现国土扩张和全面侵华的更大野心，将沈阳作为其国土之外的重要落足地和根据地，配合战争需要大力发展工业及与之配套的城市建设，在推进城市与建筑近代化步伐的同时又拓展建设了铁西工业区。

沈阳近代城市空间规模与格局最终完整定型——近代沈阳的五大城市板块建设全部完成，城市规模、城市性质和城市构架最终确定下来。

随着西方建筑技术与建筑文化的进入，城市建筑得到了发展——与传统样式迥然不同的西式建筑的出现、具有换代意义的材料更新与技术提升、多种功能建筑类型的裂变式增加……地方传统建筑的垄断局面被彻底打破，西式建筑占领了沈城社会的大舞台。

城市设施实现了近代化——市政条件得到了很大改善，电车、汽车、电信、广播……使得城市生活发生了巨大的变化。电灯、自来水、煤气、供热、电梯被广泛地应用到建筑之中。

第一节　近代之前的沈阳城

1973年在沈阳北陵附近发现的新乐文化遗址表明，早在7200年前，就有原始人类生活在今天的沈阳城区。从7200年前新乐时期的农耕渔猎到

① 清朝时沈阳叫盛京，清光绪三十三年(1907年)改盛京将军辖区为奉天省（今辽宁省），其省会奉天府设于盛京城内，自此，盛京也被称为“奉天”。1928年12月到1931年9月张学良“东北易帜”期间，奉天的名字短期被改为沈阳，1931年东北沦陷之后，日本侵占沈阳，又改为奉天，直到1945年，抗日战争胜利，奉天才又恢复为沈阳的名称。

秦始皇统一中国后沈阳被编入辽东郡，再到西汉时期沈阳“侯城”的形成，从公元921年辽太祖移民沈州城到1296年元代重建土城沈州并改名为“沈阳路”，从1625年清太祖把都城迁至沈阳并更名沈州为盛京，到1644年清朝迁都北京后，盛京陪都地位的确立，沈阳经历了无数次社会形态的演变与更迭。

一、初建沈阳古城

在7200年前的新乐时期就有原始人类在今天的沈阳城区农耕渔猎。[①]夏商周时期，东北三省地属幽、营二州，此时沈阳已经出现在营州的版图上。战国时期，沈阳隶属燕国，当时沈阳属燕国的辽东郡。燕在今沈阳地区建立了边哨“侯城”，委派大将秦开统辖该城，古老的边哨侯城成了沈阳首城之始。秦汉时期，沈阳渐进发展，初具规模，但仍沿袭旧称侯城。此时的侯城为夯土方城，南北城墙各设一城门，城外设有护城河。到西汉时，辽东郡中部都尉治的治所，就设立在沈阳。

自东汉末年辽东太守公孙度割据辽东，至契丹族建立辽国，统一东北的七百多年里，沈阳经历了多次战乱。魏晋南北朝时，曾被高句丽族割据，他们在沈阳一带设盖牟城。隋唐统一中原后，屡次东征，唐太宗曾督师直取辽东。战争中，各族人民的频繁迁徙又增加了相互间的接触和了解，特别是中原汉族先进技术和文化的不断传入，使沈阳地区的经济与文化有所发展。

辽太祖初年，契丹族人进入辽东，在沈阳地区设立乐郊、灵源两县及岩州，又在侯城地带重修方形土城，设置私城名为“沈州”。此后，耶律阿保机向南扩展势力，越过长城到达华北地区。他在攻占幽蓟（今北京一带）后，于公元921年将檀州（今北京密云）、顺州（今北京顺义）的汉民强制迁至东平（今辽阳）、沈州（今沈阳），开垦荒地。随着大批汉民的到来，土地得到进一步开发，手工业和建筑业相应地发展起来，与中原的贸易往来也较过去频繁，区域经济趋于活跃。辽太宗时，在沈阳大规模建造城垣，在土城内开辟十字交叉道路，中心设有中心庙，并通达四方城门，这为后来沈阳城市发展奠定了基础。

1116年，金克沈州后，沿置“沈州”，以节度治之。1193年，随着金的统治中心逐渐南移，沈州由节度州降为刺史州，隶属于东京路。1123年，金太宗完颜吴乞买在攻占辽西后，又将山海关内外迁、润、来、隰四州居民迁来沈州。金代沈州处于上京会宁府（今黑龙江省阿城区白城子）至东京辽阳府和上京会宁府至燕京（今北京）这两条交通要道的交汇点，境内设有驿站多处，沈阳在东北境内和关内外之间的相互联系中发挥了重要作用。

13世纪初，由于元兵南下，沈州连遭兵火，城墙几乎全部化为废墟。元朝统一后，于1266年，在今沈阳市原古城内重建土城，并于1296年擢升为“沈阳路”，归辽阳行省管辖。由于元朝所筑的土城恰在沈水（浑河古称）北岸，故改沈州为沈阳，为沈阳路治所，这是“沈阳”一名最早的记载。元代沈阳路治所仍为夯土围成的方城，辟有永宁、永昌、保安、安定四座城门，城内十字大街通四门，城内和四周的庙宇、塔楼建筑高低错落，格局井然，说明当时沈阳的城市建设已具相当规模。元初平辽东，在此设安抚高丽军民总管府，受辖于辽阳，这时的沈阳已经成为5000余户的大城了。在元代，沈阳城已经有了很大的发展，此时的沈阳已经成为首都大都至辽阳路的交通要冲，成为关内外经济文化联系、商品贸易往来的转运站和集散地，是东北的交通枢纽和边陲的重镇之一。

1371年（明洪武四年）7月，明军攻克沈阳后，为了便于控制和管辖东北地区女真、蒙古等少数民族，于1386年（明洪武十九年）废沈阳路，建

① 沈阳市人民政府地方志编纂办编．沈阳市志·综合卷．沈阳：沈阳出版社，1989：397.

立了军事性质的卫所，即沈阳卫。[①]卫城南邻沈水，有舟楫之利，东依群山，为习武之所，西行直达山海关，北去与蒙古各族相通，是一个在交通、经济、军事上都十分重要的地方。1388年（明洪武二十一年），为加强军事防务，指挥使闵忠在元城旧址上改建砖城。

新改建的沈阳城以元建城隍庙（中心庙）为中心，城为方形，“方九里三十余步，高二丈五尺。池二重，阔三丈，深八尺，围十里三十步。外阔三丈，深八尺，围十一里有奇。门四：东永宁，南保安，西永昌，北安定。”[②]四座城门均设在各面城墙中间，分起城楼，建瓮城，城内设有衙署、仓驿、作坊、店铺、寺庙等。新建的沈阳城面积约为1.69平方公里，几乎是整个辽东镇卫城中规模最大的，甚至超过了西线的义州路城。

城内有呈“十”字形交叉的东西、南北两条大街直通各城门，坐落在两条大街中心交叉点上的城隍庙，屏蔽四方，使每相对城门不能相视，这是我国古代城市建设中常见的一种军事防御手段。街道两侧多有衙署、作坊、店铺，沈阳中卫治所及经历司、镇抚司、备御司等官衙，和军储仓、军器局等都设在城内东南地块。设在城东的教场是训练士兵的场所，设在城西南的草场是供军马所需之地。新建后的沈阳作为军城，其管理机构更加完备，设施更加齐全，军事地位和军事实力得到了进一步的加强。

沈阳中卫城东有抚顺千户所城及会安堡、清河堡、东州堡、马根单堡、散羊峪堡、孤山堡，构成靠近边墙环卫沈阳的东半圈防御阵势；西有静远堡、平虏堡、榆林堡靠近卫城，形成直接护卫阵势；北有蒲河千户所城和十方寺堡靠近边墙，摆出护边的前哨阵势。[③]这样，在东北形成了一个以沈阳为中心的半椭圆形防御态势。

明代大兴屯田，沈阳中卫城的垦田数已经达到了“额田一千三百九十顷四十四亩，额量一万七千六百六十六石一斗，额草十七万九千一百束。”[④]耕地的增加，粮食的增多，既可以满足军队的物资补给，也发展了当地的农业经济，给人民生活带来了富裕和安定，更促进了沈阳城商贸业的发展。

直接促进沈阳商贸业发展的是沈阳周边地区的马市。沈阳中卫城介于明代辽东三大马市之间，北有沟通海西女真贸易的开原马市，南有沟通朵颜、福余、泰宁三卫蒙古族贸易交往的广宁马市，东有与建州女真贸易交往的抚顺东关马市。地处南北贸易及周边马市贸易幅凑的沈阳，不仅是南北经济交往的必经之路，而且也是三大马市商品生产的中心，马市的繁荣有力地推动了沈阳城手工业的发展，同时，沈阳较发达的农业、手工业生产和较大的城市经济规模为各马市贸易提供了较丰富的货源，也为商旅活动提供了方便。

除屯田、马市贸易对沈阳的经济起到重要的促进作用外，交通的便利也是重要因素。明代沈阳是东北驿站的枢纽，其西南连着京师，正南通往辽阳、金、复、海、盖等地，东南可达朝鲜，东北通往奴儿干都司。除了四通八达的陆路交通线外，水上交通有辽河、浑河可通海口，尤其是浑河水道在明代沈阳经济发展中，曾起着很大的作用。[⑤]

二、封建都城的建设与发展

明初，为了保护边境抵抗女真，设立了沈阳

① 王树楠，吴廷燮，金毓黻. 奉天通志·沿革六·统部六·明. 沈阳：东北文史丛书编辑委员会，1983：1188.

② 王树楠，吴廷燮，金毓黻. 奉天通志·建置一·城堡·沈阳县. 沈阳：东北文史丛书编辑委员会，1983：1963.

③ 王树楠，吴廷燮，金毓黻. 奉天通志·沿革六·统部六·明. 沈阳：东北文史丛书编辑委员会，1983：1188.

④ 毕恭等. 辽东志·兵食志. 沈阳：辽海出版社，1984：33.

⑤ 张伟，胡玉海. 沈阳三百年史. 沈阳：辽宁大学出版社，2004：20-21.

中卫。1388年（明洪武二十一年），指挥闵忠奉旨于旧址修建城池，开创了沈阳规划建设史上的新纪元。1621年（后金天命六年）2月，努尔哈赤亲率八旗兵水陆并进，直取沈阳城，但是并没有直接在沈阳建都。在以后的作战之中，努尔哈赤逐渐意识到沈阳的重要战略地位。1625年（天命十年）3月，努尔哈赤力排众议，迁都沈阳[①]，沈阳一跃成为后金政权的统治中心，继而成为清王朝的发祥地，这为沈阳的发展带来了前所未有的机遇，从此结束了军戍性城池的历史，开创了沈阳为东北政治、经济、文化中心的综合性城市的先河，奠定了今天沈阳的根基。

从努尔哈赤迁都沈阳，至1644年（顺治元年）迁都北京的20年间，后金政权在沈阳不仅创建了皇宫，同时还拓建了以皇城为中心的城池，衙署、坛庙、王府逐一形成，鳞次栉比，开始了沈阳城第一个大发展的时期。

（一）清入关前盛京都城的建设

城池在中国古代城市建设中占有重要地位，历朝历代都十分重视，特别是沈阳城地处平原，无险可恃，只有依赖城池坚固，才能御敌。由于迁都沈阳是在时间非常紧迫的情况下进行的，加上人力、物力的限制，因而努尔哈赤只从军事上着眼，在明中卫城的基础上加固了城池，在原有的城市空间体系中，应急性地建设了天命汗宫、大政殿与十王亭等办公机构，即今天沈阳故宫的东路建筑。

天命汗宫位于沈阳城北门——镇边门内的西南侧城墙根下，为努尔哈赤起居之所。大政殿和十王亭位于天命汗宫之南，中心庙东南处，为努尔哈赤临朝听政和大臣办公及议事之所。其中大政殿坐北朝南居中，“十王亭”分列两侧，成南向外八字形，两列亭子轴线的延长线相交于大政殿的主轴线，即东路的中轴线上，这不仅是科学地运用几何透视原理，更是满族八旗制度下“君臣合署办事”在宫殿建筑上的反映。在十王亭的南端东、西两侧，各有一座奏乐亭。汗宫与大政殿、十王亭建筑群相距一里多，位于城内中轴线上的通天街将其连成一线。城内建筑空间比较开放，整体性也比较强，尚没有明确的等级界限，保留了满族游牧民族的风格。

1626年（天命十一年），皇太极继位后，参照他所能了解的中国王朝都城应具有的要素，并根据当时国力，开始大规模地改建沈阳城，扩建了盛京皇宫、城垣，将盛京城建设成了东北地区的中心城市。

新建的盛京城，作为天子治居之城，比明沈阳中卫城的规模略有扩大。据《奉天通志》记载：“天聪五年，因旧城增拓，其制内外砖石，高三丈五尺，厚一丈八尺，女墙七尺五寸，周围九里三百三十二步。”[②]城墙改为砖石，质地上更加坚固。同时，将原城的四门改为八门，新建的盛京城“四面垛口六百五十一，明楼八座，角楼四座，改旧门为八，东向者左曰抚近（大东门），右曰内治（小东门）；南向者，左曰德盛（俗称大南门），右曰天佑（小南门）：西向者，左曰怀远（大西门），右曰外攘（小西门）；北向者，右曰福盛（大北门），左曰地载（小北门）。”[③]其内涵颇有上承天佑，下感地载，内修文治，外攘兵患，安抚已得之民，怀柔外藩诸部，以福德之盛去开创天下的大志宏图。经过增拓后的沈阳城“东西宽三百九十三丈八尺，南北长四百二十五丈六尺，合计一七六百七十六万零一百二十八平方尺，为两千七百九十三点四亩”。[④]有城必有池（即护城河），城与池都是军事防御设施。明朝沈阳中卫城

① 周远廉. 清太祖传. 北京：人民出版社，2004：387. 原载于《满文老档》太祖朝卷六四。

② 王树楠，吴廷燮，金毓黻. 奉天通志. 建置志・建置一・城堡・沈阳县. 沈阳：东北文史丛书编辑委员会，1983：1963.

③ 同上。

④ 袁亚非. 一代盛京. 北京：中国人民大学出版社，1993：35.

的城池分两重，清代时将两池合一，成为一条更加宽阔的护城河，即外池，“阔十四丈五尺，周三十二里四十八步”。[①]在城墙与护城河中间，建有围城壕，使首都城防更加完备。

皇太极拓建的皇宫，即今沈阳故宫的中路部分，位于大政殿与十王亭的西侧，井字街的中心地带，分宫内和宫外建筑两部分。宫内建筑包括大清门、崇政殿、凤凰楼、中宫清宁宫、东宫关雎宫、西宫麟趾宫、次东宫衍庆宫、次西宫永福宫。宫外建筑位于大清门以南，包括东西五间朝房、内务府、东西下马碑、轿马场、文德与武功两个牌坊等。皇太极逐渐将宫阙与城市有机地结合起来，形成了宫殿以城市为依托，城市以宫阙为核心的新的建筑群体——皇城。

由于城门的改建，在皇宫的前后左右形成了两横两纵的井字形街道。按照中国古代城池风水理论的原则，每座城相对的两门之间，应该有建筑物遮挡，于是又在福胜门内大街和内治门内大街相交的路口中心建钟楼，在地载门内大街与外攘门内大街相交路口中央建鼓楼。钟、鼓二楼之间的东西向大街（长174丈、宽3.5丈）则规划为商业街，取四季平安之意，命名为“四平街”，俗称中街。

皇太极时期，在井字街内，又陆续建成了11座亲王（郡王）府第[②]，这11座王府均按当时盛京八旗方位分布，两红旗在东，两白旗在西，两黄旗在北，由于王府中无正蓝旗，故城南无王府。诸王府均分布在皇宫周围，井字大街分割的9个区域之中，无形中对皇宫形成了一种护卫。

皇太极在盛京城内还兴建了办事官署，在皇宫崇政殿前东侧，建有内三院衙门，在武功坊之南偏东，建有都察院，在文德坊之南建有理藩院。皇太极将作为国家行政机关的吏、户、礼、兵、刑、工六部衙署分别设在城南的两座南门以内。

为祈天地神灵庇佑，除保留本民族传统建堂子之外，1636年（天聪十年），又在盛京城德盛门外南5里建天坛，在内治门东3里建地坛，城西南建社稷坛、风雨坛，在城外东南建日坛、太庙，加上皇宫后四平商业街，形成“左祖右社，前朝后市”的格局。

17世纪初，喇嘛教已传至关外，喇嘛教在清朝上层社会被广泛推行，在城市建设中也有所反映。皇太极在外攘门外修建实胜寺，占地约7000平方米，整个寺庙呈方形，坐北朝南，建筑气势雄伟，这是沈阳最早的喇嘛寺院。为镇护盛京都城，1640年（崇德五年），皇太极下令在沈阳四郊建四座喇嘛寺塔，四塔均为藏式喇嘛塔，以盛京皇宫为中心呈对称布局。崇德八年（1643年）开始修建佛寺，1645年（至顺治二年）告竣。据“四寺四塔文碑”碑文所记：“东（抚近门外5里处）为慧灯朗照，名曰永光寺；南（德盛门外5里处）为普安众庶，名曰广慈寺；西（外攘门外5里处）为虔祝圣寿，名曰延寿寺；北（地载门外5里处）为流通正法，名曰法轮寺。”[③]四塔四寺分别建在距盛京城约5里的东、西、南、北四面，四方等距，塔寺结合，分据一方，这种塔寺合卫新城的格局是我国乃至世界城建史上所仅见的，反映了清代统治者利用宗教联系各族人民，以建立统一的多民族国家之政策，四塔四寺与城内宫阙相辉映，确有“皇图一统大，佛塔四门全”的气魄。

城内排水系统也逐步得到了完善。沈阳城地势较高，利于排水，皇太极下令，在城内四面靠近城墙里侧的地面，利用筑墙取土留下的深坑，

---

① 王树楠，吴廷燮，金毓黻. 奉天通志·建置志·建置一·城堡·沈阳县. 沈阳：东北文史丛书编辑委员会，1983：1963.

② 据《盛京宫阙图》载，这11座王府分别为：礼亲王代善府、武英郡王阿济格府、睿亲王多尔衮府、豫亲王多铎府、郑亲王济尔哈朗府、颖亲王萨哈廉府、饶余郡王阿巴泰府、肃亲王豪格府、成亲王岳托府、敬谨郡王尼堪府、庄亲王府。

③ 丁海斌，时义. 清代陪都盛京研究. 北京：中国社会科学出版社，2007：55.

各设计了18个泄水坑，形成内池72处，用于汇集雨污水，并用暗沟使其与护城河相通，暗沟内填满大石块，上铺鹅卵石、砂砾，积水经此渗流到护城河中排到城外，既可防止夏、秋雨水滥泄之灾，又可用作城内储备用水。这种简易的排水系统既保持了城里地表的平坦，又避免了外敌利用出水口潜入城内的危险，设计非常巧妙。

重建后沈阳城内面积虽然没有增加，但规制已截然不同。由于盛京城四门变八门，街道从“十”字街变成“井”字街，所以城内区域划分也从“田字格”变成了“九宫格”。皇宫在南门内，布局在井字街的正中区域，周围八个区域按照满族人的八旗组织，以八座城门为中心，每旗各据其一[①]，形成对皇宫的护卫。此时的盛京城内，皇宫、城池、天坛、地坛、六部三院无所不备，已经具备了皇城的规制，沈阳城成为当时东北地区最具中国传统都城特点的城市，当然也是最整齐、美观的城市，用清乾隆《盛京通志》中的记载形容就是“八门正戴，方隅截然”，“京阙之规模大备”。皇太极于1634年（天聪八年）四月初九日传下圣旨，改沈阳城为“天眷盛京”，简称“盛京”[②]。1636年，皇太极去汗号而称皇帝，改国号“大金”为“大清”，沈阳成为一代皇都，盛京古城建设迎来了第一个光辉的峰巅时刻。

（二）清入关后盛京城的空间拓展

尽管1644年（顺治元年），清政府迁都北京，盛京城由清朝的发祥地变成清朝政府的“陪都重镇”，但盛京城仍像以前一样，不仅具有特殊的政治地位和管理体制，而且城市建设也在“陪都”这面旗帜下，获得了比本地区其他城市更有利的发展条件。历代清政府对盛京都特别关注，顺治、康熙，乾隆三朝对盛京皇宫、盛京四塔、盛京边城的新建使盛京城阙更加完善，形成了陪都城阙内方外圆、四寺四塔、八门八关的新格局。

康熙皇帝认为盛京乃“龙兴之地”，但宫城太逊于北京，便于1680年（康熙十九年）下诏重修宫城，由于国家财政的限制，并没有进行大规模的改建增建。乾隆年间，社会发展到了鼎盛时期，政治相对稳定，经济繁荣。乾隆帝于1745年（乾隆十年）开始了对盛京宫殿的增修扩建，在中路皇太极皇宫的东、西两侧分别新建了供随行的皇太后驻跸的东所，供乾隆皇帝自己及随行的嫔妃驻跸的西所，与原中路朝寝建筑共同构成了中路新格局。与此同时，又对盛京皇宫的部分早期建筑进行了翻修和改建，以使整个宫殿建筑群适合皇帝驻跸之需要，在盛京皇宫，围绕存贮《四库全书》的文溯阁兴建了一批宫殿，如嘉荫堂、文溯阁、仰熙斋等，从而形成了盛京皇宫的西路格局。盛京成为陪都以后，经康熙、雍正、乾隆诸帝不断修缮和改、扩建，其整个建筑体系日臻完备，整个盛京皇宫的全部建筑占地面积达6万多平方米，东、中、西三路并列，形成了一个拥有数十个院落、百余座建筑的庞大建筑群，是我国现存的仅次于北京故宫的古代宫殿建筑群。

中国历史上素有“筑城以卫君，造郭以守民”的说法，内城是皇宫之所，郭城是百姓之家。康熙帝除对原有城墙、城门等设施进行维修外，还在盛京古城（奉天府）之外大约四五里处，增筑一椭圆形夯土关墙，筑成边城（又称郭城、外城），以成京城之体制，同时适应人口增加、城区拓展的需要。关墙“高七尺五寸，周围三十二里四十八步”，[③]占地约15平方公里，其走向是：西缘大抵沿今北京街南行经青年大街至文艺路止；南缘大抵沿滨河路、文艺路，在万柳塘公园南墙外

① 王树楠，吴廷燮，金毓黻．奉天通志·建置志·建置一·城堡·沈阳县．沈阳：东北文史丛书编辑委员会，1983：1963.

② 王树楠，吴廷燮，金毓黻．奉天通志·沿革七·统部七·清．沈阳：东北文史丛书编辑委员会，1983：1199．盛京，即满语“穆克敦”（Mukden，兴起、盛、腾之意），因此，清代至民国年间，在西方语言中一直以 Mukden 称呼沈阳。

③ 阿桂等．盛京通志·京城，沈阳：辽海出版社，1997：320.

与万柳塘路相接；东缘大体经今万柳塘路北行沿矿山、中捷、东大面粉公司等铁路专用线，即边墙街走向；北缘则是长大铁路及部分沈吉铁路线现址所经过的地方。东、西、南、北各边都是外凸的弧线形，“东南隅置水栅二，各十余丈，导沈水自南出焉”[①]，俗称之“小河沿”。内城与郭城在地理上同心，内城近乎方正，城郭近乎直圆，这个内方外圆的布局正符合了以地为方、以天为圆的文化理念，从空中俯瞰此时的盛京城，形同“圓”字，好像一枚铜币[②]。

内城有8座城门，新修的外城也设有8个门（称为边门），在相对的内外城门间辟建8条道路，这8条道路呈放射状，与内城的井字街相连，形成了整个古城的基本干道。随着城市的发展，护城河逐渐被填埋，形成了东、西、南、北顺城街路，又在外城修筑了大、小什字街等道路，成为八关大街的主要联络道路。

外城的8个边门，分别有街路与内城的8座城门相通，在两道城墙之间形成8个扇形区域，称为“关厢”，简称“关”，即大东关、小东关、大西关、小西关、大南关、小南关、大北关、小北关，其中的小西关是历代清帝来盛京的必经之路，铁制关门上立有“陪都重镇”匾额，这就是沈阳奠定古城“八门八关”的城郭规制。

在盛京城阙的总体结构上，除宫阙、内城、外城的层层包围之外，城东20里，浑河北石嘴头山的福陵（清太祖努尔哈赤和皇后叶赫那拉氏的陵寝）和城北10里的昭陵（皇太极和皇后博尔济吉特氏的陵寝），又是两座独立的陵城。迁都后，清廷还在陪都盛京设立了办公公署及办事机构，并兴建或改建了相应的办公场所，如位于德盛门内街东的盛京将军公署、德盛门内街西的奉天府尹公署、金银库胡同（今盛京路）的盛京将军和奉天府尹府第、德盛门内街东的盛京礼部公署、德盛门内街的盛京户部公署、德盛门内街东的礼部公署、天佑门西内的刑部公署、天佑门内街的西的盛京兵部公署、大清门外的内务府等。

从7200年前新乐时期的农耕渔猎开始，沈阳经历了无数次社会形态的演变。从努尔哈赤定都沈阳，经过皇太极、顺治帝、康熙帝，到乾隆帝一百余年的建设，沈阳城的建设已逐步得到完善，成为名副其实的“关东第一重镇”。

第二节　沈阳城市与建筑近代化的基础与条件

近代沈阳城市发展是在外国势力、中央政府、地方势力三者之间的相互较量与博弈过程中进行的，其中又以日本殖民势力、地方奉系军阀的作用为最大。在外国殖民入侵、中央政府妥协、地方势力兴起、殖民全面占领的政权演变过程中，形成了沈阳城市发展的多元化管理主体下多元建筑文化共生的发展机制。在整个发展过程中，各方政体都拥有与之相对应的空间载体，并各自为政，由此促使沈阳进入一个超常规的城市化、工业化发展时期[③]。

一、政治环境

政策制度是沈阳近代城市发展和空间格局变化的根本原因。1898~1945年的沈阳，是政治形势最为复杂、管理主体多元更迭的时期。期间经历了清朝政体变革、外国殖民入侵、北洋政府和军阀割据、民国政权和满洲国政府等政体演变，发生了日俄战争、皇姑屯事件、九一八事变、东北易帜等中国近代史上的标志性历史事件。复杂的政治形势和管理主体的更迭成为沈阳经济社会

① 阿桂等. 盛京通志·京城，沈阳：辽海出版社，1997：320.

② 丁海斌，时义. 清代陪都盛京研究. 北京：中国社会科学出版社，2007：56.

③ 孙雁，刘志强，王秋兵等. 百年沈阳城市土地利用空间扩展及其驱动力分析［J］. 资源科学，2011，33(11)：2022-2029.

发展和城市建设的原动力，是沈阳历史上城市发展最为迅速、近代建筑风格和建筑类型变化最为巨大的时期，形成了沈阳近代城市发展的空间格局和近代建筑特点，极大地推进了城市的近代化进程。

（一）清末新政的催化

1. 洋务运动和戊戌变法的刺激作用

清朝在历经康、雍、乾三代的兴盛和繁荣之后，内忧外患接踵而来。在这种形势下，清政府逐渐意识到变革的重要性和紧迫性。19世纪60~90年代清廷的“洋务运动”，主张学习西方的工业技术和商业模式，在全国发展近代工业；1898年6月到9月间的“戊戌变法”运动，提倡向西方学习文化、科学技术和经营管理制度，这些运动催生了清政府的政体改革。

2. 清政府的政体改革

1901年，清政府终于宣布实行“新政”。1906年9月1日，受到日俄战争中以立宪小国日本胜利专制大国俄国的震动，清政府开始效仿日本法制推出“预备立宪”，即预备实行以宪法为中心的民主政治活动，试图通过法律的变革和“宪政”的允诺最终实现“皇位永固”，揭开了政体改革的开端。

1905年日本在对俄战争胜利后，开始染指清朝的发祥地。作为对策，清政府在1907年将东北改为行省，并任命徐世昌为总督，作为钦差大臣兼管东三省将军事务。徐世昌在东北加紧“立宪”和“维新”，推行新政，采取了开商埠、借国债、修铁路等一系列措施，以此来抵制日俄对东北的控制。在洋务运动和戊戌变法的刺激和推动下，在清政府改革的带动下，曾做出修建铁路、开设矿山、兴办学堂、开设工厂的努力，形成了早期工业的萌芽。

19世纪末，清政府根据盛京将军依克唐阿的奏请，批准设立铸造银元的“奉天机器局”。它的创立，开创了沈阳民族工业之先河，也是我国机制银元最早的企业之一。1906年，盛京将军赵尔巽在银元局内附设工艺局，后改为工艺传习所，并入农工商局。工艺局科目原只有金、水两科，后增设缝、木、雕、漆、绣、毯、染、金等八厂，使农、工、商皆受其益，从而促进了辽宁省的经济发展。1908年，又在银元局内附设电灯厂，1909年，正式发电，随后，电报、电话、自来水等设施在沈阳城出现。

清政府在引进西方政治、观念和制度的同时，也引进了西方的建筑思想、建筑形式和建筑技术，例如清政府下令模仿西方立宪制国家的议会体制，催生了全国的议事机构建筑，1909年，奉天省咨议局成立，并于翌年建成了西洋风格的奉天省咨议局建筑，成为当时沈阳由清政府主动接受与引进西方建筑文化的第一例。在近代文化交融史上，中国官方开始了由被动接受西方文化到主动吸收的转变。

（二）外国殖民势力的强入

从19世纪末到20世纪初，外国列强纷纷致力于争夺殖民地和势力范围，他们把中国也列为侵占和掠夺的对象。对沈阳进行殖民和政治介入的国家以俄国和日本为主，此外，德、美等国家也有部分的政治介入和影响。

1. 俄国在沈阳的铁路用地

俄国对沈阳实行政治介入始于中东铁路的修建。1896~1898年，俄国诱逼清政府接受《中俄密约》，随即索取了修筑和经营中东铁路及其支线的特权。随着中东铁路南满支线的动工，俄国人进入了沈阳，并划出了当时城西6平方公里土地作为铁路用地。自此，沈阳城市开始分裂式拓展，逐渐形成了老城区及其西侧的铁路用地两个相对独立且互不相邻的城市板块。1903年7月14日，中东铁路全线通车并正式营业。直到1904年日俄战争爆发前，俄国在铁路用地内陆续修建了火车站、停车站场、教堂、住宅等建筑。

2. 日本在东北的“三元政治”结构

1904~1905年的日俄战争以俄国失败而告终，

根据日俄“朴茨茅斯条约”，日本接管了中东铁路南满支线长春以南的铁路及铁路用地，改为“南满铁路”及“南满铁路附属地”（简称“满铁附属地”），这其中也包括位于沈阳的“满铁附属地”。1906年6月，日本设立“南满洲铁道株式会社”（简称“满铁”），它是代表日本政府入侵中国对中国东北进行殖民统治的重要机构。1907年7月1日，日本南满洲铁道株式会社设立奉天出张所，1915年11月改称“满铁奉天地方事务所”，直接负责市街的一切土木建筑的规划、施工及市街日常管理，包括市街建设、市政设施、交通、邮政、教育、卫生、商业、产业、警察等诸项，均独立于中国的管理之外。自此，日本开始了在沈阳的大规模建设和发展，扩大附属地的范围，实行满铁附属地内的独立自治。

在“满铁”殖民统治机构之外，日本在东北还设立了“关东军司令部”和“关东厅”，实行“三元政治”结构[①]。1906年“满铁”成立之后，日本天皇于1907年7月31日下令在关东州（今大连和旅顺）设立关东都督府，除管辖关东州外，还保护南满洲铁道线路和监督“满铁”的业务，直接受日本政府的指挥。由于都督之权过重，日本政府于1919年决定将关东都督府分为关东厅及关东军司令部两个部，分置关东长官及关东军司令，以行所谓军民分治。其中关东军司令部为最高军事机关，驻节旅顺；关东厅接受日本内阁总理命令和指导，为司法、行政最高机关并监督“满铁”的业务。

“满铁”、“关东军司令部”、“关东厅”这些设在东北的日本殖民机构，其性质、地位、职权等各不相同，但互相关联、相辅而行，共同掌管殖民政治权力。

3. 日、美等国的“领事裁判权”

除日本在东北的大规模政治介入之外，美、德、法等国自沈阳开放商埠地开始，也有少量的政治干预，主要表现为在沈阳商埠地内行使“领事裁判权”。“领事裁判权”是外国在中国享有的域外管辖权，是强加给中国的一项严重侵害司法主权的制度。外国在领事区内或租界内成立行政管理机构，建立领事法院或领事法庭，派驻警察和军队，以充分行使对其本国居民的管辖权，而不受中国法律的管辖。

1903年，中美修改了“通商续约”，美国要求开放奉天（今沈阳）和安东（今丹东）等地为商埠。同年，清政府也允诺日本“美约既已允开，日约遂以照办”，中美和中日续约在北京签字得以承认。续约的实施因日俄战争而拖延至战后，中日在北京签订《中日会议东三省事宜条约》，日本再次要求在沈阳开放商埠。在美、日等国的逼迫下，清政府于1906年被迫自行开放沈阳为商埠，在沈阳老城区西侧划定“奉天城商埠地”地界。中国按照自行开埠办法，确定商埠界址，绘制成图并附上说明书，首先照会日本和美国领事，然后通知英、法、德、俄等国领事，再由各国商人租领建筑、设立行栈、界内巡警和卫生等。

沈阳商埠地的主权归属中国，在清政府交涉司（相当于外交部）附设开埠总局，直接负责开辟商埠地和管理商埠地内日常事务。奉天省（今辽宁省）当局在省城奉天（今沈阳）开埠总局内设立了清查房地局，负责办理划定商埠地界、收买土地和民房、修筑公所，经办外国商人租用土地、房屋等事宜。尽管如此，奉天开埠局的行政管理权却并不是完全独立自主的，它同时受到日、美等国领事馆的“领事裁判权”的约束和控制，日、美等国的管理体制得以在沈阳商埠地内执行和介入。

1906年5月，日本侵略者在沈阳设立“奉天总领事馆”，负责处理日本在东北地区的全部外交事务和庇护日本侨民。它虽然在名义上是一个地方性外交机构，但实际上是日本外务省派驻中国东

---

① 孙鸿金，曲晓范. 近代沈阳城市发展与社会变迁1898-1945［D］. 东北师范大学博士学位论文，2012：54.

北地区的外交总办事处，是日本在东北建立的又一套殖民侵略机构。此后，日本在东北的辽阳、铁岭、丹东、长春、吉林、延吉、哈尔滨、齐齐哈尔等地陆续设立了3个总领事馆、8个领事馆和3个分馆。领事馆不仅拥有领事裁判权，还拥有设警权。1908年5月30日，在沈阳商埠地二纬路设立日本总领事馆警察署（相当于警察分局），警察署下又设有“出张所”（相当于派出机构）、“驻地所”等基层机构。“奉天总领事馆”通过行使“领事裁判权”和设警权等权力，参与和干涉沈阳商埠地的地方政治管理。

1932年3月伪满洲国成立后，商埠局和商埠地区域内的土地所有权被并入伪市政公署，其实质是由日本所扶植的伪政府所控制。至此，中国对沈阳商埠地和商埠局的所有权和管辖权全部丧失，商埠地也宣告结束。

中国政府曾宣布从1930年起废除所有国家在中国的领事裁判权，但因帝国主义国家的抵制，未能实现。直到二战结束，沈阳才摆脱日、美、德等国领事裁判权的羁绊。

（三）北洋政府时期的奉系军阀统治

民国北洋政府时期，东三省一直是张作霖奉系军阀经营的区域。张作霖在晚清是东三省总督赵尔巽的部下，民国成立后因支持袁世凯而获提拔，位至盛武将军，督理奉天军务兼巡按使，掌握了奉天省的军政大权。1916年袁世凯逝世后，张作霖被北京政府任命为奉天督军兼省长，1918年，又被任命为东三省巡阅使，利用日本的势力控制了奉天（今辽宁）、吉林、黑龙江三省，沈阳也因此进入了张作霖的军阀统治时代，张作霖控制了沈阳满铁附属地以外的地区。袁世凯死后，张作霖控制了以奉天为中心的东三省，被称为奉系。1924年开始，奉系控制了北京政权，直到1928年6月4日，张作霖由北京返回沈阳途中，于皇姑屯被炸身亡。其子张学良继任帅位，继续统领东北，1928年12月29日，宣布“东北易帜”，归顺南京国民政府。奉系张作霖父子对沈阳和东北的统治直至1931年九一八事变结束。

在奉系军阀统治沈阳期间，由奉系资本建设和发展起来的军事工业和铁路系统成为早期民族工业的兴办主体，在客观上带动了城市工业和商业的发展，推动了沈阳城市空间的扩展。军事工业的发展促成了大东-西北民族工业区城市新板块的形成。东三省委员会策划增建了京奉铁路（今京沈铁路）、奉海铁路（今沈海铁路）以及沈阳老北站、沈阳东站等，沈阳成为四条铁路交会的枢纽，铁路系统得到了发展。依托奉海铁路，又建设起奉海市场（今沈海市场）组团，以奉海铁路为母线的铁路支线把东三省兵工厂、大亨铁工厂、造币厂、迫击炮厂、粮秣厂等连成一气，从而推动了沈阳工业的近代化。

（四）由民国到伪满洲国的政体演变

1931年，以九一八事变为发端，日军侵占了沈阳，并在此后数年，有计划地控制了东北全境。1932年3月1日，日本军部策划成立了“满洲国”，并扶植清帝溥仪执政，以长春为首都，称为“新京”（今长春）。同年9月15日，“日满议定书”签订，“满洲国”承认日本的既得权益，并允许关东军在境内驻军。1934年，“满洲国”标举独立国家，史称伪满洲国时期。作为“满洲国”发展计划的一部分，日本于1932年将沈阳定位为工业中心，开始筹划制定“奉天都邑计划”，对沈阳城市进行全面规划，1938年，“奉天都邑计划”出台。至1945年，日本宣告投降，东北光复，沈阳又回到了民国政府手中。

二、经济准备

（一）沈阳近代民族工商业的兴起与发展

1861年营口开埠至20世纪初，受“洋教”和“洋货”冲击、日俄争夺、日本殖民机构建立等因素影响，作为东北最大贸易城市的沈阳古城在社会秩序、民众生活、城市和建筑的规模与空间结构等方面都受到了冲击。1907年沈阳自开商埠后，工商业都有了更大发展。随着城市人口不断增多和城区面积不断扩大，城市基础设施和公共设施的需求也不断增强。西方的规划思想和建筑技术在沈阳得到应用，加速了沈阳城市和建筑近代化的步伐。

1. 民族工业的兴起

沈阳近代民族工业的兴起始于19世纪末，在洋务运动的倡导下，沈阳出现了“官办”、“官督商办”或“商办”的近代工业。1896年清政府建立的奉天机器局是沈阳城内第一个近代工业企业，它位于沈阳老城大东关内，第二年开工，使用蒸汽作为动力，沈阳自此进入了机器大生产的时代。

由以官办的重工业为开端的近代工业，逐渐扩展到一系列工业所需的基础产业（尤其是交通运输）以及民用工业，民间也兴起了工业投资的热潮。近代化民族工业发展的行业包括航运业、船舶修造业、矿业、缫丝业、造纸、印刷、火柴等。19世纪末期，沈阳城内酿酒业、榨油业、纺织业、制鞋业等十几个门类一千余家的轻工产业，部分由机器大生产代替了旧有的手工生产，逐渐形成了近代化的生产方式。到1910年前后，沈阳城内的机器工业化生产已经很普遍，例如近一半油坊已经完成了从旧式手工业到近代工业的转变，织布工厂已在沈阳普遍建立，沈阳的福乐、吉顺等多家皮靴厂开始使用机器制造靴鞋，1908年开办的电灯厂采用了从美国进口的机器设备进行发电等。

“中华民国”建立后，沈阳近代民族重工业发展进入了快速时期，是以机械和军事工业为主体的近代工业体系。1923年，杜重远从日本留学归来，在沈阳北门外创办了我国第一个机器制陶工厂——肇新窑业公司，生产的新式砖瓦被用于新建建筑中，打破了日本对沈阳新式砖瓦市场的垄断局面。1927年，他把砖厂改建为瓷器厂，逐渐发展成了中国民族资本经营规模最大的一家窑业工厂，他也成了沈阳历史上民族工业的重要人物。

2. 商业、贸易与金融业的发展

清朝时期，沈阳作为清政府统治的陪都，加上地理、交通上的优势，已经具有商业贸易中心的地位，商业日益繁荣，商业街区也渐次形成，主要集中在四平街（今中街）、钟鼓楼一带，四平街商业区以经营金银首饰、丝纺绸布为主，钟楼与大南门之间的区域主要经营杂货，鼓楼与小北门之间的区域主要经营文化用品。从1676年，四平街的第一家商号——天合利开张开始，到19世纪20年代，先后出现了沈阳第一家专营商店——全合号以及天成酒店大作坊，广生堂、春和堂等药房，天合利丝房、富峻森钱庄等私人大商号，四平街已经逐步发展成为集中的商业区，店铺林立，百货云集，商业十分繁荣。

1861年，营口开埠后，外国商品在不平等条约的保护下直接进入东北地区，沈阳作为东北第一大都市，便最先成为“洋货”的冲击目标。洋火、洋钉、洋蜡、煤油、棉布等生活用品逐渐占据了市场。随之而来的机器化民族工业产品生产，外资企业的投入和制造，使得商品日益丰富，刺激了民族商业贸易的兴起。到20世纪初，沈阳城内各种商铺林立，数量在不断增加。1908年，“奉天府有上等行商5户、中等行商13户，上等铺商46户、中等铺商610户，上经纪46户、中经纪198户、下经纪299户，至1911年，沈阳大小商铺共计1286户。”[①]城内的四平街及城外八关等地，汇集起了各种不同专业性质的店铺，形成了各种“市”和“行”：粮食加工坊、烧锅坊、油坊、林木采伐与贸易、丝房等特色商业。

外资的大批商业贸易始于1905年日本三井洋行在沈阳开设办事处，至1906年沈阳城内已有347

---

① 孙鸿金，曲晓范. 近代沈阳城市发展与社会变迁1898-1945［D］. 东北师范大学博士学位论文，2012：29.

日本在海外投资额 表1-2-1

单位：百万元

时间	日本对东北投资总额（B）	日本对东北投资年均额	日本海外投资总额（A）	B/A%
1905~1930（25年）	1617	64.68	2788	58
1932~1936（5年）	1162	232.4	1948	59.3
1937~1941（5年）	4326	865.2	6249	69.2
1942~1944（3年）	3242	1080.67	4659	67.4

资料来源：张祖国. 满铁与日本对我国东北的资本输出［J］. 中国经济史研究. 1989，(2)：107-119.

家日商商业，其中饭店102家、饮食店13家、杂货贸易商64家、游戏场46家、药材商20家、服装商10家，加之其他各类商人92家，但其中并无工业产业。[①]自1907年沈阳开埠，日、美、英、法、德等国家的商人陆续来到沈阳，在此开办工厂、商店、洋行，倾销本国商品，我国民族工商业受到了严重冲击，近代沈阳商业的半殖民地性质也在不断加深。

作为东北地区最早的官办银行——东三省官银号的建立，在垄断东北金融业的同时，也控制着许多工商企业，成为了当时东北社会经济发展的杠杆，也在与日俄两帝国主义金融侵略的抗衡中起了重要作用。“官银号除经营银行业务外，还投资经营各种企业，有钱庄、粮栈、油坊、烧锅、当铺、工厂、商店等22家[②]。”每年从附属企业所得盈利颇多，直到九一八事变后被日军占领而停业。

（二）外资工业的进入

鸦片战争后，为了加大在华商品倾销和原材料掠夺的力度，外国人开始对华投资。铁路关系到人力、原料和货物的输送，因此成为他们投资的一个重点。

外国在中国投资的铁路包括胶济铁路、广九铁路、中东铁路、南满铁路和滇越铁路，其中中东铁路及其南满支线由沙俄从1898年开始在东北投资建设，中国以入股的方式与俄国的华俄道胜银行合资经营，该银行于是成为了近代中国第一家中外合资银行。随着铁路建设的进展，在1895年到1905年的10年间，俄国人大量涌入沈阳，开辟城西的铁路用地，建车站、修铁路、办工厂、开商店、筑马路。1905年日俄战争后日本承接了中东铁路南段——南满支线的经营权，继续投入建设和使用。外国对中国在房地产方面的投资占总投资额的比例，在1931年前一直稳步上升，从1914年的6.5%上升到了1931年的10.5%[③]，很多用于修建统治人民的机关和私人住宅等非生产方面。

从不同国家对整个中国投资的份额来看，1930年以前，英国是对华投资的第一大国。1931年以后，日本跃居英国之上，成为对华投资之首，并开始利用其特权，排斥其他外国势力与资本。1905年日俄战争后，日本开始在沈阳投资建厂。在此后长达40年的时间内，日本为把沈阳变为侵略东北以至全国的前沿阵地，投入大量资金。日资在沈阳投入的工商业主要分布在满铁附属地，包括后期建成的铁西工业区中，商埠地也有少量的投入。日本在中国投资的范围由最初的东北逐渐扩大到全国，在东北的投资份额始终占据日本在海外投资总额中的首位（表1-2-1）。

① 孙鸿金，曲晓范. 近代沈阳城市发展与社会变迁1898-1945［D］. 东北师范大学博士学位论文，2012：38.

② 戴建兵，吴景平. 白银与近代中国经济（1890-1935）［D］. 复旦大学博士学位论文，2003：183.

③ 曹令军，罗能生. 近代以来中国对外经济开放史研究［D］. 湖南大学博士学位论文，2012：65.

日资也通过满铁附属地的建设注入沈阳的基础设施建设之中，市政管理手段和科技文化在一定程度上推动了社会经济的转向和发展，促使满铁附属地城市空间和社会结构迅速向近代化演变，率先成为了当时东北地区最为先进的城区。

三、沈阳城市与建筑近代化的三大影响因素

在影响沈阳建筑近代化的诸多因素中，最重要的是三个因素：口岸开放与沈阳开埠、铁路与航运、奉系统治与东北沦陷。正是这三点对沈阳建筑近代化的进程与结果起到了决定性的作用，并以此有别于其他城市。

（一）口岸开放与沈阳开埠

鸦片战争后，从五口通商开始，西方国家在中国约开商埠逐渐由东南沿海向北扩展，转向关注中国的东北。同时，清政府为了抵御外国势力的入侵，振兴民族经济和对外贸易，19世纪末，在内外双重动力的推动下，出台了开放东北的政策。截至清朝灭亡，清政府在东北共开辟了28处商埠（包括1858年开埠的营口，其余均为1898~1911年间开埠）（表1-2-2）。

清代后期东北开放商埠年表　　表1-2-2

省别	商埠名	批准开埠日期	开埠依据	开埠类型
奉天	牛庄（营口）	1858年	中英、中法《天津条约》	约开商埠
	大连湾	1898年	中俄《旅大租地条约》	租借商埠
	奉天府（沈阳市）	1903 年10月8日	中美《通商续定条约》、中日《通商行船续约》	约定自开商埠
	安东县（丹东市）	同上	中美《通商续定条约》	同上
	大东沟（东港市）	同上	中日《通商行船续约》	同上
	辽阳	1905年12月22日	《中日会议东三省事宜》	同上
	凤凰城（凤凰市）	同上	同上	同上
	新民屯（新民市）	同上	同上	同上
	铁岭	同上	同上	同上
	通江子（同江子）	同上	同上	同上
	法库门（法库县）	同上	同上	同上
	葫芦岛	1908	东三省总督奏准	自开
	旅顺口西澳	1910年7月1日	日本占据	租借商埠
吉林	吉林省城（永吉，今吉林市）	1905年12月22日	《中日会议东三省事宜》	约定自开商埠
	长春（宽城子）	同上	同上	同上
	哈尔滨	同上	同上	同上
	宁古塔（宁安市）	同上	同上	同上
	珲春	同上	同上	同上
	三姓（依兰）	同上	同上	同上
	绥芬河	1908年2月11日		自开商埠
	龙井村（六道沟）	1909年9月4日	《图们江中韩界务条款》	约定自开商埠
	局子街（延吉）	同上	同上	同上
	头道沟（三河镇）	同上	同上	同上
	百草沟（汪清）	同上	同上	同上

续表

省别	商埠名	批准开埠日期	开埠依据	开埠类型
黑龙江	齐齐哈尔	1905年12月22日	同上	同上
	瑷珲	同上	《中日会议东三省事宜》	约定自开商埠
	海拉尔	同上	同上	同上
	满洲里	同上	同上	同上

资料来源：费弛，刘厚生．清代东北商埠与社会变迁研究［D］．东北师范大学博士学位论文，2007：40.

1．营口开埠

营口，位于渤海辽东湾东北岸的辽河入海口处。东北地区敷设铁路前，纵贯奉天全省的辽河是东北地区最重要的南北水运路线。营口的地理位置十分重要，通过水路及区域内的陆路与奉天（今辽宁）、吉林、黑龙江三省及内蒙古东部各城镇相接，而东北与华北、华东、华南的水路联系和交往，也是以营口为枢纽，营口是清末以前东三省最重要的吞吐港。

1858年，在中英双方签订的《天津条约》中提到："广州、福州、厦门、宁波、上海五处，已有江宁条约旧准通商外，即在牛庄、登州、台湾、潮州、琼州等府城口，嗣后皆准英商亦可任意与无论任何人买卖，船货随时往来。"1861年4月3日，英国以航道淤塞，牛庄不便停船为借口，强迫清政府以营口代牛庄开辟为商埠，营口成为东北第一个约开商埠，外国在中国东北南部沿海打开了通向东北腹地的突破口。从此，外国人可自由通商、传教等，鸦片及其他外国商品可直接进入东北各地，传教士带来了西方宗教建筑及技术。

营口的开埠在某种程度上促进了东北经济和建筑的近代化，引起了营口、奉天及东北其他城市人口的膨胀及城市规模的扩大，也为城市功能及结构变化提供了契机，从而驱动了东北城市与建筑近代化的进程。

2．沈阳开埠

清政府在东北开埠，一方面是因为意识到了清朝一直以来封闭式保护东北"龙兴之地"的政策严重阻碍了经济的发展，另一方面，也是为了引入其他国家的力量，介入俄国在东北侵占铁路用地、租借大连港等活动，用以制衡俄国对中国的侵略。

1898~1911年间，东北以"自开商埠"方式开埠的城市共25个（加上1898年租借商埠大连湾以及1910年租借商埠旅顺口共27个商埠），首批开埠的是奉天（今沈阳）、安东（今丹东）和大东沟（今东港）三个城市。

1907年4月，盛京将军赵尔巽按条约规定正式开辟奉天省城（沈阳）商埠地，并划定位于老城区和满铁附属地之间的区域为商埠地用地区域。

沈阳"自开商埠"除了为外来势力进入沈阳并攫取利益开辟了基地之外，在某种程度上也对沈阳的发展有所影响。在政治方面，使得沈阳引进了西方较为先进的管理模式和管理方法，建立起了近代化城市市政管理机构，如商埠局、巡警局、环卫队等；颁布了多项城市管理法规，如 1907年8月奉天商埠局颁布了"道路通行、管理规则"。在经济上，沈阳借助便利的交通条件，逐渐成为了奉天省（今辽宁省）的商业贸易中心。由此，也带动了沈阳市政建设的近代化，拓展了城市空间，沈阳的城市空间格局形成了继老城区、满铁附属地之后的第三大板块，商埠地位于另外两者之间。至1907 年末，商埠地内完成了东西走向的五条连接老城和满铁附属地的马路铺设，使沈阳的城市空间扩大并将三大板块紧密连接成一体。

在商埠地内，由日、美、德、法、英、俄等国商人开办的商店、洋行、公司、银行等涌入，各国领事馆也集中设置于此。各种工商业的工厂、饭店、杂货铺、药店、布庄、鞋店等相继建设并开张。外国人和许多奉系政要纷纷在此谋地建房，出现了相对集中的洋式别墅区，也分布有建筑密度很大、质量较低的当地平民住宅区。

由于各国资本在这里均有染指，商埠地建筑呈现出由不同国家设计师共同设计的多元化情景。又由于当时正处于西洋风劲盛期，无论设计师来自哪里，都以西式建筑为时尚，只是在西洋建筑的大体系中又体现出各自的特点，这给沈阳的西洋建筑文化增添了不少色彩。此外，商埠地开辟之前沈阳仅有老城区和满铁附属地两片城市板块，又分别由地方政府和日本满铁管辖，相互间独立而封闭，少有交流。当时已在满铁附属地盛行的"日式西洋风"的建筑风格相对单纯，对老城区的影响十分有限。商埠地的情况则不然，它和老城区都归当地政府统管，相互之间的联系与交流要紧密得多。因此，商埠地成为了东西文化交流的中介区，各种西式建筑思路与手法经由这里输入老城区以及延伸到此后开辟的大东-西北民族工业区板块的建设之中。

（二）铁路与航运的发展及其作用的转移

外来势力不满足于控制中国沿海和内河航运，从19世纪50年代末起，开始在中国修筑铁路，试图将其侵略势力大规模地深入到河道所达不到的广大陆地。在中国东北最早出现的是由沙俄建设和经营的中东铁路及其南满支线。1903年通车时，形成了T字形格局的两条铁路贯穿整个东北三省（图1-2-1），其建成和通车直接带动了沿线节点城市——哈尔滨、长春、沈阳和大连的繁荣和发展，使其成为了日后东北的三个省会城市和东北最大的港口城市。与此同时，利用铁路又将沿线发现的大量蕴藏丰富的矿区以及装备加工业基地联系起来，将抚顺、鞍山、本溪等开辟为新兴的工业城市。并将城市建设与资源、加工、产品运输等产业结合起来，构筑了以铁路为链条的辽宁省城市布局体系。

1905年后，日本夺得了中东铁路南满支线的铁路权，又借资给中国修建了吉长、四洮、洮昂、郑通等多条铁路，控制了东三省的铁路运输权。在此刺激下，北洋政府在东三省兴起了官商合办建设铁路运动以应对日本的运输垄断，着手修建了连接三省省会的奉海、吉海、京奉、大通等多条铁路。到1931年，在东北已经形成了各主要城市间相互连通的铁路运输网络（图1-2-2）。

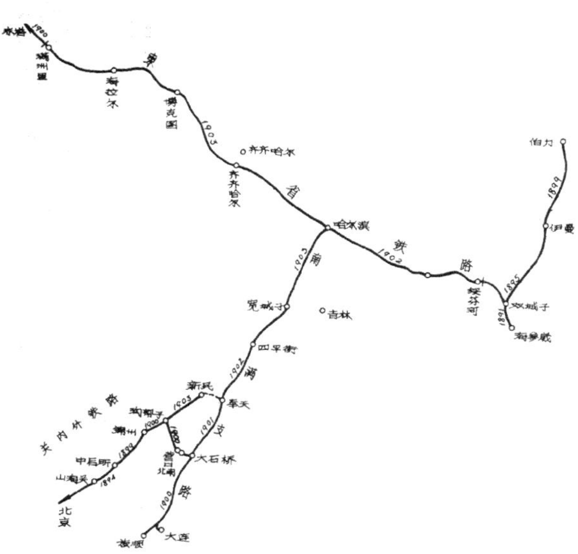

图1-2-1 中国东北铁路图（1903年）（来源：金士宣，徐文述．中国铁路发展史［M］．北京：中国铁道出版社，1986：522.）

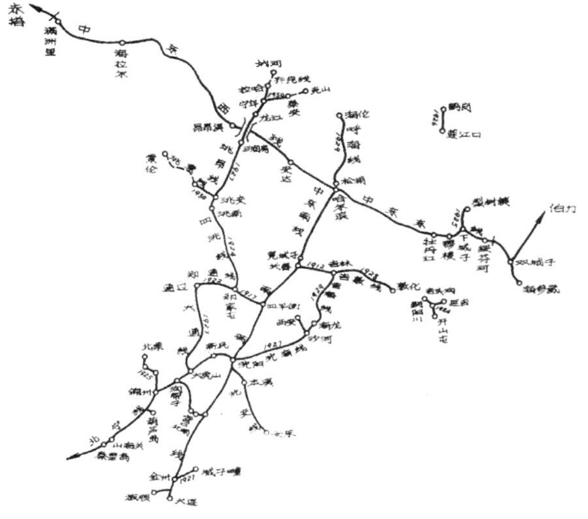

图1-2-2 中国东北铁路图（1931年）（来源：金士宣，徐文述．中国铁路发展史［M］．北京：中国铁道出版社，1986：524.）

铁路的兴起迅速将陆路运输与海路运输在出

海口处相互连接起来，由此带动了被日本人掌控使用权的大连湾和丹东港两个港口的快速崛起。在铁路出现以前，内河航运因运载量大、成本低，是东北主要的运输方式。但铁路出现后，因其运载速度之快、通达面积之广、不受地形气候影响等优点，迅速取代了内河航运的地位。加之日本经营“以大连为中心”的政策，满铁对通达大连的南满铁路运价、大连湾税收等优惠政策的倾斜，抑制了辽河航运和营口港出口贸易，致使东北各地出口货物尽为大连所有，大连湾迅速发展起来。到1910年时，大连湾的贸易值已经超过了营口，成为东北的第一港。1919年，大连湾成为了仅次于上海的中国第二大港口。丹东港的发展源自1903年的约定开埠，又在日俄战争中受到安奉铁路（丹东到沈阳的铁路，日本在战争中借口战时军运需要而强筑）修建的影响。1910年以后，日本以南满铁路为中心，与京奉铁路（北京到沈阳）、四洮铁路（四平到洮安）、安奉铁路（丹东到沈阳）形成联运，比内河航运效率高了5倍以上。铁路联运以后，东北地区的出口农产品也由过去的辽河水路运输逐渐转移到铁路运输，铁路发展促进了大连和丹东的港口崛起，同时催化了辽河航运和营口港的衰落。整个南满地区的进出口贸易因此被“满铁”所操纵。

东北铁路沿线的开埠令通商口岸得到了发展，特别是省会城市和港口城市的发展更为迅速。沈阳地处交通枢纽，向北经长春、哈尔滨与中东铁路相连。这样，东北的商埠体系格局由营口作为集散点向东北各地发散式扩展，转变为南部以沈阳为中心，以大连、营口、丹东三港为吞吐口，北部以哈尔滨为中心，以满洲里和海参崴为吞吐口（九一八事变后朝鲜的清津、罗津两港也成为吞吐港口），形成双中心铁路网体系。

铁路对沈阳城市和建筑的发展同样具有十分重大的影响。当时有四条铁路线交汇于沈阳：中东铁路南满支线、安奉铁路、京奉铁路和奉海铁路。正是中东铁路南满支线促成了沈阳满铁附属地和铁西工业区的形成与建设格局；而奉海铁路与京奉铁路在沈阳城内接轨，使得辽宁、吉林两省与关内的联系得到了很大加强，也推动了沈阳城市的发展。以奉海铁路和京奉铁路为母线的铁路支线把东三省兵工厂、大亨铁工厂、迫击炮厂、飞机制造厂、铁道机车修理厂等奉天城东部和北部的工厂连成一片，形成了新的大东-西北民族工业区。铁路又使外来文化、技术、资金、人力、物资、信息等城市和建筑发展的基本要素得到了迅速的流通，极大地促进了沈阳建筑近代化的进程。

（三）奉系军阀统治与东北沦陷

“中华民国”的北洋政府统治时期，张作霖于1916年被任命为盛武将军兼巡按使（同年6月，总统黎元洪改各省将军为督军，改巡按使为省长），控制了沈阳满铁附属地以外的地区，成为北洋军阀支系之一——奉系军阀的首领，至1928年6月4日被炸身亡为止，主政东北12年。张作霖上台后，为巩固其统治，实现其入主中原的目的，采取了稳定经济、政治，扩充军备，发展实业，修建铁路，兴办教育等措施。东北地方建设取得了前所未有的成绩，特别是对奉天（今沈阳）的发展和城市建设影响很大，在很大程度上推动了沈阳城市与建筑近代化的进程。

奉系统治时期，除了城市空间、建筑规模和建筑技术有巨大发展之外，对建筑文化的取向也有重要的影响。在不可阻挡的西洋风潮之中，沈阳不同于中国其他许多城市西洋势力独大的局面，而是奉系地方资本和势力与西洋资本和势力势均力敌，形成了两大强势在城市与建筑近代化进程中共同作用的结果。地方势力一方面顺应时尚，提倡对西洋文化的接纳，另一方面又源于骨子里根深蒂固的传统思想，对沈阳当地建筑的发展在有意与无意之间施加了重要的影响。这是沈阳的近代建筑出现了更多地方化倾向和本土化程度甚高的重要原因之一。

1931年9月18日，日本军队以中国军队炸毁日本修筑的南满铁路为借口，策动了对中国东北的战争——九一八事变。次日，日军几乎未受到抵抗便将沈阳全城占领，长春也随之沦陷。在此后的4个多月中日军侵占了中国东北三省，东北全境陷落。以九一八事变为发端，日本于1937年开始了大规模的侵华战争，直至1945年8月15日，日本投降，裕仁天皇正式颁布了“终战诏书”，东北得以“光复”。

东北沦陷后，日本在政治上完全控制和统治了东三省。资本随之大量涌入，经济上也占有了垄断地位。日本侵占东北，打着“开发”的旗号，目的是为了把东北变成最大的军事工业基地。将工业投资的主要方向确定在辽宁，主力发展与军事相关的重工业，包括采矿、冶金、机械、化工等，使辽宁成为了一个发达的重工业地区，沈阳也迅速变成了颇具规模的工业城市。另一方面，日本企图将东北作为其国土的延伸部分，也作为其进一步侵华的根据地，对沈阳城进行了全面的规划和一系列的建设活动。

1938 年，日本在奉天（今沈阳）正式形成了比较完善的城市总体规划——“奉天都邑计划”，它是沈阳市历史上第一个较为完整的城市总体规划。在此后的几年中，以此为蓝图，部分规划内容得到了实施：扩大了满铁附属地，并在满铁附属地西面隔铁路形成了土地面积庞大的铁西工业区；在满铁附属地内形成新的城市商业中心——春日町(今太原街)；在新划入满铁附属地的原商埠地预备界之内，依据“邻里单位”的规划思想建成满铁社宅区；对原已形成的相对独立、自成系统的各城市板块进行了整合，市区空间的整体性得到了加强，马路纵横相通。1932年到1945年间，建成并投入使用了6条有轨电车线路，覆盖大部分市区，交通得到了有效的改善。

毫无疑问，日本对沈阳投资与建设的目的在于掠夺——对一切资源甚至国土的霸占，而对其他外来势力一贯是排斥的。即使在九一八事变之前，在其可能施加影响的领域中，都是不遗余力地排挤本土也包括其他国家势力与资本的注入。在日本全面占领沈阳之后，更是实行了一统独霸的政策。对近代沈阳的城市与建筑来说，所谓西风东渐的影响，在很大程度与比例上是经日本人之手所带来的西洋文化与技术，在这一点上沈阳与中国的大多城市也是不同的。

因此，奉系统治与日本占领是影响沈阳近代城市与建筑发展的重要因素。

02

近代沈阳的城市板块

沈阳古城从一座位置显要的军城发展为清朝的都城、陪都，将其历经近2个世纪所形成的显赫地位带入了近代。近代中国虽然仅仅经历了约100年的历史，然而快速的工业化和城市化进程，促进了城市空间、经济、政治和文化的革新，近代国际上先进的规划理念和城市建设实践在这块土地上频繁发生，成为沈阳城市建设史上的重要阶段。特别是沈阳城的空间规模在老城区的周围扩充了近4倍面积，其发展体现为以一片片城区为单元逐渐扩展。这些分别形成并在城市形态和城市管理上具有相对独立性的“城市板块”，体现着不同的政治、经济和文化背景下的规划理念和设计手法，共同形成了近代的沈阳城市空间，它们在今天的沈阳城中仍留下了清晰的印记，并在某种程度上对当今的城市功能保留着延续性的影响。

1. 城市规模的扩展与城市板块的形成

沈阳近代城市由五大板块构成：老城区、满铁附属地、商埠地、大东-西北工业区以及铁西工业区（图2-0-1）。

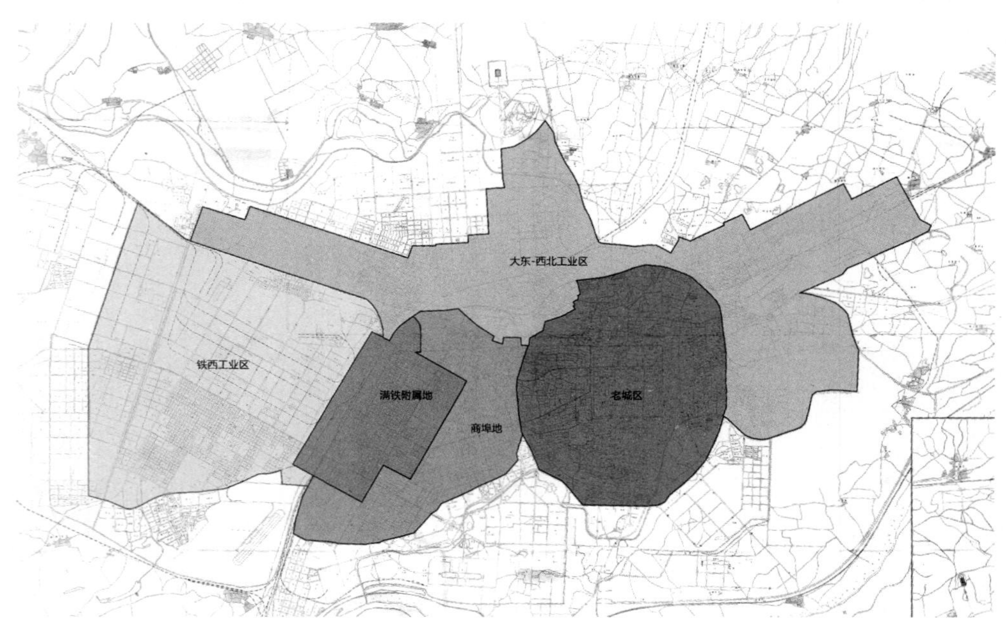

图2-0-1　沈阳近代的城市板块构成

19世纪末，在沈阳老城区内，民族资本的近代工业获得初步的发展，城市中出现了采用近代技术的工厂，如烧锅（酒厂）和榨油厂等；商业资本的活跃，也使得各种钱庄、票号、茶园、商店脱胎于旧有建筑类型演化成新的建筑类型。随着辽宁营口被作为开埠口岸，外国传教士由此进入东北并转道沈阳（奉天），传播西教与西洋文化。初期他们受到官方与民间的排斥，西风进入沈阳城经历了一段坎坷的历程。后来，在传统老城区，由于清末政府推行新政，自上而下倡导近代化，使新建筑类型及建筑技术得以传扬，民间匠人也开始热衷于对西方建筑文化的学习，创造出了具有东西方建筑文化交融特征的初期近代建筑。当时的老城区只限于本国人租用，不得典卖、抵押外人。

日俄之间为争夺在华特权爆发了“日俄战争”，日本打败了俄国，此前俄国在中国东北获取的诸多利益被转移到日本手中。日本将沙俄在沈阳占据的“铁路用地”更名为“满铁附属地”，它成为了当时与沈阳老城区并存却从属于不同管理体制的第二块城市板块。所谓“满铁附属地”，是日本使用武力和歪曲条约的办法在奉天（沈阳）占据的殖民地。明治维新后，由日本政府派去欧洲留学归来的建筑师把欧洲先进的规划和建筑理念与技术运用于沈阳这块“实验田”，满铁附属地成为了当时沈阳建筑近代化相对起步早、程度高的一个板块。

1903年清政府依据与外强签订的“中美通商行船续约”和“中日通商行船续约”，将沈阳老城区和满铁附属地之间的闲置地开辟为商埠地，正式开埠。商埠地被规划为正界、北正界、副界和预备界四部分，允许外国人在其中建房、经商。商埠地因此成为了当时沈阳一个公共性的房地产市场。各国商贸公司、工厂蜂拥而入，新兴的奉系军阀以及富绅名流也纷纷在此购地营宅，加之日本的经济渗透，商埠地的正界、北正界、副界都被开发，大量洋行、领事馆、住宅、工厂以及商业、市场、娱乐等新式建筑在此兴建。商埠地逐渐繁荣起来，并成为老城区与满铁附属地之间的一片过渡区。

清政府被推翻后，以张作霖为代表的奉系势力逐渐强大并最终掌握了北洋军政府的实权。为了强化自身发展，张作霖将沈阳作为自己的根据地，在政治上，同时也在经济上，一面与日本抗衡，一面又借助日本的力量，在产业发展和城市建设上大量投入，大搞基础性建设，又从力图摆脱日本干扰的目的出发，将实力重心从一直被他控制着的老城区向东部和北部转移，建设发展起了大东-西北工业区板块。通过“铁道竞赛”，大力发展军事工业，先后规划建成了以奉海站为核心的奉海市场，以东三省兵工厂为核心的大东新市区以及以迫击炮厂、飞机制造厂、皇姑屯铁路工厂等大型工业为核心的西北工业区。这一城市板块由若干城市空间组团所构成，组团中心为大型工厂，周围围合生活辅助设施、城市公建、市政设施和城市绿地。

1931年日本发动九一八事变侵占沈阳，将沈阳作为侵华的后方工业基地，倾全力投入建设铁西工业区，使这里成为了区域规模宏大、大型工厂云集的工业集群区。该城市板块是根据伪满洲国制定的《大奉天都邑计划》实施建设的，是日本设计师从巴洛克式的城市规划思想向实用主义规划思想转变的一个典型实例。在规划中明确体现出了强调功能和用地合理分区、强调交通的系统组织、强调工作与居住等城市机能协调发展的现代主义规划宗旨。

2. 各板块与城市的整体关系

铁西工业区板块形成于日本全面占领沈阳之后，沈阳其他城市板块的形成却是外寇强入与国人抗争等多头势力相互博弈的结果。近代沈阳社会动荡，执政主体在很长一段时间内多元并立，各自掌控一方。最早形成的老城区和满铁附属地两个板块分属中日两方辖管。在日本殖民势力强控下的铁路附属地，行使独立的行政权、警察权和兴办产业权。后期日人在铁路西侧开辟的铁西工业区更是成为了日本占领东北后进行全面侵华战争的后方工业基地。由日本控制的城市板块自成体系，它与同时并存的老城区尽管同处一城却形同异国，相互之间的文化与物质交流受到阻隔。

在本土势力和外来影响双重作用下的沈阳城，这一时期的城市空间规模迅速扩展，表现出明显的板块式增长特点，老城区外陆续出现的几大板块与老城区共同构成了整个城市的雏形，也形成了它的基本构架。各板块建设自成体系，尽管板块内部有所规划，市政设施也较为完善，但直到“大奉天都邑计划”出台之前，并没有过从城市整体角度着眼的总体规划与思考，总体布局较为零乱。撇开其殖民性质而仅从城市空间的构建角度而言，“奉天都邑计划”是首次从沈阳全城着眼，对原分片形成的城市实况进行整体性调整和完善。然而，除铁西工业区和满铁社宅区两个片区之外，这一计划的大部分并未得到实施。

近代沈阳城主要在以下方面体现出城市整体空间系统和联系的薄弱性：

（1）各板块处于相互游离的松散状态，呈现出明显的拼贴效果，城市空间结构缺乏有机性，比如城市整体形态和功能空间结构缺乏秩序性，业态布局不明晰也不均衡，原本明晰的城市中心模糊化，转变为多中心状态。

（2）自成体系的道路系统，各板块各自为政，道路形态繁杂而缺乏规律，板块之间交通联系不顺畅，也缺乏对道路的全城性统筹布置。

（3）独自发展的市政设施，不仅体现在各板块发展进程的先后、快慢差别上，也由于最初市政设施的布局立足于局部片区而缺乏整体性的结构布局，对后来的发展形成了一定的局限和障碍。

（4）建筑发展不平衡，体现在建筑艺术、建筑技术和材料方面：由于受到板块之间的封闭型与独立性的影响，不同板块中的建筑设计、建造技术和建筑用材在发展程度和水平上都显示出明显的区域性差异。而在建筑形态方面，也由于不同板块设计师群体的不同，设计理念和设计手法都具有片区个性，比如虽然同为西洋古典样式建筑，但在不同板块之中又各有所异。

这既是该时期城市缺乏统一规划和建设的结果，更是当时的政治制度与经济形态的必然产物：多元化的政治经济体系所导致的多元结构的城市形态。

第一节　老城区——西洋风最难攻克的传统堡垒

老城区的范围包括至今已有2300年历史的清代皇城的内城部分，也称为“方城”、“盛京皇城”，也包括围绕在它外面的清康熙年间建成的外城部分，也称作“关城”。老城区整体也又被称为“坛城”。

它是沈阳城中最早形成的部分，也是沈阳城内唯一一片形成于古代，又延伸到近代，再至今天的城市板块。其他几个城区板块都是沈阳进入近代之后在老城区周围陆续发展起来的，是沈阳城市空间在近代的扩展部分。

一、城市构架的恪守与建筑的转型

老城区是按照中国传统王城模式建造起来的（图2-1-1），皇宫居中、左祖右社、面朝后市……具有典型的汉族城市特点，同时也在许多方面反映着满族的建城理念：择高而居、宫殿分离、宫城空间交叠、八旗分理……当这样一座古城携带着它的鲜明特色进入一个完全不同的时代——以西洋文化为主流的近代时，它所面临的矛盾非常突出——东、西方文化之间的冲突：究竟谁给谁让步？在哪些方面让步？在什么部位让步？让到什么程度？怎样退让？

（一）延续至今的城市构架

进入近代之前，老城区的位置、规模都一直承续着沈阳古城的发展轨迹，没有大幅度的迁移，没有大规模的空间扩展，只是在城市的建设水平、空间格局和等级规格方面不断提升，特别是经过

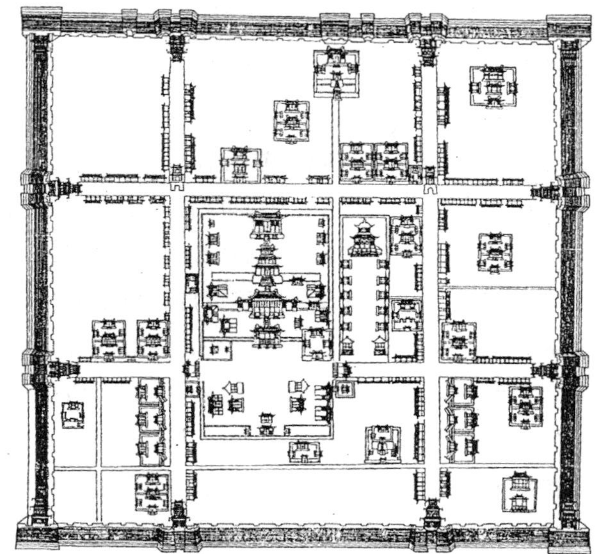

图2-1-1 盛京城阙图——作为清代都城留至近代沈阳老城区的空间结构图（来源：http：//image.baidu.com/search/原图藏于中国第一历史档案馆）

历史的长期铸就与磨合形成了具有鲜明特色的城市构架。

天命十年（1625年），努尔哈赤迁都沈阳。由于做出迁都决定的过程十分紧促，对明代的中卫城未进行事先改建，边用边修。

方城的实质性变化始于清太宗皇太极登基后的1631年（后金天聪五年）。壮志勃勃的皇太极为满足其建立独权专制的政治体系和全面向农耕经济过渡的经济转型期的需要，对城市的空间结构进行了较大的调整：在明代城郭的基础上，扩大并加高了城墙，封堵、拆除了原有的四个城门，在方城的每边各开辟两个城门，并修筑了八个城楼、瓮城和四个角楼。城门的位置与数量决定着城市动线的布局，沈阳城由“十字形”的主干道系统变为四条主干路两两垂直相交的“井字形”街道系统，城市空间结构也由“田字形”改变成了“九宫格”。至今沈阳方城地区仍保持着当年的空间形态。皇太极将其父努尔哈赤所建的宫殿连同他为自己在其西邻增建的“大内”宫殿群一并纳入到“九宫格”的中核街坊之中。方城的这次改造虽在位置和规模上变化不大，但对城市的空间格局来说，却触及筋骨，产生了质的飞跃，完成了向“王城”规制的转型。重建的沈阳城宫殿居中，面朝后市，左祖右社。此后，皇太极听从西藏喇嘛的建议，又分别在城外东、西、南、北四个方向距城5里之处建四塔四寺，以保城市平安，万事调顺。康熙年间，在此基础上又修筑了外城——以井字街向外延伸，砌造近乎圆形的外城郭墙。在外城郭墙上也开设八个城门，称之为“边门”。至此，老城区形成了内外两重城郭，四周各设一塔护卫的完整格局。老城内城为皇城，也称“方城”；外城称为“关”或“关城”；老城区整体也被称为“坛城”。

近代沈阳，又在老城区的周围建成了四大城市板块（满铁附属地、商埠地、大东-皇姑民族工业区和铁西工业区），这些板块从城区的整体构架到大多数单体建筑都是近代之后开发建设的结果。只是当时不同板块归由不同方面管理，又由不同的设计师和使用者具体运作，因而各显特色。但是，它们属于同时代的产物，具有时代的共性。唯独城市与建筑基础深厚的老城区与众不同。

西洋风格对老城区影响最大的部位是在老城的边界部分和主要街道的两侧。

随着沈阳城区空间的扩大，各城市板块的陆续形成，被围绕其中的沈阳古城成为城中之城。标志着老城界域的内城和外城的城墙以及依附于城墙的城门、城楼、瓮城、角楼、护城河等防御设施失去了它们原有的功用。为了腾出更大的城市空间以适应城市功能新的发展，它们或被拆除，或被占用，或被填平，最终全部消失在城市现代化的洪流中（图2-1-2），原本封闭的老城空间于是被融入近代沈阳的大城域之中，原本十分明确的内、外城边界变得模糊，以致消失。

体量相对庞大的“西洋楼”既是商家经济实力和经营策略的广告牌，也是城市空间开发和土地市场的指路灯。在故宫后面的商业街市中，街上最大

图2-1-2　正在被拆除的瓮城和城门（来源：http：//image.baidu.com/search/）

的两家商铺——吉顺丝房和吉顺隆丝房于1928年相继在道路北侧建成，它们成为了当时老城内最为华丽的两幢洋式商厦，顿时打破了原本由路侧低矮的传统建筑所构成的文化与空间秩序。建筑体量的增长与路面人车流量的增加，使得街道宽度需求也相应增加。于是，奉天政府当局在1927年作出了拓宽中街道路的决定，次年实施。原先位于中街两端的钟楼和鼓楼也因有碍交通而在1929年被拆除。

老城街坊之内空间格局的变化相对缓慢而量微。以四合院与"趟子房"为街坊构成单元，按平面拼合、增长、分划而形成的小街巷，秩序性和规律性都不明显，只是大致可以分为宽窄两级。由稍宽的胡同再分支出略窄者，无论宽窄，皆无南北或东西的定向规制。胡同有直有折，有顺畅有蜿蜒，有通达有断头——遇院落、遇房屋则转、则止。西洋建筑呈散点式嵌入到街坊之内，且以宅第为多，数量和比例并不占优。老城区街坊的格局在近代未发生重大变化，街坊之内的大规模建设开展于沈阳解放之后。

这些变化毕竟局限于街道的空间尺度和局部的形态方面，老城区的内城外郭和坛城结构、城内的井字形道路系统和九宫格式的城市空间格局并未被伤及筋骨，老城的基本构架被完整地保留了下来。

老城中的建筑则发生了"新陈代谢"式的变化。一些建筑被拆除，被新建洋楼所替代，或被洋式门面所更新。但更大量的建筑得以保留。被陆续拆除的建筑有一些王府宅邸、两院六部衙门院落、社稷坛、风雨坛、堂子等，而存留下来的是大多数。原盛京皇城"前朝后市，左祖右社"的经典布局虽已不完整，但尚存者大多仍实质性或象征性地行使着它们原本的城市职能，如：老城中央的中心庙和盛京宫殿建筑群、位于故宫南面的影壁、朝房、盛京将军行署、帅府；位于故宫后面的中街商业区；故宫中路东侧的太庙以及镇守于老城四方的东、西、南、北四塔……中国的传统文化值守在这一方古老的城区之中，在维护中国传统王城构架的前提下，迎接着西洋文化的挑战，并促成了二者之间的相互融合与变异。

（二）建筑转型的曲折进程

西洋风格对老城区建筑的影响大致分为三个阶段。最初是由西方传教士挟裹而来，随着教会活动的开展，在老城的外城内外建起了沈阳最早的西洋风格建筑。尽管这些与众不同的建筑采取了十分克制并尽力融入本土文化因素的姿态，但仍令国人大开眼界，第一次在自己的国土上看到了实实在在的"西洋景"。第二阶段是在当时政府的倡导下师效西方文明，在政府机关、官办银行、学校等部门率先采用由中国设计师模仿西洋样式设计的建筑。这种由中国政府引导的自上而下的西洋化，影响远远大于由西洋人建造的洋楼所产生的作用，成为了洞开老城大门、迎进西洋建筑文化的序幕。第三阶段是在当局的支持下，民间社会在商界的带动下，由本土设计师所刮起的一股自下而上的西洋化之风，它成为了西洋建筑普及化、本土化的一场运动，在很大程度上转变了老城区的建筑风貌，引发了老城区建筑的转型。

1. 西洋风艰难进关更难以进城

事实上，法国传教士带头在东北开埠之前，于1838年（清道光十八年）即已来到沈阳，试图在这里为洋教的传播打开局面。然而，由根深蒂固的东方文化哺育的沈城人却不接受，视其为异端邪说，使得最初的传教活动开展得很艰辛，也无从形成建筑活动的条件。

1861年营口开埠，进入东北的通道被打通了，大量的西洋人从营口转道东北各地。首先进入奉天的还是西方教会的传教士。这一次尽管仍旧曲折，但他们借助各种条件终于有所斩获，在传教的同时，也兴建了许多教会建筑，只是这些建筑仍难进到内城之中。其中最有代表性的是一座天主教堂和一座基督教堂。

1861年，法国天主教神父方若望受法国巴黎“外方传教会”的委派来到奉天。在他的努力下，天主教在奉天立下脚，发展了一批教徒，并逐渐形成了一定规模。1875年（清光绪元年），方若望开始筹建天主教堂，3年后建成。尽管奉天当局已无力与外来势力形成全面抗衡，但是仍处处作梗，使外来势力难以进入老城内城。由外国传教士修建的宗教建筑主要分布在老城的外城之内（关城）或城外的郊区。由方若望神父主持修建的一组教会建筑坐落在天佑门（小南门）外的关城之中。其主体建筑为耶稣圣心堂（又称“小南天主教堂”、“南堂”），它完全是一座按照欧洲教堂传统模式在奉天建造的复制品，是沈阳城内第一座典型的哥特式建筑（图2-1-3）。在这一组建筑中，还包括有育婴堂、养老院、神学院、修道院、主教与神甫的住宅等附属建筑。

基督教则比天主教早3年进入奉天。1872年（清同治十一年），苏格兰基督教长老会派罗约翰牧师来奉传教。当时恰值奉天水灾，罗约翰带领初建的基督教会放赈救民，获取民心，教徒大增，遂于1889年（清光绪十五年）在抚近门（大东门）外修建了“东关基督教堂”（图2-1-4）。这座建筑充分体现了基督教贴近社会大众的教义宗旨，不强调建筑的华美与壮观，而是在体现教堂建筑标志性特点的同时，努力尝试与地方文化相结合，力求融入老城区文化环境并取得当地社会的广泛认同。在平面为矩形的双坡顶礼拜堂的前面，建造了一座教堂建筑的标志性塔楼，其外廓与比例均遵照欧洲教堂的模式。特别是下边三层的“基座”部分，以西洋风格为主：高耸的塔楼、三段式的立面构图、下大上小的建筑体形、拱券式的门窗洞口……然而，十

图2-1-3 1900年被烧毁前的天主堂（右下为已部分被毁的天主堂）（来源：爱在百年 1912—2012）

图2-1-4 1900年烧毁前的东关基督教堂（来源：沈阳都市中的历史建筑汇录http://image.baidu.com/search/）

分特别的是在建筑的顶部，将一般教堂高高耸起的西洋钟塔变成了一座完全中式的十字交叉歇山顶的二层亭阁，为追求整体构图风格的协调，又将一些中式传统的手法运用到西式风格的基座上——将基座第三层的女儿墙做成城墙垛口造型、在侧面采用了佛教建筑中常用的圆形窗洞、各部位门窗皆采用中式的木质门窗……作为一座洋教建筑，它与其原生地教堂形式形成了巨大反差；作为一座当地的舶来品，它与周围环境有所对话却又鹤立鸡群。早期在奉天传教的英国人司督阁在他的著作《奉天三十年》中这样来评价这座教堂："……教堂完全按照中国的风格建造，能够同时容纳七八百人做礼拜，并有一座基督徒们引以为自豪的塔式建筑。……教堂没有给人留下外国人统治的印象。"由此可见，外国人十分在意当地社会对其是否接受，希望他们的教会与教堂能够融入本土文化之中。另外，他们所认为的"完全按照中国的风格建造"，其实仍难脱开自身长期以来所形成的西洋文化习惯的羁绊，骨子里的西洋味总要在中式装束的外表中显露出来。若换一个角度看问题，从外来文化移植地过程中应努力探索与本地文化与技术条件相结合的角度出发，从建筑创作应避免克隆、努力创新的层面看问题，这座建筑在当时的出现具有探索性和示教性的积极意义。

1900年，上述两座教堂建筑以及城中的其他教会建筑都毁于义和团运动。此后，根据"辛丑条约"中的庚子赔款约定，奉天当局向英法教会分别进行了赔偿。两座教堂和其他教会建筑均得以重建。

1908年，法国巴黎大学毕业的梁亨利神甫亲自设计并主持了耶稣圣心天主教堂新楼的重建工程。[①]1912年，新堂落成并保留至今（图2-1-5）。新建教堂采用砖混结构，青砖素面。建筑呈现为典型的哥特教堂样式，这是国内外教堂建筑中一种十分常用的样式，但它的壮观与华美却令人至今赞叹不已，始终被当地人引以为骄傲。

该建筑的最大特点及其对近代建筑发展所做出的贡献，在于它以本土做法去实现哥特式空间与形式的技术创新所取得的重大突破。鉴于当时本地工匠不熟悉以石筑屋和尚无红砖、水泥的现实条件，创造性地采用了诸多以简代繁、以土替洋的办法。比如建筑以青砖为主要砌筑材料，但采用的却是法式砌筑技术。包括砌筑束柱和作为塔尖的青砖装饰构件，都是梁亨利神甫在当地自行烧制的。大堂天花本应以砖砌发券形成十字拱肋，再以混凝土浇筑形成肋间拱面，由于当时既没有掌握砌筑十字拱发

图2-1-5　重建后的天主堂

① 法国天主教会为梁亨利神甫撰写的悼词："……De 1905 à 1915 il fut provicaire de S.E.Mgr Choulet. En 1935, il fut nommé directeur de l'imprimerie de la mission de Moukden. Architecte, il construisit, entre autres é glises, la cath é drale de Moukden (1910) et celle de Kirin (1927). Musicien, il installa les grandes orgues de la cathédrale de Moukden et celles de la cath é drale de Séoul……"

券技术的工匠，又没有用来浇筑拱面的混凝土，于是，以本地熟悉的板条抹灰方法模仿十字拱形天花，并在“假肋”上面施青灰抹面，再以线条绘砖缝，并画图案模仿雕饰，达到仿真的效果。屋面则以三角形木屋架搁置在柱与墙上，有效地简化了结构难度，也避免了由拱券所带来的侧推力，因而建筑得以略去了复杂的扶壁构造。该教堂堪称是在满足业主对于西洋样式的要求的前提下，以本地材料与技术替代西洋做法的经典之作，是东西方技术相互融合的代表作，它给西洋建筑在中国的落地提出了课题，又聪明合理地使它得到了破解，从而促进了西洋建筑的再发展。所以，它不但不是“降低了标准”，而且还包含着再创造素质的“高层次”的结晶，在沈阳近代建筑的发展过程中，具有里程碑的意义与价值。

与小南天主教堂同处一个院落，同时建造的还包括一组教会建筑。其中于1897年建成的育婴堂和养老院也是在1900年被义和团烧毁，又于1911年得以重建。该建筑也是典型的哥特式风格（图2-1-6）。它以三角形的建筑山墙面作为主立面，三座拱券式门架、一高两低的尖塔使建筑造型充满活力。它又与周围的58间硬山式平房建筑形成了和谐构图。1926年，又在天主教堂的西侧由罗克格·雷虎公司设计建造了一幢建筑面积为2700平方米、4层高的主教府。加上教堂东侧的两进四合院，教堂院落总面积达9000余平方米。

继小南天主教堂重建之后，又在关城内外相继建成中法中学、光华小学、惠华施医院等天主教会附属机构。

东关基督教礼拜堂重建于1907年。该教堂活动区域为一个南北向的矩形院落，主入口设在南面。教堂置于院落中央，附属门房与平房院落设在东、南两侧。

新建教堂的规模与被毁前大体相当，但建筑样式却变化很大（图2-1-7）。这一次采用了不对称的布局，塔楼偏在正立面的西侧，平面为矩形的大堂按教堂建筑的通用模式，将山墙朝向主立面方向，并在山面上设主入口。建筑的外观简洁而朴实，没有施用过多的装饰与雕饰，只是在窗洞形式上将圆窗、拱窗和矩形窗有机地组合，墙面开洞构图甚为规矩。建筑的基本外廓仍为西式教堂的典型形式，其特点主要体现在屋面形式上，以中式屋面作为建筑的主要构图因素，并以此作为传递它与已毁教堂之间沿承关系的信码。以一座四角攒尖式屋顶盖在塔楼上，大堂则采用两坡尖脊式屋顶，在主立面上形成三角形的山面，又在主入口上面以半座四坡顶构成的披檐作为主入口雨篷。屋顶均施布瓦。正是这三种形式朴实的屋顶组合，令建筑本来十分简单的造型大大丰富。

图2-1-6 育婴堂和养老院（来源：http://image.baidu.com/n/（明信片））

图2-1-7 重建后的东关基督教堂

大堂内部木屋架明露，一排排拱形木排架与墙壁上附加的三角形托架组合成“立体天花”，极有装饰性和韵律感，有效地烘托了大堂的空间气氛。

相对于被毁的老教堂，新教堂的设计手法有明显改观，但它对基督教会基本理念的恪守依旧，并使这些理念在建筑中得到充分体现，即尽力靠近当地的平民文化，采用容易被人们普遍认可与接受的建筑外观和空间形态，而不追求过分的华丽。

1883年，受苏格兰联合长老会派遣，毕业于爱丁堡大学医疗传教士学院的医学博士司督阁（Dugald Christie，1855-1936）从营口来到奉天。第二年，他在外城大东边门外的小河沿正式开诊，并建立了沈阳第一所西医院——盛京施医院。1896年，又扩建了女医院和西医学堂（图2-1-8）。司督阁以赈灾救民、布道施医的名义以及他精湛的医术和淳朴的医风为他在奉天的活动赢得了社会的信赖。只是几年后在义和团运动中，他的初创成果以及医院建筑都被焚毁。这场运动之后，清政府迫于外强的压力转而镇压国内的反抗，为外国人重新提供优惠条件，使英国人先前迈出的步履又得到了继续。1903年，司督阁在得到赔偿的英国基督教会的支持下，再返奉天小河沿，重整旗鼓，兴土木，建医院。首先，重建了女医院，1907年，重建的男医院也相继竣工。奉天当局又在盛京施医院的东侧拨地一块，并筹款组建奉天医科学院。1909年，奉天医科学院正式成立，司督阁一面要求从英国增派医生，一面着手增建相应的建筑与设施。1912年，全部建筑建成，学校改称奉天医科大学，后又改名为盛京医科大学。建校初期，校园内还建有礼堂、活动室、图书馆、教授宿舍和操场。主体建筑为一幢平面为方形的四层楼房，砖木结构。楼内设有实验室、化验室、解剖室、陈列室等。建筑采用青砖清水外墙，层间有砖砌叠涩腰线，窗间以凸出墙面的扶墙壁柱形成竖向划分。屋面为绿色的铁皮顶，设凸出屋面的老虎窗。室内采用木屋架、木楼板和木楼梯。校园内的其他建筑也都采用简化的英式做法，如宿舍楼，即为对称式的具有哥特倾向的两层砖木结构建筑。

作为早期进入老城区的西式建筑，从一开始就普遍地体现出本土化的倾向，其中包括在导入西洋建筑形式时被动地索求当地材料与技术的支撑，进而以具有一定创造性的做法替代其原始做法，也包括建造者主动谋求对当地文化的纳入，主动探索融入当地社会环境的意愿。这种对本土化的夙求为此后在沈阳建筑近代化进程中，中西文化与技术的相互融合、相互促进构成了重要的铺垫。

2. 当局的主动接纳及其带动作用

直至1840年，外国列强的大炮轰开了国门，也惊醒了国人。强大压力之下，常年闭关自负的东方古国终于认识到走出门去学习与引进外国先进体制、文化与技术的必要性。清政府终于作出了“新政”姿态，1901年下诏变法。但随后的日俄战争，干扰了东北新政的步伐，刚刚开始就暂时驻足。两个外族在中国的国土上为争夺在华利益而大打出手，战争的受难者必然是中国。战争中，奉天老城城郭、奉天大学堂、同善堂附设的

图2-1-8　盛京施医院

施医院、奉天两级师范学堂、小学堂和蒙养学堂等都受到了破坏。最终日本打败俄国更令清廷震动，意识到改革的必要与紧迫。

奉天新政主要包括：政治上，改革旧机构，实行新官制；军事上，设立东三省督练处，以编新军，整顿军务；经济上，振兴实业，加快发展；文化教育上，废科举，兴学堂。实在而言，清政府的新政并没有在政治上有所作为，但由此而发展起来的西方文化，包括西式建筑却在上述打算施行新政的各个领域得到了充分的引进与展示。

清帝于1906年9月1日宣布“预备立宪”，颁布九年预备立宪诏——揭开了政体改革的序幕，启动了中国由君主专制制度向资本主义民主制度转变的进程。此后，设立代议机构等一系列改革内容逐步展开，筹建资政院和谘议局的动议被正式启动。

清末的“新政”和“预备立宪”催生的谘议局建筑，几乎全部采用了西方古典复兴和折衷主义的建筑形式。在引进西方政治、观念和制度的同时，也顺便引进了西方的建筑思想、形式与技术。其实，这也是顺理成章的过程。中国本无这种议会及其活动的功能需求，也没有适应这种需求的建筑形式。新功能所要求的新的建筑空间，连同实现这种空间的建造技术和艺术表达形式，在本无排斥环境的条件下，堂而皇之地登堂入室就是必然的。

奉天省谘议局建筑（图2-1-9、图2-1-10）位于今沈阳市沈河区桃源街118号。原建筑群由三幢西洋风格的主要建筑组成，呈三合院形布局。合院广场中央是一座圆形的西式花园。建筑群周围设围墙，面对主议场建筑辟院落大门。它是当时奉天城的市政中心。

谘议局的中心建筑是议场大楼。它的设计明显模仿了当时欧洲城市的市政厅建筑样式。二层建筑中央为议场大堂，高高隆起的圆形穹顶成为议会建筑的典型标志。朝向中心广场的一面呈弧形前凸，局部加高为4层，形成三开间的主入口立面，并在两侧分别以高起的两座三角形山花与它作为呼应。4层高的主入口立面，以八根爱奥尼柱两两相叠形成二层柱廊，并在二、三两层设挑台强调入口的构图地位。门窗皆以拱形开洞……处处显露出巴洛克的装饰风格。

两座辅楼位于其前面两侧，二者呈同样风格、同样层数、同样规模的对称式布局。现仅存的一

图2-1-9　奉天省谘议局（中为主议场两侧为配楼）（来源：http://image.baidu.com/search/满洲日日新闻创刊十周年写真纪念帖）

图2-1-10　奉天省谘议局现存的配楼

座辅楼平面呈"L"形，单面走廊布置在朝向中心花园一侧，原为外廊。这种外券廊曾被广泛地应用于欧洲的议会建筑之中，成为议会建筑的一种典型模式。因此，最早出现在中国各地的谘议局，如广东省谘议局、湖北省谘议局和江苏省谘议局等都把它当作议政建筑的象征搬用过来，即使是地处寒冷地区的奉天省谘议局也不例外。但它毕竟无法适应当地的气候条件，后期被迫改成内廊，故其现状为单侧内廊。这座早期欧式外观的建筑，基础的做法仍沿用了地方传统技术，仅在建筑承重墙下挖沟槽，下铺垫层，继而直接砌筑砖墙。建筑地上2层，砖墙承重，屋面采用三角形木屋架的西式两坡顶。小材梁上架以截面6厘米×8厘米的木方，再铺木望板，外挂铁皮屋面。经过力学计算的三角屋架在沈阳地区出现，这是最早的实例之一。外墙以青、红两色砖按三顺一丁交相砌筑。青砖主要用于承重的外围护墙体，红砖主要用于雕刻窗柱、壁柱和柱头的砖饰。承重墙厚约400毫米，并以砖砌壁柱加强其承载力。内隔墙为板条抹灰墙。建筑外观整体以青色为主，点缀着精美的红色壁柱和砖雕，肃穆而绚丽，庄重而动人。建筑立面采用三段式，窗间和建筑转角按等间距设壁柱。壁柱采用了非标准的爱奥尼和塔司干两种体系，塔司干柱式集中于南立面，其他立面为爱奥尼壁柱。柱身略有收分，无凹槽。窗洞发券起拱，分为扇面券和圆券两种。二层窗洞口为扇面券，无锁石；一层窗洞口采用圆券，券中有锁石。两层之间以凸砖砌出腰线。东立面上部为两侧呈曲线的三角形山花，具有巴洛克样式特征。装饰性的砖雕融入了中式元素：壁柱柱头的大叶两侧配毛茛叶涡卷与中国纹饰组合；檐下砖雕呈现出斗栱形态；檐下和层间的水平腰线又饰以用砖砌成的具有藏式"叠经"形态的饰件（类似做法也出现在沈阳故宫建筑中）；侧面女儿墙则用青砖砌成透空的花墙，好似本地民居屋面"花脊"的做法。

除此之外，由奉天当局官方出面建造的洋式建筑在老城区相继落成，如官府建筑类的奉天行省公署、奉天省民政司、奉天学务公所，为发展实力的金融与技术交换类的大清银行、工艺传习所、盛京讲武堂，新式学堂类的奉天女子师范学校、奉天高等实业学堂、奉天政法学堂。

这些由官府主持修建的从内容到样式都为西洋式的建筑具有某些共性：大多是用青砖砌就，以地方材料和技术营建新式的功能空间；建筑样式追求华丽、柔媚与壮观，装饰的味道很重，带有对洋风建筑明显的模仿性，并且这种模仿经常集中在建筑的重点部位，如正立面、主入口等处，喜欢使最具西洋形态特征、最热烈的样式片断浑然一体。这为后期老城区民间兴起的"仿洋建筑风潮"起到了一定的启发和示范作用。

3. 中西样式杂糅局面的形成

西洋教堂令全城人民大开了眼界，换来的却仅仅是赞而叹之，观而不为。然而，政府的示范作用一下子就引发了老城的"建筑变脸"行动，社会观念很快转化为以洋风为时尚，并付诸实为，纷纷效法。社会上的各行各业，对"时尚"最为敏感的，莫过于商业。老城之内的商业区——中街自然首当其冲，反应最为强烈。

中街位于皇城之内故宫建筑群的后面，是按照中国传统的"面朝后市"的营城规制，在这个都城之中所形成的商业街区。

1627年（天聪初年）继承王位的皇太极将原沈阳中卫城的四个城门改为八个城门，"十"字形街道改成"井"字形街道，令包括此前即已部分建成的盛京宫殿恰恰位于这个"井"字的中央，并按照"面朝后市，左祖右社"的格局将这座原本的军城改造为都城。在故宫两侧街道与后面横街的交叉口处，分别建造了钟楼和鼓楼。两门楼之间是一条东西走向，长为174丈、宽为3丈5尺的街道，取四季平安之意，命名为"四平街"，由于它位于老城中央，也称"中街"。它处于中国传统都城第一街的地位，使得这条街从建设伊始即店铺鳞次栉比，顾客摩肩继踵，历来十分繁华。

清代中街的中间是一条用三合土夯成的两丈多宽的道路，旁边有宽约一尺的流水明沟，没有专设人行道。车马行人十分不便。街道两侧设有台阶，台阶之上的各商号均为一层的坡顶瓦房，檐牙相连，挑檐覆盖在台阶上空，靠巨大而夸张的招幌渲染街面的商业氛围。1906年（清光绪三十二年)，在中街修筑了石子马路。1909年（清宣统元年）九月，随着电灯厂的建立，中街开始有了电灯照明。

当时，满族的妇女擅长手工刺绣，因此对丝线的需求甚迫，于是，经营丝线的作坊“丝房”在中街应运而生。这些作坊的业务后来扩大到了百货销售。中街是沈阳城内“丝房”最大的集中地，不仅有大批本地的商铺，外地商贾也纷纷来此行商寻利，经营绸缎、布匹、鞋帽、服装、钟表、眼镜、文具以及其他杂货。从关内来到这里的金融界财东相互竞争，逐渐形成了“黄县帮”和“永抚帮”并驾齐驱的两大派势力，成为中街商业网的支柱。

民族工商业的欣欣向荣，促进了中街建筑的发展与更新。在外观的“洋”被等同于质量的“优”与时尚的“新”的时代，那些以求异取胜、以猎奇揽客的商人们，更要不失时机地借助西洋风格来装点自己的门面。于是，西方建筑的影响就不可避免地大规模渗透到了这个中国老城的中心。

1919~1930年，各商号甚至军阀都争先在中街兴建门市店屋。峻大茶庄、朝阳新金店最先在路北盖起了二层楼房。1925年之后，老天合丝房（今市农业生产资料公司）、谦祥恒（今体育乐器专业商店址）、裕泰盛（今省纺织工业交易中心）、同义合（今呢绒丝绸商店）、吉顺昌（今呢绒丝绸商店）、谦祥泰（今纺织品商店）、兴顺西（今沈河区邮局）、吉顺洪（今针织品商店）等商号又先后盖起了三层大厦。

中街最引人注目的建筑是吉顺丝房（今市第二百货商店)和吉顺隆丝房（今车辆电讯商店)两座欧式大楼，二者均出自沈阳著名建筑师穆继多之手。穆继多1926年毕业于美国哥伦比亚大学矿冶专业，他采用折衷主义设计手法，将西洋建筑的多种古典造型要素杂陈。例如吉顺丝房为面阔七间、高4层的大楼，全部采用钢筋混凝土，建筑主立面一、二层外墙加建通高的爱奥尼式壁柱，三层各间窗户又围以带有三角形山花的文艺复兴式缘框，四层各间窗户则一分为二，并以半圆拱形上框收束。除此之外，建筑师还为二、三、四层设计了造型各异的阳台，增加了建筑外观的光影效果和律动感。不仅如此，他对入口开间也作了特别强调：增加开间宽度并将其略向外凸出，以三角山花作为门楣，改方形壁柱为圆形，最后在入口开间位置的屋顶加建八角形光亭。总之，两栋建筑造型独特大胆，符合一般民众的崇洋心理，又具有商业的广告效应，建成后为业主带来了显著的经济效益，也为中街的面貌大大添彩。

这些极大地激励了奉天当局的建设热情，开拓了建设思路。当局于1927年着手拓宽中街道路，将原三丈五尺宽的石子马路拓宽为四丈四尺，并要求以吉顺丝房为准，留出一丈一尺宽的人行道，号召临街铺面以吉顺为样板，改建新型大楼或修饰铺面。随后，在吉顺丝房的对面建起了另一座具有洋风特点的带有错层式营业厅的利民商场（今市第二百货商店)。军阀吴俊升又出资建造了一座规模可与吉顺丝房相媲美的4层大楼，租给了泰和商店（今东风百货商店)。3层楼的翠华新金店（今中街储蓄所)、天益堂中药房、内金生鞋店（今针织品商店)等40多家商店也相继而起。这些建筑中的多数在平面布局上并无明显变化，仅在建筑主立面上以壁柱、拱券、三角形山花、宝瓶栏杆等片段模仿西洋建筑样式，又在建筑结构、装饰纹样等方面保留了传统的手法，形成了所谓“洋门脸”式建筑。于是，这条原本地地道道的中国

图2-1-11　30年代的沈阳中街（前称四平街）（来源：http：//image.baidu.com/search/民国奉天城内满洲人街景明信片）

传统商街变成了一处土洋风格杂糅、多种文化混合的城市空间。

1929年拆除了钟楼和鼓楼，1930年铺设了柏油马路。这个时期，是中街商业和建筑发展的高潮期。至此，中街与中街建筑的规模和形式已基本形成（图2-1-11）。

（1）协调的体量关系

中街是一条很有特色的街道，这不仅由于它所形成的历史背景、姿态丰富的沿街建筑及其重要的地理位置与经济地位，同样非常重要的一点，在于它两侧的建筑体量具有十分协调的整体性。

从它形成的那一天起，中街建筑体量的这种协调关系就已存在，只不过是随着街道的加宽，街侧建筑也按着恰当的比例有节制地加高。建筑高度与街道宽度之间始终保持着宜人的尺度和比例关系，街道整体的轮廓线低缓而略有起伏。仅几幢商业楼，如吉顺丝房、吉顺隆丝房、泰和商店等略微突破了中街的高度界限，为4~5层，其形态华丽、热烈，无论体量还是造型在中街建筑中都格外引人注目。它们的位置分别靠近鼓楼和钟楼，处于中街的首、尾部位，形成了构图重点。非常巧合的是，这些"重头戏"大都在道北展开，从而减少了对街道的遮挡。在阳光的映照下，由于建筑体量本身和正立面上细部的凸凹所产生的阴影效果，使得它们十分生动。

中街建筑的低缓尺度不仅适合其商业推销与顾客购买的需要，它作为故宫群体建筑的背景也是非常恰当的。登上故宫的制高点——凤凰楼，眺望全城，中街的繁华景色尽收眼底。而且，中街建筑的体量对皇宫的中心地位又不会构成威胁，在井字形的老城中部，发挥着恰当的陪衬又具诱惑力的作用。

老城区与中街并非是一次性规划和建设的产物，都是经历了几百年漫长的岁月而逐步形成的。特别是中街，在其始建和发展过程中，各幢建筑的修建与改造又都主要依据各自的目的，但无论全城还是这条街道的整体性和协调性都如一气呵成，很令今人感叹。这也说明当时的城市建设管理部门已具有了明确的城市规划思想和相当严密的管理措施。

（2）中西式样结合的建筑形象

中街建筑处于传统中国式房屋的包围之中，相形之下，其"洋味"尤浓。然而，这里的洋味与商埠地中的洋房又不尽相同。中街建筑大多出自中国建筑师之手，除个别的设计者为早期留学归来的建筑师之外，更多的建筑师并未认真学习过西方建筑的设计原理，甚至对西方建筑知之甚少。他们主要是模仿西式建筑的外观，尽力捕捉西洋建筑外观中那些给人印象最直接、现于表面的形式构成因素。因此，在这股洋风中，明显地融入了设计师和建造者自身的理解，融入了对世俗文化的追求与喜好，融入了创造性的发挥和想象。尤其在这种中心商业区，店主锐意求奇与市民要求热闹的心态交织，那种构图严谨、风格纯正的西洋建筑若摆到这里，反倒会显得呆板和冷漠。于是，街侧建筑上，到处装饰着比例与尺度不拘规范、随心所欲变化着的西式壁柱，欢快而热烈的装饰性曲线布满了圆拱形的凸凹构图："洋"倒是洋了，但与经典的西洋建筑相差甚远，体现的是一种对折衷、扭曲，甚至怪诞的洋风样式的追求。

这种折衷不仅是对各类西洋样式的涉猎与拼凑，还包含了对中国建筑形式的糅合："面朝后市"的封建规矩对它的制约，传统文化在时间和空间上的延续，人们长期以来所形成的生活习惯，都使这条充斥着传统字号店铺门市楼的古街形象无论如何也不可能体现为完全的西式装束。因此，中西合璧则成为中街建筑的另一个特色。

西洋建筑对沈阳传统建筑的冲击体现为不同的层次。一类是由内到外"全盘西化"的彻底追随。这些建筑有的是由中国建筑师师承洋人的作品，有的干脆就请洋人设计。它们主要集中在奉天商埠地之内。另一类虽为数不多，但很有典型性，如张氏帅府的小青楼，外观总体上为中国传统楼房样式，却在局部点缀着洋式建筑装饰，内部主体采用中国传统的木构架系统和东北的地方性空间组合方式，却按照西洋近代的生活方式进行室内装修且采用了舒适的生活设备。这类建筑主要出现在当时某些高官显贵的宅邸中。中街的大多数建筑却是将原本的中式建筑外表筑成"洋门脸"，建筑的内部很多仍为木梁、木柱、木屋架所组成的木构架结构，或最为普通的砖混结构，平面形式也完全沿袭中式格局。它们的外观却不顾内部的格调、材料和结构，生硬地加以石材饰面，并将西式建筑的局部和片断罗列在一起来"装点门面"，同时，其立面仍然运用了许多中式的手法和传统文化的信码。这种中西文化的融合，不论是否为设计者的初衷，都已成为中街建筑所共同表现出来的一种十分有趣的现象。

（3）颇具表现力的建筑符号

也许，当年中街建筑的设计师们并非有意识地运用某些建筑符号去取得中街建筑良好的整体效果。但是，由于所处的历史与文化背景对他们的约束，在中街建筑中，特别是对立面的处理手法，反映出许多具有共性的东西。我们可以把它们进行归纳，提取出一些很富表现力的建筑符号。其表现力，一方面在于对历史与地理背景都作了十分坦率的交代，另一方面，以其相互间的共性及相对其他地区建筑的特殊性，鲜明地勾画出了中街建筑的特色。

中街的建筑符号大体有这样几种：

（1）弧形曲线装饰。类似巴洛克式的弧线在中街比比皆是，有的被用在女儿墙的高起部位，有的被用作门窗洞起券，有的被用在屋面，形成带圆拱顶的西式塔亭，还有的用在阳台的平面方向，形成圆弧状的凸凹。

（2）大量采用阳台。在许多建筑中都以阳台作为立面造型的装饰手段。阳台栏杆一般采用西式的混凝土葫芦瓶形式，阳台和屋檐下均设有装饰性的牛腿，形成非常精致的细部处理。建筑中的阳台有的用在大门之上，作为对入口的强调，有的遍布于每个开间的外墙上，大多以单个重复出现为特点，而很少有连接起来的长阳台。

（3）平檐口与女儿墙的重复使用。一些建筑采用了女儿墙，但更多建筑是将平檐口与女儿墙两种处理手法重复使用。也有些建筑（如原吉顺丝房、原吉顺隆丝房等)则在平檐口上设带有立柱和葫芦瓶的透空混凝土栏杆。建筑正立面的女儿墙往往做成不同高度的凸起，用来丰富立面或强调建筑的主要部位。这些凸起有的呈圆拱形（如今长江照相馆、今工商银行等)，有的为三角形山花（如今龙凤百货商店、今盛京百货商场等)，有的呈阶梯状逐台凸起形（如今中街大药店、今时光钟表眼镜店等)，还有的将这几种形式复合利用，如今中街食品店和今沈州商场的女儿墙都是起圆又起台的，今中街家电维修中心站店面的女儿墙则做成了中间起圆，两侧起角。

（4）二层以上后退形成外廊。包括上述各设计手法，凡使正立面上产生凸凹变化者，多出现在道路北侧的建筑中，因此迎光线而产生的阴影使得这些手法的效果非常显著。更有些建筑将二层以上部分后退，用由此而形成的长外廊造成了更为强烈的体量凸凹。今龙凤百货商店、今中街储蓄所和中和福茶庄等都采用了这种方式。在这些建筑中，其一层立面上的壁柱到二层与墙脱开，并与外廊相结合形成了柱廊形式，颇为别致。

（5）应用广泛的壁柱。中街的建筑大多以壁柱作为立面处理的重要因素，但壁柱的形式却并非遵循严谨的西洋柱式规矩，而是以其中一种形式为基础，在比例上、形状上、样式上都作了大胆的变形。也有的干脆将混凝土的西式壁柱变成大红色的中国样式。当年的设计者全然不介意建筑风格是否纯正，而是完全根据建筑和环境的需要，大胆借用，大胆改造。在这一点上，对今天的建筑创作，也不失值得借鉴的方面。

（6）中西结合的建筑雕饰及装饰性构件。在中和福茶庄和今沈州商场正立面，原本西洋式的高起的圆形女儿墙上，却分别装饰着高高凸出墙面、象征着吉祥如意的麒麟和孔雀开屏的雕饰。西洋与中式手法在这里结合得非常得体，在建筑中起到画龙点睛的作用。这种做法还出现在其他建筑中（如今盛京百货商场正面三角形山尖上的麒麟圆雕和云形图案的浮雕等)。在今东风百货商店等以西洋形式为主的建筑中，我们可以看到二层阳台栏杆一改其他各层的葫芦瓶形装饰，而做成了变形的篆书“寿”字形栏杆，十分别致。其二层阳台下面的牛腿，又做成了出踩的拱形。同样有趣的是，在原吉顺丝房和原吉顺隆丝房中，将出现在沈阳故宫中某些建筑斗栱位置上的反映喇嘛教特点的兽头雕饰加以简化变形用到了二层阳台的下面，代替在以上各层阳台下出现的牛腿饰件。中和福茶庄二层外廊采用了简洁的混凝土栏杆，却与带有透空雕饰楣额的大红柱子结合在一起。另外，中式的窗洞上冠以洋式的三角形山尖窗饰；红、黑色的中式牌匾配着洋式的室外灯具；西式立面上装点着中式廊亭……这些中西手法的结合在中街上屡见不鲜。它是时代的产物、社会的产物，是中街所具有的特殊的政治、经济和地理地位的产物。

中街的变化带动和影响着老城区的变化，它是老城区建筑演变的催化剂与缩影，从它的变化中透视出了老城区建筑在近代所发生的中西文化之间的碰撞与互融。西洋建筑的本土化过程在老城区这块土地上展示得尤为清晰。其缘由部分地来自设计人为体现地域环境所作出的主动探索，部分地来自建造者的知识局限与理念固化，部分地来自具体条件的制约。它们又从一个侧面展示着文化与技术引进过程中的创造性。面对成熟而系统化的传统技术，面对先进又耳目一新的西方文明，既不保守，又没屈膝，不拘于习惯与便当，不甘于直接的效法与克隆，不仅承续了西洋建筑的精华，又充分展示了本土技艺的优势与精湛。西方的文化与技术，充分结合本地条件与特点，经过创造性的改进与提升，实现了新的跨越，登上了新的高度。

二、西洋文化与市井文化的碰撞

西洋建筑文化在老城区落地过程中所遇到的阻力是多方面的，而对其结果产生最大影响的还是来自市井文化的抗衡、碰撞与交融。

（一）本土设计师在建筑转型进程中的作用

因为奉天当局对外国人进入老城区有所限制，老城区的洋风建筑绝大多数由中国人自行设计和建造，只有少量早期外国教会在外城所建教堂等宗教建筑的设计出自外国人之手（仍由当地的工匠和工人建造)。中国设计师又分为两类：一类是曾接受过建筑学专业高等教育的设计师，包括留学归国后从事建筑设计的人员，也包括中国自己培养的专业设计师。我们可以把这类人员称为“学院派设计师”，又可以称作“中国建筑师”。在他们学习的时代，欧洲新古典主义之风尤为浓烈，教学的内容不乏对欧洲古典建筑及其延续性发展的了解与习作，特别是那些曾经留学海外的设计师，他们的亲身经历、所见所住更加深了对洋式建筑的认识与体会，他们熟识西洋建筑的内在与外在规律，掌握了设计原理和方法，出自他们之手的作品在造型风格上大多比较纯正，构图也较有章法，当然，这部分建筑师在当时的设计师队伍中所占的比例少之又少，在沈阳留下作品的也只有杨廷宝等个别者。由中国大学自行培养的专业建筑师则更少，因为建筑学专业在世界上虽然是一个古老的专业，但它被引入到中国高等教育之中却仅有几十年的历史。中国最早的建筑学专业高等教育始于当时的中央大学，该专业于1927年成立，直到1931年才有首批毕业生，而且仅为几人。位于沈阳的由梁思成创办的东北大学建筑学专业在招生时间上应列全国第二位，于1928年正式招收建筑学学生，至1931年，还没等毕业就被日本人将学校驱散。因此，在沈阳，出自中国自行培养的建筑师之手的作品更为鲜见。沈阳近代的建筑作品大多由外国建筑师，特别是日本建筑师完成，余者绝大多数由本地“非学院派”设计师所为。

另一类是在沈阳近代从事建筑设计的本土非学院派设计师，又包括两种人：一种是留学海外学成归国的“洋学生”，但他们在外国所学的并非建筑学专业，如当时创办了奉天多小公司的穆继多即为该类设计师的杰出代表，他们出于对建筑学的爱好和在国外的阅历，回国之后除继续从事原来所学专业之外，又将建筑设计作为自己业务的重要内容之一。然而，更大部分的是第二种本土设计师，他们起初或为绘图员，或为营造厂的工人或工头，通过自学而进入建筑领域。这些设计师具有丰富的工程经验，却缺少专业理论和专业设计的训练基础，对建筑创作思维、设计手法掌握的很少，更对西洋建筑的发展与设计规律知之甚少。正是这样的一批“草根设计师”成为了老城区建筑洋风化大潮的弄潮儿。

（二）官建西洋风建筑的引导与随机的发挥

今天，我们无从了解当年老城区设计师勾画那些作品时的具体构思过程，只能通过他们所留下的这些浸染着近代新风和颇有特点的遗作去探讨他们当时的创作思路。尽管老城区建筑林林总总、各不相同，但它们之间存在着诸多共性，似乎有一条无形的线索引导着、制约着它们的设计思路。所谓线索，出自一些本土设计师（但具有相对高的建筑素养者）在老城区近代化过程中不同阶段所留下的样板式作品，正是这些为推广洋风建筑所打的“样”，使得更多的执业设计师捋着这条线索展开了随后的设计，并将在那些“样板”中所体现出来的精神与做法贯彻到后续的项目之中。

这些样板包括老城区中最先由奉天当局主持建造的奉天大清银行、奉天省谘议局、奉天学务公所、东三省总督府等官方倡导的西洋化“揭幕式”项目，也包括此后由留洋归国的本土非学院派代表人物穆继多设计的吉顺丝房、吉顺隆丝房、泰和商店等引发洋风建筑普及化的标杆项目。

大清银行最初由清政府掌管财政的户部所创办。1905年（光绪三十一年），首先在北京初建“户部银行”，并在全国设立了9处分行。1906年（光绪三十二年），清政府宣布“仿行宪政”，改户部为都支部，遂将大清户部银行更名为大清银行，又在全国陆续增设了20家分行。1912年，“中华民国”南京临时政府将大清银行体制改组为官商合办，定名为中国银行。奉天大清银行是在全国设立的第一批分行之一，旧址位于老城大西门里路南，是一幢以传统青砖砌就的建筑，外观采用了西洋建筑样式（图2-1-12）。建筑中间为三开间的3层楼，两侧的一开间将层数降为2层，以衬托和突出对称式立面构图中央部位的分量。中央部位的顶部采用三角形山花，以9个相互连接的小圆弧形成曲线边缘，并将它延展到两侧二层部分的顶上。再两侧分别是一个平面

图2-1-12　奉天大清银行（来源：http：//image.baidu.com/search/）

为六边形的塔楼，上面覆以六肋小穹顶。窗口皆采用下为矩形、上加半圆的拱形窗。一、二层每开间开窗一孔，青砖叠涩砌成的拱形窗楣层层内收，具有透视感，中间设锁石。第三层每开间为并排的三孔拱窗形成一组。建筑檐口与层间设砖雕，与砖砌叠涩共同构成装饰带。每开间以凸出墙面的方形附墙壁柱形成竖向分化，壁柱采用每层两段的叠柱形式，每段又各含柱础、柱身和柱帽，使得柱子从下到上凸凹起伏又宽窄变化，形体复杂。两侧六边形塔楼的各角部则为圆形壁柱。建筑壮观华美，集多种风格和手法于一身：波浪形曲线山花具有巴洛克的形态特征，三连拱窗又有文艺复兴的立面味道，而在山花上装饰着中国传统的龙纹雕饰，院墙大门两侧分别建有一座中式盝顶+西式墙身的门房，院墙由青砖立柱与洋式铁艺栏杆共构，院落大门上面又施以由城中四平街（中街）上的招幌形态演变来的铁艺造型。不论中西风格、不论样式流派，各种最热烈、最夺目的手法杂糅，拼凑、折衷倾向明显。整座建筑的装饰性极强，处处精雕细刻，缺少收敛与张弛变化，表现出强烈的“匠气”。

与其为近邻的奉天学务公所大楼是一座与大清银行风格极为相似的建筑（图2-1-13）。尽管它在某些方面采用了不尽相同的手法，如以穹顶代替波浪形曲线的三角形山花作为重点构图、以平面的前后凸凹取代立面上的高低起伏，但是它们都在建筑的室内沿用了传统的空间形式与技术做法，而在建筑外观上依然以青砖素面为基础，以夺人眼球的西洋片断的拼凑构成立面形式的重大突破，以中西风格的杂糅和繁琐且无处不在的装饰形成强烈的地域性特色。

正是这些特点，为日后老城区建筑的转型树立了样板。它们之所以能够起到样板作用，一方面在于此前由传教士建造的洋教堂虽然比它们时间更早，但是，教堂毕竟是一种特殊功能的建筑，要将这种洋风洋气推广到其他类型建筑中去，还有一定的思想障碍需要突破；另一方面，来自中国人自己的主动追随，特别是政府的倡导，远比

图2-1-13　奉天学务公所（来源：http：//image.baidu.com/search/满洲日日新闻创刊十周年写真纪念帖）

外界敲敲边鼓的作用大得多。除此之外，近代早期的沈阳仅由两个城市板块组成——老城区和满铁附属地，而这两个板块由不同的主体各自行使着管理职能。直至沈阳沦陷之前，老城区（以及后来建立的商埠地、大东-皇姑工业区）板块由清政府下属的奉天府以及后来的奉天市政公所管理，而满铁附属地则由日本南满洲铁道株式会社和关东都督府（1919年改为关东厅）所辖，二者之间相互独立、封闭。因此，尽管满铁附属地的洋风建筑早期就已经形成规模且体现出较高的技术层次，但在国人心目中它与当地社会存在隔阂，与中国人的生活不搭界，因此它们对老城区的传统文化影响并不直接，更未形成冲击。

在老城区建筑转型形成规模化、普及化的过程中，发挥主体作用的是本土非学院派的设计师。他们对西洋建筑本无了解，又没有“开阔眼界”的条件与经历，面对“新政”大势和社会观念从抵制“夷化”到崇尚“洋风”的转变，老城区中先期出现的“洋楼”的样板作用就十分明显了。因此，后期老城中出现的“洋风建筑”大多都如“先风”附体，明显地映印着这些样板建筑的影子。

此后中街上建成的吉顺丝房、吉顺隆丝房等建筑同样承续了早期“样板建筑”的特质：仍然是重外轻内，重前轻后；仍然是无所顾忌地摒弃被学院派奉为金科玉律的经典格律，随心所欲地以最具特色的洋式片断拼贴成华丽的洋风表象；仍然是蓄意将蕴含于民间的中式传统纹样混糅于西洋装饰之中……只是它们将这一切推上了峰极。这些出自民间设计师之手，出现在更加贴近社会生活的商铺建筑之中，对洋风样式化风潮迅速和大规模的铺开起到了促进和二次样板的作用。

（三）建筑西洋化潮流中的“土特产”

“洋门脸”和“中华巴洛克”是近代沈阳城中出现的具有地方代表性的建筑形式，这两种形式的建筑尤以老城区最为普遍，并从这里向全城蔓延开来。它们的形成正是地方文化与西洋文化碰撞与融合的结果，是本土社会文化意识在近代建筑发展过程中的必然反映。

洋门脸建筑被社会大众广泛接受的一个重要原因，恰在于它相对耗资低、费工少、技术含量不高，而效果明显。因此，它在洋风盛行的背景下很容易被传播开来。特别是对原有建筑的形象改造，来得更为方便和简单：仅仅在中式传统院落的门头、商店的铺面、建筑的表皮……以洋风样式施以LOGO式的、局部的点缀，即可使之得以改头换面。它们常常表现为：内外不一，整体不一，前后不一。对非学院派的设计者和建造者来说，地方性的传统做法更为得心应手；对使用者来说，也更符合本地长期以来的生活习惯。

同善堂仅是在入口门柱、孤儿院门洞和救生门等处，以洋式拱券的洞口、西式纹样的雕饰、洋灰饰面等做法在中式建筑群体之中加以点缀和强调（图2-1-14）。另外，沈阳城中原有三座清真

图2-1-14 同善堂——孤儿院（来源：http://wenhua.syd.com.cn/system/2013/10/29/010211010.shtml）

图2-1-15 “洋门脸”——清真东寺

寺：东清真寺、北清真寺和南清真寺。它们都是结合清真宗教活动行为与习惯并吸纳了中式传统寺院建筑做法形成的建筑类型。在西化风潮的影响下，东清真寺（图2-1-15）将其大殿东侧的主立面改为“洋风”式样，而大殿本身、邦克楼等其他部位仍保留了原有风格。

当然，这类建筑既有其大众性，也不乏优秀者，它们对于引进外来信息与文化，对于后人了解当时的历史、了解当时的建筑与生活，都具有独特的意义和价值。

“中华巴洛克”，是建筑学界对沈阳近代具有西洋建筑形象的折衷主义建筑类型所赋予的专有称谓。

巴洛克建筑产生于意大利的罗马，它本身就有一种象征性的含义，用来指某种争取自由的思想以及超脱理智和纯正规矩的创新精神。巴洛克建筑打着反对理性统治的造反旗帜，主张打破常规，冲破学院派的一切束缚，表现着强烈的反抗精神；它视建筑的形式和装饰重于物质功能和经济条件，追求新奇，勇于打破禁区，尝试各种建筑手法，力求取得反常效果，创造新的建筑形式。

沈阳近代的一些建筑，恰恰类似于巴洛克思潮对学院派经典、规范的反叛。“中华巴洛克”之称，并非指它在具体形象上对巴洛克的模仿，而是将西洋建筑中那些最具洋风特色、最有视觉冲击力的典型片断拼凑在一起，毫不顾忌学院派的“金科玉律”，甚至将中国传统因素加入其中，形成别开生面的“西洋式建筑”（图2-1-16，图2-1-17）。从这一点上说来，它们与巴洛克建筑有着某些内在的、本质上的共通性，而并不在于它们之间在具体形式和具体手法方面的相似。

图2-1-16 “中华巴洛克”——泰和商店建筑

图2-1-17 从中街传播开的中华巴洛克建筑风格（来源：http：//image.baidu.com/search/）

这类建筑为数之众，是近代沈阳城内由本土设计师奉献出的重要的建筑类型。张氏帅府的大青楼、中街上的吉顺丝房、大西关内的谘议局大楼……都是“中华巴洛克”的代表作，而且它们在带动沈城近代建筑发展方面发挥了重要作用。

三、从张氏帅府看沈阳近代建筑的演进

在沈阳老城大南门之内坐落着一座中外驰名的府邸——张氏帅府建筑群。这里是民国时期张作霖、张学良父子主政东北时的官署和私宅。它始建于1914年，1933年最终完成，形成了中院、东院和西院三路风格迥异的建筑群。若加上院外的帅府办事处和张作霖的私人银行——边业银行，帅府总占地面积为5.3万平方米，总建筑面积2.76万平方米（图2-1-18）。

张作霖原为奉天巡访营前路统领。1911年辛亥革命爆发，他趁机率兵进入奉天，并于1912年被任命为关外练兵大臣，继而任“中华民国”陆军第27师中将师长，成为当时奉天最具实力的人物，随即在奉天置办产业。

张氏帅府位于“方城”老城的正南部。这里原为清刑部司官、吏部验封司掌印郎中、民国奉天省内务司司长荣厚的公馆，不仅便于联系方城内部各官署衙门，而且毗邻故宫与督军府衙。1913年底，张作霖将荣厚公馆及其西侧的一块土地同时买下，随后于第二年夏，着手建造第一期中路的三进四合院建筑和东路的花园，这里是张氏家族早期的宅邸和张作霖的官署。1916年又在花园中增建了一座二层砖木结构的楼房——“小青楼”。随着张作霖身份和地位的提高以及公务和眷属的日益增多，帅府原有房屋不敷使用，且与主人显赫的身份相比有失壮观，张遂决定在东院北部再造一幢西式新楼——“大青楼”。1922年，作为帅府第二期工程的大青楼建成。张作霖将原四合院的住所和官署全部搬进大青楼中，直至张学良主

图2-1-18 张氏帅府建筑群

政和东北易帜，这里一直作为东北军政最高指挥中心和第一府邸。1929年，张学良又在西路筹建帅府中的第三期工程：一组集公廨与私宅于一体的大型建筑群——少帅府（对此有多种不同说法，将于另文作专门论究）。由于1931年的九一八事变，张氏房产全部被侵华日军所强占，一波三折的少帅府工程于1933年最终建成，却为依附于日本的伪奉天第一军区司令部所占用。

帅府不同于一般的民居和名人寓所——它又是一座官署，一座权辖东北、影响全国的军事与行政中心。作为民居，它反映着民国时期的社会形态、封建伦理和民俗生活；作为名人寓所，其主人地位特殊而显赫，具有民国军阀特征，其地位直至全国政府的决策者，它容纳了张氏父子和张氏家族个人和家庭生活的全部。作为一座官署，它以民国时期的政治、军事、外交、经济等多角度反映着社会与国家的动态和历史，记载着许多声震中外或鲜为人知的重要事件，承载和执行着至上的权利，是中国政治实态的一种物化形式。它是一座虽不能与皇宫并论却类似于皇宫性质，兼有名人寓所与重要府衙双重功能的府邸建筑。

帅府不仅因其主人的地位及其功能性质而著称——它的建筑价值与地位同样十分重要与显赫。帅府四合院、小青楼、大青楼、红楼群，处处都是建筑中的精品，其建造者包括享誉中外的建筑家、手艺精到的民间匠人和作品遍布的国外施工队伍。这些建筑从空间组合、营造技术、建筑材料、设备设施到艺术形态都具有鲜明的代表性，它是沈阳近代建筑的浓缩与典型。

同时，张氏帅府又是沈阳建筑近代化的缩影。从中路四合院的始建，到西路少帅府竣工，张氏帅府的建造过程持续了20年。它几乎覆盖了沈阳近代建筑发展的几个重要阶段。它持续性的建造过程几乎与沈阳建筑近代化的过程同步。

沈阳是一个有着悠久文明的历史文化名城。

图2-1-19　张氏帅府四合院

具有关东地域性特色的传统文化是沈阳建筑长久发展必然沿袭的轨道。沿着这条轨道，沈阳建筑步入了近代时期。沈阳的近代史始自营口开埠的1858年。当然，建筑现象总是滞后于政治进程，而且表现为渐进而非突变。沈阳近代初期，除了以英法传教士为媒介引进的个别对西洋教堂的模仿式建筑（如小南天主教堂）之外，大部分建筑仍延续着中式建筑的传统风格。这一时期建成的张氏帅府中路四合院正是这类建筑的代表（图2-1-19）。它承袭着中国礼制思想的内质，体现着东北四合院的空间形态，依附着中国地方性的建造技术和装饰手法，是同时期沈阳城内最具时代性、地域性与典型性特征的建筑。

随着中国的门户被强制着越开越大，西洋风渐烈，越来越多的外来建筑元素被引进到沈阳建筑之中。建于1916年的小青楼，更多地延续了沈阳地方传统建筑的做法：凹字形平面、五开间对称式布局、明间设入口、次间与梢间连通的“口袋房”、硬山前出廊式楼阁、抬梁式构架、带有举折曲线的屋面造型、由青砖砌就的建筑外墙——相当于私家花园内的“花厅”式建筑。只是在建筑的外部造型上吸纳了西洋建筑的元素：局部带有女儿墙的平顶屋面、具有西式窗套的拱券形窗洞口、宝瓶式的栏杆……小青楼的设计手法与沈阳

图2-1-20　张氏帅府大青楼

城内许多近代早期在中式传统建筑中局部套取西洋片断与符号的做法同属一宗。1922年建成的大青楼建筑是沈阳城中当时盛行的中华巴洛克式建筑的代表作（图2-1-20）。在大青楼中，尽采西洋建筑造型中的华丽片断，将它们相互组合、罗列成一座热烈异常的“欧式洋楼”，用建筑专业名词称其为“折衷主义”建筑。大青楼尽管仅在正立面的外表使用了少量的钢筋混凝土，而其他部位皆为砖木结构，但其建筑造型却不顾其内部的结构逻辑，从外部看上去倒似一幢典型的钢筋混凝土建筑——西洋形式与中式技术的强行结合。大青楼以三角形的木屋架体系替代了传统的抬梁式结构，是沈阳木结构建筑技术向近代化转变的重要标志。此外，建筑的空间组合方式、水暖电设备设施、建筑装饰艺术和施工方法等诸多方面都广泛地吸纳了源自西方的先进理念与技术。与此同时，在装饰部分又有目的地融入了中国传统的艺术形式：占一定比例的中国画、雕饰、家具……被用于这座“欧式”的建筑之中，特别是在“西洋味”浓烈的建筑外墙部位采用了中国传统的青砖砌筑技术，不仅使建筑外观给人一种“超凡脱俗”（超西洋建筑通常做法之“凡”，脱原样模仿、照抄照搬之“俗”）之感，更达到了与先前建成的中路四合院建筑群和东路小青楼之间相互协调、形成整体性的审美目标，再加上中西造园设计手法并用的东路花园，体现出了高超的设计品位。从“以中为主，辅以西法”的小青楼，到“以西为主，辅以中法”的大青楼，所反映的正是西洋文化进入沈阳近代建筑史由早期阶段到中期阶段的演进过程。

张氏帅府西路的少帅府建筑群（图2-1-21），恰恰是近代后期西洋建筑文化进入沈阳之后，经历了探索与提高的再创作过程而具有相当高设计水平的建筑代表作。它的设计者是中国著名建筑师杨廷宝。杨廷宝是我国最早赴美留洋学习的建筑师之一，他在美国学习毕业后于1927年回到中国。由于一种特殊的历史背景，他回国后最初完成的多项重要作品都集中在沈阳，成为沈阳近代建筑中的经典之作。少帅府正是他在这一时期为沈城所留下的宝贵建筑遗产。

在张氏帅府建筑群落中，少帅府独成体系。它的南北主轴线不再与帅府中路和东路轴线平行，而是重新回到了城市主朝向的大系统之中，体现

图2-1-21　少帅府建筑

出了杨廷宝采用以城市大环境为参照系、以现代科技为建筑定位的主要手段进行设计的思路与方法。在建筑材料方面，也将中国传统的青砖改作从国外引进不久的红砖体系——不再迁就它与帅府中路和东路建筑的总体关系，而是更为强调它自身的功能性质与建筑性格。建筑的形式风格以英国都铎哥特式为模板，结合沈阳当地的具体条件加以适当简化——这是杨廷宝回国初期最常用的设计手法，也是他毕生努力探索具有中国特色近现代建筑漫长过程的初始尝试。建筑群平面打破了中国严谨的中轴线对称式的四合院布局，却又保持了沿南北纵深方向“多进院落”和“前政后寝”的传统官邸建筑形式。建筑内外装饰具有经典的西洋格调，却又将斗栱、中式使用功能的平面关系等有机地结合于其中。中西文化有机融合，建筑品位与设计水平都为国内一流。少帅府建筑群典雅、雍贵、精彩，是沈阳近代后期最杰出的建筑作品之一。

陆续建成的张氏帅府体现着沈阳近代建筑的发展历程，也是浓缩了的沈阳近代史的物化与重要遗存。

第二节　满铁附属地——东洋人导入西洋风的试验田

日本垂涎中国广袤的领土，并不加掩饰地付诸强夺的历史由来已久。1894年的甲午之战、1905年的日俄战争、1931年的九一八事变、伪满洲国的成立、1937年的卢沟桥事变……由日本操作的一系列历史事件，无一不是剑指其在华利益，甚至谋求将整个中国纳入他的版图。自日俄战争之后，日本就已大规模地进入了沈阳——将从俄国人手中夺得的沈阳“铁路用地”扩大为几乎与当时沈阳老城区面积相近的“满铁附属地”，并进行了为期近40年的掠夺。1931年九一八事变和伪满洲国成立，更使得他全面侵占了包括沈阳在内的东北全域，并将此作为日本领土的扩充部分。他将沈阳定位为伪满洲国的工业基地，第一次形成了覆盖全市规模的“奉天都邑计划”。按此规划，将具有相对独立性的各城市板块相互拼合，对城市空间和城市设施进行了整合、扩展与完善，从而加快了沈阳城和沈阳建筑的近代化步伐，扩展了近代化的范畴。这一时期沈阳城市建设的发展，缘于日本侵占中国、强化自我的利益，却也在客观上完成了沈阳城市与建筑近代化的阶段性进程。

满铁附属地是继具有2300年历史的沈阳老城区之后最早建成的一个“城市板块”。在沈阳商埠地开辟之前，它与老城区共同构成了沈阳的城区空间，只是二者中间被一片荒地隔离开来，成为了空间上并未连为一体的两个相对独立的城市区域。又由于它们的管理主体分别为中国地方政府和日本南满洲铁道株式会社，二者在政治、文化、经济等各方面都具有一定的封闭性，相互之间的交流受到限制。

满铁附属地的大规模建设始自1905年日俄战争结束以后，日本接手铁路用地，在尽力扩大规模的基础上，进行全面的规划与建设。这个被要求为高起点的规划立足于在空地上开拓新城区，并没有历史接续的客观制约和要求，从而采用了当时较为先进的规划和建筑设计理念。由从欧洲学习归来的设计师主持设计，将欧洲近代城市规划理论应用于沈阳满铁附属地建设，因此，使它成为了沈阳最早出现的近代化城区。

一、从“铁路用地”到“满铁附属地”

近代，外国势力侵夺中国利益的一个重要领域是铁路，通过殖民输入与物质输出手段，在取得铁路运输、沿线资源与物产等方面的巨大利益基础上，也对铁路沿线的土地空间进行了掠夺与侵占。

（一）俄国占用“铁路用地”

清末，清政府与俄国签订的三个条约（1896年6月“中俄密约”、1898年3月“旅大租地条约”、

1898年4月“续订旅大租地条约”）同意俄国修筑中东铁路和南满支路以及出让旅顺和大连的租借权。条约规定俄国占有两条铁路沿线的铁路建筑权、采矿权和工商业权等权利。俄方在条约中含混地提出在铁路沿线割取铁路用地，并由俄国人组织地方政权进行管理，中方抗议无果。这样，在中国东北的历史上出现了外国人在铁路沿线一定区域内拥有行政、驻军、司法、采矿、贸易减免税等特权的铁路用地。

中东铁路和南满支路兴建之初，俄国就以筑路为名，自行强占土地。“……预定了占地指标：中东铁路北部干线每站平均占地3000俄亩，南满支路每站平均占地600俄亩。据东省铁路管理局称：在它所占地亩中，线路和建筑物只占用了21%，其余土地，均作他用。”①为了经营所侵占的大量土地，沙俄在东省铁路管理局内设有专门的地亩处，凡铁路界内的租放地亩、征收捐税、开辟道路、规划户居等事均归其管辖。

1898年，随同南满支路的修建，俄国人进入沈阳，并划出老城西郊约6平方公里的土地为“铁路用地”。1899年俄国人在沈阳西塔附近建成“Mukden”（谋克顿）火车站（位于今沈阳站北货场），并开始了沈阳铁路用地的建设。1903年7月24日，中东铁路和南满支路全线通车，俄国人开始在大连及哈尔滨等城市进行官衙、事务所、店铺、旅馆、住宅等建设活动，在沈阳则建筑活动相对较少，除火车站和停车场等铁路用地的基本设施建设外，其他建筑活动不多，建设规模也不大。在西塔附近建有俄式“洋葱头”造型的东正教堂（1909年），为祭奠日俄战争阵亡的俄国官兵之处；还建有铁路大街、站前商贸区的西四条街及俄国人公共墓地等公共设施。此外，在沈阳外城与火车站联系道路之地，原称为“十间房”处也有俄国人的修筑活动。

① 金士宣，徐文述．中国铁路发展史［M］．北京：中国铁道出版社，1986：40.

（二）日本占用“满铁附属地”

1905年日俄战争后，日本人通过“朴茨茅斯条约”接管了长春以南中东铁路的南满支线，改称为“南满铁路”，并将铁路沿线占用的铁路用地改称“南满铁路附属地”，简称“满铁附属地”。这些满铁附属地包括早期接管俄国的南满支线及营口线、旅顺线等支线的铁路用地，后来陆续修建的安奉铁路干线及支线的铁路用地，还包括后期大量强占的城镇、市街以及抚顺、鞍山等广大矿区用地。

日本从俄国手中接管沈阳“铁路用地”时，是以当时的“Mukden”（谋克顿)火车站为中心，占用面积5.95平方公里的不规则四边形土地（图2-2-1）。此后，日本又将其铁路附属地通过强占、永租、购买等各种手段向南扩张。“到1926年满铁附属地面积已经增加到10.44平方千米，满铁还强夺

图2-2-1　奉天附属地平面图（来源：沈阳市档案馆）

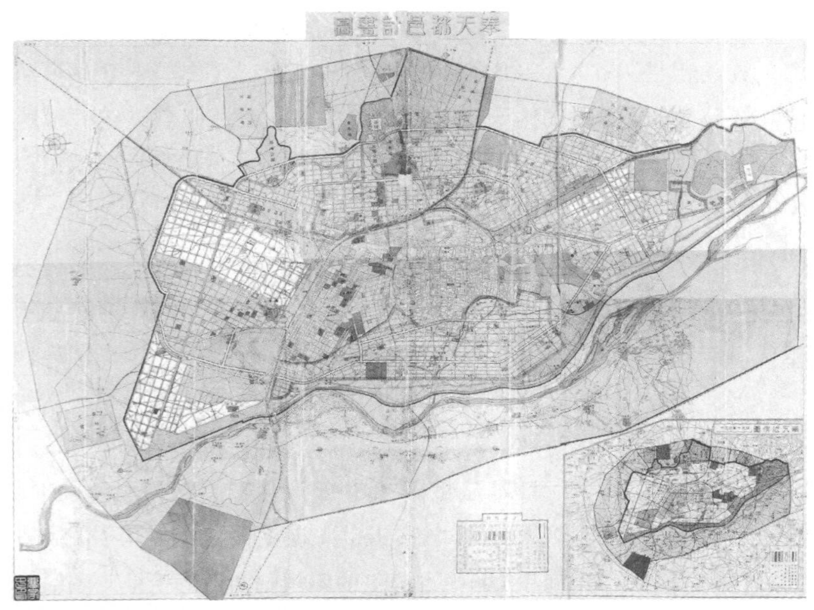

图2-2-2 奉天都邑计划图（来源：http://blog.sina.com.cn/s/blog_93a8239701010g6r.html）

了奉天满铁附属地东南方毗邻地带约1.72平方千米的土地，将附属地继续向南扩展。”[①]九一八事变日本占领沈阳，将原商埠地的预备界纳入附属地范围。1935年后又陆续侵占了铁西17.985平方公里的土地[②]，归满铁所管辖。

沈阳的“满铁附属地”受满铁奉天地方事务所的独立管理，从根本上排除了中国的行政权，强化了日本在附属地内的军事占领，建立起了完全独立于中国的司法、警察体制。“满铁附属地”以服务南满铁路、安奉铁路为缘由，进行了大规模的市街规划和建设活动。1931年东北沦陷后，日本以满铁附属地为基地，继续把规划和建设的活动扩展到整个沈阳市区的范围，直到1945年日本投降。

二、市区规划的理念与设计

日本设计师在沈阳近代城市的规划史上留下的重要的一笔。首先是早期对他们占据的满铁附属地所做的规划以及此后随着满铁附属地空间扩张而进一步形成的接续性规划；其次是东北沦陷以后，由满洲国出面、日本人掌控和设计的“奉天都邑计划”（图2-2-2），是覆盖了沈阳全部市域范围的规划。这些规划出于日本对沈阳殖民侵占的基本目的，在规划思想和设计方面也带来了欧洲近代的先进理念和手法。

（一）满铁附属地规划

自“满铁”开始运营，便将铁路沿线附属地的城市规划作为重点工作。1907年开始，“满铁”对奉天（今沈阳）、长春、辽阳等满铁附属地进行实地测量，确定界线，制定城市规划方案。至1923年3月止，“满铁”共完成了大小附属地的规划方案140处（内有未采用的21处）。[③]

沈阳满铁附属地的早期规划形成于1908年（图2-2-3）。此后又制定了扩大市街建设的规划。在城市规划制度上，1907年9月制定了《附属地居住者规约》；1919年又制定了《附属地建筑规则》，该规则从卫生、防火、美观等方面出发，对附属地的建筑高度、面积、结构等方面作了详细规定。[④]

1. 规划理念

满铁附属地的规划和建设由满铁地方部直接负责，规划理念源自日本设计师以欧洲巴洛克形式主义与功能主义为规划的基本范型——以广场为核心点，以放射式道路加棋盘式街区为格局的

---

① 苏崇民．满铁史［M］．北京：中华书局，1990：366-369．转引自：孙鸿金，曲晓范．近代沈阳城市发展与社会变迁1898-1945［D］．东北师范大学博士学位论文，2012：46．

② 孙鸿金，曲晓范．近代沈阳城市发展与社会变迁1898-1945［D］．东北师范大学博士学位论文，2012：169．

③ 李百浩．满铁附属地的城市规划历程及其特征分析［J］．同济大学学报(人文・社会科学版)．1997，8(1)：91-96．

④ 同上。

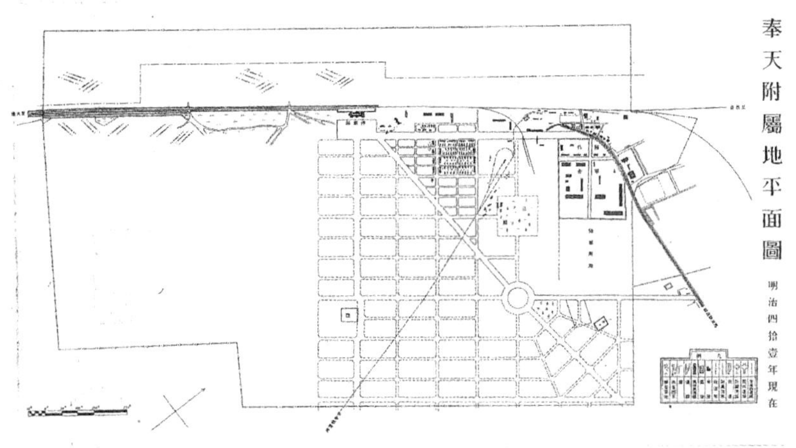

图2-2-3 满铁附属地第一期开发平面图（1908年）（来源：http://blog.sina.com.cn/s/blog_93a8239701010g6r.html）

进行了明确、合理的功能分区；在用地布局中强调交通、工作、居住与游憩等城市功能；根据邻里单位规划思想，以小学为居住组团的核心，以商业和居住业态混合创造便利的生活条件，以道路为组团四界进行居住区的配置与布局；按照田园城市理论，构建环城绿带、公共绿植、公园绿地和宅院绿化的层级式绿网结构；在以奉天驿为中心的路网格局中，结合西方古典主义城市的规划方法，注重城市空间构图，强调轴线、节点塑造等城市设计元素，形成了不同于中国传统城市的空间格局。

城市空间体系。强化形式构图，用城市规划的物质形态来表达殖民者的统治意志和政治理想，这正是满铁附属地作为殖民城市建设的客观需要。

一方面，规划的制定者和执行者的殖民思想对规划方案起了很大的作用。时任土木科长的加藤与之吉是规划的主要担当者，“满铁”总裁后藤新平也直接参与到规划中来。后藤新平曾留学德国，游历过欧洲，推崇西洋的城市规划，喜欢从视觉上形成宏伟壮丽的空间效果，用规划的物质形式来表达殖民统治者的意志和政治思想。二人在同时期设计和参与指导的长春附属地规划格局与沈阳几乎一样。

另一方面，全面性的规划和建设体现了殖民统治的政治侵略目的。后藤新平认为殖民地的行政计划要全面发展农业、工业、卫生、教育、交通、警察等诸项，才可以在生存竞争中获得保全及全面的胜利。因此，在规划方案中对城市功能进行分区的设置，并建造了各种功能类型的建筑，以服务于南满铁路和安奉铁路的运营，也可充分满足日本政府向中国东北拓殖政策的需要，推行日本殖民制度，排除中国行政权，保证满铁附属地成为日本控制东北地区以及掠取利益的基地，保证其长期和不断扩充的政治统治。

从规划的角度来看，沈阳满铁附属地规划及其实施受到了西方先进规划理论的影响：对城市空间

2. 规划格局

（1）放射式道路

1908年，日本将原俄国所建的“Mukden”（谋克顿)火车站作为货场保留，在其南部设计并建造了新车站——奉天驿（今沈阳站）。奉天驿面东坐落在铁路东侧，前面为一个大广场，广场东界是一条平行于南北向铁路的铁路大街（今胜利大街）。早期规划的三条放射形干道从奉天驿发出，主轴线中心道路千代田通（今中华路）垂直于铁路，其余两条道路——向东北方向发射的浪速通（今中山路）（图2-2-4）和向东南方向发射的平安通（今民主路)均与千代田通成约45度的夹角，放射形的三条主干道使奉天驿成为街道景观视线的聚焦点。

在满铁附属地内多条道路的交汇处，设置圆形广场，作为城市的空间节点。于是，满铁附属地形成了以车站（奉天驿）、广场（奉天驿广场、浪速广场、平安广场）为中心，采用平行、垂直、斜交为主要处理手法，以放射式道路与棋盘式街区相结合为平面构图特色的规划格局（图2-2-5），创造出了一个秩序严谨而规模宏伟的城市空间体

图2-2-4　由奉天驿广场望向浪速通（来源：《沈阳历史建筑印迹》）

系。这个规划明显反映出了古典主义规划追求纯粹几何结构和数学关系、强调轴线和主从关系的审美倾向。

（2）棋盘式街区

满铁附属地的规划建设全部为日本操办，因此其规划方案充分体现了日本近代规划思想。放射式道路和棋盘式街区叠加形成了城市的道路秩序。这种模式体现出了沿袭西方城市方格网道路街区的规划特征，但在尺度上却遵循了日本许多城市中所采用的以“町”为标准的60米×110米的小尺度路网结构，以增加街区临街面，便于商业运作，为日后的经济开发打下了基础。传统日本城市的道路密度较同期世界其他大

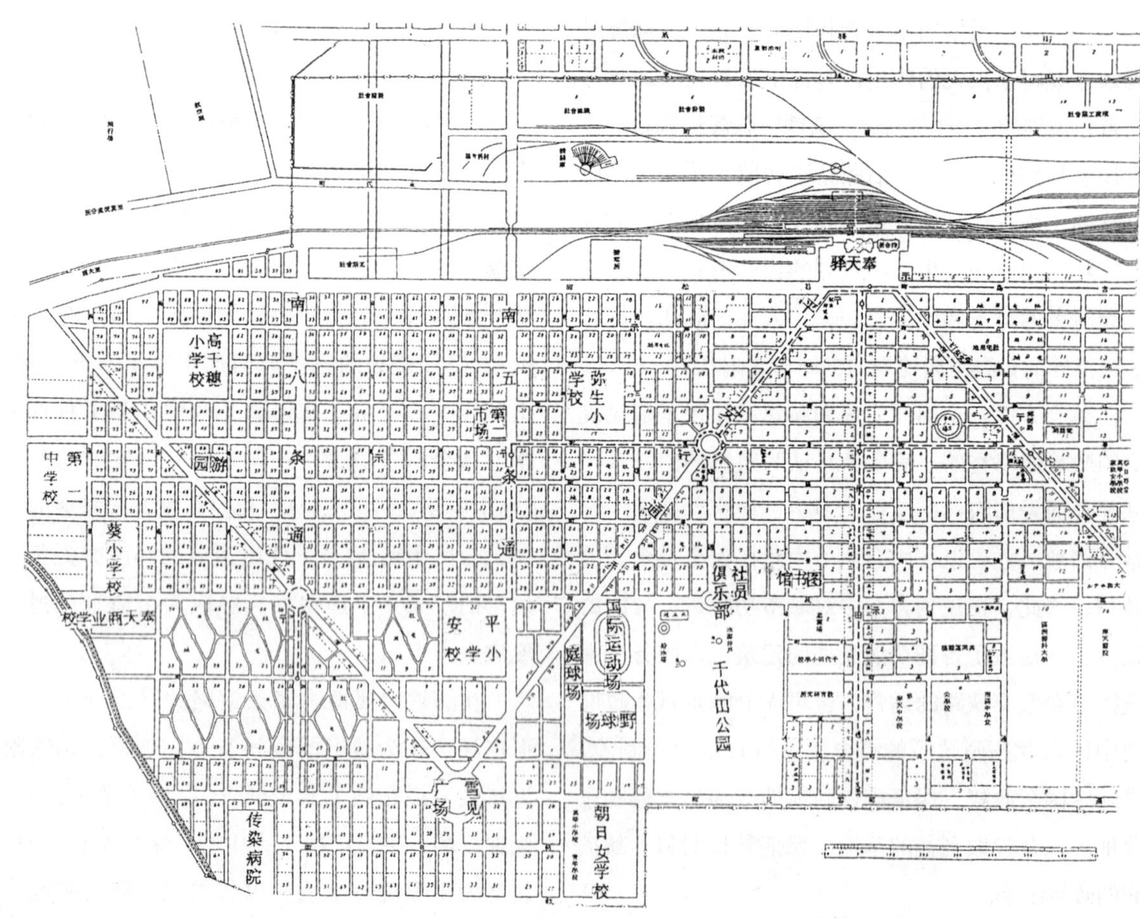

图2-2-5　满铁附属地平面图（1929年）（来源：包慕萍、沈欣荣．30年代沈阳“满铁”社宅的现代规划［A］．见：汪坦，张复合编．第五次中国近代建筑史研讨会论文集［C］．北京：中国建筑工业出版社，1998.）

城市要高，却与当时西方最新的规划思想，特别是与美国纽约的小街区风格的规划类似。这种布局方式也更有利于高效利用城市土地，便于交通的组织疏散和统一铺设管线。1919年对满铁附属地内街道命名时直接采用了“町”和“通”的概念，这是日本在其殖民地城市规划中的常用手法。

棋盘式的街区布局以铁路走向作为参照，为取得与铁道线的平行关系，满铁附属地的街路系统和街坊布置都与正南北向形成了一个角度，这种棋盘式的街区系统沿用至今。

附属地安置了大量的公共、民用与居住建筑，居住方式与建筑风格均在很大程度上保留了日本的传统特色，也反映出了对西式文化影响的积极吸纳和结合本地条件的适应性调整。

3. 用地构成

满铁附属地采用了城市新区规划的方法，在进行城市建设之初，对交通情况、地势现状、保证铁路用地和殖民地统治所必需的官用土地等方面进行了详尽的调查和土地利用分析。在1908年的规划中就出现了“土地利用分区”的观念，这为土地利用的控制和城市规划设计提供了重要的前提，在当时的规划理念和方法中也是极为先进的。

在满铁附属地规划中，按照西方近代的功能分区手法，将市街用地划分为住宅区、工业区、商业区、公共设施区、粮栈仓储区、公园绿地区等，并对各功能分区进行了现代规划方法中功能合理性的布局定位。具体分区原则及分布如下：

（1）住宅区：选择适宜居住和邻近商业区的地段进行相对集中的布置。以生活方便、尽可能远离工厂等产生污染和干扰的地方为目标，铁路东侧的住宅区集中地布置于附属地的南侧地段。

（2）商业区：主要分布在铁路以东车站邻近地带的沿街处，形成了以具有“沈阳银座”之称的春日町（今太原街）为主，另有荻町（今南京南街）、加茂町（今南京北街）构成的繁华商业街区，并在此基础上又辅助以零散商业点散布于住宅区，以便服务于生活为主要目的所形成的商住混合区，共同构成了两个层级的商业布点格局。

（3）工业区：日本占领沈阳之前，日资在沈阳工业方面的投入规模不大，将早期建成的少量工厂设于铁路西侧。一方面，得以依托南满铁路和安奉铁路便利的交通条件，又与铁路东侧附属地的生活区域既邻近又相离——方便管理又避开相互间的干扰；另一方面，又扩大了满铁附属地的范围，为后期奉天都邑计划将铁西开辟为宏大的工业区留下了伏笔。

（4）公共设施区：近代建筑功能日趋专一化，而类型越发多样化，出现的办公、银行、事务所、会社、医院、邮局、电影院、警察署、商店、饭店等公共建筑，一般设置于主要干道两侧的街区周边，如同西方各街坊沿街道布置建筑的方式，交通便利且有利于城市景观。这正是日本传统“市街”概念在满铁附属地规划中的体现。

（5）公园绿地区：在花园城市的先进规划概念下，近代概念的公园和绿地开始较为普遍地出现在附属地内，并均匀分布。除了供日本人游玩、休憩的城市公园，还有街心广场、街头绿地以及道路绿化等设施。1910年起，满铁附属地内占地4.2万平方米的春日公园（今已不存在）开始建设。至1926年，附属地内建成综合性公园3个，总占地面积约为30万平方米，其中最大的千代田公园（今中山公园）占地面积约20万平方米。

4. 道路系统建设

满铁附属地道路系统的建设大体可以分为两个阶段：

第一个阶段是从1909年到1917年，主要完成了市街规划中放射性主干道——沈阳大街（1919年改称千代田通，今中华路）以及大街以北地区的支线马路的修建工作。1910年，以块石铺路的沈阳大街修建完成，全长1400米，宽36米。之后该大街与商埠地十一纬路及老城大西关大街（今大西路）

图2-2-6　浪速通（来源：http://blog.sina.com.cn/s/blog_eb9ea9230101hb4k.html）

相连接，成为沟通满铁附属地与老城区的干道。1912~1914年间修筑了市街规划中的两条斜向干道，即东北走向、长2公里、宽27米的大斜街（1919年改称昭德大街，又叫浪速通，今中山路）（图2-2-6），东南走向的南斜街（1919年改称平安通，今民主路）。1912~1917年又修建了与三条干线相交叉、与铁路方向平行的中央大街（今南京街）、协和大街（今和平大街）、西四条街（今太原街）三条南北向的干道。由此构成了一个纵向、横向、斜向道路相互连接的道路网络。在这个大网络之中，又修建完成了沟通商业区、住宅区的支线马路。

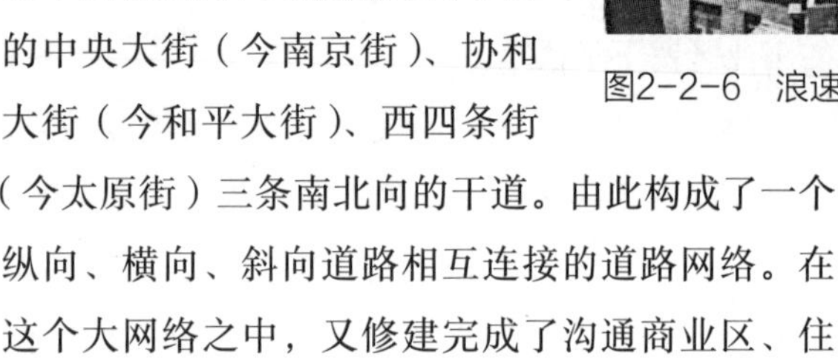

第二个阶段是从1918年到1931年，主要完成了沈阳大街（1919年改称千代田通，今中华路）以南地区的支线马路的修建以及附属地道路路面修整工作。为了提高道路路面质量，1927年，对满铁附属地内浪速通（今中山路）、千代田通（今中华路）、平安通（今民主路）进行了修整，全部铺装碎石路面并铺洒沥青，修筑排水沟，道路两旁栽种行道树，成为附属地内最早的沥青马路。到1931年末，满铁附属地内东西向和斜向的道路（当时称“通”）已有25条，南北向的道路（当时称“町”）已有36条[1]，基本形成了棋盘格状街路网。

（二）满铁附属地规划对沈阳城市发展的影响

1. 促进了城市化和近代化的发展

日本以沈阳满铁附属地为依托，不断侵占和拓建市街用地，导致沈阳城市的空间范围与格局都有相应的发展[2]。日本首先在沈阳满铁附属地内推进近代化的建设步伐，并不断拓展附属地的城市空间，进而通过“奉天都邑计划”的实施，对整个沈阳城市的道路和市政设施进行开发和改建。按照日本的拓殖计划，将中国东北作为其国土的延展，着力经营沈阳满铁附属地的建设，客观上促进了经济与人口增长以及文化、教育、商业的迅速发展，使沈阳的城市环境得到改善，城市面貌得到改观，城市化水平得到提高，在一定程度上对沈阳城市与建筑的近代化进程产生了积极的影响。

2. 与城市整体发展的非统一性和不均衡性

满铁附属地作为老城区之外最早出现的城市板块，独立规划、建设和管理为此后形成的其他城市板块的协同发展设置了障碍，暴露出了殖民地城市发展的某些典型弊病：一则为满足附属地内日本人不断增长的社会生活要求，并吸引更多的日本人来此，沈阳满铁附属地建设采用了甚至比当时日本国内更高的城市规划和建设标准。由于管理上的独立性与封闭性，附属地近代化建设的先期发展，对沈阳市内的其他板块缺少影响力和带动力，拉开了与老城区和其他城市板块环境设施的建设水平和质量

① 胥琳. 近代沈阳满铁附属地城市与建筑的现代化进程［J］. 建筑与文化. 2013，(10)：55-57.

② 曹洪涛，刘金声. 中国近现代城市的发展（第三版）［M］. 北京：中国城市出版社，1998：359.

的差距。虽然1931年以后，日本在整个沈阳范围进行了一定的改造与整合，但仍然存在城市发展的不均衡性。二则是附属地的放射式加方格式的路网格局规划为顺应铁路形成斜向的角度，自成体系，并没有考虑与老城区等其他城市板块“正南—正北”向的传统城市格局的关系，造成了沈阳如今因历史形成的板块式格局对城市空间拓展所构成的先天不足以及给交通路网相互衔接与城市现代化建设所带来的一些障碍。三则，尽管这块用地的性质本来是为了修建铁路的工程用地，但是，无论是最初的俄国还是后来的日本占领者，都是以工程为借口，实则将其作为他们在境外强占的新市区。他们不仅对用地的范围越扩越大，而且完全是按照“市街”的功用进行建设，尽量减小附属地中有关工程、工业等对生活有影响的用地空间，而主要安排商业、办公、居住等生活内容。为了提高附属地的商业价值，着意划小街坊尺度，增加街坊临街面的长度和面积，使得街道相对密集，而用地相对零碎。这对当时的市街开发是有利的，但是为以后的城市发展留下了隐患。除了道路占去了过多的城市空间之外，也令以大尺度、综合性为特点的现代建筑与现代设施的建设减少了许多空间选择的条件。四则是这片以铁路为依托形成的城市板块，以奉天驿作为城区中核，借助铁路优势，突出了附属地的城区空间特点，具有相对的独立性与合理性。但是，也正是由于它自成系统的空间结构，使得它很难与其他城市板块融为一体，更隔断了铁路以及附属地两侧城区的联系，给日后城市发展留下了诸多难题。九一八日本全面占领沈阳以后，再反过身来思考沈阳全城建设而编制“奉天都邑计划”时，落入了自己留下的陷阱，终究难以化解由此所造成的一系列矛盾而把难题一直留到当代。

三、城市空间与建筑节点

（一）城市广场

基于规划控制下的城市广场对于满铁附属地内城市空间的基本构架和完整性起到重要的作用，既有连接城市空间和集散的功能，也有出于城市街道景观的考虑。道路节点处的圆形广场和放射式道路格局，是满铁附属地体现巴洛克式的城市设计思想的一个重要方面。它又是附属地中具有重要职能的公共建筑汇集地，周边的建筑代表了当时设计的最高水平。

1. 奉天驿广场（今沈阳站广场）

奉天驿广场是满铁附属地城市空间最为重要的一个空间节点，位于三条放射式主干道的尽端，沿奉天驿车站建筑展开的长方形广场，主要起到疏散站前人流和统率城市格局的作用。

1908年，日本政府扶持的“满铁”在原来俄国人的小站“Mukden”（谋克顿，今沈阳站北货场）的南面开始设计并建设新站，命名“奉天驿”（今沈阳站）（图2-2-7）。奉天驿与隔路相望的共同事务所、贷事务所奉天铁路公安段共同围合成了站前广

图2-2-7 奉天驿（1910年竣工时）（来源：《沈阳历史建筑印迹》）

场。奉天驿位于广场西侧并面向广场，广场东侧是一条平行于铁道线、南北走向的铁路大街（今胜利大街）。奉天驿作为原点，又从这里发射出三条城市的主要道路——千代田通（指向正东）、浪速通（指向东北）、平安通（指向东南）。各条道路的汇聚点——奉天驿成为了中心，统率着整个满铁附属地的城市格局。

图2-2-8 浪速广场（20世纪30年代后期）（来源：《沈阳历史建筑印迹》）

奉天驿与共同事务所、贷事务所奉天铁路公安段三座建筑物的建筑风格均为“辰野式”的折衷主义形式。一致的建筑形式使得整座广场风格特色突出，色彩与空间构图完整。奉天驿广场迄今已有一百年的历史，它是南满铁路沿线保存最完好、风格最鲜明的城市空间节点和历史建筑群，是百年前日本对我国东北进行殖民统治的见证。

图2-2-9 平安广场（来源：《沈阳历史建筑印迹》）

2. 浪速广场（今中山广场）（图2-2-8）

1913年始建时称大广场，是当时日本在满铁附属地内建设的第一大广场。广场平面呈圆环形，半径65米，是四条主要城市干道——浪速通（今中山路）、北四条通（今北四马路）、富士町（今南京南街）、加茂町（今南京北街）的汇聚点。广场中央为一圆形环岛，最初设有日本人建的纪念日俄奉天大会战纪念碑，日本投降后，纪念碑被拆除。广场及其周围建筑的建设经历了20余年，直到1937年才最终建成。广场周围分别坐落着大和宾馆、东洋拓殖株式会社奉天支店、横滨正金银行奉天支店、奉天警察署、朝鲜银行奉天支店、满铁医院（已不存）和三井洋行大楼。建筑风格不一，有古典浪漫式、经典古典主义、分离派、官厅式、现代主义等，不同风格和流派杂糅，但都在一定程度上具有折衷主义的内质。由于建造时间前后相差近20年，所以折衷主义风格的类似特点又各有千秋。广场周围建筑呈向心式分布在各条由广场放射出的大街的路口边缘处，正是这种向心性，再加上近似的建筑体量和比例，成为了它们相互统一和谐的因素，共同构成了浪速广场整体和谐的空间，使其成为了至今仍然经典而完整的城市广场典范。

3. 平安广场（今民主广场）（图2-2-9）

1922年，在满铁附属地内建成了平安广场。它

图2-2-10 春日町（来源：《沈阳历史建筑印迹》）

是平安通（今民主路）、南二条通（今南二马路）、青叶町（今太原南街）三条主干道的交汇点，广场尺度虽不及浪速广场，但因它同样作为附属地斜向道路系统的一个发射源，而成为了重要的城市空间节点。它靠近满铁社宅区，广场周围围绕的是商业和文化类建筑，其中平安座（今沈阳市文化宫）是最重要的一座建筑。这些建筑统一采用了现代主义的设计手法，建筑尺度接近，围合感强。广场中央设圆形花园，形成与浪速广场同样类型的环岛式广场。

（二）沈阳“银座”——春日町（今太原街）（图2-2-10）

春日町，是近代沈阳满铁附属地内发展起来的最重要的商业街区。直至今天，它与坐落在老城区内的“中街”仍同为沈阳的两大市级商业中心。它位于满铁附属地的核心区——与奉天驿火车站正对的千代田通呈垂直布局，距奉天驿火车站不足1公里的距离。

这条街在日俄战争前，是依托于俄国在沈阳所修筑的南满洲铁路的便利交通，由火车站带动起来的站前自由贸易活动区域。当时铁路用地内仅有十几家油盐杂货店铺。1905年后，随着日本满铁附属地的开发建设，大量日本及朝鲜移民不断迁入，使得太原街地区的商业贸易活动逐渐活跃起来。1919年，“满铁”将附属地内的街道、广场和公园等统一用日文习惯重新命名，将西四条街的街道名称改为“春日町”，直到1945年才改为现用名称——“太原街”。

随着1908年制定的满铁附属地新市街计划的推进，陆续修建了以奉天驿为中心的附属地街路格局框架。1912年，修建大斜街（1919年改称浪速通，今中山路）时，拓建西四条街成长750米、宽20米的石块路面[①]。南端从千代田通（今中华路）开始，北端到北四条通处的奉天公园结束，自此，春日町商业街的格局正式形成。

20世纪30年代随着日本人侵的加剧，日本人纷纷来到这块商业宝地开商店、办洋行、建市场、设银行，形成了密集的商业街区。“到1941年，太原街一带的外国商号共有117家。其中，日本商号就多达114家，只有3户是外国商号：印度的大降洋行、苏联的秋林公司和若路陶拉文具店，民族商业在夹缝中艰难生存，仅有中和福茶庄和老精华眼镜行两家。”[②]春日町上的商业种类包括金银首饰、毛织品洋杂货业、文具日用品、银行证券等几十个行业，商业贸易在40年代初达到顶峰，成为与老城四平街（今中街）并立的两大商业中心。

春日町及其附近的主要建筑有规模较大的七福屋百货店（1906年，今维康大药房）（图2-2-11）、大和屋百货店（今太原街新华书店处）、中古时装店（后来的老联营，今中兴商业大厦处）、几久屋（后来的和平商场，今新世界百货太原南街店处）等商业建筑，有奉天邮便局（1915年，今沈阳市邮政局）、满洲银行等公共设施建筑，还有结合功能形成的圆圈形造型特点的春日町菜市场（俗称“和平圈楼”，后来的和平副食品商场）等。

---

① 李晓宇. 沈阳太原街地区近代城市建设史研究1898-1948年［A］. 中国城市规划协会编. 城市规划和科学发展——2009中国城市规划年会论文集. 天津：天津科学技术出版社，2009.

② 同上。

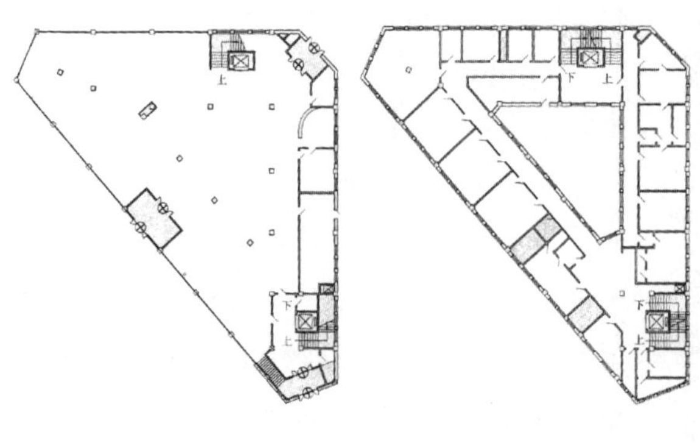

七福屋百货店1层平面图　　七福屋百货店4层平面图

七福屋百货店今景

图2-2-11　七福屋百货店（来源：陈伯超. 沈阳城市建筑图说 [M]. 北京：机械工业出版社. 2010，220.）

（三）满铁社宅

1. 满铁社宅区规划

（1）规划背景:自1906年“满铁”接管和经营“南满洲铁道附属地”以来，便开始了由会社兴建，租给会社职员使用的住宅建设活动，这些住宅简称“满铁社宅”。1931年后，随着日本的入侵，选择在沈阳定居的日本人数增多，住宅需求量也骤然增长。迫于严重的房荒状况，主持满铁附属地建设的满铁会社及其下属的铁路总局在沈阳进行了住宅成片开发活动。满铁社宅由“满铁”建筑课设计，满洲兴业会社施工，是具有日本和风式文化特色与西方赖特式风格的住宅建筑。

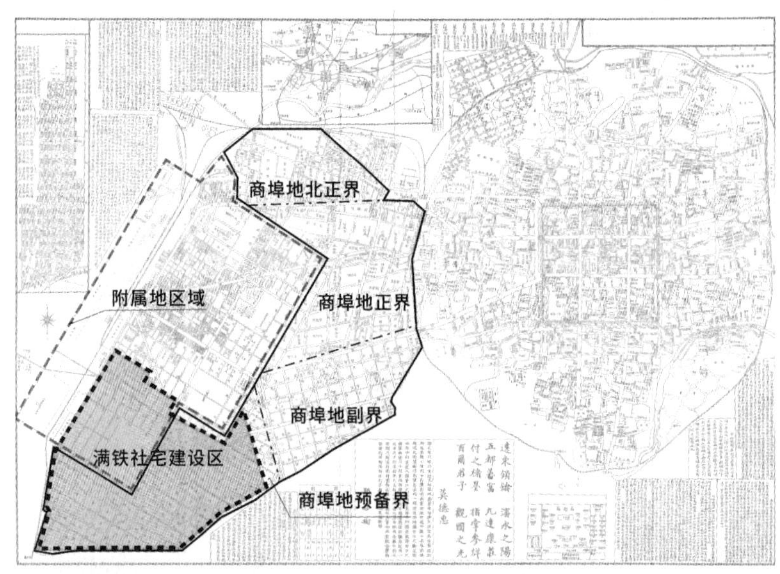

图2-2-12　满铁社宅区位图

（2）规划用地：满铁附属地最早的住宅建筑活动集中于北部，即俄国人建成的“谋克顿”火车站（今沈阳站北货场)与老城之间（今市府大路与西塔之间）。1909年后，满铁社宅为适应奉天驿（今沈阳站)的建设和城市发展，沿着奉天驿向南发展到宫岛町（今胜利大街）、江岛町（今兰州街北段）一带，采用日式木屋的建筑方式。在1920年的扩大市街规划中，划定铁路以东的北部为商业区，南部为住宅区。满铁社员住宅区建设中心转向红梅町（今昆明南街）、藤浪町（今天津南街）、稻叶町（今同泽南街）一带。[①]1926年后，满铁附属地进一步向东南扩展。特别是1931年日本强占沈阳之后，将原商埠地预备界和满铁附属地南部地界纳入“奉天都邑计划”的社宅建设用地。20世纪30年代的大片住宅建设就集中在这块城市空地与部分原农场用地上，总面积达400公顷[②]（图2-2-12）。

① 孙鸿金，曲晓范. 近代沈阳城市发展与社会变迁1898-1945［D］. 东北师范大学博士学位论文，2012：48.

② 包慕萍、沈欣荣. 30年代沈阳“满铁”社宅的现代规划［A］// 汪坦，张复合编. 第五次中国近代建筑史研讨会论文集. 北京：中国建筑工业出版社，1998.

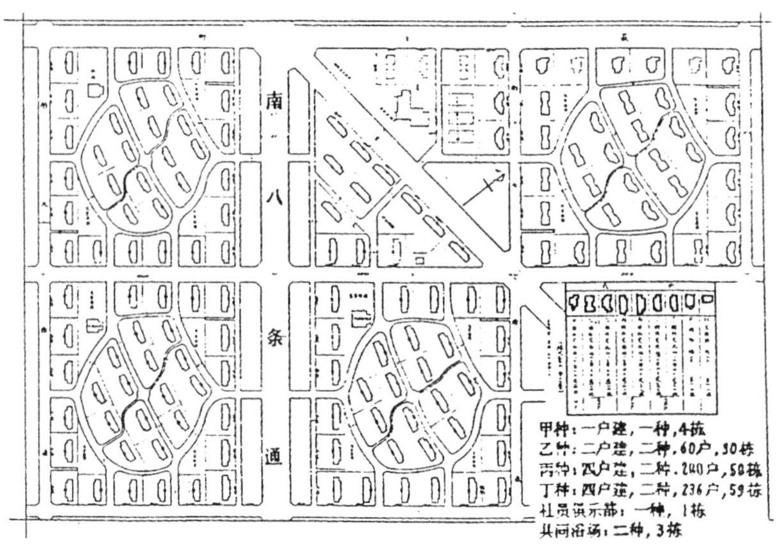

图2-2-13　奉天满铁代用社宅配置图（1933年）（来源：包慕萍、沈欣荣.30年代沈阳“满铁”社宅的现代规划 [A]. 见：汪坦，张复合编. 第五次中国近代建筑史研讨会论文集 [C]. 北京：中国建筑工业出版社，1998.）

满铁社宅用地范围西临火车站前的若松町（今胜利南街），东到商埠地西侧（今振兴街和砂阳路），南到南十条通（今南十马路），北至南三条通（今南三马路），紧接当时最大的千代田公园（今中山公园），并通过青叶町（今太原南街）与北部的商业中心春日町（今太原北街）直接相连，有便利的交通和商业条件。

（3）邻里单位规划思想的体现：20世纪30年代正值国际现代建设思潮兴起之际，以大规模新城区建设为前提条件的沈阳满铁附属地规划方案，直接运用具有前卫性的现代规划理论和住宅的标准化设计与施工；另一方面，“满铁”建筑课的日本建筑师多为中青年，深受新思想与新理论的感召，满铁社宅成为了日本建筑师将当时最先进的建筑理论和设计方法付诸实践的试验地（图2-2-13）。满铁社宅规划运用了20世纪20年代末由美国人科拉伦斯·佩里（Clarence Perry）提出的“邻里单位”思想，主张扩大原来较小的住宅街坊，以城市干道包围区域为基本单位，其中布置住宅建筑和日常需要的各项公共服务设施以及绿地，创造舒适、宜人的居住环境。“从中国与日本近代城市规划历程相比来看，30年代沈阳‘满铁’社宅的现代开发活动无论在中国还是日本近代规划史中都是具有前卫性的实践。”[①]

1）邻里单位的公共设施：按照“邻里单位”的规划思想，各居住组团以学校为辐射服务的核心。在沈阳的满铁社宅区内均匀地布置多所中小学校，例如平安小学校（今铁路中学）、高千穗小学校（今101中学）、蔡寻常小学校、弥生小学校、朝日女子学校，以及第二中学、青年学校、商业学校等。社区活动的中心集中于圆形广场——平安广场（今民主广场）、朝日广场（今和平广场），广场周围设有日常生活必需的公共设施，包括邮局、商店、警察局等；在住宅区的北部及东南边界处，设奉天国际运动场（今市体育场）与妇人医院（今传染病院）等大型公共设施；日常生活必需的小型商业服务设施沿边界道路南五条通（今南五马路）、荻町（今南京南街）、高千穗通（今新华路）设置；同时，邻里单位内还设有公共浴室及社员俱乐部等。

2）邻里单位的公园与绿地：满铁规划对绿化非常重视，在附属地的主要道路两旁设置行道树；附属地内设有春日公园、千代田公园（图2-2-14）、体育公园作为绿化核心；邻里内的住宅都设有庭院，满足充分的日照通风和庭院绿化，建筑密度很低。

3）邻里单位的街坊、道路与外部环境：邻里单位以主要交通道路为四界，用地内部由6~8米宽的道路划分出街坊，每个街坊面积约为100米 × 100

① 包慕萍、沈欣荣. 30年代沈阳“满铁”社宅的现代规划［A］// 汪坦，张复合编. 第五次中国近代建筑史研讨会论文集. 北京：中国建筑工业出版社，1998.

图2-2-14　千代田公园（来源：《沈阳历史建筑印迹》）

图2-2-15　满铁社宅（来源：陈伯超. 沈阳城市建筑图说 [M]. 北京：机械工业出版社. 2010：15.）

2. 满铁社宅建筑

（1）建筑外观：满铁社宅一改日式木构的传统建筑形式，采用适应东北气候的墙体承重结构，以独栋式或2~4户的联排式集合住宅为主，此外还有独身公寓和居住大院等少量形式的满铁社宅（图2-2-15）。建筑多为二层，体量根据室内功能空间的需要进行自然的跌落变化。外观多为简洁的现代主义风格，采用平缓的坡屋顶，墙身施以素水泥抹面或水泥拉毛等。窗户或有窗套，仅在有些建筑的门廊处作瓷砖或线脚的装饰。建筑从布局、建筑外观到室内空间等各方面，都体现了现代设计思想中重视功能的设计方法，是典型的现代主义风格。

（2）建筑内部空间特点：满铁社宅建筑内部空间布局遵照现代建筑设计理论与方法，平面布局集中紧凑，根据功能需求

米。街坊形状呈正交网格状，十分规矩，但街坊内的道路格局、走向以及朝向则要求布置自由，斜向与正向的小路相互交错，院落形式灵活，建筑的排列方式也各不相同，于是形成了一种在规整的大框架控制下灵活的街坊单元空间的组合模式，创造出了一种丰富而规整的愉悦感。社宅均以庭院围合，分为独栋式住宅和2~4户的联排式集合住宅组合方式，庭院的形状因围合道路的格局而不同。住宅朝向主要以东南向居多，其次是西南向和南向，朝向控制在南偏东或南偏西32度范围内，充分地考虑和满足了寒冷地区建筑对朝向的严格要求。庭院大门的空间位置也因建筑与道路的关系而各不相同，街巷景观十分丰富。

将起居室、卧室等主要使用空间布置在南向，窗洞也相应较大，北向主要布置辅助房间，如厕浴、厨房等。住宅外部以厚重的实墙体围护，封闭性较强；而内部空间则非常流畅，除外墙与室内必需的承重墙之外，其余的墙体大多采用木板条墙。多数房间仍旧采用日式的格子推拉门，有的可以取下，使室内空间更加连通开敞。因满铁社宅是为日本人使用的，因此内部空间显示出了适合日本人生活习惯的日式空间特点（图2-2-16），例如"和室"空间、玄关空间、"床之间"、神龛（神棚）、榻榻米等，同时，也受到西方现代思想的影响，出现了"洋室"空间和"和室"空间并存于一个建筑中的"和洋折中"的现象，形成了传统

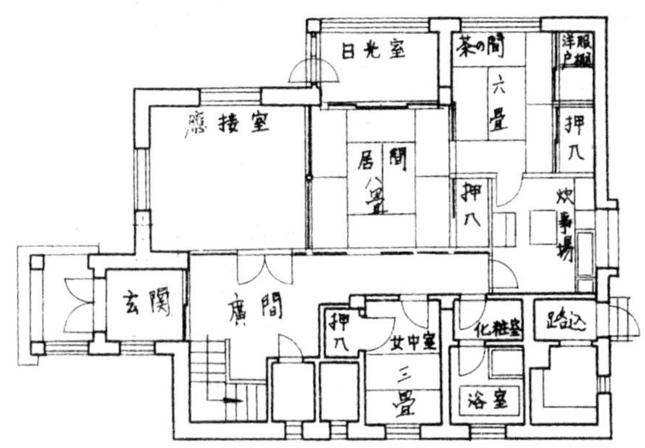

图2-2-16　甲11型一户用一层平面（来源：包慕萍.沈阳近代建筑演变与特征（1858-1948）[D]. 上海：同济大学硕士学位论文，1994：26.）

与现代的融合。“洋室”空间：作接待用的客厅，多置于从玄关进入的空间处，室内地面以地砖或者地板装修。空间较大而高敞，有很多住宅以形式多样的假壁炉方式点缀“洋室”空间，不设烟道。“和室”空间：日式住宅所特有的空间形式，其空间形状较之洋室低矮，推拉格门木板墙，以白色为基调的四壁和顶棚，地面铺置榻榻米等，完全是和风建筑的特征。房间中常设有“床之间”，一般为半凹进的小间，其内悬挂字画或摆设花瓶等器具，小间底面高出室内地坪，所以称之为“床”，中间多用原木的木柱进行支撑和装饰。玄关空间：多数满铁社宅都设有玄关空间，是由室外进入室内的一个过渡性空间，既符合日本人进门脱鞋的生活习惯，也符合现代建筑内外空间过渡的需求和防风防寒的功能要求。面积约5~6平方米，其地坪低于室内约0.2米。满铁社宅各不相同的入口门廊常常也是设计比较细腻的地方，并辅以门牌号码的标识，这些都能看出日式住宅特点和细节的遗留。

（3）建筑保温防寒措施：日本本土为湿润的海洋性气候，而沈阳为干燥的大陆性气候。为了适应这一气候特点，满铁社宅融合了多种文化，进行防寒措施的探索和改进，形成了适应东北当地气候环境并具有日式特点的“满铁社宅”。在设计方面，满铁社宅采用紧凑的平面布局，设置双层进户门、开辟玄关空间隔绝冷空气；在构造做法上，将外墙加厚并将红砖进行密实处理，且大量地使用了空心砖，还在住宅的地板下设有半人高的空间，用来布置管道以便于维修，也起到了一定的防寒隔潮的效果；在采暖方式上，结合了俄国和北方当地满族民居的采暖防寒技术，以锅炉、俄式壁炉和地炕三种方式为主。俄式壁炉是日本人向俄国人学习来的采暖方式，采用角形或夹墙形（夹在两墙中间）。其中角形散热好、效率高，放在屋内的一角不影响室内空间的使用和家具的摆放；夹墙形保温性能最好，且能两室共用。[①]满族民居建筑中的地炕与日本人席地而坐、卧的起居习惯相符，因此，在日本人侵入东北后沿袭和继承了这种采暖方式，将地炕作为解决室内采暖最有效的方法。

3. 建筑标准化设计：满铁社宅的建筑单体设计也运用了标准化的设计方法，包括住宅类型的标准化和建筑构件的标准化。“满铁”根据职员的职务及收入的高低将住宅确定为特甲、甲、乙、丙、丁五种标准住宅类型。[②]特甲、甲为一户用独栋式高级住宅，特甲型供最高级别的社长等人居住（图2-2-17），乙型为两户用双联式住宅，丙、丁为四户集合式住宅，供一般职员使用。为了避免标准化的硬性规定影响住宅的适用性，同种等级的标准型住宅面积大致相同，又根据家庭人口组成的不同而设有不同的格局和型号。住宅标准化的根本目的除了等级区别外，还为了给短期内大量移民来的日本人提供居住空间，节约设计、施工时间和节约造价。

在满铁社宅的建筑中，按照建筑类型区别设计和空间布局，这样就可以做到建筑构件的标准化，

① 朱松，吕海平. 沈阳近代满铁社宅的防寒措施［J］. 沈阳建筑工程学院学报. 1997，13(3)：237-242.

② 王湘，包慕萍. 沈阳满铁社宅单体建筑的空间构成［J］. 沈阳建筑工程学院学报. 1997，13(3)：231-236.

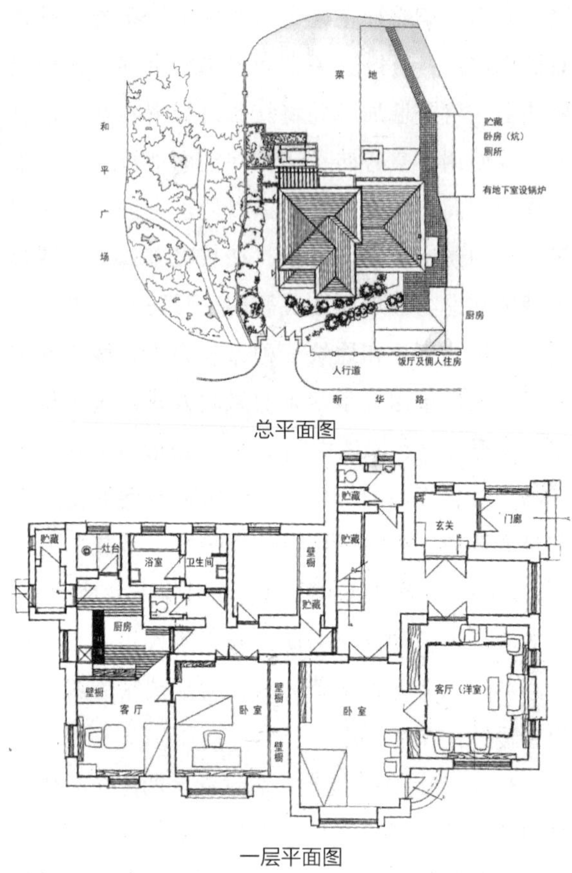

图2-2-17　特甲型满铁社宅（新华路1号胡宅，已拆除）（来源：自绘于1995年）

用批量生产的方式进行生产和施工。满铁社宅采用了这种当时颇为先进的设计和施工体系，一定程度上降低了造价，提高了建设速度。另外，这些住宅都按统一风格设计，而不同的类型又有各自的外立面形态。在每个组团中以不同的类型进行组合，使得每个组团的住宅样式都各不相同，从外观上看起来建筑样式十分丰富，却又风格统一。事实上，建筑的标准化仅仅使得建筑设计满足类型上的区别，而它们之间丰富的排列组合却为建筑群的整体形态和功能的适应性提供了多样变幻的实际效果。

第三节　商埠地——多元建筑文化的共栖地

近代东北地区的开埠，是以1861年签订“天津条约”后营口代替牛庄开埠为起点的。沈阳的开埠不同于上海、汉口等开埠城市直接受租界的影响，不同于北京、南京等古都城市强调传统的延续，其突出的特点表现为拥有主权的自开埠特征。晚清政府主导下的沈阳开埠是在沈阳满铁附属地的各项城市建设蓬勃开展的外界压力下，清廷为建立一个可以与之抗衡的、具有现代城市设施的、同时拉动老城区发展的开放城市土地，并要按照近代城市发展要求对其进行规划建设。

1906年，在当时沈阳老城西门外，满铁附属地以东，正式划定了“奉天省城商埠地地界”并由奉天交涉署开埠总局管辖，是东北内陆城市首次出现的商埠地。这里原本是城市中两片城区（老城区与满铁附属地）之间的空闲地（图2-3-1）。自开商埠虽然也为外国侵略者打开了中国市场的大门，但因中国政府享有独立的行政管理权、立法权和司法权，因而也对城市的发展具有一定的积极作用。它打破了传统城市的发展模式，在经济、技术、市政建设等多方面具有较为明显的开

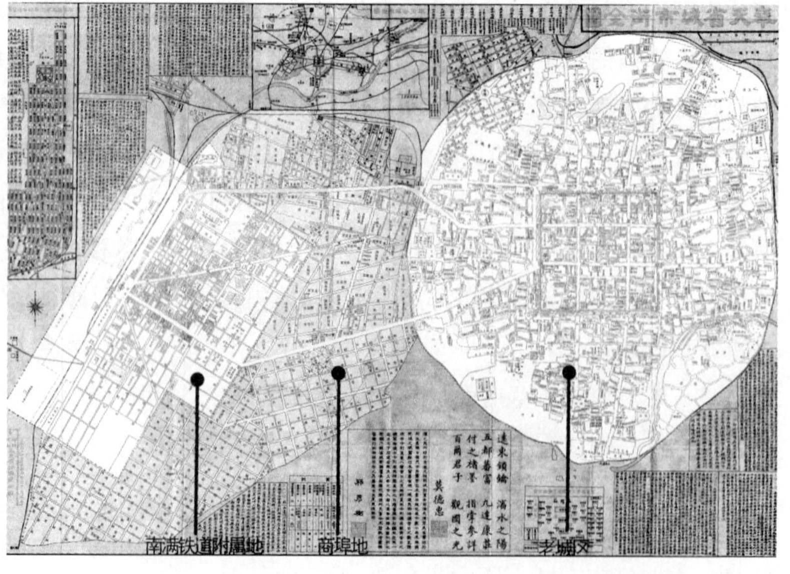

图2-3-1　1927年奉天省城地图（来源：近代文献史收藏家［詹洪阁］）

放性，在一定程度上繁荣了城市工商业，促进了人口增长及城市的建设，加速了城市经济和社会近代化的进程。

沈阳商埠地是近代沈阳重要的城市空间，是继老城和满铁附属地之后沈阳城市的第三个板块。其空间范围、规划形式、街巷系统以及建筑形态都体现了中日对峙背景下，中国政府谋求自主发展、对外开放的积极策略和自主建设实践，直接来自欧洲的影响、借日本人之手间接带来的欧风影响以及由中国人自主接受吸收的西方文化影响，这三者在这里得到碰撞与交流。这里成为了一片在西洋风潮中各式舵手相继亮相并各展身手的海湾，聚集着解析沈阳城市发展史的重要建筑与城市空间的诸多实例。

一、由政治势力的多元导致的文化现象的多元

商埠地的发展是在外国势力、中央政府、地方势力三者之间的相互较量过程中完成的，其中又以日本殖民势力、地方奉系军阀的作用最为明显。在外国殖民入侵、中央政府妥协、地方势力兴起、殖民全面占领的政权演变过程中，形成了商埠地城市发展的多元化管理主体与发展机制，在整个发展过程中，各方政体都拥有与之相对应的空间载体，并各自为政，以经济为主体，大力发展实业，促进城市建设，构成了竞相发展、扩充势力的局面。

在从传统城市向近代城市的发展过程中，历经晚清政府、俄日殖民、北洋政府、奉系政府、伪满洲国政府政权主体的交替演变，逐渐形成了由“多元—双霸—独统”的城市行政主体特征，从而也使得商埠地在沈阳不同城市板块的建设过程中走出了一条独具特色的发展道路。

（一）多元政体干预下的城市板块

沈阳近代行政主体的演变以1898年沙俄在沈阳设置火车站同时建设铁路附属地为起点，期间行政主体为沙俄东省铁路公司，在它主导下的规划建设拉开了沈阳近代城市规划的序幕。后于1905~1916年间，日本取代沙俄的殖民特权并逐步壮大、美英等西方殖民势力的进入、国内政体变革、地方军阀兴起等多元政体的兴起，共同作用于商埠地的建设规划，促使其开始多元化快速发展。如外国领事机构及商业机构、晚清管理机构均集中于此，其聚集效应加强了埠内土地的开发程度，使其成为清末沈阳城郊繁华的区域，与同时期满铁附属地建设形成了抗衡，在一定程度上遏制了其殖民扩张的野心。它的示范效用改变了市民的传统观念，带动了沈阳地区经济的发展，改善了交通条件，促进了文化的融合，同时，令沈阳城市格局转变为由商埠地、老城区及满铁附属地共同发展的空间形态。

（二）由“双霸”到“独统”所留下的城市印迹

1916~1931年间，中央政权逐步淡出，以奉系为代表的地方力量掌控东北，并在沈阳成立市政公所，标志着行政建制的确立。1920~1931年，在奉天市政公所的带领下，商埠地迎来了发展的黄金时期，开始了传统城市更新、近代洋房别墅建设、商业街区的规划建设，形成了今天商埠地规划发展的格局，同时促进了贸易的增长，使商埠地与老城区四平商业街形成鼎足之势，构成了对满铁附属地外来商业圈的抗衡局势。

随着奉系军阀的崛起，代表地方势力的奉系与国民政府、日本之间的利益争夺亦日益明显。1916年以后，尤其是1922年实行的“东北自治”、1929年奉天市政公所颁布的“严禁土地倒卖条例”中规定的“租领土地以中华民国人民为限，不得典卖、抵押给外国人”都表现出很强的地方管理的独立性。由于奉系军阀的强势，虽然日本殖民势力的主体力量十分不甘心局限于沈阳满铁附属地，但至1931年前仅以南满铁路为依托，以南满洲铁道株式会社为其行政主体，对沈阳满铁附属地进行殖民地规划建设，从而形成了满铁与奉系政

府空间上的东西对峙。与此同时，日本势力一方面处心积虑地寻找机会向满铁附属地之外扩张和渗透，伺机从奉系政府手中获取更多的权力和利益；另一方面，又力排其他国家的在沈势力，尽力削弱其竞争力，遏制其发展势头，将他们本已取得的利益掠为己有。在九一八事变之前，就已构成了日本与奉系政府两强相向的局面，为独霸沈阳做好了充分的铺垫。

九一八事变后，日本全面占领了沈阳，1931~1945年，是日本独统沈阳的时期。此前沈阳形成的相互独立、自成系统的城市空间板块，统统纳入日本殖民势力一家之手，商埠地也失去了原来独立存在的意义，仅在城市肌理、空间与建筑形态等外在因素上留下了原先的印迹。

二、商埠地的城市空间结构

沈阳商埠地位于老城区与满铁附属地之间的空隙，"奉天自开商埠总章"中第二条记载："本埠划定地段在省城西郭外，东至边墙，西至南满铁道附属地及铁道，南至大道，北至黄寺大道。面积约计二十一方里。"四界均设有明显的界牌标志。其选址的重要意义在于：其一，从空间上限制满铁附属地，以遏制其进一步向老城区扩张；其二，将开埠作为谋求自身发展的重要手段，吸引各国商民投资经商，形成具有竞争力的城市空间。

（一）商埠地规划格局

商埠地的建设主要是由奉系政府掌控。用地位于南满铁路附属地和奉天城之间，总面积约6.5平方公里。规划分为北正界、正界、副界和预备界，大体上按先北后南的程序分期开发（图2-3-2）。商埠地道路系统主要由南北向的经路和东西向的纬路交叉组成，这种平行于大地经、纬线的道路布局开创了沈阳近代城市规划的先河。道路系统从北向南逐渐由混乱过渡到整齐的方格网状，反映了自主规划和城市管理逐渐成熟的过程。

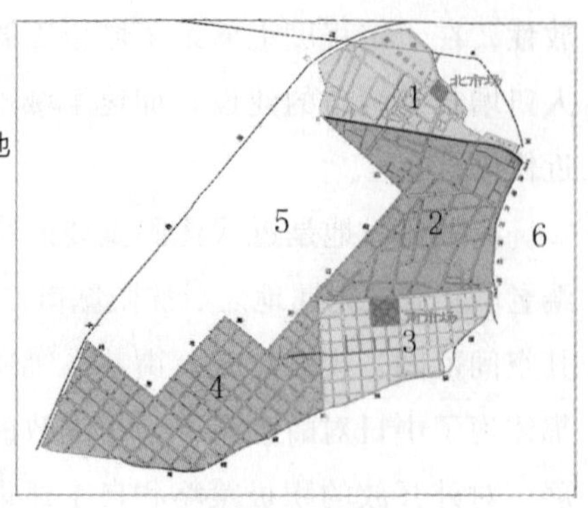

图2-3-2 四界两中心（来源：沈阳市档案馆）

1. 北正界

北正界位于商埠地北段，东到小西边门边墙，北至皇寺大街，西到满铁附属地，南至西塔大街十间房（现市府大路），面积约为1.02平方公里。北正界东、北、西三面有铁道环绕，京奉铁路辽宁总站、奉天城根站均在其中，其南侧的十间房大街上有由早年城市重要的公共交通工具——"马拉铁道"改进而成的市内有轨电车线经过，这些都为工厂的设置和商业活动提供了便利的对内、对外交通条件。北正界是商埠地内中国人聚集的地区，且以中、下层市民为主。东部土地主要为本土商民租用，用于商业经营和居住，商贾们在这里开商场、建戏院、自设酒楼、办浴池、兴妓院、辟烟馆，形成了极具近代本土文化和地方特色的消费空间。西部多为日本人、俄国人租用。同时，界内已有英美烟草公司等外商企业入驻。1918年，张作霖下令开发南北商埠市场，其中的北市场位于北正界，始建于1921年，它的兴建促进了北正界的贸易增长，同时与城内四平商业街相互呼应，共同构成了与满铁附属地商业中心"春日町"相抗衡的鼎立格局。由于商业资本的大量流入，北市场很快就发展成为了行业门类较为齐全的新兴商业区，成为了北正界的核心地段。

商埠局先后在北正界修筑了5条经街和13条纬路。北正界的街路为了与东侧盛京古城的弧形边墙及西侧满铁附属地的路网协调，打破了规整的方格形路网的规制，呈现为不规则的道路形态。又因为缺乏深入的控详规划，界内地块划分不均匀。北正界以本土中小商业的发展作为其主要建设目标，由商民自由购买、租用土地，购租土地规模有限，而其中的奉天纺纱厂与英美烟草公司等大型厂区又占据了比较大的地块，因此，其街区规划与建筑形式受到影响，划分尺度大多较小，大小差别却又很大。

西方式工厂建筑的建成又代表了沈阳近代新型工厂建筑类型的开端。以建于1907年的奉天英美烟草公司为例，主体为3层长方形建筑，面阔约18米，进深37.2米，内部为露明铁屋架的通敞大空间，上覆巨大四坡顶，清水砖墙结构，在外墙壁柱上伸出内部的铁构件节点，墙体随开间开设支摘式的大玻璃窗，只有屋檐及墙体采用一些简单的线脚装饰，成为沈阳近代厂房建筑的先例。

由于商埠地的业户来自欧美不同的国家，也包括日本人和本地人，有中外商贾、达官显贵，也有当地的平民百姓，因此，商埠地的建筑为适应不同的使用者和形形色色的功用需求，形式上更为多元。来自不同国家的设计师在这里留下了众多的建筑作品，它们是中西方设计师的共同成果。

与正界相比，北正界的建筑对中国传统建筑文化有更多保留，中外建筑文化互有兼容，如中山大戏院浓墨重彩的中国传统建筑样式与西洋式的片段并存，登瀛泉浴池建筑内，中国传统的庭院空间覆以穹顶，形成内中庭，建筑外观则采用了洋式门脸。这与生活在北正界的中下阶层居民有关：既要求接地气、保持有传统的文化气息，又要求在经济能够承受的范围内加入西式元素，以表时尚。

2. 正界

正界是整个商埠地的核心地区，位于商埠地内市府大路与十一纬路之间，东起今青年大街，西至和平北街，北起十间房大街，南到十一纬路，面积约为2.03平方公里，呈不规则形状。由于其地理位置居中，因此成为商埠地内早期开发且功能重要的部位。大公司、商号云集，大安烟公司、英美烟草公司、积德公司等都租有大宗的土地。商埠地的管理机构，如商埠局、税务司等以及各国领事机构也都设在正界之内。

正界恰恰位于老城区和满铁附属地板块的夹缝之中，受地形限制，平面形状不规则，却进行了严格规划（图2-3-3）。为与东西两侧板块互不照应的街路取得关联，正界内采用了与北正界类似的斜向四边形格网系统，同时也具有很强的独立性。1911年商埠地中最重要的一条街道——十一纬路建成，宽30米，石子路面。它东接老城区的大西路，西接满铁附属地的中轴心道路——沈阳

图2-3-3 商埠地正界鱼鳞图（来源：沈阳市档案馆）

大街（1919年更名为千代田通，今中华路)。它也是近代沈阳城内最重要的东西干线。日后，随着商馆、银行、公司洋行大楼等的沿街兴建以及南市场的开辟，它成为了商埠地最为繁华的街道。这条道路的修建，也成为了影响正界道路不甚规则的走向的另一个因素。

1906~1912年间，正界中最主要的建筑类型是各国领事馆建筑及外商经营的工厂、洋行、小洋楼以及一些中国商人的同乡会馆建筑。美国、日本、俄国、法国等多国领事馆陆续迁入正界，在三经街、二纬路一带形成了领事馆区。在正界南侧主干道十一纬路两旁还坐落着大型外国金融类建筑。奉系军官政要和巨富商贾则视于此建宅为地位的象征，趋之若鹜地到商埠地营建住房，力竭摹写之心，采用西洋楼住宅，使得正界充满了浓厚的异国情调。如李香兰所述：“整个街道活像伦敦或巴黎原封不动迁来似的，令人觉得就像处在欧洲高级住宅区。”这不是出自建筑师之口的评价，但描绘出了当时商埠地的建筑风貌。外国人兴建的建筑，由于其传来的途径不同，因此，在建筑形象上展示着不同国家的建筑特征，各显神采，成为建筑博览会之地。

3. 副界

副界与正界以十一纬路为界，向南直抵南运河，向东至奉天外城，西至今光荣街，并与商埠地预备界相接，它是由74个120米×120米的方格网构成的，依此构成街坊基本单元，面积约为1.35平方公里，完全由中国人租用，本地民间中小资本在此投资经商，其经营模式与北正界相似，呈现出较为明显的地方化和本土化特征。与正界兴建的多元化政治背景不同，副界的修建现象明显地突出了沈阳“双霸”的政治背景。张作霖修建副界，为了与满铁附属地抗衡，采用了较先进的西方规划设计理念，设计师是日本留学归国的商埠局工程科科长何毅夫，由奉天省长王永江负责督建，把副界规划为整齐的小方格网道路系统，道路亦用“经、纬”路来命名，经、纬路相互垂直相交。十一纬路则是初定副界道路方格网的参照标志。在副界正中偏北、邻十一纬路的一个标准地块内设南市场。南市场是副界的核心，它以圆形广场为中心，放射出四条道路，再以四条道路分别与上述四条道路垂直并相交为45度斜置的外圈环路，形成了八卦街。它是城市历史空间中有形遗产和无形遗产结合的典型。

中下层市民主要集中在副界，建筑密度甚高。住宅类型多为居住大院或更为简单的“趟子房”。街坊以“ 里”命名，各居住大院自成一体。大院由数组二层或一层联排式住宅组合而成，共用水井与厕所。沈阳的近代住宅不同于内地之处在于其室内普遍采用火炕。据1923年“奉天省城商埠局第一次报告书”中的人口统计，中国人口占94%，美、英、法、德、俄、日、韩七国人口总计为6%，但是出租土地面积比例，中国人占61%，外国人占39%，加之在中国人土地拥有量中，官绅占去多数，因此可以推知中、下层市民的居住水平十分低下。在沈阳，为中、下层服务的商业性住宅并不很发达。

4. 预备界

预备界原为商埠地中的待开发部分，1931年九一八事变之后，日本人终于突破了原满铁附属地的界域，将商埠地预备界划入附属地之内，根据满铁附属地制定的“扩大市街计划”对其进行后继规划，使之融入满铁附属地的规划体系。

预备界位于副界西南侧，即在副界、附属地与南运河所夹不规则曲尺形地带，面积约为2.45平方公里。被纳入附属地后预备界的整体规划由日本人制定和设计，界内道路系统有了明显的规划特征（图2-3-4）。它被划分为58个240米×150米的矩形街坊，并以“××里”命名。每个“里”中间又由一条道路将其划分为两个组团，每个组团为150米×110米。预备界内道路网布置与附属地相平行，构成统一的街路体系，而与副界道路网大约成45度夹角，呈现出十分规则的路网结构。

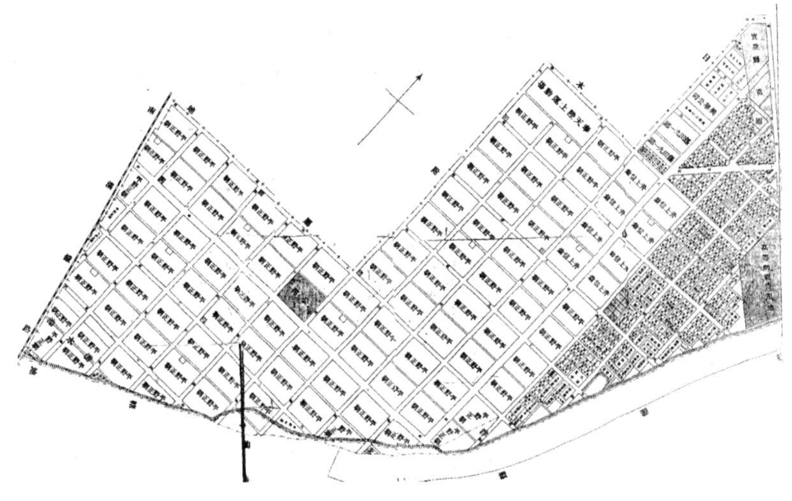

图2-3-4 预备界鱼鳞图（来源：沈阳市档案馆）

根据“奉天商埠预备界租地鱼鳞图”，预备界中中国商民租用的土地仅占约1/5~1/6，其余全部标注着平野正平、井上信翁等日本人的名字。此后，这里被建设为满铁社宅区。

（二）商埠地城市规划特征

商埠地的规划体现着近代沈阳各个时期的政治变换，有明显的拼贴性，从另一方面也体现了开放的、功能主义的规划理念，使沈阳又呈现为一片异于传统封建城市景观和面貌的新城区。从北向南逐渐由混乱过渡到整齐的方格网状的街路，又反映了自主规划和城市管理逐渐成熟的过程。

1. “四片区—两中心”的非对称规划结构

商埠地是“附属地”之后形成的大规模城市板块，其面积几乎与“附属地”相等。商埠地有四个规划片区，即北正界、正界、副界和预备界，两个中心，即南市场、北市场，打破了《周礼·考工记》所记载的以主要行政机构为核心的对称城市规划布局。在商埠地内没有轴线与对称，是依据建设需要而生长的城市空间，以北市场、南市场为中心带动各自区域的发展。

商埠地的规划方法，究其渊源，来自于欧洲的殖民活动中所形成的方格网道路规划系统。殖民者对占据地区的城市发展、人口规模、用地规划都无科学预测，为便于城市由小到大自由发展，采用棋盘方格形道路骨架系统，这种道路规划结构最先被应用于北美殖民地，于19世纪广泛应用于亚洲及非洲殖民地。19世纪初以纽约为代表的美国“方格形城市”的兴建，或对沈阳商埠地开发有所影响，街坊划成长方形，为获得更多利润而缩小街坊面积，以获得更多可供出租的临街面。

这种规划，只考虑平面的二维空间，而没有三维空间规划，仅是将所划分的地块卖给建房者，因此只是单一的道路性规划，还没有上升到真正意义上的综合各学科知识的城市空间规划。

2. 城市空间格局所体现的对抗策略

近代奉系政府所处的政治环境是较为险恶的，它从崛起、发展到崩溃的全过程都纠缠着与日本相抗争的复杂关系。尽管张作霖也曾借助日本势力壮大自己，但更多的是与日本殖民侵略的对峙和博弈。首先，商埠地规划空间的选择就是为了与日本满铁附属地对峙，在附属地东、南、北三个方向形成包围圈，起到对附属地的空间限制作用。其次，商埠地是与日本展开经济竞争的场所，商埠地最早规划的是正界，仅十一纬路和十间房大街与满铁附属地相连贯通，该地区的空间肌理既不像满铁附属地那样呈西式的规整化形态，又不同于中国传统城市规划思想，而是选择了根据商业发展需要因地制宜划分地块，通过本土商业的发展提高城市经济竞争力，与四平商业街呼应，形成民族商业圈。第三，商埠地是老城区与日本对峙和竞争的缓冲空间，是本土势力对日策略在城市建设方面的重要实施。

3. 多元化的城市规划特色

商埠地的规划发展，体现了沈阳近代多元的行政主体演变，多个行政主体各自规划所属区域，晚清政府及英美势力致力于正界、北正界的建设，奉系军阀在副界展示对中国本土近代规划思想的探索，日本则把预备界规划成满铁附属地的一部分，构成了日人学习西方规划思想后，应用于沈阳的城市建设的典例。

由于沈阳多元化的政权格局，又各自修建自己的权力范围，使得沈阳商埠地板块规划具有明显的拼贴性，互不融合。

这个时期由于外力的冲击，商埠地的建设使沈阳的城市格局再次被打破，由沙俄和日本铁路附属地与老城区并存时期的双核城市向多核的近代化城市转变，形成了特色突出的三个城市板块，即以奉天驿为中心的附属地，以故宫为中心的沈阳老城，以正界为中心的商埠地，它们共同构成了沈阳近代的市区空间。商埠地内的建筑由于主要以外国领事馆及其商贸公司为主，多为西方新古典主义的建筑风格，与老城的地方传统建筑和由中国建筑师自行理解设计的西洋风建筑形成了鲜明的对比，也与经日本人之手演化而来的欧式风格有所不同，从而使城市在空间形态上开始变化，并为之后的发展打下了基础。

4. 对现代城市规划模式的自主探索

在晚清政府主导下，沈阳近代城市的自开埠使商埠地作为自主建设的近代城区，摆脱了殖民地规划模式的束缚，进行了有意义的现代城市规划探索。比如在街道布局上没有机械模仿此前已建成的满铁附属地的圆形广场、放射式道路与棋盘式街路相叠加的方式，而是灵活地处理了沈阳老城和附属地两种完全不同的城市空间的联系，又基本保持了地块的完整性，且充分地考虑了开发用地的经济性，便于租售。在南市场的规划上，采用中式八卦图的布局，灵活地划分了租地地块，增加了各商业地块的临街铺面。它是沈阳近代城市自主规划建设的一个实例，也是一种把中国传统文化同近代先进规划思想相融合的全新探讨。

5. 从封建性城市向近代城市的转型

沈阳自开商埠地的开发和建设成为从封建古城向近代城市转型的最直接原因之一。伴随着奉天开埠，城市功能结构、城市面貌和城市发展动力都有所改变，加快了沈阳城市的近代化进程，并逐步发展成为内外贸兼有的商业城市。

首先，城市功能结构的变化是城市近代化的主要表现之一。奉天的开埠，加速了封建经济的解体，推动着沈阳城市功能结构的转变。开埠以前，沈阳和关内其他传统城镇一样，以自给自足的自然经济为基础，主要经济行业是为军事和政治统治服务的封建性商业和手工业，消费性大于生产性。作为东北的中心城市，其主要功能体现在政治管辖和军事防御上，至于近代城市其他功能则鲜有体现。由于开埠通商，打破了沈阳传统城市的封闭式结构，对外贸易开始成为城市经济的重要组成部分，城市开始步入近代化的发展道路。沈阳经济逐渐摆脱了对封建自然经济的依赖，与贸易相关的第二、第三产业获得了快速发展。随着产业结构调整，城市职能也逐步完善优化，“既是政治中心，更为工商业要埠”的雏形在商埠地设置后逐渐显现。沈阳古城则继续保持政治中心的地位。这样，新、旧城区互补发挥双重城市职能，沈阳开始由较为单一的政治、军事职能向政治、经济、文化多元的城市性质与城市职能转化。

其次，伴随着现代市政设施的发展，商埠地内整洁有序的市容、中西合璧的建筑、先进完善的设施、严格科学的行政管理、自由开放的社会风气，与近在咫尺的古城区形成鲜明对比，无不显示了近代文明与科技进步的威力，起到了现代文明的示范借鉴作用。尽管满铁附属地更早于商埠地进入近代化进程，但是由于满铁附属地相对的独立性与封闭性，对沈阳老城区的近代化影响十分有限。然而，商埠地的开发进步对老城区的影响却是巨大的，效仿商埠区建设，创建现代城市成为市政当局和社会力量的自觉，加速了沈阳城市建设与管理由传统向近代的转化。

再次，商埠地的建设使沈阳城市规模进一步扩大。开埠前，老城区与满铁附属地分居沈阳市区东西两侧，彼此孤立。商埠地的开发和建设不仅使两城区之间的闲置地带迅速发展成为新的市区，城市空间大大拓展，而且使相互分割的城市空间得到整合。同时，商埠地几乎完全隔断开沈阳城与铁路附属地之间的直接联系，又成为两个城区之间的缓冲与过渡区，有效地抵制了铁路附属地的扩张，也遏制了老城区的衰落。也由于商埠地城市经济的迅速发展所产生的强大吸引力，使大量人口开始涌向城市，沈阳城市规模进一步扩大。

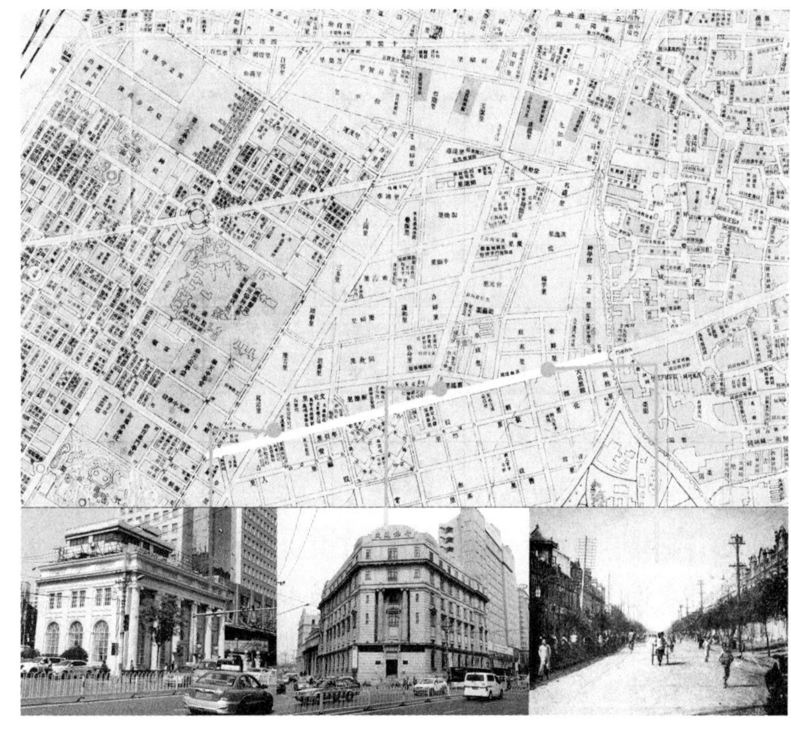

图2-3-5　金融街与金融建筑（来源：沈阳市档案馆）

三、商埠地建筑

建筑作为一种物质文化载体，对它的移植和引进，实际上体现的是文化的传播和吸纳。商埠地西式建筑的出现正是体现了东西方文明的交汇融合。它们的外形气派典雅，内部空间错落有致，有显著的异域风格，使沈阳城市的建筑部分地脱离传统城市低矮的、司空见惯的模式，重塑了一种融合浓郁时代气息的建筑形象，装点了城市的景观。城市空间既留有封建旧时代的印记，又新增了体现现代时尚的建筑与环境，显示着古城正在向近代都市迈进。这不仅增强了城市的凝聚力和吸引力，提高了城市的发展水平，使其呈现出更加开放的态势，也为西学东渐之风的传播提供了更为广泛的渠道。

（一）金融建筑与金融街

1911年商埠地中最重要的街道——十一纬路建成，它东接老城区的大西路，西接满铁附属地的中心道路——沈阳大街（1919年更名为千代田通，今中华路），是商埠地中东西向街道的最主要干道，是商馆、银行、公司等金融建筑的云集之地，它也成为了商埠地最为繁华的金融街（图2-3-5）。

为了保证城市空间天际线的完美和尽可能增大城市的空间容量，商埠局制定了严格的建筑高度和建筑布局标准，规定各土地租买者必须依照章程使用土地。章程规定在主要街路两侧，楼房高度不得低于三层楼，同时外墙要有统一风格的装饰。在此背景下，商埠地内造型各异的商业栈房（如法国汇理银行奉天支行、同泽俱乐部、汇丰银行奉天支行）拔地而起，城市空间结构呈现出浓厚的现代化色彩，强烈冲击、震撼着国人的视觉。“近者省会开辟商埠，建筑宏丽，悉法欧西，于是广厦连云，高甍丽日，绵亘达数十里，栉比鳞次，顿易旧观。”[①]商埠地绝大部分建筑为砖混结构，外观模仿欧洲古典式、巴洛克式风格，造型美观，坚固实用，富有异国情调，成为了市

① 王树南等. 奉天通志（卷97）[M]. 沈阳：东北文史丛书编辑委员会. 1983.

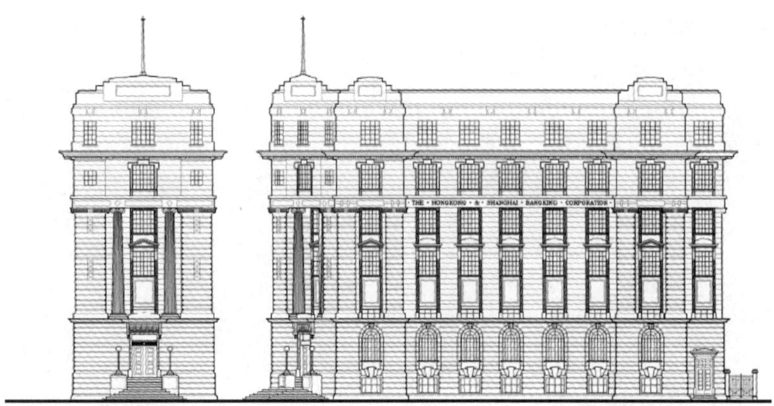

图2-3-6　汇丰银行立面

街中的一道夺目亮丽的风景线。

银行是其中重要的金融建筑，由于其实力雄厚，最先将近代建筑氛围、近代材料与技术成果带给沈城，它们大多集中于十一纬路不到2000米长的一段之内。如坐落于这条繁华大街上的汇丰银行，1930年由HEMMINGS&PARKIN设计，1932竣工（图2-3-6）。银行平面为三角形，钢筋混凝土结构。建筑的立面形式为折衷主义，总高约为22.8米，讲究比例权衡的推敲，建筑分别在一层、四层设置线脚，既增强了横向联系，又突出了立面的三段式，转角入口立面在中段设有通达二、三层的两根标准爱奥尼柱。为增强建筑气势和丰富立面造型，将外柱廊两侧向外突出，建筑坐落在高大的台基上，使内外高差约2米。

合理的流线及内部交通组织。建筑正门设在两条道路的交汇处，另有两个入口分别在L形建筑的两端临路设置，三个入口使人流各行其路，互不干扰。如到银行营业厅的人流，可通过主入口直接进入大厅办理业务；到内部办公区进行业务洽谈的人流可通过建筑面临十一纬路的入口进入办公部分；而内部工作人员可通过面临北三经街的入口进入银行。在入口设计上，结合沈阳的气候特点设置了门斗，以防御寒冷天气。

银行为地上5层附有半地下层的建筑，一层以对外营业为主，辅以办公及食堂。自正门进入楼内，是L形的营业大厅，营业大厅高约6.5米，内部装修富丽堂皇，天花为石膏雕饰的矩形藻井，室内壁柱与窗口多设欧式线脚，但并不繁杂，表现得恰到好处，既与建筑的折衷主义立面形式相呼应，又体现了建筑空间的豪华气派。大厅内用柱承重，主入口处柱距为5.4米，两侧4.2米，柱间梁上用石膏做花纹饰面。大厅内结合柱子用柜台分隔公共活动区和银行内部营业区，比例关系约为1：1，内部营业区分为窗口事务和后方事务两部分。窗口事务办理现金、存折、支票汇票等业务，后方事务处理汇账、统计、分类及计算等业务，并且为了业务需要单独分隔了出纳室，室门为铁艺格状装饰。在大厅两侧分别设置了经理室与买办室，并配有单独的卫生间。柜内柜外完全隔离，只通过经理室、出纳室内外相连。

二层以上是办公室、各种凭证库房及技术用房，层高为3.3米。标准办公层采用中间走道两边为大空间的布局方式，开敞的、可灵活分隔的大型办公空间，可按需要分隔为办公、会议、客房等，如需改变功能，也极易调整。办公室与走道的隔墙为半砖隔墙。办公室内天花多线脚，在距天棚0.5米处用黑色木条交圈，办公室为黑色木门，在墙体下部有黑木踢脚线，建筑走廊中多处设有欧式圆拱门，并在墙壁上设有凹槽线脚装饰，尽显建筑的精致。建筑的门窗及地板，有的采用了进口材料，如坐落在主楼北侧的餐厅窗户就采用了俄勒冈州松木制玻璃窗。

银行内部各室内地面因使用功能各异而采用不同的建筑材料，如营业大厅中顾客活动的公共区域用马赛克铺地，内部营业区为细工橡木地板，经理室则为橡木席纹地板，一般办公室为木地板，进入金库的走道地面为水泥磨光地面，金库则为钢筋混凝土地面。

汇丰银行建筑采用的是当时先进的结构形式、材料及设备，为砖石墙与钢筋混凝土混合结构，外墙选用西方传统的红砖砌筑，并且局部使用了钢筋混凝土框架。营业大厅内设有钢筋混凝土柱，钢筋混凝土大梁的一端架在柱子上，另一端支撑在砖墙上。楼板为密肋架空木楼板，楼面的木肋支承在钢筋混凝土过梁及砖墙上。楼梯为钢筋混凝土结构。地下室金库为全现浇钢筋混凝土，达到了坚固、防盗、抗震的目的。

汇丰银行的竖直交通设置在建筑两端，设两部电梯，还设有两个封闭楼梯间，以满足防火要求。除此以外，还装有水冲卫生设备、煤气和取暖设备。电梯的使用是沈阳建筑设备近代化的标志之一。

现代市政设施在商埠地的迅速发展，反映了西方物质文明已深入到近代沈阳城市经济、生活领域中，在改变沈阳城市经济结构的同时，也一定程度上方便了市民生活，留下了商埠物质文明趋向近代化的鲜明痕迹，更加凸显出近代城市形象，对盛京古城的近代化起到了重要的拉动作用。

纵观20世纪20年代的银行建筑，其建筑表现形式沿袭了西方的式样，即古典复兴或文艺复兴式样，而且这种样式逐渐演化成为了当时银行建筑的标志性特征。美国花旗银行是于20年代初建成的外商银行，坐落于十一纬路上，平面近方形，地上2层，地下1层，砖石结构，地上一层高约6米，二层高约3.3米，与门前6根爱奥柱构成的柱廊形成了适当的高低比例关系。银行正面外观是典型的希腊古典复兴样式，在这种样式建筑中可谓经典作品之一。一些小银行，或因资本实力有限，只能就其原有房舍做出仿洋式的立面。如奉天大同银行（图2-3-7）（沈若毅设计，1927年），为地上2层，地下1层建筑，屋顶为木架结构，入口立面女儿墙高起，挡住了坡屋顶，平面为H形，一层为矩形营业大厅及两旁的经理、招待等办公用房，二层及地下室均为卧室及饭厅，地下室设有金库、锅炉房等。大同银行正立面为三段式，由基座、入口、门廊及用女儿墙做出的檐口层构成。这种将入口立面以三段仿洋式设计的处理手法，也曾在商店建筑中流行一时，并演化成了风靡全国的洋式店面。在结构方面，实力雄厚的银行引进钢筋混凝土做法，是出于借鉴新建筑技术的目的。这并非是当时中国已形成现代建筑材料工业化生产而导致的结果。因此，旧的建筑形式与新的建筑结构结合在一起，使银行建筑在20年代具有明显的内部结构先行性的特性。

图2-3-7　奉天大同银行

百货店、洋行是另一大量性的新兴建筑类型。在干道两旁，有众多由外国移植来的新型百货店建筑。在沈阳民族工商业迅速发展的20年代，二三层的洋门脸式商店建筑沿街建成，鳞次栉比，门脸立面均为三段式，女儿墙做出各种曲线式屋檐并有巴洛克式的雕饰。

商埠地金融街上具有地方性的西式建筑的建造，其超越时空的转换与融合，已大过了单纯形式上的意义。在商埠地及附属地，无论建筑形式还是运营方式，均是由外国直接引进却又融入了地方的经营方式和建造手段，创建了沈阳从未有过的新的金融建筑类型。

（二）中西合璧的城市型别墅——沈阳“小洋楼”

商埠地的兴起，反映出西方物质文明已深入到近代沈阳城市经济、生活领域中，在改变沈阳城市经济结构的同时，也一定程度上方便了市民生活，留下了商埠物质文明趋向近代化的鲜明痕迹，更加凸显出近代城市形象，我们从“奉天商埠正界租地鱼鳞图”中可以看出，正界80%的土地由奉天军政要人、富绅名流以及其亲属等所拥有，建洋式公馆、住宅，多为西洋楼；为了适应社会发展的新要求，一些达官显贵的私宅建筑也逐渐改良，呈现出中西合璧的风格。

其中一类是花园洋房建筑，在鼎盛时期，其主要居住对象是军政要人等上层人物。早期的花园洋房主要集中于商埠地正界，后期在老城及大东新区也都有建造。这类建筑在平面布局、外观设计及室内设备等方面均采用洋式。20年代初期，规模不大，多为数栋一层住宅组成，三段式洋风立面，如奉系军阀张景惠的住宅；20年代末，出现大面积、大尺度的特点，层数增至2~3层，如位于商埠地的张作霖公馆、张作相公馆、汤玉麟住宅等。在他们的带动下，各层级权贵纷纷效法，此时期不少住宅的空间形式脱离了传统的中式习惯，改为“洋式”，但结构体系仍以木构为主。

花园洋房大多平面采用集中式，内设纵长的社交大厅，并与侧室形成通用空间。坡屋顶使用洋式木屋架结构。建筑形态追求豪华、气派，入口常由大台阶双柱门廊及高起的女儿墙形成三段式。通常设两层高巨大柱廊，柱子粗壮，雕饰繁多。

1. 张作相公馆

位于和平区九纬路22号，地上3层，地下1层，砖石结构，竣工时间在1927年左右，现为中国民主同盟辽宁省委员会使用。

建筑为西洋风格，造型简洁，庄重大气。外墙面为石材贴面，墙面上有分割线条，平屋顶。在主入口的两侧及上部各有两根比较大的西洋柱式，柱间作半圆拱形装饰；一层墙面开拱形窗洞，二层及三层墙面开窗虽为矩形窗洞，但窗户上沿采用拱形装饰与一层窗洞呼应；二层栏杆的做法也是欧式手法的体现。平面呈对称布局，中央门厅为“井”字楼盖，建筑内部的楼梯、柱子等构件均为木结构（图2-3-8）。

2. 张寿懿公馆

该建筑（图2-3-9）位于和平区北一经街78号，地上2层，局部3层，砖混结构，民国初年竣工，现为沈阳市财政局。该建筑建于民国初年，新中国成立后曾先后为沈阳市妇联、沈阳市国有资产管理局，2002年12月，沈阳市财政局进驻。

该建筑为仿古典欧式住宅，造型精致小巧。外墙为清水红砖墙，墙面为白色壁柱。坡屋顶，屋顶上开老虎窗，有一小阁楼。入口处的装饰及窗套形

图2-3-8　张作相公馆

图2-3-9　张寿懿公馆

图2-3-10 汤玉麟公馆（来源：《沈阳历史建筑印迹》）

式比较简洁，带有欧式手法。西、北面正中部均有一半圆形阳台，阳台栏杆也是欧式花瓶式栏杆。

3. 汤玉麟公馆

该建筑位于沈河区三经街九纬路71号，地上2层，砖石结构，1934年竣工。

建筑造型稳重、大方，主入口在西侧，用四根爱奥尼柱承起二层平台，平台兼做入口雨篷，平台栏杆为欧式栏杆。墙面有明显的欧式分割线条装饰。平屋顶，女儿墙作欧式线条装饰处理。二、三、四层南北均有花台出挑，窗子为矩形，有大有小，尺度合宜。平面布局以入口为中轴基本对称，使得整个建筑有庄重感（图2-3-10）。

另外，文生住宅则是屋顶华丽的洋式住宅。张景惠也于另地再建住宅，为二层坡顶洋房，与其早期住宅相较，立面样式的处理趋于成熟。

（三）映射各国建筑潮流的领事馆建筑

由于正界北侧十间房大街有有轨电车线通过，交通便利，地理条件优越而被率先购地置产，美国、日本、俄国、法国等各国领馆纷纷迁入正界，并建设新的领事馆。在三经街、二纬路一带形成了领事馆区，这里成为了一片在西洋风潮中各式舵手相继亮相并各展身手的海湾，它们围绕着一片城市绿地形成了一片颇具规模的异国情调区，聚集着解析沈阳城市发展史的重要建筑与城市空间的诸多实例（图2-3-11）。

如美国领事馆，入口门廊是古典复兴样式，四根柱子分别为纯正的爱奥尼柱式及简化了的塔斯干柱式，上为水平挑檐，省略了山花。这种风格与美国本土崇尚的古典复兴的思潮相呼应；而法国领事馆的红瓦坡顶与黄色粗质壁体，又是法国国内流行的住宅潮流在沈阳的末梢反应；绿铁皮瓦顶，红墙面上装饰着白色线条的日本领事馆（图2-3-12），出自专为东北的日本领事馆做设计的三

图2-3-11 领事馆建筑（来源：《沈阳历史建筑印迹》）

图2-3-12 原日本驻奉天总领事馆（来源：《沈阳历史建筑印迹》）

桥四郎的手笔，尽管采用了对西方建筑集仿式的处理手法，但其中仍旧透露出了日本传统建筑的纤细而又不求过分装饰的品性，明显具有“辰野式”手法的印记，并在建筑南向西洋式大石台阶及花坛的前面设置了日本式园林。此外，使馆建筑的集中式平面布局，及供社交用的开敞式的装饰豪华的大厅，也成为了后来军政要人及巨商富贾们追求洋式生活的模本。

（四）平民文化浓郁的南市场与北市场

1918年张作霖被任命为东三省巡阅使，成为奉系首领。为了促进沈阳民族工业的发展，他下令开辟南、北市场，并由奉天省长王永江督建，奉天省城商埠局第一任局长赵景琪负责具体事宜。次年，即1919年，开始修建南市场，接着于1921年开始修建北市场。

它们突破了中国传统商街的一字形或回字形规划模式，采用了新式的空间布局，以广场为核心，道路围合空间，特别是南市场还在新式规划的同时探索了与传统文化的结合。

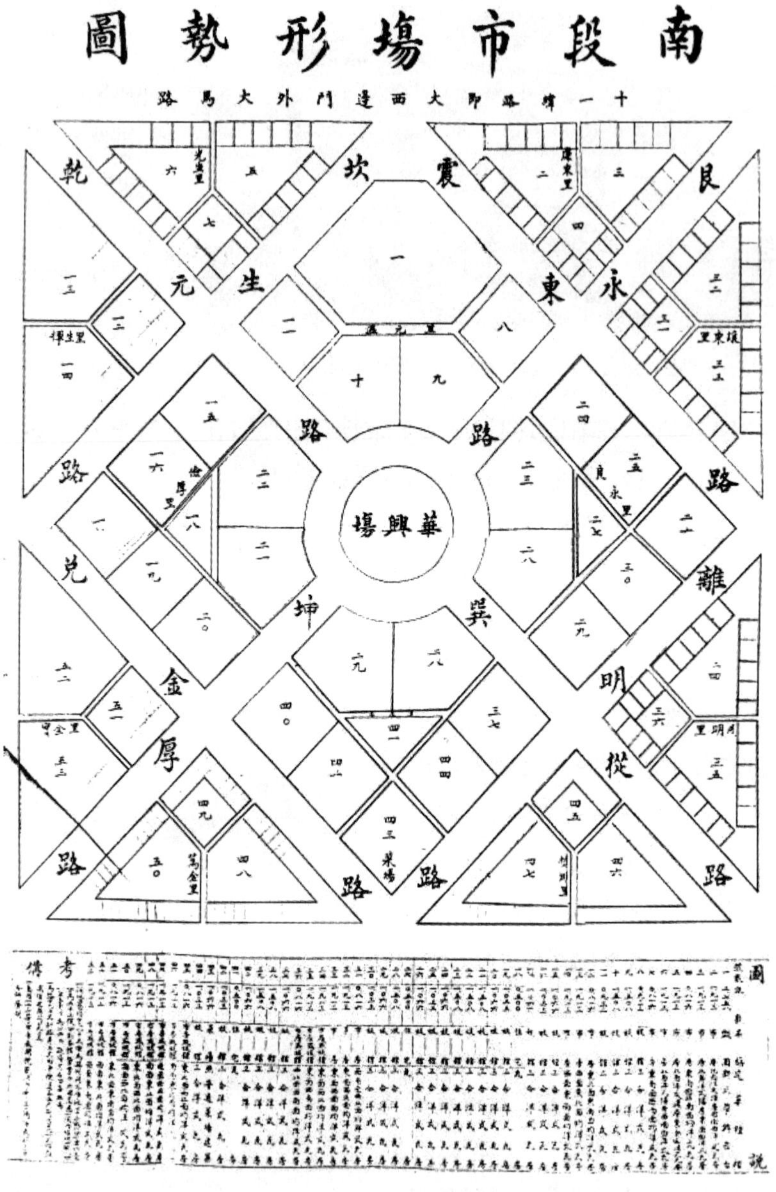

图2-3-13 南市场形势图（来源：沈阳市档案馆）

1. 南市场

副界内最为核心的地段为南市场，位于三经街与十一纬路交汇处西南侧，面积约7公顷，其功能与北市场一样在于繁荣埠地，招纳商民。商埠局在划定南市场的区域后，拟定了招商承建的办法，划出地号进行承租抽签招标，并于1919年开工建设。

南市场的规划突破了中国传统里坊制商街的规划，不再采用窄径迂回的传统商街规划模式，而是融合了西式的放射道路围合中心的规划思想，以街道、广场、节点来控制平面，有趣的是，在规划的基础上，同中国传统的八卦文化结合，故又称八卦街，按照中国古代八卦的形式构建市场平面，又以卦爻的内容划定街名（图2-3-13）。在方形地块中心设置圆形广场“华兴场”，四周环绕半圆形的2层圈楼，向方形对角线方向放射出四条道路，并且分别对应了八卦中的乾、坎、震、兑、巽、离、坤、艮八个卦象，以八卦的卦象按顺时针方向分别命名为乾元路、艮永路、巽从路和坤厚路。再以四条道路依次连接方形地块各边中点，形成45度斜置的外圈环路，按顺时针方向分别命名为坎生路、震东路、离明路和兑金路。南市场的形态体现了浓厚的中国传统文化，8条道路在市场内纵横交错，形成了极具特色的八卦街。八卦街的设计以空间附会了中国传统宇宙观，并掺入了奉系军阀兵家谋略中的御敌去邪的思路，以城市空间附会传统中国文化的方式反映了当时的地方政府希望振兴经济、强盛中华的美好愿望。

2. 北市场

北市地区地处商埠地北正界中心地带。东由作颂里、华丰里开始，西至二十二经路纺织厂西界，南至市府大路，北至皇寺大街，总面积约为0.47平方公里。清初，北市地区修建了实胜寺（亦称“皇寺”，由清太宗皇太极敕建）、太平寺、保灵寺……北市场的发展，最早可溯源至实胜寺和保灵寺所形成的庙会，它为北市场地区的业态构成和繁华氛围奠定了雏形。

19世纪末此处为齐家坟、十间房等居住聚落，但依然是一片农村景象。1906年，商埠地兴建，这里被划在北正界内。其南面是开设有沈阳最早的“马拉铁道”的十间房大街（将正界与北正界隔开）；北面以铁路为界，铁路旁坐落着与北京前门站同为起始站的京奉铁路沈阳总站；东面是英美烟草公司；而西面就是有名的奉天纺纱厂。

1918年，由于正界的进一步开发和新建北站对娱乐、商业设施的需要，军阀张作霖为开通地面，发展民族经济与外来经济相抗衡，下令在皇寺地区“十间房”附近开发北市场。可以说，是正界和北正界内的洋行、工厂以及新建的北站给北市提供了广大的消费群体，在一定程度上推动了北市场的形成（图2-3-14）。北市场最早仅由“平康里”的数家妓院和饭馆组成，在一场大火后，这里的建筑得以重建、扩建，形成了一处商业服务

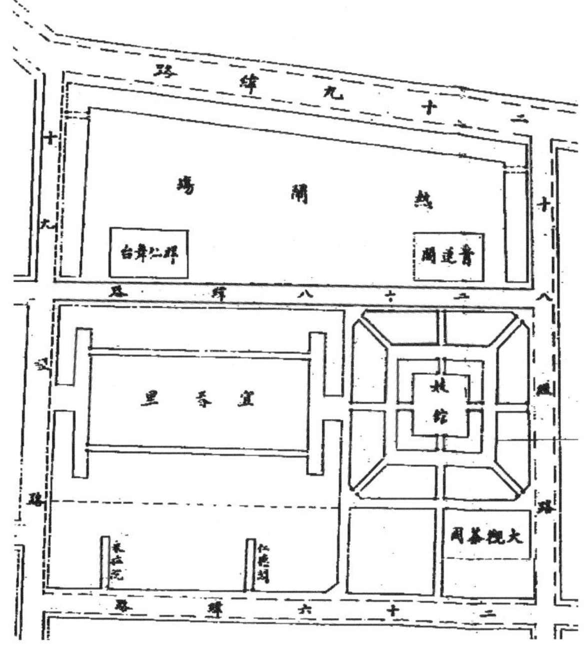

图2-3-14　北市场（来源：沈阳市档案馆）

娱乐中心。随着奉天衙门开放地号，一些大商人、大地主争先恐后进驻领地，租地建房，规模日趋扩大，在几年之内涌现出了北市、民生、中原三大百货商场，中山大戏院（今沈阳大戏院）、大观茶园（今辽宁青年剧场）和共益舞台（今北市剧场）三大剧场，保安电影院（今群众电影院）、云阁电影院（今人民电影院）和奉天座（今民族电影院）三家电影院以及数量繁多的金店、饭店、浴池、妓院、茶庄、茶社、大小客栈、服装店、钟表店、放款店、理发、照相、烟馆、当铺等商业、服务、娱乐设施。商业的发展使人口数量剧增，市场空前繁荣，到了日伪满统治时期和国民党统治时期，官商统治者们亦把北市场作为重点的寻欢作乐和消遣场所，商业人口进一步集中，商业、娱乐、服务设施进一步得到了发展，成为了一个灯红酒绿、弱肉强食的“ 杂八地”、“大染缸”，成为了与太原街、中街齐名的沈阳最繁华的三大商业中心之一。

至今，北市场还留存下来很多重要的历史建筑，如位于实胜寺西侧的“太平寺”，是全国唯一

的锡伯族人家庙，建于清康熙四十六年，规模虽不大，但它却记录了锡伯族人南迁盛京和西迁西域的旷古壮举以及锡伯族人近300年的发展史，是研究锡伯族文化的重要的历史文物。北市地区的另一重要历史性建筑，是原中共满洲省委旧址，在一片平凡、朴实的平房街区的小胡同中，坐落着一组合院式建筑。这一组建成于20世纪20年代的平房，几十年来以它在历史上做出的杰出贡献而受到人们的敬仰和纪念，至今保护和恢复如初。它是中国共产党源于人民，奉献社会，功绩与日月同辉的历史见证。

北市场在沈阳发展史中有着重要的地位，它映射着沈阳商埠地的发展历史，它所蕴含的民俗、民风、商业、娱乐文化对于沈阳本土文化的形成有很重要的影响。自1906年制定了“奉天省城商埠地”地界，开辟了商埠地以来，外来文化开始介入到本土文化中，使建筑风格变得丰富多样起来，既有浓郁传统特色的房院，又有西方古典风格的建筑，还有二者相融合产生的新的建筑类型——“洋门脸”，真实地反映了当时外来文化与本土文化相互融合的历史特征。

第四节　大东—西北工业区——民族工业催生的新城区

这是在老城区、满铁附属地和商埠地之后开辟建设的又一城市板块。它在沈阳城的东、北两面，是以张作霖为首的奉系为积蓄实力兴办实业，开发拓展的以民族工业厂矿为核心的新城区。由簇拥着这些工矿产业厂区的生活和城市辅助设施构成的若干工业组团相互拼合，构成了这片环绕着沈阳东、北两侧的庞大的新城区。

一、民族工业与新城区建设

工业在近代沈阳的城市发展过程中起到了非常重要的作用。其中来自中国官办和民营的用机器生产的沈阳民族工业的形成与发展，又直接地推动了沈阳城市空间的拓展以及城市功能的完善与进化。

（一）沈阳近代民族工业的形成

20世纪初，国际形势混乱，第一次世界大战后给中国民族工商业带来了千载难逢的发展时机。由于战争分散了列强国的精力，中国获得了杜绝列强商品输入的机会，从而使各种民族工商业得以发展。抵制外货、提倡国货的物质基础成熟了。张作霖政权拿出收敛到的庞大资金的一部分投向官营企业，进行枪炮、弹药、被服等军事工业生产。奉系对一般的地方产业也采取保护培养的政策，地方产业得到扶植。此时，官营事业的发展令人瞩目。1926年后，这种趋势更加明显。由欧美各国贷款援助的矿山、铁路、港口等建设也有了长足发展。在这种政治前景下，民族工商业迎来了第一次飞跃式的发展。

东北民族资产阶级进行“爱国自救”的同时，深感为求国家振兴，抵制洋货，必须发展自己的民族工业，于是许多民族实业家纷纷建立以民族工业为特征的各种实体企业，一时间工商各业齐头并进，出现了一批规模较大的民族工业企业，在奉天先后成立了许多民营企业，在军事工业得到了迅速发展的同时，开始在酿造工业、纺织工业、窑业等方面投入大量资金，一些企业具有相当规模，如八王寺啤酒汽水公司、惠霖火柴公司、东兴色染公司、同昌行牙粉厂、肇新窑业公司等企业，都是在“提倡国货，抵制日货”运动中诞生的。同时，民族资产阶级在与外国侵略者的抗争中日益成熟，不再局限于个人企业的生存和发展，开始关注整个行业，乃至国家民族的利益，在经济上表现出一种独立的意识，这是东北民族资产阶级成熟发展最为显著的特点。

（二）沈阳城市民族工业组团构筑

民族工业组团就是指因民族工业的兴起而发展产生的具有一定规模的城市空间，组团以大型工厂为核心，围绕它配备有完善的居住和生活服务等城市设施。

随着沈阳近代民族工业快速发展，出现了许多大型的工矿企业。由于在奉系政权全面掌控的老城区的西侧先期已开辟为商埠地和满铁附属地，南侧又邻浑河，已没有拓展空间，这些以民族资本投资建设的工厂大多选址于老城区的东、北两个方向。正因这里与奉天地方政权所直接掌控的老城区紧邻，且伴随着沿老城区东、北侧铁路的建成，沈阳大东—西北工业区城市板块得到了发展的充分保障。至此，沈阳近代城市的板块式格局得以基本完善与形成。

民族工业组团的形成经历了两个阶段：

1. 工人居住点的出现

沈阳近代工业发展的初期，工厂创立，围绕这些工厂出现了工人居住点，但是并无完善的服务设施。

图2-4-2 盛京机器局（来源：陈伯超. 沈阳工业建筑遗产的历史源头及其双重价值 [J]. 建筑创作. 2006.）

图2-4-3 东三省兵工厂（来源：陈伯超.沈阳工业建筑遗产的历史源头及其双重价值 [J]. 建筑创作. 2006.）

1895年，盛京将军依克唐阿奏请清政府批准（图2-4-1），在沈阳大东边门里建立盛京机器局（亦称奉天机器局）（图2-4-2）。这所官办的机械厂主要是制造兵器，但它使用了蒸汽动力，开始了机器生产，这样的机器生产招募了大量产业工人，代表了沈阳近代机械工业的开端。1895~1931年间，奉天机器局不断发展壮大，成为沈阳民族工业的先驱，带动了沈阳的民族工业发展，从而推动沈阳发展成为真正意义上的近代工业城市。

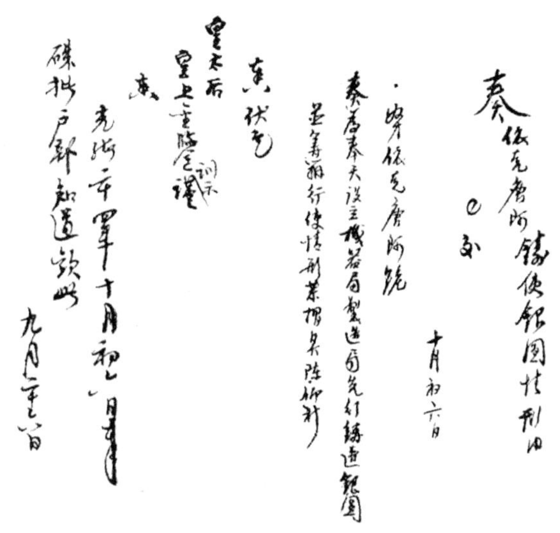

盛京将军依柯唐阿奏请清王朝在奉天筹设机器局制造银圆奏折之二部分影印件

图2-4-1 盛京将军依柯唐阿奏折（来源：陈伯超. 沈阳工业建筑遗产的历史源头及其双重价值 [J]. 建筑创作. 2006）

此后，张作霖在奉天机器局内设立修理机械及制造枪弹的工厂，即奉天军械厂。为了适应大规模战争中武器弹药的需要，1921年，张作霖将奉天军械厂迁至大东边门外，建立了东三省兵工厂（图2-4-3）。

随后，奉海铁路的开通和奉海站的建成，更为工业发展和城市生活增添了发展助力，提供了必备条件。奉海站地区也成为工厂建设和人流聚集的重要节点。它与东三省兵工厂成为了初构大东工业区两大城市组团的核心。

在老城区的北侧，迫击炮厂（图2-4-4）、东北大学北校区及东北大学工厂、飞机修理厂、铁路

图2-4-4 迫击炮厂（来源：陈伯超．沈阳工业建筑遗产的历史源头及其双重价值 [J]．建筑创作．2006.）

图2-4-6 肇新窑业公司大门（来源：陈伯超．沈阳工业建筑遗产的历史源头及其双重价值 [J]．建筑创作．2006.）

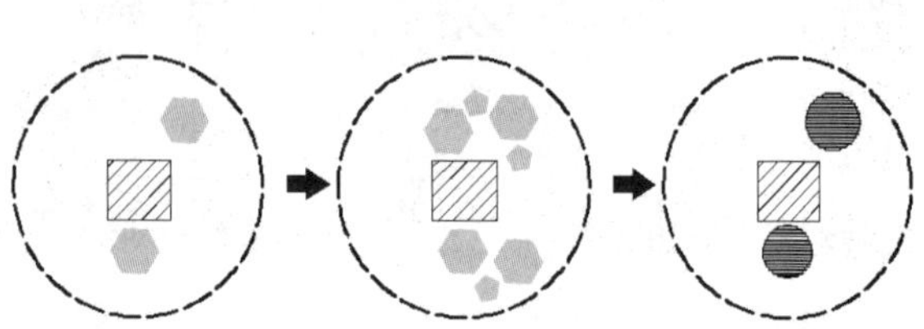

图2-4-5 组团圈层式发展模式（来源：哈静绘制）

图2-4-7 大亨铁工厂（来源：陈伯超．沈阳工业建筑遗产的历史源头及其双重价值 [J]．建筑创作．2006.）

工厂等大型设施的建设，又成为了西北工业区内城市组团形成的主体因素。

以工厂为核心，最初围绕工厂修建简陋的工人居住区，然后相应聚集起为工人服务的各种生活服务设施——这种圈层式的向外发展模式（图2-4-5)，成为工业化初期沈阳城市发展的典型形态。

2. 工业组团的形成

民族工业的迅速发展，是沈阳近代民族工业组团产生的重要基础。

1911~1923年，沈阳建市（设市政公所），民族工业发展迅速，沈阳近代民族工业进入快速发展时期。伴随着大批奉系军备工厂的建设，惠林火柴公司、八王寺啤酒汽水公司、肇新窑业公司（图2-4-6)、东兴色染织公司、大亨铁工厂（图2-4-7)、东北大学附属工厂（图2-4-8)、同昌行牙粉工厂等陆续兴办，生产出了一批驰名省内外的优质产品。由国民集资的奉（天）海（龙）铁路也建成通车。这一时期主要形成了大东兵工组团、奉海工业组团、惠工工业组团（图2-4-9)、飞机修理厂和铁路工厂组团以及东北大学北校区等新城区。

沈阳城市工业地段有着自身的发展规律。根据工业规模、性质及其他相关因素，不同的工业企业分布在不同的城市区域。规模较小的企业位于城市中心，与居住相混合；规模较大的企业通常位于城市边缘并有方便短捷的铁路运输条件。在城市建设用地上区划出相对独立的工业区，随后形成的几个工业组团都布置于当时城区的边缘。伴随着城市的发展，城区空间不断扩大，原来位

图2-4-8 东北大学附属工厂（来源：陈伯超. 沈阳工业建筑遗产的历史源头及其双重价值 [J]. 建筑创作. 2006.）

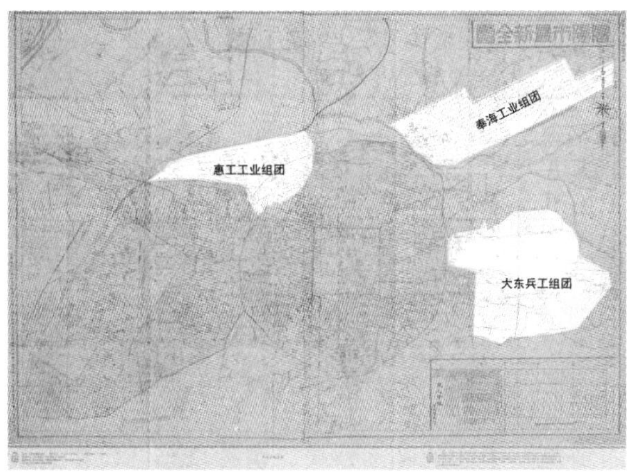

图2-4-9 沈阳近代民族工业组团分布图（来源：哈静绘制）

于城市边缘的工业区逐渐被城市所包围，变成了城市的中心地区。

工业组团的形成必然导致产业种类和人口的增多、生活水平的提高和需求的多样化，要求具有完备的商业和其他服务性设施，又由于大量工人聚集，为满足工人们日常生活交往的需要，也出现了员工俱乐部、医院、学校等附属设施，电灯、上下水、柏油路、街灯、绿树等环境日趋完备，形成了具有近代城市功能的工业城区。

针对大型工厂及其附属设施的建设，最初是有规划的。规划的制定和建设实施由市政公所所掌控，体现了当时对工业发展和城市建设的认识和专业水平，也在许多方面借鉴了沈阳早期形成的满铁附属地的规划设计手法。只是这些规划局限于各个工业组团本身，而各个组团之间的联系则缺少统一的思考与深入的设计，致使后期由各组团拼合共构的大东—西北工业区在城市功能内容的完备、功能分区、土地利用、城区核心布局、各组团间的相互关联等方面都留有不足和略显粗糙。

（三）民族工业组团建设实态

1. 大东兵工组团

大东兵工组团（图2-4-10）的建立与东三省兵工厂有着密切的联系。1919年奉系政府在沈阳市老城区以东，由大东边门延伸到东塔农业试验场处，建立了东三省兵工厂，主要目的是巩固其政权统治，增强军事力量，且发展军工生产。东三省兵工厂占地面积约为1.8平方公里。由于东三省兵工厂所处地理位置与老城区有一段距离，厂内员工来往不便，政府随即增设了一些生活配套设施，并逐渐形成了南部生活区、北部工厂区的格局，这片区域当时即被定名为“大东新市区”。其中工厂区的范围为东至今凌云街，西到大东边门，南至长安街，北至善邻路；而住宅区的范围则为滂江街以东，长安街西南，小河沿以北。

大东兵工组团以东西干道——长安街为界，虽然北部工业区面积较大，但因该工业区以生产军事产品为主，具有保密要求，所以仅对其南部的生活区进行了规划。道路采用了方格网系统。其中南北向的主要道路有6条，街道之间的距离在

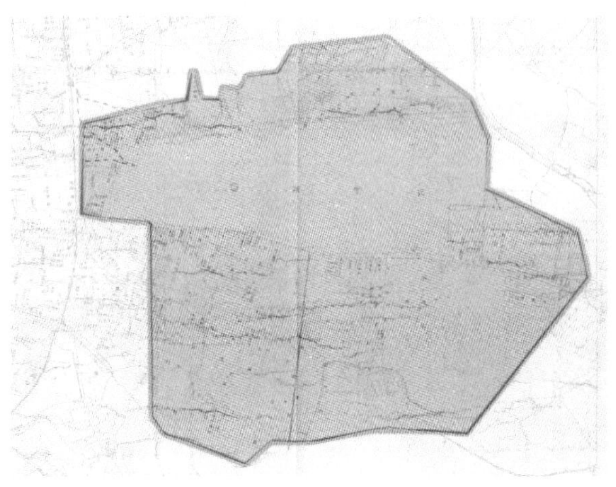

图2-4-10 大东兵工组团（来源：哈静绘制）

150～200米之间；东西向的主要道路有10条，街道之间的距离在200米左右。这些道路的名称与商埠地内用数字命名经纬路的方式有所不同，采用的是东北地区城镇的名字，它是奉系政府民族主义的一种思想体现。在功能布局方面，在满足工人住宅用地需要的基础上，围绕生活区进行了公共基础设施的建设，如大东公园、工人俱乐部、工人游艺园及跑马场等。至日本全面占领沈阳之前，这个包括有工业、住宅及生活福利设施等各类社会功能的配套设施齐全的新市区已全部建成。

2. 奉海工业组团

奉海工业组团（图2-4-11）的设立是随着奉海铁路计划的实施而逐渐兴起和发展的。奉系政府主政东北之后，其军事及经济发展皆受到日本控制下的南满铁路的钳制。为摆脱日本设置下的羁绊和避免本地经济利益的外流，1924年，张作霖组织成立了自营自建铁路的领导机构和执行机构——东三省交通委员会，并制定了纵贯东北三省的铁路东、西干线计划，即在使用本国的资本及技术力量的基础上，修建连接奉、吉、黑三省的沈阳、海龙、呼兰等地的东干线以及连接奉、黑二省的打虎山、通辽、洮南、白城子、齐齐哈尔等地的西干线。其中东干线南段的奉海铁路率先铺建。这是中国东北第一条完全由自己独立建设的铁路。

1925年5月14日，在奉天八王寺成立奉海铁路公司。该公司是奉系政府设立的第一个官商合办的铁路公司。1929年，随着奉天改称沈阳，奉海铁路公司改称沈海铁路公司。

奉海铁路计划实施的过程中，为引导城市向外发展，优化城市布局，抵制满铁附属地向外扩张，奉天省政府制定了以奉海车站为中心的新的城市区域发展规划。奉海工业组团（时称“奉海市场”）位于沈阳传统城区大北边门外，北至跑马场，南邻今沈阳东站，东至东毛君屯，占地面积约3.6平方公里，由奉海铁路公司负责建设。自1925年起，规划范围内的私人土地由该公司购买，并于1926年完成收购，随即开始进行规划与建设。

工业区规划平面布局为矩形，在今东北大马路与今东辽街交口设置规模较大的椭圆形广场，中央建有张作霖的铜像，作为奉海工业组团的中心。围绕广场向四周辐射6条道路。同时，东西向规划9条马路，与奉海铁路线平行，南北方向规划13条中型马路与东西向路及铁路线垂直，其相交的矩形地块尺度在150米×500米左右，从而构成了奉海工业组团的基本格局。这种以车站广场为中心的放射性道路与矩形道路相互叠积形成的路网系统，在设计手法上与满铁附属地颇为相似。同时，该地区内还规划有大型跑马场和公园、剧场等游乐设施。由于奉海工业组团开发较晚，随着九一八事变的爆发，建设也随之中断，放射形的道路未得实现。

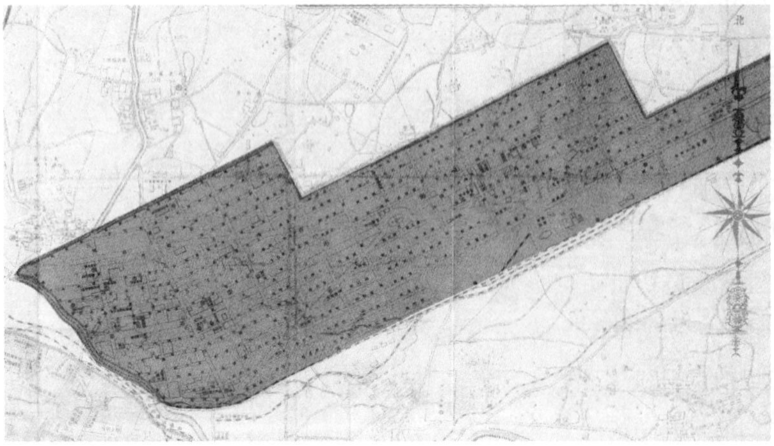

奉海工业组团在土地管理方面采取了符合当时特定条件的政策与措施：一是将永租年限提高至30年。二是地租的种类，增加了“永业”类型，除预留马路及各项公用土地之外的土地，租用人均可租用。这是一种鼓励租用者如期建造地上建筑的政策。租用者只需缴纳永租的租价，且在规定期限内建筑完毕，便可得到

图2-4-11　奉海工业组团（来源：哈静绘制）

永业执照，获得土地的所有权。这种方式在先期开发的商埠地内也没有实行，它在一定程度上带动了市场的繁荣，促进了工业区的开发。三是对于租地的规模并没有很明确的限制。随着奉海工业组团的建设及土地租放管理规定的实施，至1931年已有为数众多的陶瓷业、纺织业、机械制造业等工商业在这块土地上发展起来，新城区建设已见规模与成效。

奉海铁路的建设打破了外国对于东北铁路的垄断局面，促进了东北的社会发展、经济开发以及与关内外的物资交流。奉海工业组团的规划建设则是奉系政府主导下的又一次成功的自主探索与建设实践，促进了城市东部经济的快速发展，也形成了对日本满铁附属地扩张的遏制，为奉系政府与日系力量的对峙和竞争提供了强有力的物质保证。

3. 西北工业区内的组团建设

西北工业区包括惠工工业组团（图2-4-12）以及其后形成的飞机修理厂和铁路工厂工业组团、东北大学北校区及以此为中心附带各类城市设施所构成的新城区。

1923年，奉天省长公署决定在沈阳老城区西北部辟建惠工工业组团（时称“惠工工业区”）。其目的主要有以下几个方面：一是奉系势力的增强，带动了城市经济的发展，需要拓展城市用地以扶持民族工业的发展；二是第一次直奉战争奉系的战败，使得张作霖奉系政府调整政策，谋求军事发展，对于工业区的建设更为重视，新区功能旨在优先发展工业；三是由于传统城区内有轨电车的建设，使得大西门、小西门、大北门、小北门城墙外的房屋被全部拆除，遂将该处的住户全部迁至工业区，有效地解决了该区域内市民的居住问题，也有利于以此带动工业区的发展。基于以上的目的，奉系政府在此开始进行规划建设。惠工工业组团范围为南满铁路（今沈哈铁路)以南，天后宫路以北，山东堡路及敬宾街以西，皇寺路以东，占地面积约为0.93平方公里。

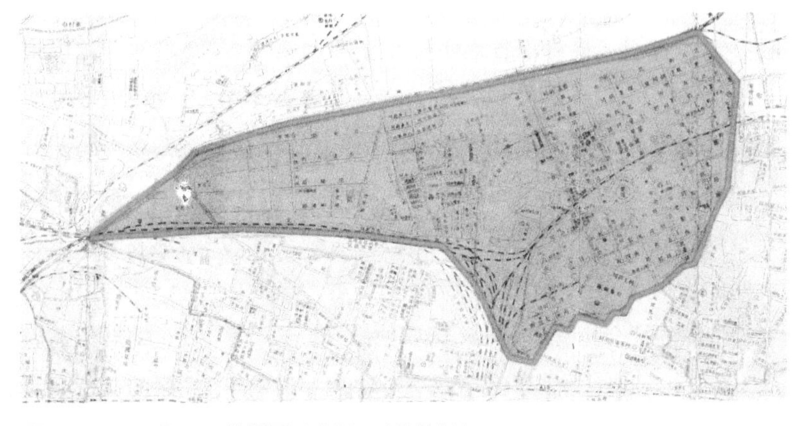

图2-4-12 惠工工业组团（来源：哈静绘制）

惠工工业组团中约0.27平方公里用于建设广场、道路、学校、医院、公厕、市场和管理机构办公用房，其余则用于建设工厂和商业及服务业设施。该区域的行政事务由奉天市政公所管辖。道路系统及街区划分采取了放射道路与矩形街坊的规划形式，即以惠工广场为中心，向周围辐射出6条马路，分别命名为一马路、二马路、三马路、四马路、五马路、六马路，同时在马路外围建东西横向、南北纵行的街巷共计26条。这种规划形式同样是受到了满铁附属地道路格局的影响。采用矩形小街区的城市布局，有利于缩小街区面积，增加沿街建筑长度，表现出了明显的商业性质。到1927年，共建成37条马路，整个工业组团的干、支路全部完成，极大地促进了城区功能的完善。

在土地管理方面采取了与大东工业区不同的经营方法。1924年，奉天市政公所颁布“西北工业区租领地亩章程”及“租赁地亩章程施行细则”，规定租售土地以“中华民国”公民为限，不准将其租售于外国人。这也是奉系政府的民族主义意识在政策法规上的体现。将土地分为上等、中等、下等及特等共四个租放等级，设租期20年和10年两种租用形式，同时规定年租土地不得超过1亩，租期20年的长租土地不得超过2亩。当设立大工厂或大型企业用地较多时，需要特殊报审批准。

通过这种方式进行招商，吸引投资建厂。至1931年，惠工工业组团的工商业已经得到了迅速的发展，出现了如奉天迫击炮厂、电灯厂等近代工厂以及国民大市场、露天市场等商业机构。人口规模已达到34335人，其中从事工业的人数为4563人，从事商业的人数为4660人，占有职业人口总数的41.2%，反映了该区域以工商业为主的社会结构。

此后，随着东北大学校区的北迁以及飞机修理厂、铁路工厂等大型工厂的建设，相应的城市附属设施围绕着它们辟出一处处新的城市空间组团，并相互连接成新的城区板块——西北工业区。

二、由工业组团拼合而成的城市板块

大东—西北民族工业区城市板块由大东工业区（奉海工业组团和大东兵工组团）与西北工业区组成。

在近代沈阳城市的发展过程中，因为多种条件的相互制约，直至1931年被日本占领之前，始终没有形成一个完整且统一的城市规划，只是在具有相对独立性的各城市板块范围之内分别形成有不同深度、不同水平和自成系统的片区规划。尤其是在后期拓展形成的大东—西北民族工业区板块，也不是按照先有规划再行建设的规律行事，而是采取了首先选点建厂，再以工厂为核心制定城市组团规划，最终由各组团相互连片构成该城市板块的空间发展过程。从这层意义上来说，沈阳近代城市的发展，不是遵循先从整体着眼，再从局部着手的建设顺序，而是先从局部着手，再施整体整合的方式。因此，先期的建设必然会为后期的发展带来诸多问题与麻烦。当然，这是由当时特殊的社会形势与条件所限定的结果。

城市工业地段有着自身的发展规律，根据工业规模、性质及其他相关因素，分布在城市中不同的区域。规模较小的企业位于城区中心，与居住区混合布置；规模较大的企业通常位于城区边缘，自成组团。

大东—西北民族工业区的发展是多组团相互连片与衔接的结果。各个组团有其重点发展的中心工业，围绕中心厂区的发展，布置工人宿舍、商业，完善附近居民生活设施，使得整个组团成为了一个为工人和周边居民服务的、设施完善的城市单元 ，在大东—西北民族工业区板块中构成了多中心的城区空间形式。

沈阳近代民族工业区的规划建设和空间布局与老城区的更新改造和商埠地的开发建设有所不同，也与后来建成的铁西工业区“南宅北厂”的统一式城市规划有明显差别。以工厂为核心单元的工业组团，各自相对独立，有着自身的场力效应和控制范围。大东—西北民族工业区是半规划半自然生长的结果，而铁西区工业区的空间结构更体现着系统规划与科学实施的过程。

大东—西北民族工业区的规划建设是在奉系政府主导下的一次新的探索与实践，在民族意识高涨的背景下形成的新区建设，虽然反映出了沈阳近代城市发展的局限性，但是它的发展给沈阳城市面貌带来了深刻的变化：工商业迅速发展，城市空间与人口规模扩大，城市文化走向多元，城市基础设施迅速完备，整体环境大幅度改善。它的建设缓解了对传统城区的压力，促进了新城区与商埠地、老城区之间的空间联系，带动了城市经济的发展，使得城市资源得到了优化配置，城市凝聚力和吸引力增强，加速了沈阳城市的近代化进程，同时也对当时的日本满铁附属地形成了有力的竞争。

直至今日，由此构成的城市骨架仍在沈阳城市建设中发挥着重要的影响与作用，比如原惠工工业组团内以广场为中心的放射形街道加矩形街坊为特色的城市格局，至今仍然为沈阳北站商贸金融开发区的城市空间骨架，不过，它又以自身的特点发挥出了当年所未曾预计到的现代城市的功用。

第五节 铁西工业区——殖民工业与现代主义的产物

沈阳建筑的近代化主要体现在三个方面：一是建筑的西洋化和本土化，其中的西洋化既包括对欧洲即时建筑的时尚性引进，也包括对西洋古典建筑的追忆性导入；二是中国传统建筑的西化与变异；三是建筑的现代主义转型——这一点尤其体现在铁西规划与建筑之中。

20世纪初期，现代城市规划思想在世界范围内影响着城市的规划建设，也深深地影响着沈阳及铁西工业区的规划。在1900年以后至二战结束前的这一段时间里，城市规划领域出现了分散主义、工业城市、集中主义和功能主义等思潮，构成了现代城市规划的主要内容。这些理论的提出旨在解决当时一些尖锐的城市矛盾，但它们的意义却并不局限于旧城改造的层面上，在新的城市建设中体现得更为突出。铁西工业区的规划设计者将这些现代城市规划的思想付诸这个新工业区规划的总体和局部，使得现代主义思想长驱直入到铁西工业区建设的各个层面之中。

一、沈阳近代的日本工业

根据伪满洲国政府公布的“满洲国经济建设纲要”，奉天（今沈阳）被定位为东北最大的经济都市和工业基地。这是因为东北沦陷之前，沈阳作为清朝的陪都打下了很好的经济基础，进入民国以后，在奉系势力的苦心经营下，它已经成为东北最大的经济都市。近代沈阳民族工业发展迅速，形成了很大的规模和雄厚的实力，建构起了强大的工业基础。这是日本看中沈阳的重要前提。要进一步侵占中国更广阔的疆土，仅仅依靠日本国内的人力和资源只是杯水车薪，最便捷、易行的途径就是将中国东北作为他们进行殖民统治的大本营，利用当地条件，支撑并实现侵华野心。发展沈阳工业就成为了其积累经济实力、攫取军需资源、推行殖民政策的重要战略，也成为了制定沈阳城市规划的重要目标。

（一）近代初期日本及外资工业的情况

外资工业始于日俄战争之后。日本率先在沈阳注入资金发展工业，其他国家也纷纷在沈阳建公司，办工厂，形成了多源头的工业发展势头。不过，从日本投资建厂开始，较大的工业企业建设要比沈阳本土的民族工业晚10年左右。直到1931年以前，外资企业的规模和水平都不及沈阳的民族工业。外资工业主要分布在商埠地、满铁附属地以及后期建成的铁西工业区之中。

1907年，在外国列强的压力下，沈阳“自行”开埠，建成商埠地（分为正界、北正界、副界和预备界四部分）。外资首先在北正界建起了丝织厂、英美联合烟草公司等。此后，在正界建成东亚烟草、大安烟草等。

日本除集中于满铁附属地投资沈阳工业之外，也将工业触角伸向沈阳的其他板块，贪婪地掠夺工业原料、人力资源和工业产品。

1906年，日本“奉天满洲制粉会社”成立。

1907年，又建立了“奉天铁道工厂”、“苏家屯铁道工厂”。

日本一直在窥视着机会，寻觅着条件将势力突破附属地的疆界。他们尝试着将触角伸到铁路以西的区域开发建厂，这成为了日后日本在沈阳开发铁西工业区的前期积淀。早期在铁西作为先头部队建成的日本工厂企业包括：

1916年建成的“南满制糖株式会社”（“满糖”）（现化工研究院处），1919年建成的“满蒙毛织株式会社”（“满毛”）（图2-5-1）（今沈阳第一毛纺织厂）和“满蒙纤维株式会社”（今沈阳第二纺织机械厂）（图2-5-2）等。

（二）日本工业向铁西的渗透与工业区基址的确定

1931年之后的沈阳，随着城市的建设以及人口的增加，在原有的城区内建设大量的工业用地及企

图2-5-1　满蒙毛织株式会社（来源：陈伯超．沈阳工业建筑遗产的历史源头及其双重价值 [J]．建筑创作．2006.）

图2-5-2　满蒙纤维株式会社（来源：陈伯超．沈阳工业建筑遗产的历史源头及其双重价值 [J]．建筑创作．2006）

业已经不太可能，只能选择扩展其他空白区域。满铁附属地的北面和西面原以铁道线作为疆界，日本不再拘于惯例，竟跨过了铁道的界限，渗透到铁路的另一侧，并确定将铁路以东作为城市街区，西侧作为工业地带。1933年3月1日，伪满当局发表的“满洲经济建设纲要”中，指定奉天（今沈阳）西侧为奉天西工业区，东至长大铁路，西到大则官屯（今卫工街），南至浑河，北到皇姑区，面积为420万坪（合13.91平方公里），1934年奉天都市计划委员会第一次会议将铁西地区正式纳入大奉天都市计划之中。之所以选此处新建工业区，有以下原因：

第一，优越的地理位置。对日本而言，工业区的选址最好毗邻满铁附属地，以便统一管理和进行扩张。早在满铁对附属地进行市街计划之时，已将铁路西侧划为工业地带，并陆续在此开设了一些工厂企业。因此，将工业区定在铁路西侧，更有利于发展工业城市的计划。

第二，良好的自然资源。铁西地区地势平坦，为发展工业提供了便利的地域条件。地下水资源丰富，水质较好，适宜生活和工业用水，对造纸、酿酒等行业的发展尤为适宜。

第三，便捷的铁路运输。从奉天驿向铁西工业区修筑的铁路支线极为便利，可直接将工厂产品装车外运或将所需原料直接运至工厂。由于铁路运输具有运量大、运费低的特点，对于发展工业十分有利。

第四，此前在这个区域内日资已有先期的投入：从1913年到1931年九一八事变前，日本在铁西陆续开设了满糖、满毛、满麻、满洲窑业、共益炼瓦组合等28家日资企业，投资超过百万日元的就有11个。日本在铁西所建立的工业都是以制糖、制麻、制陶、纺织、挖窑、木材加工等初级工业为主，其中的一些工业门类，在当时的东北乃至全国同行业中，都处于领先地位，而这些工业生产的工业产品，多是为了满足关东军、“满铁”和日本在华机构的需要，而且厂址的选择基本上没有进行规划，因此没有形成完整的工业区，但这些近代工业的创办，在客观上为日后日本对华侵略在铁西大规模建厂奠定了一定的基础。

其实，这样的选择也是由于满铁附属地东侧和北侧的扩展受到商埠地、大东—西北工业区的制约，而南侧又有浑河阻挡等客观因素的限制。可见，将日本工业区集中放在铁西也是唯一的选择。

（三）铁西工业发展的两个阶段

1931年后，东北沦陷，开始了伪满统治的14年，沈阳工业完全变成了“殖民工业”。大体可以分为两个阶段：

第一阶段：1931~1937年（七七事变）。日本全面垄断了沈阳的经济命脉，推行“经济统制”政策，建立起殖民工业体系。

1931年九一八事变后，为把东北变为日本侵略战争的战略物资供应基地，沈阳作为东北最大的政治、经济、文化中心城市，理所当然地成为了日本侵华实现所谓“日满经济一体化”的重点地区，加大投入开始了铁西工业城区的规划与建设，大规模的铁西工厂群建设进入起步阶段。

第二阶段：1937~1945年（光复）。进入所谓“战时经济时期”，对沈阳进行全面掠夺，铁西城区建设大规模展开，工业进入快速、畸形发展时期。

日军于1937年7月7日发动了全面的侵华战争，妄想以“速战速决”的方针取得“闪电式的胜利”，“三个月内灭亡中国”，但遭到中国军民的顽强抵抗，使日军的“闪电战”的计划化为泡影而陷入“持久战”的泥潭。日本的国力、财力都难以维持这场战争的耗费，不得不采取了“战时经济体制”。

1936年和1941年，由日本军部和关东军分两次推出“满洲开发五年计划”，使沈阳经济全面纳入为支撑战争需要的体系。为加速掠夺战争资源，虽令沈阳的工矿业发展速度惊人，却呈现出畸形发展的经济状态，产业结构比例严重失调。

1937年，为迎合战争需要，成立了“满洲重工业开发株式会社”（“满业”），重点发展供战争需要的采掘业、钢铁业和汽车、飞机制造业，改变了此前全面依靠“满铁”一家以国家资本作为投资主体的“一业一公司制”，以日本财团资本为投资主体的“满业”的引进，使得三井、三菱、住友、大仓财团等纷纷来铁西建厂或设分支机构，转而形成了由“满铁”和“满业”分工合作的“一业一公司与一业多公司并存”的体制，对沈阳展开了疯狂的掠夺。

在铁西工业区，1936年日本投入4.5亿元，1941年增加到6亿元。截止到1939年，铁西已建有日资企业189家，1940年达233家，1941年达423家。拥有金属工业、机械工具工业、化学工业、纺织业、食品工业、电器工业、酿造业、玻璃工业……其中机械、金属、化工类工业发展较晚，但成为了后期的支柱产业。“满洲矿业开发奉天冶炼所”（冶炼厂）（图2-5-3）、“满洲电线”（电缆厂）（图2-5-4）、“满洲住友金属工业”（重型机器厂）、“满洲机器”（机床一厂）（图2-5-5）、“协和工业”（机床三厂）、“东洋轮胎”（橡胶四厂）（图2-5-6）等企业均达到当时的全国一流水平。

图2-5-3 满洲矿业开发奉天冶炼所（来源：陈伯超．沈阳工业建筑遗产的历史源头及其双重价值 [J]．建筑创作．2006.）

图2-5-4 满洲电线（来源：陈伯超．沈阳工业建筑遗产的历史源头及其双重价值 [J]．建筑创作．2006.）

图2-5-5 满洲机器（来源：陈伯超. 沈阳工业建筑遗产的历史源头及其双重价值 [J]. 建筑创作. 2006.）

图2-5-6 东洋轮胎（来源：陈伯超. 沈阳工业建筑遗产的历史源头及其双重价值 [J]. 建筑创作. 2006.）

二、奉天都邑计划与铁西工业区建设

1932~1938年，由日本人完成了“奉天都邑计划”，这是立足于伪满洲国整体利益对沈阳城市的全面规划。伪满洲国把长春定位为政治、行政和居住中心，而将沈阳定位为工业中心。它以现代主义的规划特征，将沈阳铁路以西的部分集中计划用作工业发展新区。这种在当时具有前卫性的现代主义规划设计与开发模式，为日本的战时经济带来了巨大的掠夺性效益。

“奉天都邑计划”编制时，市区人口70.1万人，用地约60平方公里。规划期为15年（1938~1953年），规划区域面积到1953年时要达到400平方公里。[①]“奉天都邑计划”除了重点规划了工业区之外，还对城市给水排水、污水等市政设施，学校、公园、市场等公共设施进行了详细的规划布局。

日本“奉天都邑计划”在日军占领东北后占有极为重要的地位。在1938~1945年间，扩大了“满铁附属地”的范围，完成了一些新市区和市政建设：铁西工业区基本建成；将商埠地预备界划入满铁附属地并完成了该地域作为满铁社宅区的建设；皇姑区、北陵区一些主要街道也建成了；市区内基本全部通电；除皇姑、北陵外，基本覆盖了电车线路；扩建了北陵飞机场和航空工业；兴建了大北监狱；改造了兵工厂等。1945年，日本战败，撤离沈阳，致使这一计划彻底破灭。

兴建铁西工业新区是“大奉天都邑计划”的重点，是体现沈阳作为工业中心城市经济纲要的重要项目。日本视“奉天作满洲之心脏，铁西则为奉天之心脏”，全力将铁西区打造成海外最大的工业基地。1938年1月1日，沈阳市公布了“奉天市区条例”，将铁西工业区正式划为铁西区，与其他10个区同时划为市辖行政区的一部分，面积已达17.985平方公里，同时着手编制区域发展规划（“奉天都邑计划”的重要组成部分）。

铁西工业区的规划是通过两期实现的。第一期规划是1932～1937年间设计实施的。1937～1941年是铁西工业区规划建设的第二阶段。1937年，日本发动了全面侵华战争。日本财阀随之进入东北市场。由于投资状况与发展政策的改变，使沈阳铁西区的第二期发展远远超出了第一期。

（一）功能分区

铁西工业区规划的最显著特点就是多层次的、严格的功能分区——这是现代主义规划思想最基本的主张，也是现代主义规划作用于沈阳铁西建设的重要特征。

首先，将新建工业区设于铁路西侧，用铁路

① 佐佐木孝三郎. 奉天经济三十年史［M］. 沈阳：奉天商工公会，1940：247. 转引自：孙鸿金. 近代沈阳城市发展与社会变迁1898-1945［D］. 吉林：东北师范大学，2012.

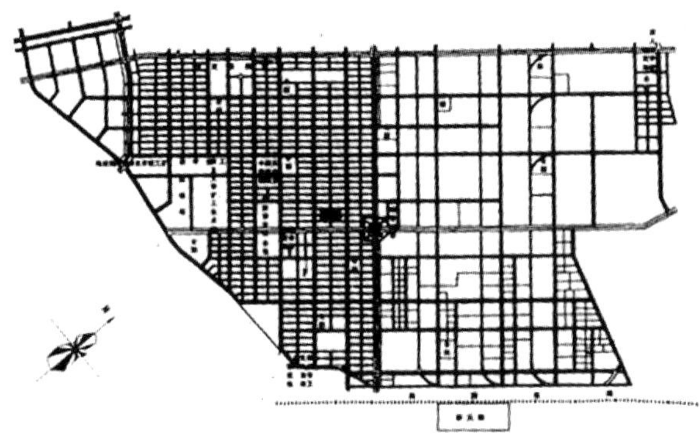

图2-5-7　铁西区南宅北厂格局（来源：陈伯超. 沈阳工业建筑遗产的历史源头及其双重价值 [J]. 建筑创作. 2006.）

将它与城市街区分隔开，避免相互之间的影响与干扰，尽管给生活、交通等带来诸多不便，但这在当时的科技与生产水平下，确实是统筹解决一系列城市矛盾的最好办法。

其次，在铁西工业区中又一次以功能分区为原则，构筑了“南宅北厂”的格局（图2-5-7），即原附属地“南五条通”经南两洞桥穿越铁路，延伸至铁西，形成铁西区的东西向干道——南五马路（今建设大路）。以此干道为界限，其南为住宅区，以北为工业区，居于中央的南北向干道为中央街，它与南五马路的交点是圆形的铁西广场。重要的金融机构及警察署等环广场而建。

再次，分别于南、北两片区域内，仍按功能分区的原则，布置各种设施和不同功能类型的建筑。南部生活区，规划住宅、公园、运动场、学校及市场等地。日本在南五马路东南应昌街与励望街两处建设住宅，为日本人居住区域，各种设施比较齐全，而西南部地段则营建租给中国工人居住的简陋房屋，体现了极为严重的民族歧视与殖民特点。北部为集中的工厂区。南五路东北地区主要为1937年前日资建厂的集中区域，食品、酿造、金属加工、纺织等轻、重工业工厂等混合建于该地区。西北地区则主要为1937～1945年以大阪财团资本家为主进行重点建设与扩张的重化工地区，以金属加工、机械制造、化学工业等重化工厂为主。

（二）道路系统规划

依据“奉天都邑计划”，奉天的道路系统主要分为3个层次。其中有1条国道：经过铁西工业区并通往辽中的国道；2条环线：全市4条环状干线中的2条经过铁西，使铁西与其他地区连接，但该规划并未得到实施；市街道路采取了方格网的道路系统，垂直于铁路的东西向道路有24条，平行于铁路的南北向道路有14条，街路宽度为18～27米。为方便货物车辆通行，工业区道路的宽度比附属地内道路尺度大。规划的道路通畅，土地利用率高，只是在实施中，部分街路被工厂区所占用而未能贯通。南部由于是生活区，为满足土地建设的需要，因此增加了辅助街路，其宽度为8～12米。

铁西区的街路与附属地的街路完全平行，实际上都是随铁路走向所形成的，在结果上又是附属地路网的延伸和扩建，如东西向的中央路、北二马路、建设大路、南六马路、南十路等，是附属地沈阳大街、北二马路、南五马路、南六马路、南七马路的延长线。南北向的街路，与附属地南北向的街道平行。到1938年末，铁西区主要街路已经有35条，这些街路纵横交错，构成格状路网。

（三）公园绿地规划

铁西工业区计划建设公园12处，苗圃2处，占地0.36平方公里，同时划出5块绿地，在南五路以南规划绿地带，以此将工业区与生活区分隔。也在生活区居民密集的道路两侧建设绿化带。然而由于工厂区的优先建设，最终只完成了4处公园的修建，计划中的绿化带也并未实现。在南五马路与嘉应大街交叉处的圆形广场得以建成。

在规划编制的过程中，该区域的实际建设即已启动。1934年6月，根据日本建筑师制成的“西工业区平面图”，在东起安福街（今第二纺织厂西侧马路），西至嘉应街（今兴华大街），南起南五马路（今建设大路），北至中央路（今北三马路）这一区域内，用地约为3.12平方公里内计划建成46

家工厂，至1937年，这一计划基本实现，多数工厂陆续投入生产。1934年11月，伪满政府又将沈阳县揽军屯、大小黄桂屯、烟粉屯、路官屯、牛心屯和熊家岗子等一带土地，约8.25平方公里划入市区，作为西工业区用地。1935年3月，满洲铁路株式会社与伪奉天市公署在铁西广场设立“奉天工业土地股份有限公司”，负责铁西工业区的规划建设和土地征购，全权经营铁西工业区。为实现日本财团与伪满政府拟订的开发铁西工业区的第一个“五年计划”，满铁与伪政府第一期共同出资伪币350万元，在铁西强行收买了民地324万坪。工厂及其附属设施建设全面铺开，铁西工业区“南宅北厂”的城区构架和规划建设的主体内容得以基本实现。

三、基于现代主义的铁西工业区规划与建设

近代沈阳的开发建设在不同的区域范围内形成有不同类型的规划。但是，由于整个城市被划分若干区片，政权各属，只能是局部区域的规划。从整个城市角度来看，它们之间是孤立的，处于割裂状态。1932~1938年伪满洲国制定的“奉天都邑计划”第一次针对沈阳整个城市范围形成了总体规划，是沈阳近代规划史上一个重要实例。

这一时期也是欧美近代城市规划形成与发展的成熟期，其理论在世界范围内得到传播与应用。随着日本国内“脱亚入欧”思潮的兴起，几乎所有的欧美近代城市规划理论都被介绍到了日本，大批的规划技术人员追随西方学术思潮，带着不同的学术理念、经验技术，纷纷来到中国参与规划与建筑活动，对侵占地主要城市制定了一系列的都市规划，使得中国成为了日本进行欧美近代城市规划理论实践的试验场。同时，日本是最早也是唯一应用正宗的欧美近代城市规划原理来经营其殖民地的国家。日本在规划中运用较多的包括当时在欧美盛行的以田园城市、卫星城为代表的分散主义城市规划理论。

由于战争的加剧，这一规划只在铁西新工业区的建设及今和平区小住宅群的开发中较为彻底地体现了原规划意图，特别是铁西工业区的建设实践更进一步地诠释了现代主义的规划特征。

（一）对“现代城市分散主义”思想的实践

诞生于20世纪初期，以田园城市思想、卫星城、有机疏散理论为代表的欧美分散主义城市规划思潮是为了解决因工业革命产生的城市集聚效应而引发的城市人口过度集中、环境卫生危机、住房短缺、犯罪率上升等一系列城市社会问题，其中心思想是通过分散主义手法，建立规模适度、协调共生的城镇群体来取代特大城市的发展，消灭城市“衍生物”，达到“改良社会结构形态，建立理想新城市”的最终目标，其规划理念成为当时西方规划界的主流思想，并在世界各国得到广泛传播。

日本运用分散主义城市规划理论进行的实践，作为经营其殖民地的一种手段，带有浓重的殖民色彩。

铁西工业区的选址本着谋求优越的地理位置、便捷的铁路运输和良好的自然资源等优越条件，这些目标都得到了实现。由于大东—西北工业区区、商埠地等城市板块环绕老城区而成为了沈阳城区的重要组成部分，且遁出了满铁的管理范围，从伪满洲国的整体构想出发，最好令新建工业区的选址毗邻满铁附属地，以便统一管理和进行扩张。同时，又通过将铁西工业区从沈阳业已形成的城市街区中分离出去，使大规模的机器生产与城市生活形成相对独立的区域，避免了城市过于集中，体现了现代城市“分散主义”的规划主张。

（二）“南宅北厂”布局所体现的“功能分区”思想

1916年在纽约提出了最初的城市区划理论，1933年“雅典宪章”出台，作为功能主义的倡导性

章程，将城市划分为四大功能区。从事规划设计的日本专家受西方城市规划理论，尤其是前沿性理论的影响，重视城市功能布局，在他们的设计中，往往将城市划分为居住、商业、工业、道路、特殊用地等类型，尤其注意避免城市居住与工业功能的混杂，同时规划有大片的文教用地。

从20世纪20年代开始，功能分区理论也被逐步应用到沈阳的规划建设上，这一分区理论也影响了这些城区的结构形态。沈阳铁西工业区的规划，采用现代城市“功能分区”的规划手法进行建设。它包括了工业区与城市街区、工业区内的生产区与生活区以及再次区间的不同性质区划的三级分区设计。在与沈阳城市街区隔铁道而建的工业新区中，形成了南宅北厂的空间布局，北部为工业用地，南部为居住用地，中部为公共设施用地。又分别在工业用地和居住用地中继续以功能分区为基础，采用将用地再详细地划分为不同工业类型、工业服务和铁路用地以及划分为居住、商业、办公等功用不同的用地方式。1944年按这一规划初步建成。

（三）公园、绿地系统规划蕴含的“花园城市”思想

公园是现代城市的标志之一，完整的公园绿地系统是近代城市规划建设中的一项重要内容。由西方近代园林的代表——文艺复兴时期发展起来的意大利造园和17世纪在法国发展起来的勒·诺特尔式造园所引发的花园城市规划思想，逐步影响到其他国家。近代沈阳城市中的公园绿地体系的规划建设虽然出自俄日设计师之手，但实际上依然源自西欧园林设计风格的影响和现代花园城市的理论。

尽管铁西是一处为战争需要急迫发展起来的工业区，公用目的极强，但是仍对城市绿化给予了足够的重视和投入。计划设置了公园、苗圃，同时划出5块绿地，也在生活区居民密集的道路两侧建设绿化带等。这些绿地系统及公园设计是现代主义城市规划思想渗透的结果。

（四）现代城市交通运输方式影响下的铁路布局结构

历史上的城市，在最初选址建设的时候，出于对交通与运输的考虑，往往与河流密切相关。而在近代，沈阳则依靠铁路的建设得到迅速发展。由于铁路运量大、成本低，铁路很快成为沈阳这类内陆城市交通运输最重要的方式，再辅助以公路和河道运输，共同构成了城市的运输网络。

从“铁西工业区市街略图”上可以清楚地看到，日本利用南满铁路为依托修建了数条铁路专用线，在用地内平行延伸，直接通达各个大型的工厂之内，从而形成了公路、铁路共同作用的交通网络，最大程度地保证了工业原料、器材和产品运输的便捷性。与此同时，也可以看到，铁西区被铁路围箍，形成了铁路自然封闭区，区际间只靠两条东西主干道：南五路和北二路，通过南北两洞铁路跨道桥才能通行。南北间只能在铁西区内通行，向北到皇姑区板块几乎没有一条车行通道。由于区内工厂专用铁路线较多，造成了市区路口交通的严重堵塞。

（五）发生在铁西建筑中的现代主义转型

在沈阳建筑近代化的进程中，主要借助日本建筑师之手导入的现代主义思潮逐渐地出现在沈阳的不同城区板块之中。最先是在全方位由日本经营的满铁附属地，再从这里辐射到较后形成的大东—西北民族工业区等其他城市板块之中。特别是在工业建筑及其附属设施建筑中，对现代主义设计手法的应用最多，现代主义转型的现象也表现得最为敏感。伴随着铁西工业区的开发建设，无论是在规划层面还是在建筑层面上，现代主义都得到了空前的推广和普及。

从某种意义上说，铁西工业区建设是日本侵华战争急迫需求的结晶，缩短建设周期和限定投资是完成这一宏大项目的重要指标。现代主义是解决问题的唯一途径。现代主义产生的背景恰是

面临战后的大规模房荒，需要用尽可能短的时间和少量的投资建设并提供大量住房。工业革命所带来的建筑技术的进步和建筑观念的转变，令世界摒弃了对根深蒂固的传统建筑的沉迷，唤出了现代主义建筑的新理念与新技术。因此，现代主义成为了解决铁西工业区建设难题的灵丹妙药。另一方面，现代主义将解决功能问题提升到处理建筑各种因素之首，功能主义成为现代主义的重要表征。在这一点上，它与工业建筑设计所涉及的主体问题最为贴切——功能主义最直接、最适用的建筑类型莫过于工业厂房及其附属设施。因此，铁西工业区内的建筑大量采用现代主义是当时社会要求的必然。各类工业厂房，完全背离了早期厂房在接受现代结构技术的同时，仍不忘将协同而来的西洋装饰点缀于建筑的内外观（即使在沈阳民族工业的厂房中，也普遍采用这种手法，如1927年建成的东三省兵工厂车间厂房）。铁西的绝大多数厂房，完全根据生产性质、生产程序和生产工艺的要求，从材料的性质出发、从受力规律出发、从建筑技术出发，没有任何装饰，真正反映了满足功能、体现技术和摒弃装饰的现代主义主张（图2-5-8、图2-5-9）。铁西工业区规划与区内建筑成为了现代主义的标本，也成为了推动沈阳近代建筑向现代主义转型的最大浪头。

图2-5-8　厂房（来源：陈伯超．老工业区改造过程中工业景观的更新与改造 [J]．现代城市研究．2004,（11）.）

图2-5-9　厂房（来源：陈伯超．老工业区改造过程中工业景观的更新与改造 [J]．现代城市研究．2004,（11）.）

03

沈阳近代建筑类型化的发展与特点

进入近代以前的中国并未出现建筑类型化。中国传统建筑的特点之一，就是以通用式的建筑空间适应各种建筑功能的需要。用现代建筑语言描述，就是木结构的框架建筑体系，以非承重作用的墙体分划以适应不同使用功能对建筑空间的需求。单体建筑以相似的形式，可以用来作宫殿，也可以用来作庙宇、衙署、店铺、书斋、作坊……甚至把墙拆掉就是戏台、亭榭……进入近代，越发丰富的社会生活对建筑的空间形式提出了更加复杂的要求，外来建筑文化与技术使得建筑功用专业化成为可能。于是，建筑开始进入了以不同的内部空间和外部形式去适应不同使用功能需要的时代，出现了专门的学校建筑、剧场、商店、银行……建筑类型化的发展，紧紧地依附于社会生活的丰富与建筑技术的保障。

沈阳近代最初出现的新的建筑类型是为外国人服务的教堂、车站、领事馆、办公楼等。这些建筑类型的式样多为移植而来，但其建筑材料和营造技术又多依赖于本地的传统做法或是具有一定创造性的适应。20世纪20年代之后，随着外来势力的高强度渗透和奉系军阀的迅速崛起，沈阳在新建筑技术、材料等方面都得到了迅速的改观与提升。新的建筑类型很快丰富起来，并普及到全社会的大众生活之中。早期已出现的公共建筑，如银行、百货店等，此时向大型化、大量化发展；住宅也打破了原来的单一平房或由其组合的四合院类型，出现了别墅、公寓等；以前没有过的新的城市设施和新的建筑类型大量出现并成为城市的主要构成因素，如体育场、公园、电影院、剧场、医院、车站、邮局等。大量建筑类型的出现与建造规模的膨胀，正是近代建筑业繁荣景象的体现。

第一节　沈阳近代教育建筑

沈阳作为中国内地一座具有代表性的文化古城、清文化的中心，具有悠久的历史和优良的兴学传统，其学校建筑的近代化过程，无疑也具有重要的代表性。在近代历史上，沈阳作为东北地区的首善之地，再加上历史上形成的活跃的文化传统，对于异质的东西具有较强的吸引力和较为敏锐的反应力，由此形成了很有特色的沈阳近代学校建筑。

沈阳的近代教育及其学校建筑形态都较自古代流传下来的传统教育发生了巨大的变化。沈阳近代学校建筑经历了初期、中期、末期三个发展时期。在其中的“新教育制度”下延续传统教育模式的学校建筑时期，教学空间依旧以厅堂式的传统空间为主，没有太多的变化。传统的建筑风格也依然是学校建筑的主导，建筑材料以本地的青砖为代表。在“西学中用”新型办学模式下的学校建筑时期，西方现代教学理念以及现代学校建筑设计方法，通过种种途径进入沈阳，沈阳近代学校建筑吸收了西方外来的学校建筑形式，使本土的学校建筑更加多样化，导致沈阳近代学校建筑形态发生了较大的变化。日本侵占时期日本教育模式主导下的学校建筑，在当时的沈阳属于设施条件和标准较高的建筑。

近代学校建筑的发展轨迹由最初对传统建筑的沿袭与改造，逐步进入到对西方先进教育建筑类型的引进和接纳，与此同时，由外来教育模式主导的学校建筑的发展又是逐渐吸收本地建筑符号、元素和适应传统教学方式……试图与当地建筑风格和社会文化相互融合的过程。

一、“新教育制度”下延续传统教育模式的学校建筑

我国教育起源于家庭之中，后逐渐演变为私塾，最后成熟于书院。中国传统教育在儒家思想的影响下，官学和私学建筑均形成了注重“礼制”的建筑特点，要求建筑群布局主从有序，内外有别，反映社会的尊卑等级差异。一方面，建筑空间布局沿轴线布置主体建筑，次要建筑分布于轴线两侧；另一方面，通过不同的院落组织建筑的功能和空间的层次。从古代到近代的演变的过程中，近代学校应该不是西方的简单“翻版”，而是西方和传统影响合力的产物，不断受中国近代社会政治、经济和文化转型的影响。相对于学校建筑而言，社会的教育教学方针、教学模式、学制特点等因素，对教学空间——学校建筑都有不同的要求，这些影响必将反映在建筑上。

（一）以传承为主的学校建筑空间

19世纪中叶，在传统书院教育的基础上开始出现一些培养各类专科人才的学校。此时期，虽然已经受到西方文明的影响，也引进了一些西方的校园规划模式和建筑技术，但由于各种因素，造成了学习西方建筑思潮的滞后状况。学校的建筑空间和建筑风格大都延续传统的教育建筑形式。

1. 延续传统书院的建筑平面形制

沈阳在近代初期，无论是中国人自己兴办还是教会兴办的学校，其总体格局仍然沿用中国传统的三合院、四合院，采用中轴线的对称式布局。典型的类似原有的书院建筑，一种传统的合院式建筑群，对外封闭，对内敞开。建筑群有明确的轴线，其上分布着多重矩形内院来组织空间和交通，有时候还以轴线的位置、院落的进数来区别尊卑。

原东关模范两等小学堂（图3-1-1），也是周恩来幼年时读书的学校，为二进院落，占地面积932平方米，建筑面积1866平方米，主要建筑有门房、前楼、后楼、礼堂。四个主要建筑中心线基本重合，位于学校的中轴线上。门房作为学校的入口，也兼作学校的教职工宿舍、食堂、厨房等功能用房，穿过门房门洞有一影壁墙，绕过影壁进入学校的第一进院落，面对学校的前教学楼；走过前教学楼，紧接着进入学校的第二进院落，正中为方正的学校礼堂，后面是学校的第二个教学楼。主要教学建筑前楼和后楼基本相同，几座

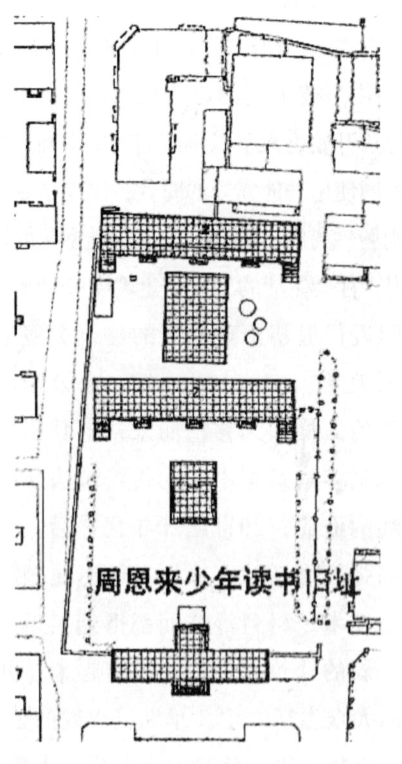

图3-1-1　东关模范两等小学堂总平面
（来源：《沈阳近代学校建筑研究》）

建筑与围墙组成的两进院落共同服务于学校的日常教学和生活。与传统的书院布局——大门、前院、前讲堂、中院、后讲堂（图3-1-2），基本相同。

随着科举制度的废除和新学制的颁布，教学内容和形式都进行了重大的调整，传统的书院中，以祭祠或祭堂为中心的祭祀空间曾经是书院建筑群中相当重要的部分。在新式学堂中，具有礼仪功能的祭祀空间逐渐淡出了校园。

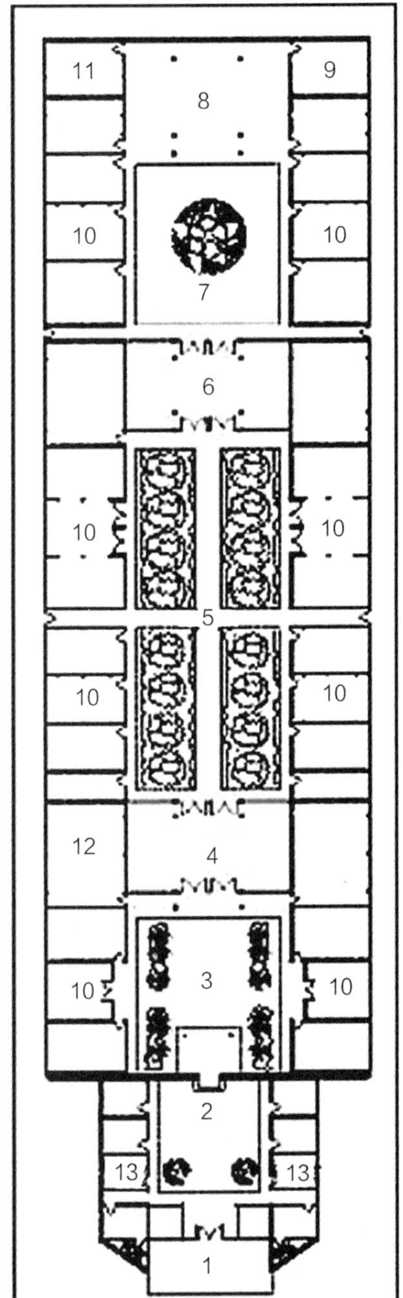

图3-1-2 书院平面示意图
（来源：《老书院》）

2. 走廊联系各个教学空间

新学制下的新式学堂，出现的教学楼代替了传统的讲堂，教学楼中划分出若干小空间，即所称的教室。这是因为在传统教育中，旧学只分为蒙、经两段式教育结构，在教学形式上，新式学校引进了分级式教学，一改过去儒学独占的地位，在课程中添加了算术、格致、历史、地理等新知识，而且占了相当大的比重。因此，不同的教育课程以及不同的年龄阶段需要在不同的教育空间中学习，自然、传统的一个讲堂建筑已经远远不能满足教育的要求了。新式学堂中，用走廊串起各个的教室。如周恩来读书旧址的前后两座教学楼均为2层，前廊式（图3-1-3），砖木结构，瓦屋顶，券拱式木门窗，走廊由木廊柱和木栏杆构成，礼堂亦是青砖瓦房，一层砖木结构，呈长方形，屋内有立柱16根，屋顶中间凸起，上面装有天窗。

在近代初期，学校教学平面比较单一，大都以单侧外走廊服务于各房间。地处寒地的沈阳地区，一般为南外廊，各教室南向开门，凭栏远眺也可以调节视力、消除疲劳。

图3-1-3 前廊

图3-1-4　奉天瞽目重明女学堂（来源：《沈阳近代学校建筑研究》）

图3-1-5　奉天第一女子初级中学校门楼（来源：《沈阳近代学校建筑研究》）

（二）“土”“洋”结合的建筑风格

汇集西洋建筑样式并集中国传统建筑样式于一身，是多数教会学校建筑的显著特点，尤其在教会学校进入沈阳的初期，也不同程度地影响了沈阳近代初期的非教会学校建筑。因此，初期沈阳的近代学校，传统的建筑式样与西洋的建筑式样糅合在一起。

1. 大屋顶与西式建筑立面

这类建筑屋顶常是中式的，建筑墙面使用清水砖墙，造型多用拱券、柱廊、拱窗等形式。建筑的平、立面按校舍功能要求设计，建筑体量多为2层或2层以上，建筑屋顶采取传统庑殿、歇山等形式的“大屋顶”（图3-1-4）。大屋顶与西式建筑立面相结合的形式也是“迎合适应论”的具体表现，是新式学堂“入境随俗”的一种必要手段。

值得一提的是沈阳的教会学校。这个时期，教会尚未形成社会主要势力，教会学校自然少之又少，不同于其他地区的教会学校代表着一个地区的主要教育建筑形式，因此，沈阳的教会学校反倒以地方传统形式出现者为多。总体布局延续传统的书院建筑特征。

2. 西洋式符号的局部装饰

随着西式建筑的传入，建筑形式上的西洋化演变成为一种时尚，城市面貌也为之一变。尽管学校建筑属于城市中具有深厚的传统文化意味的建筑，初期的学校建筑大都保留原有传统的建筑风格，受西洋风的影响不是很大，不如其他的公共建筑，诸如娱乐、商业、办公等各种新式公共建筑类型都迅速地跟进西方建筑文化的潮流，学校建筑源于自身的功能特性，在建筑风格上体现出一定的滞后性，但是社会发展大势不可阻挡地蚕食掉了社会各个相对顽固的领域，西洋风逐渐地袭入每一个社会空间。

少部分学校首先开始受到西洋风的影响，由于它们各自受到经济、周围环境、创办人等因素的制约，出现了在当时盛极一时的“洋门脸”建筑——平面布局、建筑结构、建筑材料均沿用传统做法，仅将正立面、入口等重点部位做成仿洋式。这在很大程度上是因为大多学校建筑在建设资金投入上受到较大限制而轻形式重功用的结果。奉天第一女子初级中学（图3-1-5），建筑的断弧形山花、宝珠、卷曲的植物纹样、雕刻及双壁柱等手法，显然是受到了巴洛克风格的影响，而园内的校舍仍是传统的“一”字形坡屋顶建筑物（图3-1-6）。东北讲武堂（图3-1-7）、法政专门学校图（图3-1-8）等，也不同程度地出现了“洋门脸”的形式。沈阳于清时形成的崇尚华丽装饰、曲线图案等建筑审美意趣与传入的巴洛克风格一拍即合，于是在老城中繁衍出了华丽、热烈、自由而又多样的局部装饰性做法。正是由于沈阳拥

图3-1-6 奉天第一女子初级中学教学楼（来源：《沈阳近代学校建筑研究》）

图3-1-7 东北讲武堂（来源：《沈阳近代学校建筑研究》）

图3-1-8 法政专门学校（来源：《沈阳近代学校建筑研究》）

有深厚的传统建筑基础，同时又受到逐渐加深的西洋建筑文化的影响，在东西方建筑文化全面接触的最初阶段，孵化出了这种具有中西方文化混合与交融的标识性特征的近代建筑。

3. 青砖的继续使用

近代建筑采用砖结构的最多。主要因为它是地产的且又是熟悉的材料，砖的制造和运输方便，价格低廉，施工简单。当时建筑所用的不是西洋传统的石材或红砖，而是传统的青砖，还有土坯砖及编条夹泥材料等。屋顶为木屋架，覆以本地的小青瓦。由于是承重墙结构，所以墙体很厚，这可以从留存至今的一些学校建筑中看到痕迹。以青砖为主要材料成为近代初期学校建筑的时代特征。

二、"西学中用"，新型办学模式下的学校建筑

奉系发展强盛时期，是东北经济得到很大发展的时期，教育亦得到得天独厚的支持与扩充。张作霖积极发展实力也大大促进了当时沈阳教育的发展，主张兴办学校，培养人才，从而带动了学校建筑的短期兴盛。

奉天教育的发展，不但有行政长官的支持与提倡，而且有奉天教育界乃至全社会的共同努力。当时的沈阳确有一批眼光远大、热心教育事业的人士，执着积极地投入到教育事业中去，是奉天教育发展的中坚力量。例如奉天教育会的会长李树滋、冯庸大学校长冯庸、致力于民众教育的车向忱、举办贫儿教育的阎宝航等。正是由于他们的积极努力，沈阳的近代教育有了相当大的发展。

（一）灵活多样的教学空间

从现代教育理论的角度来看，课程设置居于教学体系的主导地位，它集中、具体地体现着教育方向和培养目标。由课程设置所导致的教学模式与教学体制的变化又使教学空间随之发生了一些变革。现代教育理念与现代建筑的功能主义对中国传统的办学与"礼制"思想产生了强烈的冲击。新式教育令这时期的学校建筑中增加了健身房、礼堂、实验室等满足新教学要求的教学设施与教学空间。

教学空间布局从传统的"一"字形廊式（长走廊串起若干教室）演变成了"T"形或"山"字形。有些学校的教学楼内部出现了中厅（图3-1-9），形成课间休息和交往的场所。中厅顶部多为采光

窗，大厅明亮开敞，各房间也都有一定的采光。这些新建筑形式体现出了空间设置的灵活性和多变性，区别于以往的传统的教学空间。奉天省立第一女子师范学校，教学楼中出现了理科实验室、图书室等教学空间，与普通的教室结合在一起（图3-1-10）。东北大学图书馆，采用“士”字形平面，前部分为对外的公共阅览，后部分作为图书馆的藏书库，中间的连接体供图书出纳和工作人员的内部办公，建筑形式与建筑使用要求紧密结合（图3-1-11）。教育内涵丰富了，教学建筑空间复杂了，教学楼的形式出现了专业特点。

这时沈阳学校建筑的设计师大都是有留学经历的建筑师，因此在形式上受到英国“都铎式”风格的影响，因为19世纪“都铎式”建筑风格在欧洲和北美的一些学校建筑中非常流行，例如剑桥的皇后学院、彼得学院、圣约翰学院等。英国“都铎式”建筑是指16世纪英国建筑从中世纪向文艺复兴过渡时期的建筑风格，因当时的都铎王朝而得名，其代表性建筑多为府邸形制，平面大多采用三向围合布局方法，正面一般是大厅和办公用房，两侧为辅助和居住用房，后期平面逐步演变为对称的“H”形，两侧厢房蜕化为两端的凸出体。再后，左右两端又逐渐退化，只保留了左右两端的入口部分。

图3-1-9　东北大学理工楼中厅（来源：《沈阳近代学校建筑研究》）

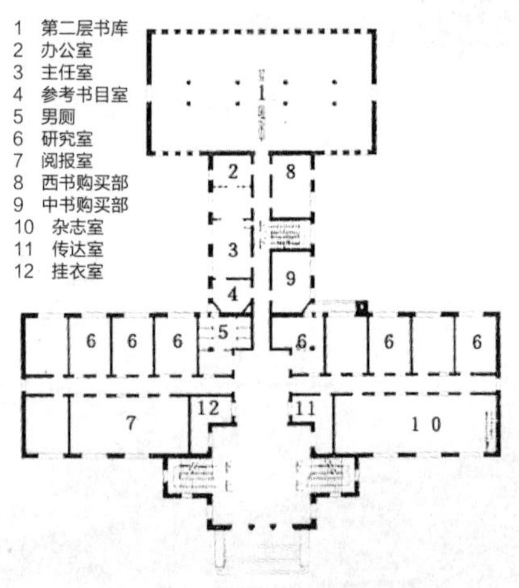

图3-1-11　原东北大学图书馆平面（来源：《沈阳近代学校建筑研究》）

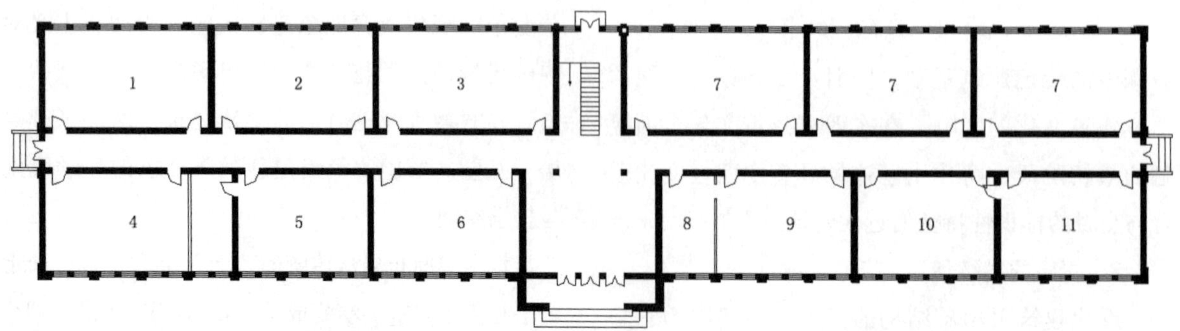

1 音乐教室 2 游艺室 3 成绩室 4 理化实验室 5 理化教室 6 仪器标本室 7 教室 8 教育室 9 教室预备室 10 阅读室 11 图书馆

图3-1-10　奉天省立第一女子师范学校一层平面（来源：《沈阳近代学校建筑研究》）

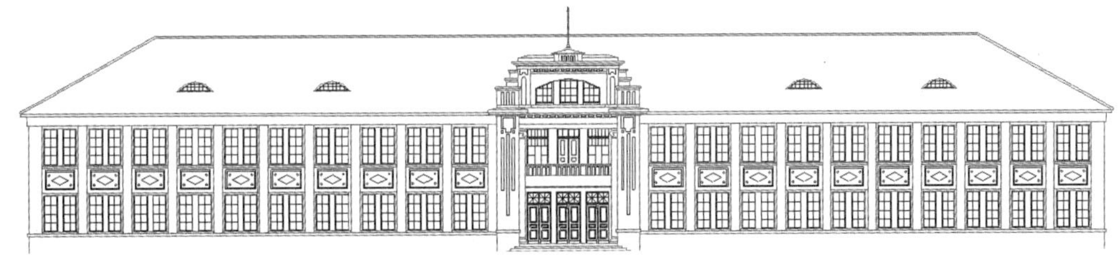

图3-1-12 奉天省立第一女子师范学校立面（来源：《沈阳近代学校建筑研究》）

（二）西化的建筑风格

20世纪20～30年代，西方资本主义各国大体上处于折衷主义的尾声和现代主义建筑的兴起时期。建筑师深感“纯粹中国式样建筑费用过昂，且不尽合实用”，因而进行了新的探索，寻求新的途径。大体上先后形成两种处理方法：第一种方式，当时称为“混合式”，局部采用大屋顶，仅在重点部位模仿古代建筑形式；第二种方式，当时称为“现代化的中国建筑”，完全摆脱掉大屋顶，基本上采用新式的建筑构图，而通过局部点缀某些中国式的小构件、纹样、线脚等，来取得民族格调。

这个时期，在沈阳，近代学校建筑多数属于第二种方式，以当时流行的西方古典构图为基础，重点突出轴线，强调对比，严格遵循建筑各部分的比例关系。立面造型采用西方建筑常用的一些构图手法，学校建筑的门窗等形状较多采用弧度较平的圆拱，也有采用类似于尖券的形式的，这些都是“西化”的表现（图3-1-12）。在学校建筑的平面布局上更是以学习西方的模式为主。东北大学旧址上的几座建筑追求新功能、新技术、新造型，同时符合当时教学的需要，属于西方新古典建筑类型。

西方建筑文化对沈阳近代学校建筑存在有一个潜在的影响，便是西方“学院派”建筑教育的引进。著名的东北大学建筑系的创立，是沈阳近代建筑界的一件大事，也是中国最早创办高等建筑教育的学校之一。这个建筑系成为了传播西方学院派建筑思想的一个窗口，培养了不少的杰出人才。东北大学邀请正在欧洲游历的梁思成先生组织东北大学建筑系。于是，1928年（民国十七年），在东北大学工学院中增设建筑学系，设于理工学院教学楼中。林徽因、陈植、蔡方荫等随之到系任教，使东北大学建筑系充实为师资雄厚的名系。众多的建筑师在沈阳任教，侧面上助动了沈阳西洋“新古典”主义建筑的盛行。

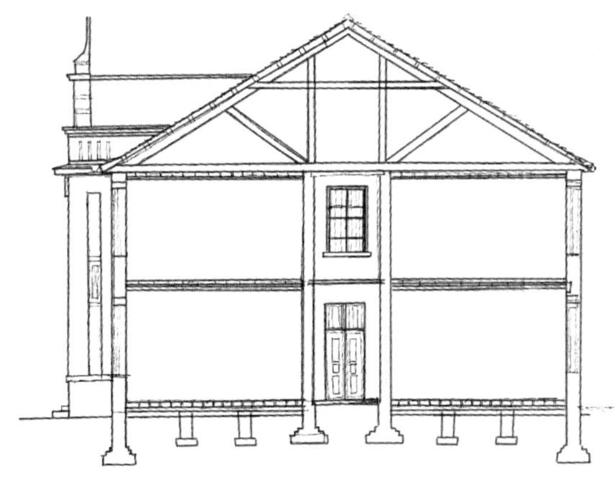

图3-1-13 奉天省立第一女子师范学校剖面（来源：《沈阳近代学校建筑研究》）

（三）新技术材料的进步

这一时期，建筑技术的进步表现在两个方面，即建筑材料和建筑结构的进步与成熟。具体来说，1916年前后，公共建筑虽然仍采用砖木结构，西方传统的砖石墙承重和木屋架屋盖的结构形式，但木屋架往往以三角形的洋式屋架取代传统的抬梁式榫卯木屋架（图3-1-13），砖的材料也由青砖转向红砖，而后逐步采用砖混结构。20年代是红砖建筑的鼎盛时期，建筑基本都是沿用西方建筑中的墙承重体系，其A字形屋架直接落在柱子或墙上。钢筋混凝土结构的普遍使用是这一时期材料结构进步的又一体现。

在学校建筑中，较大跨度的建筑空间，诸如教学楼内部的健身房、礼堂用房或者单独设置的体育场馆，主体结构都采用了钢筋混凝土结构。一般用房基本抛弃了木结构的使用，以砖混结构为主。

三、日本教育模式主导下的学校建筑

1905年日俄战争后，日本取代了俄国继续在沈阳进行殖民统治。1906年日本从沙俄手中获得了南满铁路所有权之后，在奉天驿以东地区利用不长时间建立起了南满铁路附属地——沈阳南、北两桥洞之连线（铁道线）与和平大街之间的部分。九一八事变之后，沈阳开始了长达14年的殖民地时期。日本对沈阳的军事侵略和经济掠夺，总是伴随着文化的渗透和教育的侵略而进行的。日本侵略者在占领区对沈阳原有教育进行了毁灭性的破坏并实施奴化教育。日本侵略者下令关闭了沈阳的各类学校，并对具有抗日思想的爱国师生进行野蛮的镇压。1932年伪满洲国政权成立后，日伪对沈阳的中小学校、师范学校进行所谓的整顿，通过对学制的变更、教学科目设置的调整、选用教材的改变，极力实施愚民教育，以配合其法西斯战争政策。

图3-1-14　奉天第八小学校（来源：《沈阳近代学校建筑研究》）

图3-1-15　奉天朝日女子学校（来源：《沈阳近代学校建筑研究》）

这批学校建筑多为砖墙与钢筋混凝土混合结构的3～5层楼房，空间布局适合现代功能，外观呈现为简单的几何形体，墙面普遍贴小块面砖，多数立面简洁、光素，基本上不带装饰，具有现代建筑格调。如奉天第八小学（图3-1-14），简洁的立面形式，没有过多装饰的外墙、门窗；奉天朝日女子学校，更贴近现代式，简单的体量穿插，竖向线条更突出了建筑的简洁与现代（图3-1-15）。又如东北育才学校，老校园也大抵保持了当年的模样，保存下来的教学楼地上3层，砖石结构，设计单位是满铁建筑课，平面呈“一”字形（图3-1-16），功能合理，入口部分左右两个对称的楼梯直通楼上。左右尽端各有一个楼梯，并设有直接的对外出口，平面四组楼梯极大地满足了当时学生的正常使用和必要的疏散要求。教师办公室集中在各层的中央部分，教室用房分设在两旁，以内廊连接。满铁地方部工事课等设计机构在沈阳设计建造的学校建筑主要有奉天平安小学校（今沈阳铁路实验中学）、奉天葵寻常小学校

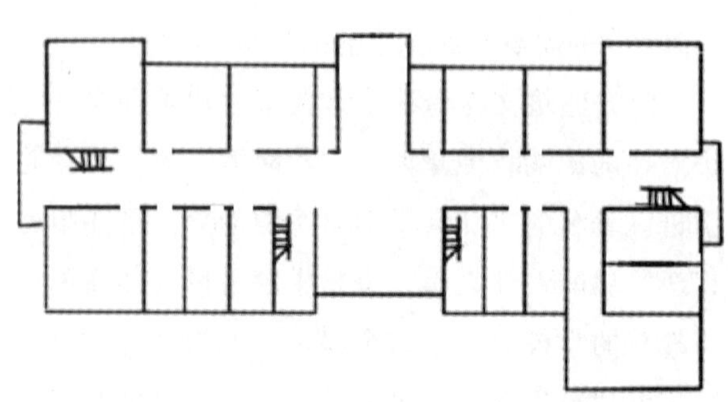

图3-1-16　东北育才学校教学楼平面示意图（来源：《沈阳近代学校建筑研究》）

（今沈阳124中学）、南满中学堂（今沈阳和平大街第一小学）、奉天高等女学校（今沈阳第20中学）等都体现着那个时期中小学建筑的典型特征。在沈阳近代建筑的形成期，红砖建筑作为沈阳近代建筑的象征，开始出现。沈阳最初的红砖建筑是由日本移植而来。建筑的外墙为红砖清水墙，红砖墙与白色线脚交相辉映。整个建筑立面体现出了壮丽坚实的风格，檐口用层层水平线脚加以强调，窗间墙以壁柱分割，立面造型丰富（图3-1-17）。

从20世纪20年代开始，日本国内在城市中所建的官衙、学校、办公等建筑都采用的是钢筋混凝土结构，在沈阳，则是砖砌墙体，梁、板为钢筋混凝土的混合结构以及钢筋混凝土结构为主。原因是存在着材料的供应及价格、施工人员的技术素质等方面的问题。

四、沈阳近代学校建筑特征

（一）沈阳近代学校建筑的空间特征

尽管在20世纪20～30年代沈阳出现了兴办教育的高潮，但纵观整个近代时期，在经济水平比较低下的大环境中，教育的发展还是受到一定的限制。由于动荡的社会环境、紧张的经费来源、社会人士有限的认识程度和建筑技术与材料的局限性等因素，教育教学空间呈现为相对单一的形式。

1. 规整紧凑的教育教学空间

（1）以中内廊为主的平面布局形式

现存的学校建筑，由于地处北方，受气候条件的限制，单体建筑平面布置以集中式为主，主要以建筑内廊用作水平交通联系，以较少的墙面凸出，减少热量的散失。

服务于两侧房间交通联系的中内廊的最大优点：节省交通面积，人流路线较短，建筑保温效果好，其缺点是：两侧房间只能单侧采光、通风较差，声音和视线相互干扰。通过一定的处理，中廊的这些缺点也是可以克服的，如过长的中内廊，除了在两端山墙开窗以外，还可以在中段打通一间教室作为采光口，用来改善走廊的空气流通和采光条件，这个采光口也可兼作学生课间休息活动场所之用。

若将中内廊扩大为采光中庭，不但可改善通风、采光条件，减少相互干扰，还可丰富室内空间环境。东北大学理工楼（大白楼）（图3-1-18），进门是大厅，为采光玻璃天井，各层均设有回廊，并充分利用楼梯的造型变化和空间穿插，形成丰

图3-1-17 教学楼入口（来源：《沈阳近代学校建筑研究》）

图3-1-18 东北大学理工楼采光玻璃天井（来源：《沈阳近代学校建筑研究》）

富的空间效果和富丽堂皇的气派。沈阳市第十七中学，原为奉天预备学堂（图3-1-19），进门是二层楼高的中厅，圆拱形的门洞划分并联系着不同的空间，楼梯显露在外，作为中厅的活跃因素，梯段的休息平台伸到中厅中来，圆弧形的平面与竖向的符号相互呼应。

（2）“办公—教室”结合模式

沈阳近代学校建筑中，教师的办公用房大多数都设在教学楼的中间部分，能够方便快捷地到达教学楼内的各个教室，方便教师管理和师生交流，也令学生产生畏惧感。

值得一提的是，在近代教学过程中，已经出现了强调、培养学生参与及动手操作的教学形态。为满足大规模的室内教学活动，提供大尺度的建筑室内空间成为学校建筑的一大关键。在教学过程中，也往往因教具来回搬运的困难与不便，妨碍教学活动的进行，甚至无法充分运用各项教具设施。因此，教学楼的空间布局，在满足一般教学和办公需要的基础上，也必须充分考虑教具的存放、运送以及教学过程中的方便使用。

（3）合理设置地下用房

对于大部分沈阳近代学校建筑，尤其是在“西学东渐”和日本人侵沈阳后所兴建的学校建筑，大都建有地下一层或半地下层。地下室用作储藏室、锅炉房或者满足教学需要的特殊用房，比如现在辽宁省肿瘤研究所的办公用房，即为当时盛京施医学院的教学楼，其半地下层用于医学实验解剖，既有良好的通风，也满足必要的采光要求。对于学校建筑，使用功能决定了建筑层数不会太多，大都为二三层，极少数的建筑在当时的条件下能够达到四层。设置地下一层或半层并不增加人们在室内的步行高度，却可以合理利用建筑空间，也可以通过增大建筑的室内外高差，增大建筑的体量感。

（4）楼梯的合理设置和巧妙处理

多数的学校建筑都设有两部以上的楼梯，分为主楼梯和次楼梯；也有分设在建筑两端，不分主次的。直接联系入口门厅的楼梯应是主楼梯。主楼梯一般居于人流最为集中的部位，体量较大，楼梯位置明显、突出，路线通畅，且光线充足，能起到引导人流的作用。伸入门厅的楼梯还要进行艺术处理，显得轻快、活泼和富有趣味性。沈阳同泽女子中学教学楼正门入口的大台阶（图3-1-20），因设置了半地下室，并受到地形限制而分成两段处理，门外有五六步，进门之后再上十来步就到了为建筑一楼的±0.00标高层，直跑的大楼梯，为设于半地下层的室内操场提供了高度条件，又没有造成室内外环境的拥挤，给大厅增加了进深感，也丰富了空

图3-1-19　奉天预备学堂采光玻璃天井（来源：《沈阳近代学校建筑研究》）

图3-1-20　沈阳同泽女子中学教学楼入口楼梯（来源：《沈阳近代学校建筑研究》）

间层次。沈阳的冬日很寒冷，把厅分为上下两个层次处理，入口厅挡住了户外的寒气，通过楼梯的过渡，功能上也十分合理。

楼梯的布置大多靠近建筑的北侧墙面，一方面利用外窗争取较多的采光、通风；另一方面，也尽可能腾出南面朝向，满足教学用房的需要。也有楼梯外挂在教学楼外立面上的，用于交通疏散的同时，也起到美化建筑立面的效果。

2. 形式多变的建筑空间

教学楼的平面布局形式多为“山”字形和普通的矩形。建筑入口的设置大都位于建筑的中部，整体呈对称式。如东北育才学校（原奉天千代田小学）的主教学楼，采用了由“山”字形变异出来的“日”字形平面，沈阳铁路实验中学（原奉天实验小学校）、沈阳第101中学（原奉天高千穗小学）、中国医科大学基础一楼的平面都符合此类形制，在满足教学功能的同时，平面紧凑，尽可能少地出现过大的交通辅助面积以及不必要的外墙转折。建筑内部空间根据房间的大小和教学的不同需要出现了层高的变化、房间开敞与封闭程度的变化、公共空间尺度的大小变化，建筑的空间组织与外在形态呈现出多样性。

建筑的内外墙承重结构体系也随着平面形状的变化而变化。由于考虑到承重和保温的需要，因此建筑的外墙厚度多为54厘米，局部厚重的地方可以达到80厘米。内墙分为承重墙和非承重墙，承重内墙厚度为40厘米，非承重的内墙厚度为20厘米。

中国医科大学图书馆明确地将藏书、办公、阅览三部分区分开，三者成“品”字形布局，空间大小完全依据使用要求；合理解决了三者间的高差问题，使空间高度得到充分的利用，同时又使各用房之间取得了方便的平层联系（图3-1-21）。

3. 功能相似房间合并使用

在当时的情况下，专门教室的拥有率及数量的分配，相当缺乏且不平均，往往在普通教室间数不足的情形下，把专门教室改为普通教室使用。

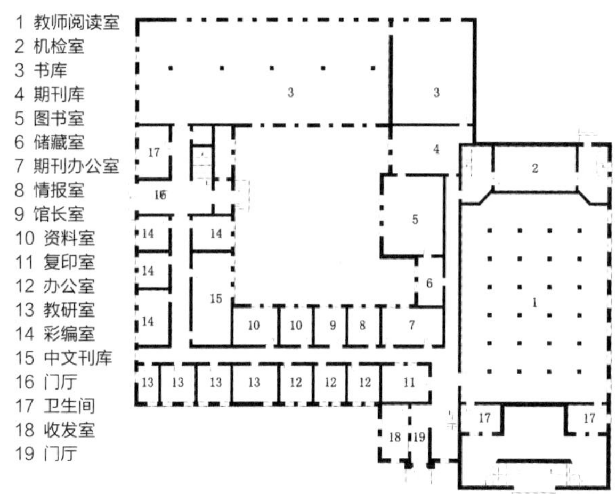

图3-1-21　中国医科大学图书馆一层平面（来源：《沈阳近代学校建筑研究》）

为此，大多数教学楼的专门教室和普通教室之间具有通用性和可变性，某些专门课程也可能利用普通教室进行，而在专门教室空间有限的条件下，相似功能的房间都兼负着不同功能的备用条件。

（1）体育馆与教学楼结合

很多教学楼把体育馆布置在一层。把体育馆放在一层有很多的优点，它可以使空间较为高大的健身房放在地坪以下1～1.5米左右的标高上，这就为设计提供了极其经济的办法，另外，还可以在体育馆设立独立的入口。假如学校没有礼堂，体育馆也常兼作礼堂使用。

沈阳铁路实验中学（原奉天平安小学校）等学校，在主教学楼后部设计有体育馆性质的较大跨度和层高的房间，一边和教学楼相连，可以从教学楼内部直接进入；另一个出入口设置在其他方向，直接通往户外，并与室外的露天体育设施形成联系（图3-1-22）。

（2）教学空间的多重使用

各种实验室（物理实验室、化学实验室、生物实验室等）和作业室（史地教室、自然教室、绘图教室和制图教室等）的尺寸取决于各种家具和特殊设备的大小及其布置方式，同时考虑到学生的人数，也要兼顾各个房间的进深。通常它们

图3-1-22　沈阳铁路实验中学教学楼体育馆（来源：《沈阳近代学校建筑研究》）

的进深是一致的（大都出于建筑结构和构造上的原因）。实验室要求有上下水道，还需要有通风橱。除此之外，它们的朝向需求也不同，物理实验室需要朝南，课上的实验只有在阳光下才能进行；化学实验室和绘画教室以及制图教室，为了得到漫射光线，需要朝北；其余的实验室和作业室没有特殊的方位要求。因此，当时的办法是将各种要求相近的功能用房合并，使用一个房间，满足各种功能的使用要求。

（二）沈阳近代学校建筑的艺术特征

1. 风格各异的整体造型

由于受不同时期的多种外来文化的影响，沈阳近代学校建筑体现出多种建筑形式的融合、并用，形成了各自不同的建筑风格。

（1）"洋门脸"，中西建筑混合式

"门脸"，亦即"门面"。"洋门脸"是指那些总体上还是传统建筑，也就是说，在平面布局、建筑结构、建筑材料上依然沿用传统方式，仅将建筑入口等重要部位做成西洋形式的建筑。这类没有专业人员设计的建筑，是由工匠创造出来的。因此，所谓的"洋"，不过是照猫画虎的结果，其中也融进了工匠们的再创造与审美情趣。

沈阳近代学校建筑中，有较多的洋门脸建筑实例，如法政专门学校、女子师范学校等。入口做成了巨大的拱券门，两旁设有由线角划分了层次的壁柱，山花为尖圆曲线式。门脸与其面门房形成了垂直与水平的错落，以简朴陪衬了华丽，以此强调了入口。清代较以前的朝代，建筑就有装饰性强的特性，而且崇尚华丽、圆润、柔媚的艺术风格。这与西方巴洛克风格有着异曲同工之妙。

这类西洋风建筑中所用的是传统建筑材料——青砖。如前所述，沈阳的城墙经过了数次的扩张，造就了大量烧制青砖的窑场。沈阳城中封建王宫、寺庙、陵寝等大型营造活动，又使得工匠们掌握了扎实而又纯熟的青砖营造技术、雕刻工艺。这一切都成为了匠人们学习西洋建筑文化、创造"洋门脸式"建筑的基础。

（2）西洋古典主义

19世纪末叶至20世纪初期，正是西方建筑发生巨变的时期，一方面，复古主义、折衷主义建筑仍在延续，另一方面，新建筑运动方兴未艾，但是西方建筑对中国近代建筑的影响却大多数不是同步影响而是滞后影响，这种建筑文化传播时间差，使西方学院派的复古主义、折衷主义建筑在中国流行了将近30年。至20世纪30年代，西洋古典主义在沈阳一直受到崇尚。一方面，在清末政府新政和洋务运动的主张下，主动对西方近代建筑学习与模仿，一批留洋设计师，对欧洲的古典建筑耳闻目染，他们的大多数作品以古典主义风格为主，讲究整体的构图逻辑和形式的完整统一，归国之后积极导入西洋建筑思想与样式；另一方面，经历了明治维新洗礼的日本已经全面接受和掌握了西洋古典主义建筑的经络，接受了欧洲正统建筑教育的日本第一代和第二代建筑师，也在沈阳建造了为数不少的西洋古典主义作品。

以沈阳市同泽女子中学教学楼（图3-1-23）和原东北大学的图书馆（图3-1-24）为代表的哥特式风格，主楼外观采用红砖墙、水泥粉刷和细部线脚。外墙都是用深红色的缸砖砌起来的，砖砌的线脚、纹样以及水刷石的勒脚和窗台，色彩沉着幽雅，比例尺度都很和谐。

以原东北大学的几栋教学楼组成的建筑群为

图3-1-23 沈阳市同泽中学教学楼（来源：《沈阳近代学校建筑研究》）

图3-1-25 原东北大学理工楼（来源：《沈阳近代学校建筑研究》）

图3-1-24 原东北大学的图书馆（来源：《沈阳近代学校建筑研究》）

图3-1-26 中国医科大学基础二楼（来源：《沈阳近代学校建筑研究》）

代表的有新古典主义倾向的折衷主义建筑风格。最为突出的是第一个建成的理工楼（图3-1-25），仿西洋古典式样，对称式的布局。建筑外墙水泥罩面，淡黄颜色。楼顶对称的大圆顶美观大方，四角屋面设有绿色盔顶，建筑正面正中为三角形山花顶饰，它的侧面开有三角形的老虎窗。带有锁石的外墙贴脸以及正中的巨大的三角形山花，显示出了古典的端庄稳重。内墙用大理石镶嵌，以大理石铺地。两栋对称的汉卿南北楼，正面中央均采用室外大楼梯、拱券大门和凸窗等细部处理手法。建筑外墙为清水红砖，拱券大门，门上是挑出的半个六角形平面的方额凸窗，顶部的三角形山花强调了入口作为建筑立面构图中心的作用，入口处的雨篷有巴洛克特点，设计造型庄重大方。

（3）早期现代式

20世纪20年代，日本建筑师对西方古典主义样式和西方新技术的掌握已经达到成熟，尤其在抗震技术方面已经达到了国际先进水平。中国东北，在当时被日本当作“扩大了的领土”，很多在日本国内不能实现的建筑意图，反而在这里得以实现。沈阳也不例外，出现了较多的这种风格的建筑。

中国医科大学基础二楼（图3-1-26），该建筑规模为地上4层，地下1层，钢筋混凝土结构。外观也是简洁的光墙面，仅檐口有几何形装饰带，功能合理，造型简洁，没有丝毫装饰。这一建筑形式像工程师所做的那样直截了当，体现了力量感与实用价值。

在沈阳近代建筑中，还有一种独特的早期现

代建筑样式，姑且称之为“赖特式”。所谓的“赖特风格”，就是赖特于1919年设计日本东京帝国饭店后，受赖特的设计思想影响而在日本及中国形成的现代建筑风格。其特点是：强调造型的纵横对比、材质的粗细相映，简化入口、雨篷、檐口的装饰，转角处常使用曲线或曲面。赖特思想的忠实追随者远藤新于1933年来到中国东北进行设计活动，从此以后往来于中日之间，直至东北光复。同时，赖特的建筑与环境和谐的思想又与中日传统建筑文化相吻合，因此，20世纪30年代沈阳出现了不少“赖特式”建筑。

“赖特风格”影响广泛，在沈阳近代学校建筑中，特别出色的设计之一是1935年竣工的高千穗小学（图3-1-27），现在名为沈阳市第101中学。学校平面布局为山字形，入口正对大礼堂，外墙为红砖清水墙。此设计在平面上采用了功能分区的处理方法，尤其在造型上，横纵线条对比，体量的穿插组合显示了突出的“赖特风格”。

现代理性主义作品在沈阳30年代的建筑活动中，占有极大的分量，因此，是沈阳近代建筑持续发展时期的显著特征。又因其数量极大，范围极广，因此，它们奠定了沈阳近代学校建筑的基本风貌。

2. 优美的比例和构图

由于受到社会政治、经济、文化条件的制约，沈阳近代学校建筑的外观及室内都非常朴实，很少装饰或几乎没有装饰。虽然在建筑规模、建筑装饰和施工技术等方面，沈阳近代学校建筑与同时期沈阳的其他大型公共建筑在某种程度上不可相提并论，但是，如果仅从建筑美学的角度来分析这些建筑，其中还是不乏成功的例子。

沈阳近代学校建筑所表现出的美学特征主要有以下几方面：

（1）统一

统一是建筑形式美必须遵守的首要原则。建筑形式上的协调统一能给人带来视觉上的愉悦感。建筑设计通常运用以下两种手法来取得建筑形式上的统一：

第一，通过建筑次要部位与主要部位的从属关系。图3-1-28所示，两个较小的侧翼明显地从属于中间较宽、较高的一块，这是令人满意的建筑构图中的共同模式。在沈阳近代学校建筑中，原奉天省立第五中学校的立面构图就是这一美学原则的典例，而且二者的构图元素极为相似，位于中间的较高的钟楼在构图中占主导地位，两侧的明显地居于从属地位。

第二，通过建筑细部，如门窗、装饰构件等的形状的协调。

这一手法广泛运用于沈阳近代学校建筑中，具体表现在大多数的学校建筑门窗都采用了相同的形状和比例。

（2）均衡

均衡也是建筑美学的重要特征。均衡的构图

图3-1-27 高千穗小学（来源：《沈阳近代学校建筑研究》）

图3-1-28 奉天省立第五中学校（来源：《沈阳近代学校建筑研究》）

图3-1-29 奉天公学堂（来源：《沈阳近代学校建筑研究》）

图3-1-30 奉天省立第八中学校（来源：http://news.hexun.com2013-12-14160586596.html）

要求有一个均衡中心，这样，人的眼睛在浏览这个物体时，才不至于游弋不定。均衡也能带来视觉上的快感和满足感。取得均衡构图的最简单的方法就是常见的对称。对称构图在西方古典建筑里一直占据着领导地位，近代的学校建筑作为西方的古典建筑类型之一，充分体现了这一原则。小野木孝治设计的奉天公学堂（图3-1-29），该建筑为2层，砖木结构，于1918年6月竣工。该建筑立面呈中轴对称，入口通过四根方形壁柱既突出了主入口，又制造了阴影效果，丰富了建筑立面。大多数教学楼的立面构图包括平面的空间布局在内，基本上是左右完全对称的（图3-1-30）。

（3）韵律

建筑艺术从某种意义上讲，是一种视觉艺术。在视觉艺术中，韵律是组成物体的诸元素成系统重复的一种属性，而这些元素之间具有可以认识的关系。在建筑中，这种重复是建筑设计中可见元素的重复，如建筑的支柱、开洞、室内空间等。“建筑是凝固的音乐”，这句话最能说明这种由建筑构图而产生的韵律感。

沈阳近代学校建筑中，也有极富韵律感的建筑构图的例子，例如奉天女子师范学校的教学楼（图3-1-31），正立面都采用连续开窗，每隔一段距离，窗的形式有所变化，对应的屋顶处设计三角形山花。建筑的背立面也具有同样的形式，重复的结构形成了具有韵律感的空间。

图3-1-31 奉天女子师范学校（来源：《沈阳近代学校建筑研究》）

（4）比例和尺度

拥有良好的比例和尺度，是衡量建筑形式美的不可忽视的标准。沈阳近代学校建筑设计在这方面可以说也是比较成功的。由于本文调研工作由作者独自一人进行，无法测绘出每个建筑精确的几何尺寸，因此，无法精确分析其构图和立面划分是否符合一定的比例关系，但是从调研的亲身感受来讲，大多数的学校给人的感觉是具有良好比例和尺度的。

东北大学图书馆采用的是都铎哥特式，其立面构成的四个矩形的比例都是一样的，均为1：1.5。这一比例还与正门的高宽、正入口门洞的总宽与从入口地坪到楼梯间山墙檐口的高度之比一样，除此之外，在这个立面上还有一个重要的比例关系值得注意，就是三段式构图的中部从

图3-1-32　沈阳同泽女子中学教学楼侧立面（来源：《沈阳近代学校建筑研究》）

一层台阶上部地坪标高到山墙顶端的高度与其面宽的比例约为5：3，其中央部分为正方形，两侧矩形比例各为1：3。沈阳同泽女子中学教学楼的侧立面（图3-1-32）的基本比例也是3：5。其实，1：1.5的比例就是范围在1：1.414～1：1.618之间的“黄金分割”，它和3：5的比例一样都是西方古典建筑中的重要比例关系。

第二节　沈阳近代金融建筑

当中国封建社会和清王朝统治日益没落的时候，英国、法国、美国的资本主义却以惊人的速度迅速地发展起来。随着资本主义的发展，资产阶级开始寻求新的原料产地和商品市场，开拓新的殖民地。以英国为首的资本主义国家早就对地大物博的中国怀有野心，急于开辟中国这一广阔市场。但在正当的中外贸易中，中国长期处于出超的地位，每年都有相当的白银流入中国。这种贸易逆差的状况，是英国所未想到的，为了改变这种局面，他们经过一段时间的摸索，决心用鸦片叩开中国的大门。1840年，爆发了震惊世界的鸦片战争。

鸦片战争后，中英签订“南京条约”，中国的门户洞开，成为各国商品的倾销市场。同时，西方的思想文化涌入华夏大地，随之而来的也有西方的金融机构——银行，它是列强在华银行活动的主角，活跃在中国经济，乃至外交、政治的舞台上。外商银行的职责不是专为银行本身谋利益，而是为其本国政府执行对华经济扩张政策服务，是各国在华投资枢纽，它们从银行财政上扼制了中国的咽喉。没有它们，列强在华将无法输出商品与资本。外国银行资本输入，也引进了一些先进的生产技术，以其完备的经营制度冲击着中国旧有的银行机构。

一、沈阳近代金融建筑的发端

外国人中首先注目于中国沈阳的战略和经济地位的是帝俄及日本。1858年，根据“天津条约”，营口被迫开埠，俄国企图把东北变成“黄俄罗斯”，日本则把“满洲”视为自己的生命线，两个国家也一直为争夺沈阳乃至东北的侵略特权而斗争。

日、俄等列强对沈阳的资本输出主要表现在建银行、发钞票、修铁路、开工厂等方面，直接控制沈阳的交通运输、货币流通和商品市场。帝国主义在沈阳进行的一切活动，其主观目的都是为寻找商品市场、投资场所和原料产地，使其获得最大的经济利益，以实现其政治、经济侵略的目的。银行作为帝国主义经济侵略的急先锋，也在这个时候出现在古老的沈阳城。最早出现在沈阳的近代银行是俄国的华俄道胜银行，紧随其后的是日本横滨正金银行。它们带来了新的融通方式，经营业务对沈阳传统古老的钱庄、票号造成了冲击。

中国是东亚文明的中心，在古代历史的长期发展过程中，形成了“自我中心论”的认知传统，视周边民族为夷狄，对外来文明很少作认真的研究和努力摄取。虽然经历了鸦片战争这种“数千年未有之变局”，但当时的中国朝野人士并未从华夷之辨的天朝意象中解脱出来，还是保持着“普天之下，莫非王土；率土之滨，莫非王臣”的天朝大国思想，狭隘的思想直接阻碍了西方先进文化的输入，人们对于西方文化强烈排斥。当那些完全不同于中国传统银行建筑的西式银行出现的时候，沈阳人大多是新奇和诧异，除此之外，更多的是鄙视，认为是“夷人”所为，又因为外国人是随着洋枪洋炮而进入沈阳的，对于西方的东西，中国人还怀有一种民族的仇恨，所以，对于早期银行建筑，沈阳人并没有任何好感。在这种社会心态支配下，在沈阳，近代银行建筑发展初期只能是中国传统建筑与西式建筑相互对峙的局面。

一方面，传统的中国银行机构仍继续以传统的中国方式建造，丝毫没有因为外来文化的入侵而改变。由于商人们对银行都不信任，所以这个时期沈阳仍以典当、钱庄、票号为融通资金的机构。在沈阳的商业繁茂地，旧有的银行机构仍然固守着传统，典当以抵押放款，钱庄靠兑换营生，票号汇通天下，三者各司其职。建筑平面布局、建筑立面形式、木结构以及建筑材料都未有大的发展。

另一方面，俄国人与日本人也按照他们自己所习惯的方法去建造银行，并未主动地去迎合沈阳当地的传统。有趣的是日本人修建的银行，其建筑风格不属于东方文化，而是以“欧式”为模板，其原因何在呢？这是因为在漫长的封建农业时代，中国长期雄踞东亚世界的“中心文明”地位，东亚诸国长期与中国封建王朝保持着封建宗藩关系，而处于“边缘文明”的日本则依靠摄取中国古代文化实现了由野蛮步入文明的跳跃式发展，并铸就了日本民族主动摄取外来文化的性格，为日本近代学习西方、摄取外来文化、实现现代化准备了思想条件。到了近代，西方列强凭借坚船利炮纷纷东侵，中国失去了东亚世界的文明中心地位，而日本则通过明治维新，以西洋现代化模式改造日本，使社会在短时间内发生了巨变，实现了资本主义现代化，始居东亚霸主地位。那么，作为社会发展中的重要学科，日本的建筑学也积极向西方学习，引起了国内建筑技术、建筑形式的西方化风潮。

图3-2-1　横滨正金银行奉天支店（来源：近代文献史收藏家[詹洪阁]）

以日本横滨正金银行奉天支店为例（图3-2-1），最初于天津设立支店，日俄战争后，日本从沙俄手中夺走其在辽宁的所有权益，于1905年建支店于沈阳钟鼓楼附近（原华俄道胜银行旧址），它的建筑形式是日本人学习西洋建筑初期的样式，1905年的日本还没有达到学习西方古典主义风格的成熟期，并不是纯正的银行建筑样式，建筑形式较正规西方式显得细部不足。整个外墙面仿西洋古典砖石结构，做水刷石长方形断块，在方窗上部及入口处设有欧式装饰，檐口多线脚。为了追求稳健、庄重之感，建筑大门上方外檐墙高度突出，突破了屋檐线，强调了建筑立面的对称感，正门台基上为四根简化扶壁柱及口圆券门洞，强调出主入口，大门采用推拉式。在结构上，建筑采用了砖墙木屋架结构方式，以西方式砌筑为特征，突破了中国木构架结构的建筑体系，它成为了沈阳近代以“欧式”为主调的银行建筑之发端。

二、沈阳近代自办金融建筑的形成

沈阳近代自办银行业发展于1906年，依据中日、中美“通商行船续约”在沈阳开辟商埠地后，西方各国影响纷至沓来，带来了新的商品及公共建筑类型，这些刺激了沈阳早期资本主义工业的发展，也使近代工业、交通运输业得到较快发展，民族资本力量空前增强，客观上要求有新式银行机构为其提供大量低息贷款，以通融资金，从而为本土银行资本的产生创造了一定的经济条件，交通的逐渐方便，商品交换和商业经营范围的不断扩大，对资金的需求愈益迫切，由于典当、钱庄、票号业务的局限性，所以必须有相应的近代银行机构为之服务。

此外，西方的坚船利炮和文化思想开始震撼东方的睡狮，在“师夷长技以制夷”的呼声中，中国人走向了向西方寻求振兴中华之道的艰难历程，清朝开始实行新政，产生了官方引导的银行建筑近代化。

虽然从主观上讲，由于中西建筑在沈阳相遇于一种尖锐民族矛盾的氛围之中而表现出相互对峙的局面，但客观上讲，既然是两种不同文化相遇，就不可避免地要发生相互间的影响。

另外，逐渐意识到危机的清政府改变了对西方文化的态度，随着租界的繁荣、西方物质文明的大量输入，中国人得以更直接、更深入地接触西方文明，对西方文化的鄙视态度有所改变。于是“夷场”变成了“洋场”，对西方文明的鄙视被对它的羡慕所替代。此时，清政府开办的银行极力效仿西方银行，对于异邦文明盲目地全盘导入，直接移植。此时兴建的银行建筑受圆明园“西洋楼”设计的影响（图3-2-2），是到处充满着线脚、曲线装饰的巴洛克风格。以奉天大清银行为例（图3-2-3），它位于旧城大西门内大街，采用了在当时来说相当宏伟壮丽的洋风建筑形式，建筑3层，中央是波浪形曲线山花，刻满华丽的卷草花纹，两端是六边形、带有穹隆的3层高塔屋，门窗均采用连续圆拱券，墙面上的石材饰面上刻满了西式雕刻图案，在窗的两边有小束柱来强调竖向直线条，立面一、二、三层处运用不同的砌筑方法勾勒出连续的水平线脚。

这个时期的银行建筑近代化是对西式银行的初探，还没有形成完备的平面布局和立面形式。它反映了早期“殖民地式”建筑的特点，还处在各种功能的建筑都带有居住建筑特征的状态。虽然不够完备，但毕竟走出了沈阳传统银行建筑改革进取的第一步，在结构上，建筑采用了砖墙木屋架结构方式，以西方式砌筑为特征，突破了中国木构架结构的建筑体系。在清政府学习西洋营造的同时，为了适应就地取材和采用中国传统的建筑技术，使用了沈阳当地的建筑材料——青砖，而非西洋传统的石材或红砖，在材料上和施工方法上，这批最早的沈阳自办银行建筑已展现出把古老的中国建筑文化与西洋建筑相融合的一面。

图3-2-2　圆明园遗迹（来源：《沈阳近代金融建筑研究》）

图3-2-3　奉天大清银行（来源：《沈阳历史建筑印迹》）

三、沈阳近代金融建筑的成熟

1911年爆发了辛亥革命，推翻了清政府，结束了封建王朝在中国的统治，建立了中华民国。民国时期，沈阳的银行业有了发展，第一次世界大战后，沈阳银行业进入黄金时代，官办银行持续发展，商营银行竞相设立，外埠银行来沈设分支机构的日益增多。这个时期，沈阳近代的银行业是按着民族资本和外国资本两大体系发展起来的，这是由于沈阳近代史的特殊性——外来势力与本土势力、外来文化与本土文化，两股强势互相竞争。

其一，以奉系为代表的本土势力。特别是在1931年沈阳沦陷之前，奉系军阀将东北作为根据地，竭力经营之，使东北经济迅速繁荣起来。沈阳作为东北的政治、经济中心，居于东三省发展之首。张作霖为壮大势力，并限制外资银行在沈阳的发展，积极筹建银行，既为自己的军备提供财政依靠，也能与外国银行在银行流通方面抗衡。奉系军阀官僚资本的形成、发展与急剧膨胀，使新贵们有了雄厚的财力去组建私人银行，与外来势力相抗衡，以致形成强有力的竞争。

其二，以日本为代表的外来势力。在外来势力中，日本独占鳌头。外国资本侵入沈阳是从“铁路附属地”开始的，围绕着对“铁路附属地”的争夺和经营，写成了沈阳近代的血腥历史。日俄战争后，日本取代沙俄侵入奉天省城，当年横滨正金银行设立并发行钞票，此后，日本不断扩大银行势力。进入民国后，奉天南站附属地建设进入兴盛时期，日本国内的资本家纷纷来沈投资办企业，日商开设的银行机构日益增多，不仅设银行，还有名目繁多的银行会社、信用组合，经营银行业务。在日本银行势力侵入的同时，欧美银行也相继侵入。英国汇丰银行于1917年在沈设立分行，中法实业银行于1925年设立分行，美国花旗银行、法国法亚银行均于1928年在沈设立分行，在这段时期，沈阳的银行建筑整体表现出多样性、复杂性、地域性。

（一）别开生面的外资金融机构

在沈阳的外国银行分为两大类：一类是由英、法、美等老牌帝国主义国家在沈阳兴办的近代银行机构，这类银行在建筑设计上反映出了西方正统银行建筑营造的先进之处，是西方文化与技术的直接输入。第二类是由日本帝国主义兴办的银行，这类银行建筑是东洋与西洋文化的结合，是西方近代技术及建筑文化通过日本学者吸收、消化转而传入沈阳的，是西方文化对沈阳的间接输入。

作为一种建筑文化现象，西式近代银行建筑既浓缩了西方民族独特的价值观念和审美情趣，同时也是西方近代工业文明的体现。它的传入，对国人的精神震撼力是巨大的，并带来了新的建筑样式、新的建筑结构、新的施工手段和经营方式，它们突破了中国传统的建筑结构、布局空间，改变了人们传统的生活方式和审美心理，甚至也引起了本土银行建筑翻天覆地的变革。

其一，是向心性展开的功能流线。在平面布局上，银行建筑有别于钱庄、票号。中国传统银行建筑以单向业务流线贯穿建筑群体（图3-2-4），

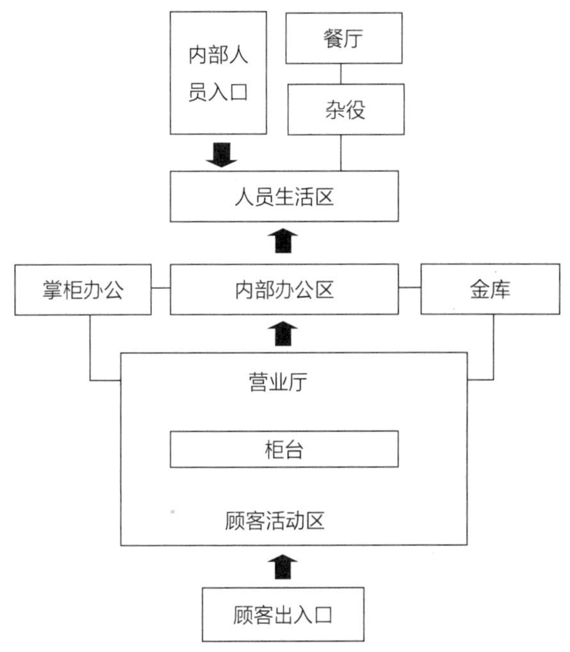

图3-2-4　传统金融建筑平面结构（来源：《沈阳近代金融建筑研究》）

建筑平面结构是水平展开的，由对外营业、内部办公、人员生活三部分组成，功能流线比较单一。而近代银行的业务趋于复杂化、综合化，按功能分为四个区，即对外营业区、金库区、内部办公区及辅助设施区（图3-2-5）。对外营业区是银行日常办理对外业务的主要功能区，它与各个部分相联系，是银行平面结构组织的中心。金库区，因为考虑到安全性，只与营业区相连，其他分区流线皆不可穿越金库。内部办公区及辅助设施区不仅与营业区相连，还有独立的入口，这样可使进入内部的人不必穿越营业区，避免人流交叉。新式银行在建筑功能布局上，不再是中国传统银行建筑的商住合一、功能并置的二元式组合，而是多种功能共存、复杂化的多元式组合；在建筑平面结构上，也不再是传统的前后对话、单向序性的纵深布局，而是四周对话围绕向心式布局。

日本银行的营业大厅部分不像西式银行采用包围式把大厅包含在建筑中，而是采用突出式布局，如横滨正金银行营业大厅，顶部两边不设房间，多在中庭三面设回廊，采光面积大，营业大厅明亮。内部装修也有融入东方审美意趣的风格（图3-2-6），虽没有欧美银行巴洛克的华贵，却显得稳重含蓄，反映了东方文化特质。

其二，是丰富多变的建筑空间。西式银行刻画的是单体建筑，并不像中国传统建筑那样以庭院组合建筑空间。在空间上，银行建筑由于其特殊的性质以及雄厚的经济实力，往往建造得宏伟高大，层高比其他的近代建筑高，又由于营业大厅是银行的重中之重，所以营业大厅的建筑高度一般是2层，而且内部装修奢华，多是线脚、欧式柱式，天花的设计也反映了西方重雕刻的特点。由于要把各个高度的空间组织到一起，就势必造就出变化丰富的内部空间。日本的银行还利用内部布局设计成茶室等日本传统的情趣空间。

其三，是银行建筑中的特殊要求——金库。中国传统银行建筑中一直保持着地窖藏银的习惯，但西式银行却把货币金银存放到特殊的空间——金库中。金库的平面布置是守库—外库—内库，守库是金库的警卫室，外库为账表房、钞票整点室，内库为金库中存放货币的库房。银行建筑中金库非常重要，它关系到货币存放的安全，在西式银行平面组合中，金库集中设置成一区，区中不设置其他功能用房，其他区域之间的联系也能穿越金库。金库一般设在建筑的地下室，位置与营业厅连接，靠近出纳专柜一边。银行金库结构设计要求安全坚固，采用实心钢筋混凝土箱形结构，墙体要求非常厚，实力雄厚的银行还在墙中配置双向双层钢筋。由于四周的墙壁密封不设窗户，金库内易潮湿，所保管的钞票易发霉，西式银行就在库内设计进风口和出风口，利于库内通

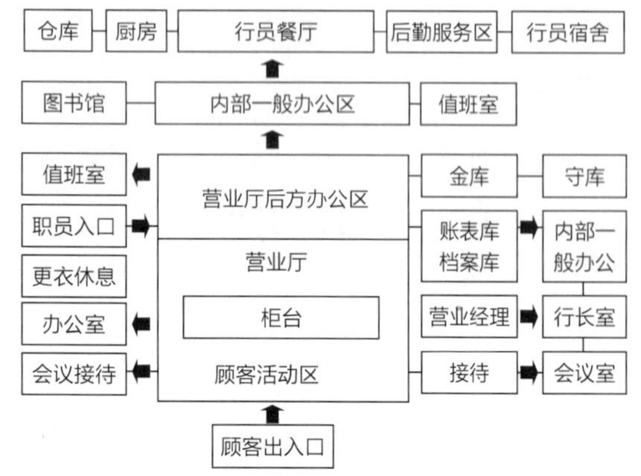

图3-2-5　近代银行建筑平面结构（来源：《沈阳近代金融建筑研究》）

图3-2-6　正金银行内部木制装修

风，进风口设在地面上80厘米处，出风口设在库顶下50厘米处，在洞口处用方格网外加细目铜网或不锈钢网，以防老鼠进入库内，防潮、防湿，保持干燥、通风。

金库的安全很大程度上与库门有关，要求必须具备防盗、防氧炔喷炬、防爆炸、防火、防电钻、防撞击、防电锯等功能。金库门有内外双重，外门由本体、门锁、铰轴组成，其目的是能长时间抵抗任何外力，如火灾、水害及人工破坏；内门为钢栅栏式，主要便于营业时开关方便。金库除设一个正常出入库门外，还有一个应急库门，应急库门靠近正常库门左侧或右侧，间距1米，上限与库门取平。

其四，西洋古典主义样式的建筑立面。在20世纪，西方现代建筑运动已经兴起，并在一定程度上得到了传播，但学院派的折衷主义思潮仍然盘踞着沈阳主要的设计阵地。不同的文化造就了不同的建筑，西式银行的立面形式上没有尊卑等级之分，只有极尽的华丽、宏伟，以此显示银行的资金雄厚并给顾客信心。银行形式为西洋古典建筑形式及其变体，以西方古典柱式作为构图中心，一般带有不同柱式的柱廊，或设山花，或为水平檐口。建筑一般为古典建筑的分段，如垂直方向三段分割，水平方向三段或五段分割，柱式多为爱奥尼，细部如花坛、门窗及纹饰等均照古典建筑做法或演化而来。沈阳的银行建筑还表现了明显的折衷主义形式，把不同风格的建筑构件结合在一起，以取得较为活跃的建筑效果。

日本财阀的银行虽在建筑表现形式上是西洋古典复兴的样式，但其中亦融入了日本人的审美特质与形式上的创作，与上述西方势力的银行又有表达上的差异，在建筑形式上也由最初的古典样式演化为简练装饰风格，并且有的银行屋面加建塔楼，反映了西方建筑重视墙面，而东方建筑重视屋顶的不同文化的有机结合。

除上述之外，沈阳近代西式银行建筑也促进了中国与西方建筑技术的相互交流。新材料、新结构、新施工方式的引进，使新建筑技术在近代的沈阳建筑业得到广泛的应用。如建筑结构，中国传统建筑结构是木构梁柱体系，而开埠以后沈阳出现的大量西式银行建筑，采用西方传统的砖石墙承重和木屋架屋盖的结构形式。在材料方面，出现了水泥、钢筋混凝土、建筑五金等现代建材，并且在建筑中设计了消防系统。这些西方传入的建造技术、材料为中国传统的建造方式带来了相当大的冲击并引起了传统建造观念的巨大转变。

（二）蓬勃发展的本土金融机构

外来的势力在侵略沈阳的过程中，并非呈现出居高临下、独来独往的势态，而是受到了奉系军阀为主的本土势力的强力抗争。政治上两大强势的对垒，在近代银行建筑发展演变的过程中则体现为外来文化势力和本土势力之间的矛盾与融合。西式银行虽然突破了中国传统的建筑结构、布局空间，更改了人们传统的生活方式和审美心理，但是面对外来建筑文化，沈阳的传统建筑文化没有故步自封，没有被外来文化取代，而是多种文化复合发展，显示了它内在的生命力。

1. 官方引导的银行建筑近代化

19世纪20年代，以奉系军阀为主导，推行自上而下的银行建筑近代化，是对外来文化的主动吸收，这一时期人们深入地接触西方文明，由原来的鄙之恐之，变为趋之仿之的心态，并在思想上表现出“中体西用”的哲学。在总体构思与布局上均是模仿西式近代银行，但却配着一幅中国传统的面孔。如奉天公济平市钱号（图3-2-7），位于沈河区沈阳路126号，砖木结构，地上2层，1931年竣工，设计人为张逸民，由崇德公司施工，建筑采用中国传统硬山式坡屋顶。

这一时期更多的本土银行表现的是在建筑平面布局、立面形式、木构屋架技术等各方面全方位的建筑近代化，规模宏大，风格华丽。就建筑形式而言，更多的实力雄厚的银行模仿西方古典

图3-2-7　奉天公济平市钱号（来源：《沈阳近代金融建筑研究》）

主义，一改我国传统建筑之道，突出刻画建筑个体，建筑形式上的意义重于空间上的意义。在内部流线上模仿近代银行的业务流程，不再是中国传统银行建筑中单向串联式的流线平面结构，而是多层次、多流线的平面布局，并且把建筑空间由传统的水平展开变为纵向层叠，把传统的银行建筑的一层院落空间变为多层的单体建筑。这一时期，建筑技术的进步表现在两个方面，即建筑材料、建筑结构的进步，具体来说，有的银行建筑采用砖木结构，但木屋架往往以三角形的洋式屋架取代传统的抬梁式榫卯木屋架，砖的材料也由青砖转向红砖。20世纪20年代是红砖建筑的鼎盛时期，钢筋混凝土结构的普遍使用是这一时期材料结构进步的又一体现，突破了中国木构架结构的建筑体系，卫生设备、建筑五金、暖气照明配备，改变了人们传统的生活方式，为沈阳其他洋风建筑的形成奠定了物质基础。

典型实例——东三省官银号。其一，公正与华贵：古典主义代表公正，巴洛克代表华贵。作为银行建筑，正应该体现诚信公正与华贵宏伟，东三省官银号的建筑正体现了这两种风格（图3-2-8）。建筑的主入口在两条马路交叉处45度方向，并在入口处设有圆形中央大厅贯通两层，其外部是两对贯通一、二层，柱身没有凹槽的爱奥尼柱构成的柱廊，并且支承着三层挑出的平台，构图均衡，为新古典主义传统做法。建筑横向展开为五段（图3-2-9），即中部主体、左右两翼、两端部，两翼与中央部分相较，略为跌落，并在建筑两端收头处设有四面坡顶，纵向为三段式，这种构图手法参照了巴黎卢浮宫东立面的手法，“三平五竖”，遵循了古典主义建筑构图的基本原则。一层有假山石作为台基段，结实稳健，中间层是虚实相间、平面化的壁柱，很有力度和节奏感，同时也是对主入口柱廊的呼应。与庄重雄伟的古典主义相比，建筑中连续曲线的女儿墙、多变的窗户形式和屋顶跌落的三重檐口都是明显的巴洛克风格，并且柱头的雕饰、檐口的线脚及其他细部，都做工精

图3-2-8　东三省官银号入口

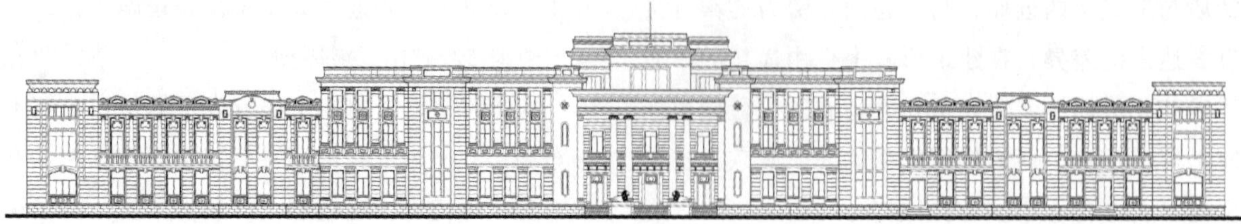
图3-2-9　东三省官银号立面展开图（来源：《沈阳近代金融建筑研究》）

图3-2-10 柱头雕饰

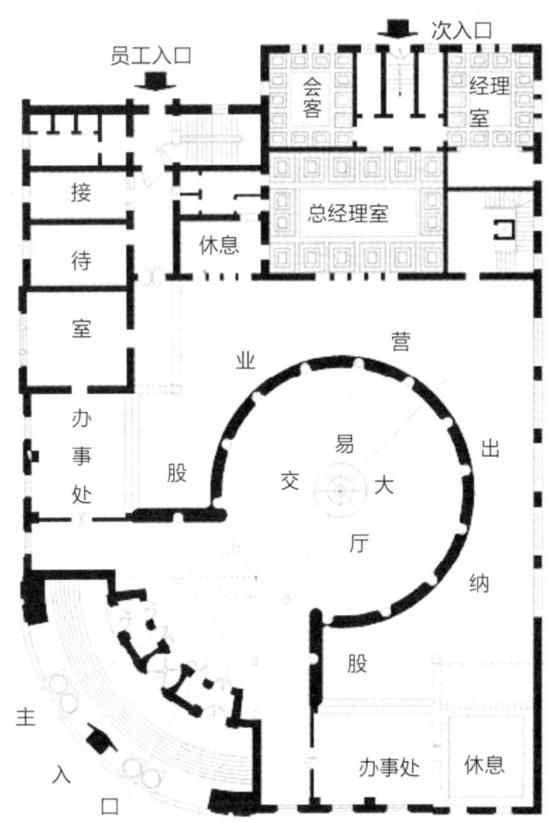

图3-2-11 建筑首层平面（扩建前）（来源：《沈阳近代金融建筑研究》）

细，构图协调轻巧，同厚重的墙面形成强烈对比。

值得的注意的是，虽然建筑中大量运用柱式，但除了入口的两对爱奥尼柱的柱头是标准样式，其他的柱头雕饰不是规范内容的“涡卷”和“忍冬草”，而是中国的传统吉祥图案“梅花”和“麦穗”（图3-2-10），并且墙面上也把中国的吉祥图案作为雕饰，它们与西式建筑巧妙地融合在一起。可以看作沈阳本土银行建筑对中国文化同外来文化相融合的初探，表现了当时人们对外来文化并不是盲目全盘接受，而是开始加以中国式发展的心理。

其二，新旧结合的营业大厅。东三省官银号（今中国工商银行沈河区支行）位于沈河区朝阳街21号，于1929年由官银号自己的建筑师设计，建筑占地面积为8200平方米，建筑面积为3141平方米。平面沿道路展开（图3-2-11），并设一层地下室，办公用房沿道路分为两端布置。一层布置的是银行的营业大厅，东三省官银号的业务既有传统的银行业务，如买卖生金银、买卖粮食、汇兑，又有西式银行的代理省库、发行纸币、存款、贷款、投资经营等业务，可以想象，这些中西业务共存一室是多么热闹的景象。柜台上不仅有西方银行的工作流程，也有用天平称银子，用试金石试金子的中国传统项目。这些决定了银行营业大厅的综合性，不但要有顾客办业务的流线，还要有买卖商人浅谈业务的空间。所以，东三省官银号采取半径为15米的圆形营业大厅，并且厅内结合柱子设置柜台，保证了空间的开阔。在柜内明确地分出了营业股及出纳股，以避免不同目的的顾客在流线上的交叉。营业大厅贯穿两层，高度约为6.6米，在二层处模仿日本银行设置回廊。又由于银行从事买办的业务，所以在大厅两端还设有两个商家常年办事处，来办理日常商业业务。银行建筑平面分区，明确前半部为银业区，后半部为内部办公区。为了私密性，设有四个入口，一个对外办公的主入口，两个对内服务的入口，还为金库单独设计了一个入口。

这些都反映了发展初期的沈阳本土银行既要学习西方的银行以自强，又要保留传统业务、经营方式的矛盾心理，表现了人们对于外来文化的思考。

其三，先进技术的应用。由于实力雄厚，又

图3-2-12　玻璃天花

图3-2-13　玻璃天窗构造

有地方军阀扶植，官银号是沈阳本土银行引进先进技术的先锋。营业大厅顶部的采光处理，使用了方格彩色玻璃天花（图3-2-12），区别于西式银行的华丽石膏天花，反映了东方的审美情趣，并且营业大厅有玻璃天花采光，其上部采用了钢筋吊拉的先进结构方式，其上再加盖两坡的玻璃天窗（图3-2-13），防止雨水渗漏，这是沈阳的欧美银行中所没有的。银行结构采用钢筋混凝土结构。虽然为3层建筑，但也配备了电梯这一先进的竖向交通工具，这些都证明了面对西方的强势，我们所采取的积极态度，面对西方文明，我们的银行机构没有故步自封，没有裹足不前，而是积极主动去吸收，去创新。

2. 中西合璧的本土银行近代化

沈阳在进入近代以前，形成了具有鲜明的地域特色的建筑文化，这些特色在建筑中有着丰富的反映，尤其是对各种文化兼容并蓄的建筑文化特性，对于近代建筑产生了深远的影响。更进一步来说，就是人们对于外来文化消融后的创新，主要通过几个方面：一是有志向的中国海归建筑师在引入西方建筑的同时，致力于对中国近代建筑创作之路的探索。二是土生土长的中国建筑师凭着自己对西洋建筑的理解，并结合对本土文化与技术的自觉体现，所进行的具有一定模仿性质的创造。三是本土的建筑工匠凭借自身纯熟与精湛的传统工艺技术，紧密结合本土条件，对西洋建筑创造的学习与实践。它们是沈阳形成自己的近代银行建筑的基础，在建筑中往往表现为中西合璧的设计理念。银行建筑立面形式虽然以西式为主，但其中的具体内容却变成了中国化的，如柱式的柱头图案大多是梅花、麦穗、蝙蝠；建筑外表是西式的，其内部装修及布局反映的却是中国式的生活习惯。更有本土银行把中国的院落空间引进建筑布局中，打破了西方建筑之中刻画单体建筑，而不重建筑空间的设计理念，是对中国传统建筑的继承与发展。

典型实例——边业银行。沈阳20年代经济的繁荣带来了银行市场的发展，同时也给用于银行活动的建筑提出了新的要求。虽然银行建筑在公共建筑中不属于大量性的建筑，但其所体现的银行形象在某种程度上却能反映出社会经济的发展水平。边业银行的兴建正值沈阳近代建筑突飞猛进地发展之际，无论是建筑形式、空间还是建筑材料都得到了空前发展，更重要的是沈阳建筑正在摆脱中国传统营造方式。边业银行采用先进的钢筋混凝土结构，具有华美庄严的西方古典复兴建筑立面、丰富的功能组织与空间变化，同时又具有强烈的地域特性。

边业银行东临朝阳街，南临帅府办事处，西北是赵四小姐楼。建筑占地面积为4967平方米，总建筑面积为5603平方米。与沈阳早期兴建的银行相比，边业银行无论在设计水平还是施工技术上都有了很大提高。因边业银行的资金雄厚，在建造的过程中采用了先进的结构形式和高质量的建筑材料，建筑采用钢筋混凝土混合结构，地下1层，地上2层，局部3层。

首先，中西结合的建筑外观。在总体设计构思上，结合周围环境，根据组成部分的功能特点，将银行大楼设于用地的南部，面临城市主干道，以适应银行大楼面向街面的功能要求，并以鲜明的建筑形象，丰富城市的沿街景观。

建筑正立面为18世纪流行的罗马古典复兴的建筑样式（图3-2-14），采用“三段式”构图手段，由明确的台基、柱子和檐部组成，在十级台阶上设有门廊，由六根直径为1米的爱奥尼巨柱组成，并且全部由花岗石雕刻而成，柱式贯通2层，支撑着3层的出挑阳台部分。高大的柱廊总是给人坚固和豪华之感，同时又表现权力的威严和基业的稳固。三层挑台上有6根短小的爱奥尼柱承托屋檐，柱顶饰花垂穗。门廊两侧墙面也有平面化壁柱，外墙均由假石贴面，一层的石材以及建筑转角的石材和窗楣窗套檐口线脚，都表现出了强烈的西式风格，建筑整体严谨壮观，比例均衡。除了明确的体量关系，正立面还考虑到了许多中国式的建筑细部，在檐口、柱头以及上下两层窗间墙上都有精美的浮雕花饰，但是雕刻的内容都是中国的传统吉祥花卉，它们在这样西式的建筑中不会显得格格不入，反而很和谐地被运用到建筑中去，比起那些完全移植西方风格的建筑来说，更有味道，是中西方文化结合的又一例证。

图3-2-14　边业银行建筑

与主立面相比，建筑的其他三个立面（图3-2-15、图3-2-16），除腰线和檐口线外，干净的墙面和无任何线脚的长方窗表现了中国传统的砌筑手法，与正立面的西洋古典风格形成强烈对比。

其次，传统院落的平面布局。建筑的平面为锯齿形（图3-2-17），功能分区明确完善，与现代的银行相比，它在设计中对于功能分区的考虑一点也不逊色，在平面和空间的组合中，使各部分空间区域相对独立，又可有机联系。边业银行主要功能组成大致可分为三大部分：① 首层平面前部为对外营业、公共活动部分，包括营业厅、交易厅等，是为外来客户进行各种银行活动的大空间场所。营业大厅437平方米，占据两层空间，二

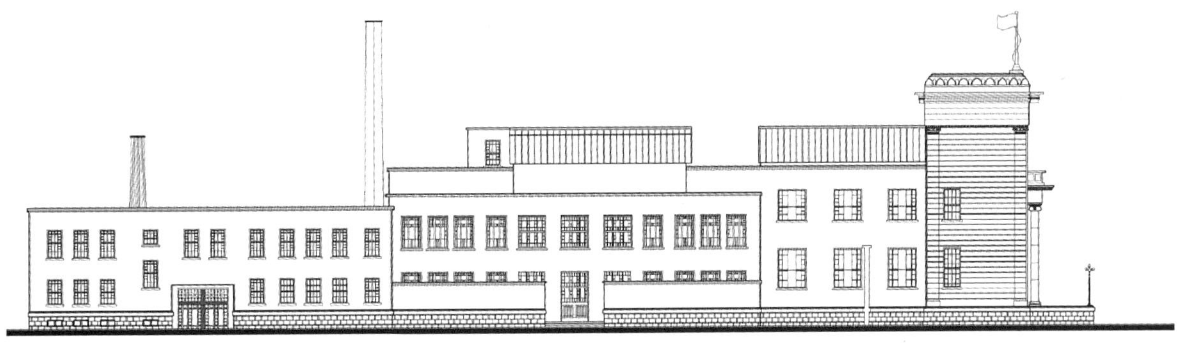

图3-2-15　边业银行南立面（来源：《沈阳近代金融建筑研究》）

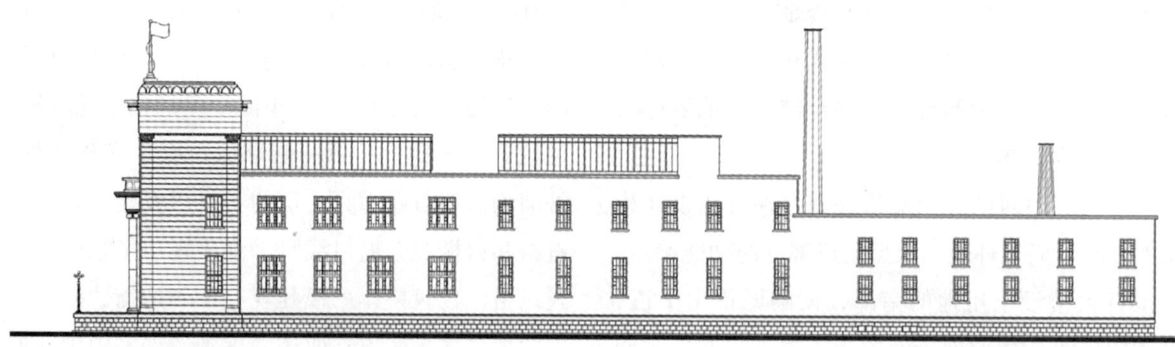

图3-2-16　边业银行北立面（来源：《沈阳近代金融建筑研究》）

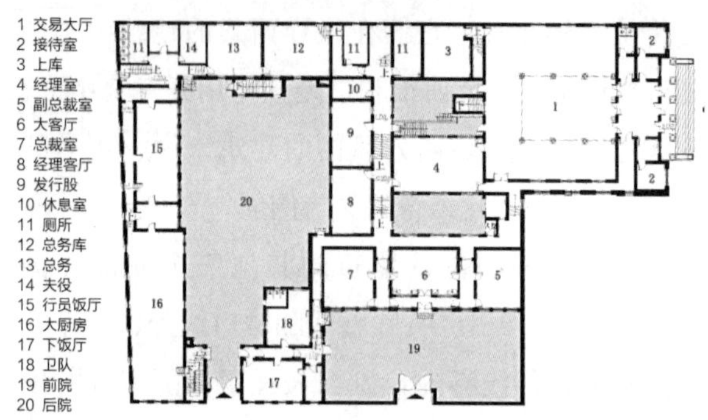

图3-2-17　边业银行首层平面（来源：《沈阳近代金融建筑研究》）

层上空大厅部分设置玻璃顶棚，镶彩色玻璃，既华丽又可为大厅采光，周边营业员工作区则是华丽的石膏浮雕藻井，人们进入营业大厅即可感受到银行的庄重气魄。② 内部职能部分，包括营业事务办公、其他职能业务办公、管理用房等，内部的装修精致华丽，主要围绕营业大厅布置，并且在设计中充分考虑了私密性，行员、经理、总裁的活动区域是独立的，就连厕所也是分开的。③ 库区部分，分别是发行库、材料库、现金库、营业库、储藏库及其辅助用房。金库是各种货币及证券储存之地。对各组成部分的特点进行分析，其他职能业务办公设于各楼层，另设门厅组织内部办公人流的出入。库区是银行的重要部分，为防止遭受外来袭击和盗窃，将其设于大楼的地下室，并在外部设一条专用通道，直通地下室入口，与其他部分的人流截然分开，使得库区对外只有一个出入口，提高了安全度和保密性。

虽然边业银行的建筑思想主要是积极学习西方银行的先进之处，但在建筑内部空间的营建上却反映了中国的建筑文化，它是沈阳中西建筑文化融合的典范。建筑的平面功能结构吸收了西式银行的优点，各分布区功能独立又相互联系，每个分区都有各自的入口，满足了银行业务复合多元的要求。但整个建筑却突破了西式银行以营业大厅作为建筑中心的平面组织流线，取而代之的是以院落组织各功能分区。一条东西的轴线贯穿着整个建筑平面，这条轴线既是经营的行为主线，也是建筑时空的观赏动线，反映了中国重视建筑空间营造的传统建筑文化。此外，银行首层的平面分区与票号极其相似，是扩大化的前市后居建筑形态，如在前半部分，银行是营业大厅，票号是对外经营的柜房、信房；中部，银行是办公区，设置总裁室，票号也同样设置掌柜室；后部，银行是对内服务区，为厨房及餐厅，对应着票号的后罩房。这些都反映了人们大胆接受外来文化的同时还留恋传统生活方式和审美原则，也体现了人们在学习外来文化的同时，没有抛弃传统建筑文化，而是走向了多种文化复合创新发展的道路。

最后，建筑空间。边业银行的内部空间由于院落的组织而变化丰富，建筑与院落尺度的对比造就了不同的空间感，或开敞，或封闭，并且配合轴线布置的院落，是不同分区过渡的虚空间，

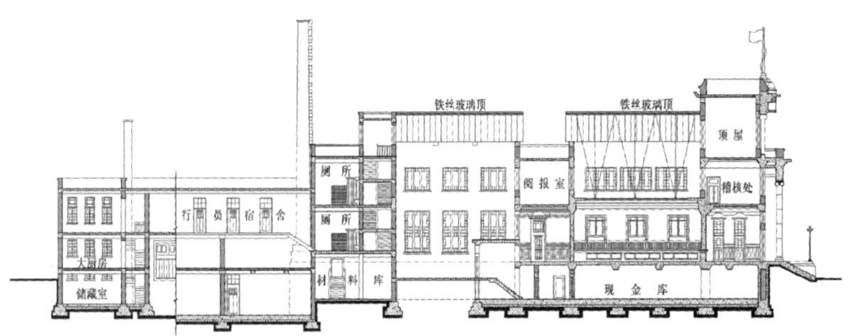

图3-2-18 边业银行剖面（来源：《沈阳近代金融建筑研究》）

强调了建筑的主旋律。此外，院落与室内空间高差很大，最大为2.85米（图3-2-18），这些高差都用室内台阶来找平，从而在室内形成起伏并且气势非凡的空间，随着台阶到达不同的地坪，可以看到庭院中不同的景观，在建筑中体现了中国文化中的“天人合一”。

四、沈阳近代金融建筑的地域性特点

沈阳近代银行建筑，既包括中国近代银行建筑的共性也有与众不同的鲜明个性，本章主要通过两方面来论述，其一是沈阳的地域性特点，进一步说就是，不应把全体的共性现象笼统地视为沈阳银行建筑特点，也不应以狭义的视野，局限于沈阳地区来总结银行建筑特点，而应与同时期其他地方银行建筑的发展相比较，通过这种横向的比较，所得出的结论才是客观的，才是沈阳近代银行建筑自身的地域性特征。其二是近代银行建筑的特点，在沈阳近代存在着多种建筑类型，面对外来文化，它们与银行建筑一起发展，在此过程中由于社会、文化、经济这些因素，银行建筑有着与众不同的特点，通过同沈阳其他近代建筑类型相比较，而得出近代银行建筑的特点。

（一）中西合璧、兼容并蓄的本土银行建筑创作

首先分析一下中国其他城市近代建筑发展特点。上海、大连、青岛、武汉等近代化城市，由于其所处地理位置而较早地受到外来文化的影响，以上海、武汉为例，由于拥有优越的地理位置，从很早起就是中国的商业中心，在西方殖民者的炮火胁迫下开放而成为通商口岸，并迅速发展成为中国最重要的近代都市。

由于通商口岸的经济作用，所以列强们都争先恐后地修建银行。其一，通过银行搜刮更多的利益；其二，以此来宣扬本民族文化的优势，显示西方文明的进步，征服中国人。外来建筑文化对这些城市的冲击表现了不容置疑的强势，西方人按照他们的生活习惯建造银行，建筑表现得非常正统，先是早期的“券廊式”殖民地银行建筑，建筑大多为1～2层，这种早期西式建筑形式，属于西方人在印度、东南亚等殖民地建造的外廊式建筑，亦称“英国殖民地式”建筑。它本是为了适应热带气候而创造出的一种建筑样式。“为了挡住夏天的阳光，尽可能保持室内的阴凉，墙壁至少为3英尺厚，外墙刷得雪白，楼外面周围是配置着拱门的敞开游廊。”①随着西式文化的不断侵入，上海、武汉、青岛等地的银行建筑样式逐渐演变为以“柱廊式”为特征的西方古典主义样式，图3-2-19反映的是1925年的上海外滩，外

图3-2-19 1925年前后上海外滩（来源：《沈阳近代金融建筑研究》）

① （美）罗兹·墨菲. 上海——现代中国的钥匙. 上海：上海人民出版社，1987：84.

滩的建筑70%都是银行，同1850年相比，可以看出从建筑的样式、材料到高度均有重大改变，建筑不再是低矮的“券廊式”，而变为宏伟壮观的洋风式，建筑结构不再是砖木混合结构，而变为先进的砖墙钢筋混凝土结构。唯一不变的是银行建筑的建造仍然是在西方文化的被动植入下开展的，没有结合中国的传统建筑文化。这是因为在政治上，上海等地外来势力处于绝对霸权地位，并没有一支本土势力与之抗衡；在文化上，上海等地一直是中国接受新思想的前沿地带，所以传统思想根基不牢，并且西方的建筑机构，如公和洋行，也随着西方势力进入上海，这更促进了西方建筑文化的传播，导致上海、武汉、青岛等近代城市对于外来文化全盘接受、模仿建造，克隆出了一座座精美华丽、比例匀称的标准西洋古典主义银行，这些城市近代银行建筑的发展过程是一个以西式建筑逐渐取代中国传统建筑的过程。

沈阳由于其独特的社会背景，造就了与上海等地不同的近代银行建筑发展之路。在文化上，沈阳是近代化的封建王城，是以中国传统建筑文化为中心的天眷盛京，具有深厚的中国传统建筑文化及建筑技术根基，在进入近代以前，就形成了具有鲜明的地域特色的建筑文化，这些特色在建筑中有着丰富的反映，尤其是对各种文化兼容并蓄的特性，对于近代建筑产生了深远的影响。在政治上，沈阳的主导势力是两股强势，外来势力在沈阳不是处于绝对霸权地位，以奉系军阀为代表的本土势力长时期处于决定社会发展的地位，由于近代建筑发展基于半殖民地的大背景，因此，政治因素上升为决定建筑发展的主导因素也是客观必然的，因此，沈阳近代银行建筑的每一时期发展动向的转变，都与政治力量的对比、斗争密切相关。本土文化一直同外来文化相抗争，相融合，这使得在面对异质文明时，沈阳的传统建筑文化没有故步自封，没有被取代，而是显示了它内在的生命力，多元复合地发展。这正是沈阳近代建筑少有文化意义上的纯粹性，而多具复合特性的根源所在。所以，沈阳的近代银行建筑能从最初的碰撞融合，发展为创新。这种银行建筑中包含了创造性的劳动，其价值远远超过上海、武汉等地克隆式的近代银行建筑。沈阳近代银行建筑的创新点可分为三类：

（1）建筑采用西方建筑的立面构件，渗入中国独特的细部装饰，即对西方传统建筑构件作中国式装饰处理，这些西方建筑所特有的构件经过中国工匠的再创作，糅入了大量的中国式的装饰细部，使其“中国化”，例如在柱头和柱身上加入中国式的写实花卉，采用中国式的鼓座式柱础，在女儿墙上做中国式吉祥图案等，还有的表现为采用西方的建筑立面构图的同时，在室内装修中渗入了中国传统文化中象征吉祥和表现民俗风情的各类装饰图案。如志城银行营业厅内天花四周雕刻着葡萄、石榴图案（图3-2-20），象征多子多孙，倒挂的蝙蝠象征“福”到来，并且楼梯扶手端部采用铜钱形底座，象征富贵。中国的装饰细部在西式的建筑中非但没有显得格格不入，反而很和谐地与其共存，比起那些完全移植西方风格的建筑来说，更有味道。

（2）建筑主体仅将入口或临街立面等重要部位做成西方古典建筑构图形式，而其他三个立面均采用中国传统砌筑立面方法，清水砖墙不做罩

图3-2-20 志城银行中国吉祥图案“葡萄”

面，建筑材料有的用红砖，有的用沈阳传统的建筑材料——青砖。这就造成了极大的反差，主立面是华丽壮观的西洋风样式，而其他三个立面却是朴素含蓄的中国式，毫无线脚装饰，猛然间看去，建筑的主入口立面好像是贴在建筑上的脸面一样，通常称这种沈阳特有的建筑为“洋门面”式银行建筑。如边业银行，建筑正立面为欧洲18世纪流行的罗马古典复兴的建筑样式，明显的三段式构图手法，在台阶上设有柱廊，给人坚固和豪华之感。建筑材料及建筑细部，都表现了强烈的西式风格，而建筑其他的三个立面，除腰线和檐口线外，毫无装饰，采用红砖砌筑，与正立面的建筑风格形成鲜明对比。

这种建筑不同于中国其他地方的近代银行建筑的正立面、侧立面都是一样的古典主义风格，这种“洋门面”建筑所要表现的就是中西文化在建筑中的共存，反映出东西方建筑文化相互交流的特征，更多地流露出对中国传统建筑的留恋与保留。在实例中，匠人们根据自己的理解和喜好，对西洋建筑的表达形式有选择地模仿，并与中国传统建筑形式进行融合，形成这种新的建筑形式，这说明了人们对西洋建筑在文化层面上的随机性、经验性的学习过程。这些“洋门面”银行建筑具有的坦率而自由的特性，比起移植来的正统西洋建筑更能深刻反映当时社会的复杂、矛盾的状况。这是自下而上，由民间的途径实现建筑近代化的潜流，并形成了中西建筑混合风格的独特表达形式，而且反映了人们对西方建筑的直观性的、实用性的学习、吸取的方式。中国建筑师和工匠以独特的方式完成了一项外来新建筑体系“本土化”的尝试。

（3）建筑的立面样式、经营功能特点、建筑材料及施工技术等方面吸收了西式银行的先进之处，内部功能结构却采用了中国传统银行建筑的平面布局及室内装修，既有西式建筑着重刻画单体建筑的特点，又继承了中国传统建筑营造空间的特点，集两家之所长，实为中西文化融合的典范。如边业银行，在建筑立面采用洋风式样，平面功能结构也吸收了西式银行的优点并且内部功能流线的设计也注重满足银行业务复合多元的要求。但整个建筑布局却突破了西式银行以营业大厅作为建筑中心的平面组织流线，取而代之的是以中国传统建筑组合中的灵魂元素——庭院来组织各功能分区，反映了中国的建筑文化。把边业银行平面布局同中国传统的银行机构作一比较（图3-2-21），就会发现它们的相似性，边业银行首层平面由院落划定了三个不同的功能分区，分别是对外营业区（交易大厅）、办公区（总裁室）、生活区（厨房、餐厅），对照票号的平面图，可以发现同样是以院落区分联系各功能空间，由下至上为柜房（对外营业）、掌柜室（办公）、厨房（生活）。

边业银行建筑布局就是扩大化的前市后居的

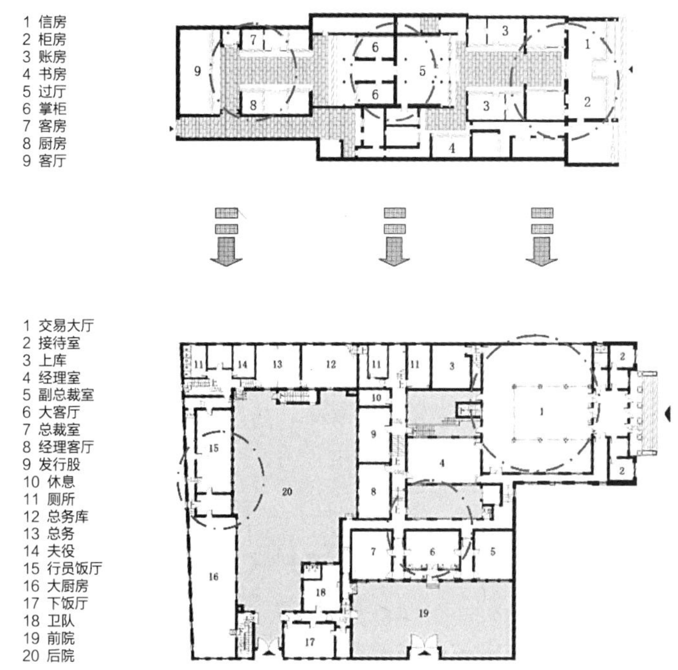

图3-2-21　边业银行与票号平面对比图（来源：《沈阳近代金融建筑研究》）

传统建筑形态，一条东西的轴线贯穿着整个建筑的平面，这条轴线既是经营的行为主线，也是建筑时空的观赏动线，建筑的空间表现力得到充分的展现。银行本是中国没有的建筑类型，在这样的外来建筑中，却包含了中国式的院落空间布局形式，反映了中国传统儒家哲学思想。通过对建筑空间的大小、高低、主次、抑扬等方面的设计，将严密的礼制仪规演绎为严谨的空间序列，沿轴线布置的内向庭院，强调建筑空间的主旋律，反映了人们大胆接受外来文化的同时还不忘中国传统生活方式和审美心理，并以此为准则对外来文化因地制宜地加以吸收。这也证明了人们始终固守着属于中国传统文化的那一份真，突出了文化的交融性，也体现了人们将异质文化与传统文化结合发展的创造性。

（二）日本近代金融建筑的折射与发展

以接受外来影响和传播途径来看，沈阳所受的外来影响是多渠道的而非单一的。除受到了因开埠而来的西方各国的直接影响以及中国留洋学生归国之后所带来的影响外，还有一条吸收外来文明的重要途径，即西方近代建筑技术及文化通过日本学者吸收、消化，转而传入沈阳。日本建筑师将西式银行建筑导入沈阳大体经历了三个阶段。

第一阶段是对西洋古典主义建筑风格的直接引进。日本专业建筑教育起始于西洋古典主义教育，他们的作品以古典主义风格为主，讲究整体构图的逻辑和形式统一。日本财阀的早期银行虽在建筑表现形式上难于脱开西洋古典复兴的样式，但由于是由受东洋文化的长期熏陶，其中亦不可避免融入了源于日本文化的审美特质与形式上的创作，如满洲中央银行千代田支行，位于今和平区南京北街312号，1928年竣工（图3-2-22）。建筑外轮廓随地形呈弧形转折，正入口设在弧形转角处，并且门前设有多级台阶，构图手法参照巴黎卢浮宫东立面，“三平五竖”，遵循古典主义建筑构图的基本原则。横向展开为五段，即中部主体、

图3-2-22 满洲中央银行千代田支行（来源：《沈阳近代金融建筑研究》）

左右两翼、两端部，两翼与中央部分相较，略为跌落。建筑在二层设有连续阳台，增加了水平联系，中间部分阳台升高到三层并用四根爱奥尼柱承起，更加强调出建筑主入口。纵向为三段式，一层有假山石作为台基段，结实稳健，中间层由厚重的墙体与凹凸阴影变化的柱廊交替组成，形成了虚实对比，顶部是多重厚重檐口。整个建筑立面满是精雕细琢，反映了西式建筑重视刻画建筑单体，注重墙面设计的理念。又例如朝鲜银行奉天支店，位于今中山广场北侧，南京北街与中山路交汇处，是一座立面处理更为成熟的古典复兴样式的建筑（图3-2-23）。设计师是中村与资平（1880-1963）。整幢建筑对称、均衡，体现着古典设计原则，中央部位设有六根爱奥尼巨柱的凹门廊，女儿墙屋檐之上设有小山花，为突出主入口，把主入口上部女儿墙升高，并做三角形山花重檐形檐口，两边设颈瓶连接。墙面全部由白色面砖贴饰。在建筑转角处都作了曲线处理。建筑比例恰当，虚实结合，层次丰富，这种折衷的古典复兴，是日本近代洋风建筑中特有的设计手法。

第二阶段是分离派建筑风格。这一阶段沈阳近代银行建筑在建筑形式上由最初的古典样式演化为简练分离派的建筑风格。

最典型的实例为1925年竣工的横滨正金银行奉天支店（今工商银行中山广场分行），建筑除了

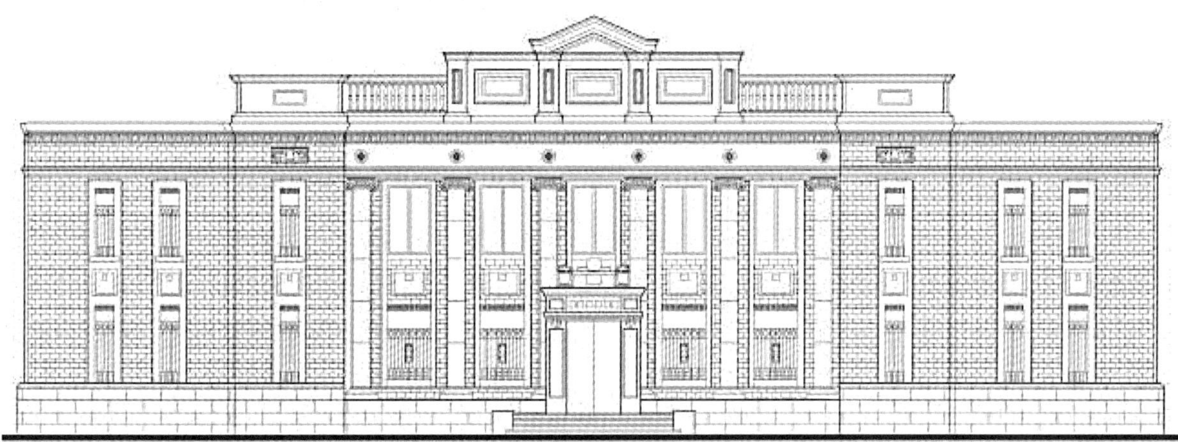

图3-2-23 朝鲜银行奉天支店立面图（来源:《沈阳近代金融建筑研究》）

壁柱和正面中央檐部的徽章外，可以说装饰很少，很像20世纪20年代后半叶至30年代的日本国内小规模的银行建筑的外观。设计人是大连的宗像事务所的主持人宗像主一，他深受分离派影响，主张“设计是为人服务的，而不是为古典复兴产生的”[①]，从他的一篇名为《建筑随想》的文章中就可以看出，文中提到:“外行人只知道局部却误认为知道全部，内行人知道全部但总认为知道部分。如果被委托设计住宅，不去拜访主人，讨论设计，就很难清楚什么是要表达的，那些认为光靠纸和笔就能设计的人是脱离现实的。”在沈阳的这个银行设计中，他采取了对建筑样式进行净化的建筑设计手法。其立面着重几何图案式的处理手法，如将柱式简化为几何性混凝土壁柱，柱头部位已不是柱式规范内容中的“涡卷”和“忍冬草”，而是几何图案抽象雕刻和简练的装饰符号，原屋檐山花部位改设宝珠式装饰，墙体及弧形壁柱上都贴饰黄褐色面砖，与混凝土质的壁柱、柱头、花饰形成材料上及色彩上的对比，又可见其具有装饰艺术派风格。

第三阶段是“赖特风格”的建筑设计。所谓的“赖特风格”，并非特指赖特本人的设计风格，而是借指在赖特于1919年设计日本东京帝国饭店后，受赖特的设计思想影响而在日本及中国形成的现代建筑风格。其特点是：强调造型的纵横对比，材料的粗细相映，入口、雨篷、檐口装饰一再简化，转角处常使用曲线或曲面。由于现代建筑刚起步，人们无法接受裸露的混凝土，因而以面砖饰面，并使面砖成为了沈阳建筑市场上的新型材料。这一时期兴建的银行都具有这种风格的特征，如位于中山广场的东洋拓殖银行（今沈阳商业银行中山广场分行）（图3-2-24），平面是顺应地形的，建筑体量沿放射性道路水平延伸很长。转角为曲面，墙面贴饰面砖，强调造型的纵横对比，细腻的面砖墙面与粗犷的混凝土柱式形成强烈对比。这一建筑风格致使新的建筑材料——面砖被广泛使用，为沈阳样式建筑增添了时代的气

图3-2-24 东洋拓殖银行奉天支行（来源:《沈阳近代金融建筑研究》）

① Otto Wagner. Moderen Architektur.

息，也成为了30年代银行建筑的显著特征。

除此之外，20世纪20年代至30年代初，沈阳近代金融建筑在技术上有巨大的进步，以欧美为代表的西式银行建筑在高度上有所突破，而日资银行建筑表现为大规模的水平向的伸展。这是因为日本地震繁多，因而近代起制定了严格的建筑高度的限制法规，规定建筑高度不得超过30米。这一规定直到1964年才取消。与此相关，在沈阳的《奉天都邑规划》中，也对中山广场、中山路及附属地的建筑高度严格限制。这一法规的限制，也是造成沈阳30年代建筑在运用新技术、新材料的同时，向水平向发展的重要原因。

中国其他的近代城市，如天津、上海、青岛等，是被几个帝国主义国家共同侵占的半殖民地式新城市，各国外来势力长时期共存，没有哪一国势力处于“排他独霸”的地位，所以，在这些城市，外来文化对建筑的影响表现为各国风格纷然杂列，没有哪一个城市会像沈阳一样在近代银行建筑中清晰地反映了日本建筑风格演变的完全体系，且风格与日本国内流行的样式和风格相一致，甚至更超前。即使同是受日本影响的大连、长春，其银行建筑样式也只是长期局限于古典主义，并未呈现日本近代建筑发展演变的体系。如横滨正金银行在沈阳、长春修建分行的时间是相近的，但在大连、长春两地的建筑样式仍然是早期的古典主义风格，然而当时日本国内已经盛行“分离派”风格，从中反映出了两地与沈阳相比呈现建筑风格滞后性。

综上所述，沈阳近代金融建筑既与全国的近代建筑共同发展，又由于其独特的社会政治背景而具有鲜明的地域性特征，它是中国近代建筑中一个重要的组成部分。

第三节　沈阳近代影剧院建筑

影剧院建筑是沈阳近代出现并发展起来的一种新的建筑类型，短短的一百年，它从出现到成熟经历了近乎完整的过程。

一、早期的茶楼与戏园

沈阳传统戏曲自出现到19世纪末，其演出一直是在较为原始、较为简陋的舞台条件下进行的。近代早期西方舞台技术对沿海开埠城市剧场产生了直接的、根本性的影响，带来了戏曲演出场地的突破性变化，但这种影响传播的滞后性使得此阶段沈阳的影剧院建筑较之以前并没有太大的改观，也没有沿海开埠城市的影剧院建筑发展得快。随着西方文明的持续输入，沈阳戏曲舞台在演出条件、技术手段上也逐渐地有了不同程度的改进与丰富。

近代早期的沈阳经历了各种波折与抗争，在大势的压力下“主动”地成为了开埠城市。开埠后的沈阳客观上也发生了不小的变化，城市人口有所增加，城市经济有所发展。恰是流动性人口的大量出现和城市小市民阶层的形成推动了清末沈阳娱乐环境的形成，从而促成了沈阳茶楼、戏园等文化娱乐设施的大量出现。

这种早期的文化娱乐设施的数量与分布随着新城区的出现而发生了变化。除了延续集聚于中国传统戏园的老城区和万泉河地区之外，又在商埠地、满铁附属地出现了戏园建筑。在满铁附属地出现了木质结构、白色洋瓦、两层的清乐茶园。平面为传统的矩形，观众区分为池座和包厢，上层三面包厢共20个，下层为池座，可边看戏边喝茶。舞台高4尺左右，台口有栏杆，后台与传统戏台没有区别，书写“出将”、“入相”的上下场门分布左右，曾经挂过绣花门帘，在大门的门楹上挂一木匾，匾上写茶园名：“清乐茶园”。还有群娱茶园，“该茶园原为席棚，有座位四百，分上下两层。正面前方有一台子，台上有上下场门。茶园大门上书写着‘群娱茶园’四个字。”[①]此后，在这

① 沈河文史资料第一集［M］. 沈阳：东北文史资料编辑委员会出版社，1983.

些地方又出现了西式的俱乐部等娱乐场所。

根据大量史料记载，沈阳早期多数的戏园都经历过火灾，经过分析和整理，总结了引起火灾的因素，恰是木结构和简易的大棚空间成为了民国时期新式戏园取代旧式戏园的重要因素。

这类戏园的出现，活跃和繁荣了沈阳的文化市场，同时也成了沈阳近代剧场建筑的雏形。

（一）观众区

民间的两种观演形式——茶园和戏棚，为后来室内剧场开创了基础。至晚清时期，沈阳已经出现了戏曲演出的专用场所，场内设有舞台、包厢和散茶座，观众边饮茶边听戏（图3-3-1、图3-3-2）。

“舞台之下，曾是最简陋的土地，很脏，很容易起土，后来铺了砖，又改成水泥地面。很早以前，台下有许多木头做的条桌，桌子两侧摆板凳，看戏的人就对坐在桌子两旁。这种做法适合聊天吃零食，却不适合听戏，后来条桌取消了，改成一排排的硬座椅，它们正对着舞台，却又在前排椅子背后添加出一块宽木板，上边摆着茶壶，茶碗和花生瓜子。”①此后，为满足更多座席的要求，也有的在戏台口增设座位。

该时期老城区内的小茶馆和小戏馆已经淘汰，在四平街（今中街）建有新型的戏园，如翠方楼、凝香榭茶楼和东、西、南、北四门脸处建的一些新式茶楼。有的戏园又改营或兼营电影放映，即为近代影剧院建筑的开端。剩余的老茶楼由于其不适应新的戏剧演出，经营状态越发不景气。

（二）表演区

戏园子的台不大，台上最初仅仅铺着木板，后来在木板上加了地毯，这样一来演员翻跟头就不会受伤了。原来舞台正前方有两根柱子，遮挡一部分观众的视线（图3-3-3），到了清末，建筑技术先进了，这两根柱子便被取消了，舞台也由原来的木结构改成砖木结构，戏台前面做成弧形。

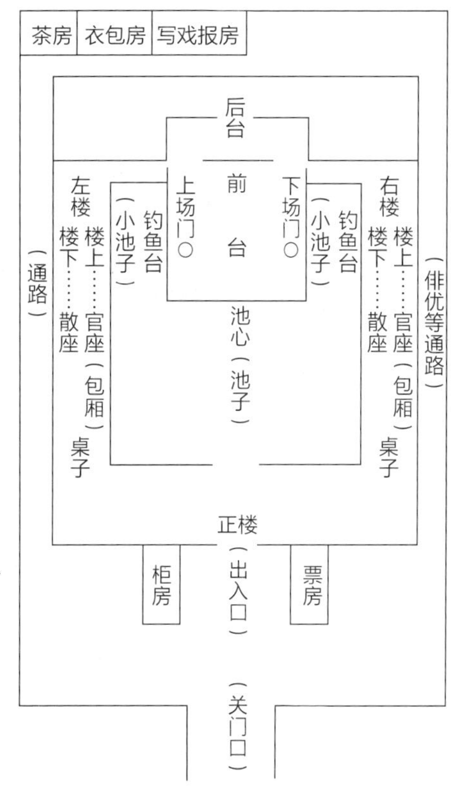

图3-3-1　近代初期戏楼平面简图（来源：《沈阳近代影剧院建筑研究》）

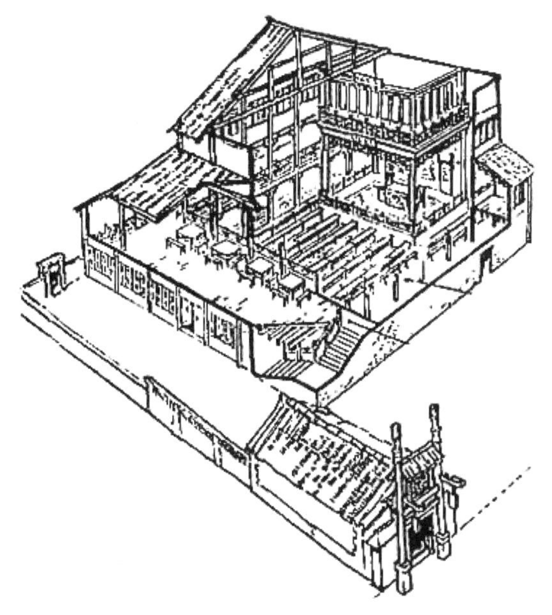

图3-3-2　近代初期营业性戏楼复原图（来源：《沈阳近代影剧院建筑研究》）

① 刘徐州. 趣谈中国戏楼. 天津：百花文艺出版社，2004.

图3-3-3　设方桌的戏楼（来源：《沈阳近代影剧院建筑研究》）

早期的后台空间非常狭窄，除安放大衣箱、二衣箱、靶子箱外，演员也聚集于此。化妆者、卸妆者、穿衣者、脱衣者、出场者、进场者、坐者、立者、说戏者、对词者、管事者、伺应者，几于回旋无地。春冬犹可勉忍拥挤，夏秋则汗气熏蒸，不惯者片刻不能耐。到了清末，由于舞台的结构改变，使得后台空间变大，环境有所改变。

（三）新式剧场的出现

这种新式剧场的结构，较之传统的中国剧场则有了多方面的改善，其中最重要的至少有这样两点：一是舞台结构和观众席的设置使观演之间的视线变得畅通。如《沈阳菊史》中所述："戏台为半月式，并无台柱，建筑殊为合度。楼上下之观剧座，地势做扁圆形，且座位愈后愈高。"二是观众席座位的布局更加集中、统一，"……至正厅不设小方桌，尽排客椅，楼上不设包厢，层叠皆为剧座……"[①]这显然利于形成更为融洽的观演气氛，反过来给演员的表演以良好的影响。此时的剧场已经具有现代剧场的形制，地面经过合理的起坡设计，去掉了包厢，减少了噪声对演戏的干扰。但在戏台的灯光、布景等技术方面并没有太大的改变。

再后，剧院又有了进一步的发展。舞台大多采用镜框式，一面观。观众席为波形，科学地解决了观众排位的视线矛盾，地面有起坡设计，除可专心于艺术欣赏，又革除了旧式戏园的弊病。舞台上，备有电灯光设备，有足够的亮度解决照明问题，还有大规模的舞台设施、各种幕布、吊杆以及转台等，为演出提供了便利的条件。宽大的舞台和台口，足够的两侧副台、后台、化妆间等使得舞台设施逐渐完备。

演出场所的沿革依赖于建筑技术的发展和保障，不仅在于平面形式与建筑结构的变化，而且在于对合理的、利于交流的观演关系的寻求。尽管早期的"茶园"仍存在着诸多陈旧的面貌和一时难以完全根除的旧习俗，但随着戏曲的发展，其演出场地从不固定走向固定，从露天走向室内，观演布局和条件都在逐步改进，使演出本身越来越成为观众注意的中心。

该时期的戏园建筑，处于中国传统戏园建筑向现代剧场建筑的过渡时期，是沈阳影剧院建筑发展的初始与基础。

二、近代中期发展起来的剧院建筑

1911年辛亥革命使国家摆脱了封建统治，沈阳的旧茶园、戏园多因房屋倒塌或不能适应需要而停业，茶园中只剩会仙、庆丰两家尚能继续经营。这时，百废待兴，但由于军阀混战，尚不能顾及文化建筑，直到20年代以后，民族工商业才出现了逐渐发展的趋势。1914年发生的第一次世界大战，又给中国的民族工业带来了难得的发展时机，东北工业也获得了一次大发展的机会。加之张作霖将收敛来的庞大资产一部分投向官营，对地方产业也采取了扶植的政策，此外，由欧美各国贷款援助的矿山、铁路、港口等建设也有了长足发展。在民族工商业的勃勃兴起的影响下，城市土地得以骤然扩展。商业高度发达，工厂多且规模大，流动性人群增多，形成了当年沈阳近乎畸形发展的娱乐行业。这时，正规的剧院建筑才

① 沈阳市城市建设档案馆，沈阳市房产档案馆. 沈阳近现代建筑. 2002.

开始兴建。封建禁锢已经冲破，科学技术都有所提高，再加上对外文化交流的促进，沈阳这一阶段新建的剧院确实发生了明显的变化。在商埠地的南、北市场，古城区及满铁附属地都开始出现风格各异的剧院、剧场，一般为砖木、砖混结构，造型新颖。20年代，在商埠地北市场和南市场内新建了大观茶园（今辽宁剧场）、东北大戏院（今辽宁人民艺术剧院）、共益舞台（今北市剧场）、中山大戏院（今沈阳大戏院）、同泽俱乐部（今沈阳艺术宫）等大型观演设施，在老城区新建了大舞台、众乐舞台、永安茶社、群仙茶园、真光电影院、光明大戏院等一批中小型影剧场，在"附属地"新建了弥生座（今和平区北二马路）、奉天座（现今和平区民族电影院附近）、奉天馆（今沈阳小剧场）等中小型影院，其中同泽俱乐部规模最大，装饰豪华，造型壮观，在关内外颇有影响。

民国初年，建筑技术有了很大的进步，钢筋混凝土被运用，大跨度公共设施建成，木屋架也转换成三角形的洋式屋架，有效地增大了屋面的覆盖面积和建筑的跨度，如同泽俱乐部和卿鸣大舞台等。砖墙材料由青砖转向红砖。清水红砖墙被广泛地运用于大型公共建筑之中。青砖迅速地从公共建筑中退避出来，而更多地用于建造低造价的居住大院。红砖建筑在20年代达到了鼎盛时期。

（一）平面立面形态

纵观民国时期沈阳的剧院建筑，平面一般以矩形为主，原因有二：一是对传统空间的延续（多数传统观演空间为矩形），二是为适应北方冬季寒冷的气候。影剧院建筑功能使得一般以山墙面作为入口立面，即正立面。民国早期沈阳的剧院（当时多为剧院，电影院为数不多且规模较小）平面的这种形制产生的原因有两个，一是为了解决跨度问题，二是采光问题。这样，在平面上就形成了类似于巴西利卡式的平面模式，如中山大戏院，一层中间为池座，两边为廊，二、三楼两侧为包厢，后边是散座，跨度为20米，三级房架，中间三角屋架12米，两侧分别为坡形的4米角架。场内两排大柱子，楼下南5根、北5根、正面2根，共计12根，柱直径为160毫米，每根间隔4米。二楼也是南5根、北5根、正面看台2根。

这样的平面布局令山墙成了正立面。为了不影响正立面的美观，大多采用的方法是在顶层设计成三角形（图3-3-4）。

（二）空间形态

时称"洋式店面"，最初在非官方建筑中多见，后期演化成为商业建筑的一种特定表现方式，到20年代时达到盛期，其中不乏大量的剧院建筑，包括光陆、中山大舞台等。与同时期其他省市地区的剧院建筑相比，不失为沈阳民国时期剧院建筑最大的特点，典型实例为中山大舞台、大观茶园（图3-3-5）和奉天剧场等。

中山大舞台的内部空间为传统式，总占地面积一千余平方米，正门朝东，三个入口，有一个很小的前厅（32平方米）。北侧是二柜（即卖店），

图3-3-4　卿鸣大舞台正立面图

图3-3-5　大观茶园正立面图

前厅为水泥面，舞台口是灰条子。舞台宽12米，深8米，木地板，地下打砖堆。舞台不太大，只有简单的幕布（大幕、二幕和边幕）。楼下正中为木头钉的条板凳，前四排有条桌，为茶座。楼下将近20个包厢，中间散座能坐五百多人，最后面有2～3个座位为临监席。场内有打手巾帕的、卖瓜子的、卖糖葫芦的、卖脆萝卜的……既混乱又热闹。立面主体3层，局部阁楼4层，两坡屋顶立面运用自由的曲线打破直线构图。立面有起装饰作用的壁柱，柱上有凹槽，对立面形成分割，打破过长的水平线条。窗套上设弧形线脚，塔斯干柱式从中间分开形成窗套两侧面，托住上面的弧形窗套上部。中山大舞台设计者对巴洛克式建筑的表达形式根据自己的理解和喜好有选择地模仿，并与中国传统建筑形式融合，形成了中山大舞台这种新颖的建筑形式。它们的组合并不生硬或是格格不入，相反，能够比较恰当地表达建筑的性格。

民间匠人创造的“洋门脸”也大量性地应用到了剧院建筑中，它是脱胎于地方的传统建筑，又是对西洋建筑片段进行局部模仿所形成的主要表现形式。奉天剧场立面三个体量沿中轴对称，深深凹陷的圆窗、外凸的窗间墙，形成强烈的阴影效果，特别是屋顶和入口处曲线的运用更增加了建筑的艺术效果。加之中国传统方木窗、柱头的装饰，中西方建筑文化可谓完美地交融。方的、圆的、直的、曲的组合在一起，使得建筑构图非常丰富，可以说，它并没有完全遵从学院派构图规制的严谨束缚，而是纳入了中国传统建筑文化因素的西方建筑样式。从以上两个例子中可以看出中国匠人们对西洋建筑在文化层面上的经验性的学习和随机性创新，并没有完全克隆西方的建筑样式，而是经过中国匠人的创造性设计，使“洋门脸式”剧院建筑具有坦率而自由的特性，比起移植来的正统西洋建筑更能深入地反映当时社会复杂而矛盾的状况，也更散发出浓郁的地气。

三、近代末期以电影院发展为标志的影剧院建筑的成熟与发展

日伪统治东三省后，在经济上大肆搜刮东北的宝贵财富，在思想文化上推行以摧残民族意识为中心的殖民文化。电影这种深受百姓欢迎的文艺形式就成为了其推行日伪文化专制政策的一种工具。该时期，在沈阳放映了大量有助于巩固日伪统治的影片。伪满洲国务院对电影表现出空前的热情，各部纷纷购置电影设备并联合“满铁株式会社”录制和放映电影，同时改建和新建了大量电影院。该时期，日伪统治者把沈阳作为根据地而大力建设，尤其是电影院更是得到了持续的发展。建筑技术也有了长足进步，先进的结构及施工技术被广泛运用。原有影剧院建筑也相应地向综合性功能发展。建筑风格也从20年代以样式为美的思想转变为现代理性主义。该时期影剧院建筑的代表有大陆剧场、平安座、民族电影院、保安电影院、云阁等。

大陆剧场位于和平区太原街（图3-3-6），是滨口嘉太仿照当时东京最大的电影院“银座”建造的，同年12月竣工，资本100万元，号称东亚第一大影院。场内有冷风、暖气。该影院坐西朝东，3层，建筑面积3839平方米，地下有辅助建筑，钢筋混凝土框架结构。地面铺马赛克，外墙瓷砖罩面。剧场内宽21米，长36米，有3层观众座席，连同地下室小影院，一共可以容纳2400个座位。影院地下辅助建筑原包括有变电室、锅炉房、食堂等用房。一楼有门厅，南、北设楼梯，场内两侧外廊是办公、公共等设施（图3-3-7）。北侧外廊的楼梯通往地下房间。二楼前部及两侧设有休息室及公厕，二楼与三楼之间是放映室。三楼前部是通廊，两侧有休息室、公厕等。该影院曾多次维修。1945年抗战胜利后，改名为“莫斯科电影院”。1946年初，国民党接收，改名为南京大戏

图3-3-6 大陆剧场

图3-3-7 大陆剧场观众席

院。沈阳解放后，1949年5月，改名为东北电影院。1985年5月，经哈尔滨市装饰工艺公司设计、装修，进行了大规模的修整。地下辅助建筑已辟为小百花娱乐厅及配电、空调装置用房。一楼门厅经加宽开设了百货商场，两侧休息室改为台球、保龄球、电子游艺室。二楼前部休息室变为餐厅。剧场内加宽了座位间距离，更换了软席座椅，经调整，现场内座席为1460个。

民族电影院，位于“满铁”新城区北部地段与西北工业区交界处。1941年太平洋战争爆发，沈阳建筑业急剧衰退。日本经济萧条，许多建筑师来华寻找出路。奉天座由日商三浦梅太郎投资兴建，是专门为日本人开设的影剧院。建筑面积960平方米，为地上3层的娱乐性建筑物。建筑整体红砖素面，除立面罩面的黄色瓷砖和几条简单的窗沿线脚装饰外，无其他任何饰物。中段的楼梯间采光窗为券形落地式，直抵入口处雨篷（图3-3-8）。

平安座于1938年设计，1940年竣工，经理为日本人佐伯常太郎、青山克己。建筑造型的意匠模仿船舶舱体样式，地上6层（局部4层、8层）、地下1层的舰形建筑。功能合理，造型简洁，摒弃多余装饰。这一建筑形式像工程师所做的那样直截了当，体现了力量感与实用价值，属于“现代派”建筑，是侧重于实用功能而忽略装饰的典型实例（图3-3-9）。建筑面积4146平方米（其中一层为532平方米，二层至六层为558平方米，七层为138平方米，八层为96平方米，地下室为558平方米）。附属建筑有锅炉房、变电所、电梯设施等。影剧院观众厅跨度为28米，长40米，高15米，3层看台，设座席1940个，框架结构，以空心砖围护，是当时奉天最高的建筑。其墙体粘结材料并没有采用混凝土而是采用白色的砂石土，从中可以看出该建筑充分利用了框架结构的特点。门窗均采用木质并漆红色，剧场内铺设水磨石地面，入门大厅侧墙要用高1.4米天然大理石墙裙。场内墙壁上部及天棚饰方形吸声板，棚部中央悬挂一盏八角多头大吊灯，周围有多盏吊灯。场内舞台、乐池由混凝土捣制，上铺地板。该建筑共设五门，主入口在舰头处。它的内部也是想营造军舰内部的空间形式。

（一）该时期沈阳影剧院建筑的特征

这一时期电影院的迅猛发展为沈阳影剧院建筑丰富了内容、提升了规格，也成为了沈阳近代

图3-3-8 民族电影院

图3-3-10 南座

图3-3-9 平安座透视图

图3-3-11 新富座

影剧院建筑发展的重要阶段。专业电影院数量增多、规模增大，并解决了与剧院功能相互协调等问题，使得影剧院建筑走向成熟与规范。

1. 建筑样式特征

在20世纪30年代后的建筑实践中，虽然影剧院建筑仍有西洋样式的采用，但是已经相当简化。如30年代初建成的亚洲电影院、南座（图3-3-10）、新富座（图3-3-11），从这几个实例简化的趋势中可以看出注重体现建筑的体量感、强调立面构图的线条划分、开窗形式的灵活性等向现代主义过渡的倾向，非常明显地显示了出受到欧美探索新建筑运动影响的痕迹，因而产生了与西方向现代主义建筑过渡潮流相呼应的各种流派，如分离派、表现主义、装饰艺术派、在赖特影响下的现代建筑风格，至40年代初，又出现了以前川国男为首的追随现代功能主义的建筑风潮。

（1）现代理性主义倾向

沈阳近代建筑倾向于现代理性主义的发展方向，较之全国有其超前性。

1927年东京六名建筑师结成“国际建筑会”，迎接1928年欧洲成立的“国际新建筑会议”（CIAM）。因此，日本建筑于30年代步入了国际流行的“切豆腐”设计形式，即现代主义的新建筑造型。认为新建筑形态简素明快，经济合理，是以现代技术和机械美学为基础的理智建筑。1927～1929年的世界经济危机更促进了这一以经济实用为目标的现代建筑的发展。

受本国及更直接地受欧美的影响，在沈阳的

日本建筑师也加入了探索新建筑运动的洪流。20世纪20年代末，沈阳新建筑已初露端倪。进入30年代，沈阳现代理性主义倾向的建筑风格可分为两个主要阶段，前期为“赖特风格”的全盛时期，后期则迈向了机器美学。

沈阳近代“赖特风格”的代表作之一是1939年竣工的天乐电影院。影院平面呈矩形布局，钢筋混凝土结构，外墙为浅黄色马赛克。此设计不仅在平面上采用了功能分区的处理方法，尤其在造型上，横纵线条对比，体量的穿插组合，突出地显示了“赖特风格”，可谓是现代建筑代表作之一。另一个代表是1936年建的大陆剧场（图3-3-12），钢筋混凝土结构，外墙为浅黄色马赛克，功能分区合理，尤其立面挑台与顶部曲线的运用很具特色。入口正对门厅，在入口处设横向窗并在转角处设计成圆弧形，与正立面上部的弧线造型形成对比与统一。这种横向开窗与楼梯塔楼的竖向条窗又形成了对比。该时期电影院建筑多采用框架结构，开窗形式不受建筑结构的限制，也由于功能的原因，使得影剧院建筑的开窗非常灵活。外立面和室内的饰面均为马赛克。室内大量运用曲线，简洁流畅，同时使得建筑内外得到了统一。

建筑设计中突出体现建筑的体量。建筑不是一个单一的方盒子，而是采用多种几何形体进行组合，并通过运用空间的对比等手段突出建筑的体量关系。如大陆剧场利用硕大的方形主体部分与高耸的柱体楼梯间形成对比，同时，外立面用小尺寸的马赛克进行装饰，反衬建筑的大体量。又如群众电影院正立面入口的处理，利用两个正方形几何形体的叠加突出建筑的主入口，同时打破了建筑体量的单一。

图3-3-12　大陆剧场透视图（来源：《沈阳近代影剧院建筑研究》）

在20年代末期，新的建筑材料面砖的产生为沈阳建筑增添了时代的新气息。到了30年代，由于现代建筑刚起步，人们无法接受裸露的混凝土，因而以面砖仿砖，因此它又成了遮掩新型材料的饰面。30年代，白色、浅黄色、黄褐色、深褐色的面砖饰材非常盛行，尤其是浅黄色面砖，盛行于整个东北地区，使得30年代东北的建筑有着非常统一的面貌。当然，这也是由于30年代后日本的设计及施工组织完全占领了东北建筑市场。这些面砖材料的普遍运用，也成为了30年代建筑的显著特征。这些材料的色彩、肌理对比又使得体量变化不多的建筑能够获得“赖特风格”的特征。当然，任何一种风格演化为时尚的过程中，都未免有流俗的结果，30年代的“赖特风格”也未能幸免。

30年代后期，建筑风格明显转向机器美学，随着这些受到欧洲现代建筑理论“灌顶”的建筑师们进入东北进行建筑活动，东北全境的建筑界迅速地走上了机械美学的现代建筑之路，优秀的作品不断涌现。

早期机器美学的建筑作品提倡功能安排像机器那样紧凑、实用，体量及外观上也模仿机器的造型，其中，起源于法国的“船形建筑”是广泛流行的新建筑形式。以船为建筑造型的样板，在细部上运用轮船中的部件形式，如圆窗、高耸的桅杆式天线或塔楼以及金属栏杆等是其特征。如1938年设计，1940年竣工的平安座（今市文化宫），高8层，体量为巨大的船形，功能合理，造型简洁，没有丝毫装饰，可以说是沈阳这一发展时期的终结性代表作。

（2）西方现代主义与日本文脉与隐喻主义融合

在西方现代建筑风格基础上融入了文艺复兴建筑与巴洛克建筑的因素，并体现出了本国的文脉与隐喻主义的装饰特点，进而形成了日本近现代建筑风格。此时，日本的影剧院建筑大多含有本国的文脉和隐喻装饰。该样式运用主要体现在以下几点：利用开窗形式作为立面的构图与装饰。构图的原则为窗洞口与墙面形成大的虚实对比、立面呈倒凹字形的两个小窗对称分居两侧、墙面上布有大的弧线线脚。建筑立面上往往形成某种图腾面孔的隐喻意义。

此种风格的设计被大量运用在该时期沈阳的影剧院建筑中，如南座映画剧场和天光电影院。南座，正立面呈倒凹字形，两侧各一圆窗，在凹口内并没有设大面积的玻璃，可能主要是考虑到了沈阳冬季寒冷的原因。此种风格在新中国成立后仍有沿用，如由东北建筑设计院设计、1986年重新修建的光陆电影院，可以说是此类型的简化与发展。还有在立面运用竖向线条或竖向条窗分割，此风格是运用竖向构件和材质，对立面进行竖向划分，并形成中间高、两端低的对称结构。位于满铁附属地的新富座（今解放电影院）等建筑则采用了现代主义与日本文脉、隐喻主义相结合的设计手法。新富座位于太原街4段11号，由日本人吉富万一出资，宾口嘉泰主持建造，2层楼房，是在建于1932年的中华茶庄（又称日华共同茶园）的基础上翻建的电影院。初建时演戏，1938年开始上映电影，建筑面积为3528.9平方米，707个座位，1945年停业暂为日本“难民收容所”。1946年国民党政府接管，改名兴华剧场、长安电影院，沈阳解放后，改名解放电影院。

沈阳的影剧院建筑属此类型的还有云阁电影院、亚洲电影院、金城电影院等。云阁和金城两电影院的立面构图均利用竖向面砖带进行分划，而亚洲电影院则运用竖向线脚，突出竖向构图。改建的国际剧场（今辽宁艺术剧场）的主立面在整体实墙上加以成片的线条装饰，解放电影院立面的龛形装饰都可归于日本装饰风格在沈阳的运用。

2. 建筑技术和建筑材料的风格特征

（1）钢筋混凝土结构大量应用的建筑效果

在持续发展时期，沈阳公共建筑普遍采用了框架结构体系，层数增高，规模变大，功能向综合性迈进，建筑设计也摆脱了折衷主义的样式，响应着国际新建筑发展的潮流。新技术、新材料的普及是一大特征。原大陆剧场（今东北电影院）于1938年竣工，上村建筑事务所设计。它是自内到外完全现代化的剧院。剧院观众厅有三层看台，采用单臂密肋梁出挑，两侧有包厢，内有2000余座位，钢筋混凝土结构，密肋木桁架屋顶，墙面贴饰淡黄色面砖。大陆剧场是当时显赫一时的娱乐建筑。

平安座（今市文化宫）是一个具有综合性功能的新型文化娱乐性建筑。钢筋混凝土框架结构，是纯粹的现代主义建筑风格。该时期，由于建筑结构技术的发展，在沈阳出现了集办公、餐饮于一体的复合型的影剧院建筑。平安座和大陆剧场等辅助设施也得到了相应的改善，包括采暖方式、垂直交通等，在平安座中运用了电梯。值得一提的是大陆剧场不但冬天运用了暖气采暖，在夏天还可以运用制冷设备制冷，这在夏天并不很热的沈阳的其他影剧院建筑中是少有的。

（2）浅色马赛克和面砖的大量运用

面砖和马赛克作为建筑饰面材料的普遍运用，也成为了30年代影剧院建筑的显著特征。沈阳大量的影剧院建筑运用了面砖和马赛克进行装饰，包括大陆剧场、云阁电影院、天乐电影院、金城电影院、南座红星剧场等。大陆剧场的外立面运用浅黄色马赛克，内部局部也有马赛克的出现，如入口前厅柱面以及正对入口处一幅用马赛克拼成的壁画，虽然剧场已拆，但这幅壁画却被移至博物馆永久保存。它永久地记录着当时沈阳以马赛克作为装饰材料，在影剧院建筑上高水平的运用。

马赛克在平安座中的运用更是典型。平安座外立面罩墨绿色马赛克，这种颜色在当时的沈阳是绝无仅有的，所以文保单位对平安座的外立面马赛克作了单独的保护规定。平安座室内地面、楼梯踏步均铺设马赛克。马赛克色泽和耐磨性非常高，后人修补的情况可以反衬出该时期的材料与施工质量。在平安座中还大量运用了天然大理石，这种材料在其他影剧院建筑中也不多见。

3. 影剧院建筑技术的发展

（1）建筑结构的发展

沈阳早期的戏园建筑多采用木质大棚式简易结构，观众厅与舞台均处于由同一屋面覆盖下的空间之中。基于演出要求的不断提高，建筑跨度不断加大，使得室内的柱子成为难以避免的结构构件，也成为了严重影响观演效果的最大困扰。同时，也由于建筑技术的制约，使得舞台灯光、防火以及观众厅的视线、声音、疏散等条件和所容纳的观众规模都处于较低水平。随着新剧种形式的出现与发展，传统的大棚式建筑已不能适应，对剧院建筑提出了更高的要求。在建筑技术快速发展的促进下，木或钢木特别是钢筋混凝土屋架解决了大跨度观众厅屋面和观众楼座看台以及舞台结构等问题，并可取消遮挡观众视线的支撑构件。正是建筑技术的发展终于结束了剧院建筑的大棚时代。

进而，一些影剧院在非观众厅部位也开始采用钢筋混凝土结构。新建筑技术的运用，使得沈阳的影剧院建筑形式打破了原来单一的入口方式，也出现了从观众厅侧面设入口的实例。由于话剧、歌剧的上演，新型剧院在箱形舞台上部需要架设吊杆、天桥及格栅天棚，舞台升高并与观众厅分隔开，有的剧院还加设了转台、伸缩台口、防火幕和各种灯光、电声等新型设施。

到了20世纪30年代建筑结构又有了新的发展。由于建筑技术的提高，沈阳的影剧院也出现了新的使用功能与建筑形式。如各种公共功能混合的复合型建筑、大型影剧兼用的影剧院建筑等，并且此时期影剧院建筑的辅助空间已基本完备，包括休息厅、卫生间、控制室和锅炉房等。可以说，已进入现代剧场及影院建筑阶段。即使在近年出现大银幕、宽银幕等之后，这些大型影院仍可满足现代的使用要求。

（2）灯光、布景与视听技术

1）灯光设计

早期晚间演戏点煤气灯，俗称自来火，高与檐齐，外面有玻璃罩，火头呈月斧形，发光很亮。门内各处都有小的煤气灯。包厢及边厢柱上，每柱一盏。正厅自屋顶又下垂两大盏伞形灯，每盏有十多股火。“台上则横一铁梗粗逾箫管，管上有孔，孔上镶铜，作乳头式，气于此发光，谓之曰奶子火”[①]，每隔四五寸一个。沿舞台约有二十余个，台口下层也是这样。每个旁边有小簸箕式的铁皮，用来反光，使光反照入舞台，又避免火烤到离舞台近的观众。台柱两旁又各有两个玻璃罩大煤气灯，此灯四面发光，是剧场中最亮的。后来发明了电灯，煤气灯取消了。戏园刚开始装电灯时，球形的灯泡有点像汽油灯，剧院中门口有一盏，正厅有两盏，其余仍装用煤气灯。直至改进后的电灯普遍使用，才不再用煤气灯，但并没有取消，作为应急使用。

庆丰茶园内设箱形舞台，但是没有布景吊杆及舞台灯光等设施。舞台与观众厅同设在一个大棚之内，以悬挂的汽灯来增加舞台照度；观众厅没经过合理的视听设计，观众厅的席间立有木柱，存在着遮挡视线的不利因素。1912年，茶园易主，新主人投资改建为砖木结构，又将其改名为“明卿大舞台”，这样便形成了最初的中街大舞台剧场。除基本台外，还增加了侧台；种类繁多的舞台灯光、音响设施及乐池等也在新型剧院中出现；

① 沈阳市人民政府地方志编纂办公室.沈阳市志（第一、七、十三卷）. 沈阳：沈阳出版社，1989.

观众厅也产生了巨大变化，出现了楼座，取消了传统的包厢；观众的安全疏散得到了一定的重视。不少新建剧院增设了电影放映和电声设施而可兼营电影。

到20世纪40年代前后开始用铁皮制作马蹄形顶灯、方形排灯（也叫槽灯）和葫芦形天幕灯，上敷各色玻璃纸，根据需要变换。有时在双层铁皮制成的圆转盘灯周围挖有五个孔眼，夹上五色玻璃纸，装在灯口前使其转动，台上便出现五光十色的灯光效果，或用炭精棒在前台点燃向台上照射，时称五彩灯光。在电影院中出现了可以渐变调节光亮度的电灯。从电影开始放映前到放映，影院中的灯光由亮到暗过渡，满足观看者视神经的舒适度。记载中大陆剧场就是采用此做法，据大陆剧场管理人员介绍，在电影开演前，电影院中的灯光很亮，随着几声钟鸣，电影院的灯光分三次逐渐变暗，直到完全关掉。这种做法一直延续至今。

2）布景技术

在布景传入以前，沈阳戏曲舞台一般不设大幕，开演之前由检场人将配有桌帔的桌椅、帐子等置于台上，演出当中变换场次时挪动桌椅等皆由检场人当众进行。布景传入后，剧场陆续安装了大幕。有的大幕、台帐是商家所赠，幕上绘有商号名称和商品图案，兼做广告（图3-3-13）。由于话剧、歌剧的上演，新型剧院在箱形舞台上部加设了吊杆、天桥及格栅天棚。舞台也升高而与观众厅截然分开，有的剧院还加设了转台、伸缩台口、防火幕等新型设施。除基本台外还增加了侧台，第一个带有转台的新式剧场是奉天大舞台（今辽宁艺术剧场），位于朝阳区东亚街南市场（今和平区大西路），原系资本家孟亚新投资，其转台并非机械转台而是在舞台中央设有圆形转台，下面用圆柱支撑，以横杆作为转动把手连接圆柱，利用人力推动上面的圆台旋转。该剧场于1927年由李向三承租，改建为砖木结构，建筑面积为4256平方米，3层高，并更名东北大戏院，1935年又改名为东北电影院，开始影、剧兼营。1941年，日商田本雄太郎承租经营，改为1275座，更名国际剧场。抗日战争胜利后，又由李向三、李冠群承租经营，改名上海大戏院。在新型剧院中也出现了变化多端的舞台灯光、声响效果及乐池等，完善了化装、抢装、服装、道具等设施，使后台条件也随之改善。专业剧场在演出与放映设施方面都得到了更新，创造了影、剧兼营及多功能使用的有利条件。实际上，除了专业剧场外，沈阳还存在许多临时性的棚屋，这些棚屋在民国时期并没有被专业剧场所替代，而是和专业剧场并存，并在原来棚屋的基础上有所发展。

3）音响技术

早期演传统戏时，舞台音响效果皆由乐队以乐器声配合。20世纪30年代后演出新编戏目，因台上的景物和人物近于现代生活，音响效果亦要求有真实感，于是便出现了各种音响装置。制作方法简便灵活，在不同演出场所还要根据不同情况加以调配。常用的音响装置有雷声效果器、机枪声效果器、马蹄声效果器、鸟声效果器等。雷声效果器包括雷车和雷板。雷车是在一个安有手推架和装有两个齿轮状车轮的0.8米长、宽与高皆为0.7米的木箱内装入铁砣、沙袋等沉重物品，在台

图3-3-13　剧场大幕（来源：http://bbs.ziling.comthread-943787-1-1.html）

板上推动时便发出隆隆声响。雷板是将2米长、1米宽的胶合板或薄铁板悬在高处，由人抖动发出声响。机枪声效果器是用胶合板制成长0.7米、高和宽各为0.5米的箱子，在一端安装有一定间隔的木条手摇圆磙，圆磙旁再加一条系有适当长度的竹条或竹片的绳带，摇动圆磙使竹条击打箱板发出声响。马蹄声效果器是用两个直径0.13米、高0.16米的竹筒相互叩击或用竹筒叩击地板，发出类似马蹄的声响。鸟声效果器多以鸟哨代之。因此，舞台设计则要为这些装置安排合适的位置，并保证良好的发声效果，又要避免对演出过程中繁乱的演员活动造成影响。

4）机关布景

20世纪20年代，有些班社为招徕观众，利用各种特技和机关布景排演了大量连台本戏。民国十三年（1924年），沈阳南市新舞台排演京剧《狸猫换太子》，做布景耗资三四千元奉票，并将水引上舞台，制有喷水龙头。民国二十四年（1935年），评剧演员筱麻红在大连新世界有声电影院演出全本，《循环报》、《泰东日报》专文介绍："另加各样新奇魔术布景，专门新画五色佛堂、金装圣像、楼台金殿、龙宫大堂、花园、公庭、青山碧水、奇花异草、五色电光，变化无穷，场场更换，一天异样。"此时出现了不少从事机关布景绘制的专业人员，时称"画片子师傅"[①]。机关布景又为舞台设计提出了新的课题。

5）视听技术

随着各戏园营业的兴盛，原有的座位不能满足更多的人观戏，所以在戏台口添设座位，另装七八寸宽的木板一条，放置茶碗。板旁排列木椅，谓之天台。裁撤两旁长几式的边厅椅座，概设一小方桌，都作为正厅。桌上陈列之瓜子及水果碟，和以前一样。边厢则添设后排座位，在座位下面铺设木板，使它与前排同高。"楼上下之观剧座，地势作扁圆形，且座位愈后愈高，尽改从前旧式戏园，稍后者不能遥视之患，更臻规划尽善。"[②]各戏园自改建后，不仅房屋坚固，空气充足，室内的卫生条件也有所改善，且产生了防火安全控制部门——"救火会"。"救火会"对剧场的座席数控制很严，不准随意加添椅凳，以保证合理的安全疏散，并且太平门四通八达，散戏时一齐开启，观众可四面通行，绝无阻滞。厕所等卫生设施基本完备，只是因为该时期看戏的女观众很少，一般不设女厕，所以女观众须给看厕所的人一些费用后才可进入。

大部分剧场多为砖木结构的楼房，大跨度的屋面及观众厅的楼座改用钢、木桁架支撑和钢筋混凝土结构，所以观众厅也出现了巨大变化，楼座替代了传统的包厢，池座、散座皆按科学方法设计，地面有起坡设计（图3-3-14）。观众厅的长宽比一般为3：2，如卿鸣大舞台（图3-3-15），符合现代的影剧院设计的基本原则；吸声材料的布置也开始按视听需要而有所改进；观众的安全疏散得到了一定的重视，和今天一样，影剧院设计如果没有合理的防火和安全设计，政府部门是不会批准建造的。由于主要承重构件尚多采用木材，在防火上仍然存在诸多不利因素。

由于新的建筑技术和材料的运用，使影剧院建筑能为观众提供一个个合理的、舒适的观演空

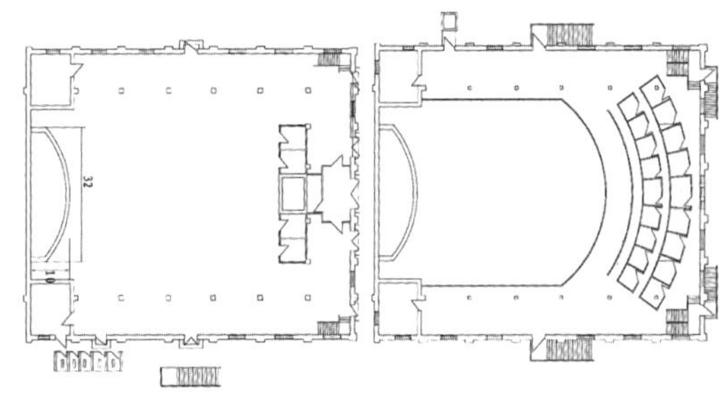

图3-3-14　卿鸣大舞台一、二层平面

① 崔春昌，张永才. 评剧史话. 沈阳：辽宁民族出版社，1996.

② 刘徐州. 趣谈中国戏楼. 天津：百花文艺出版社，2004.

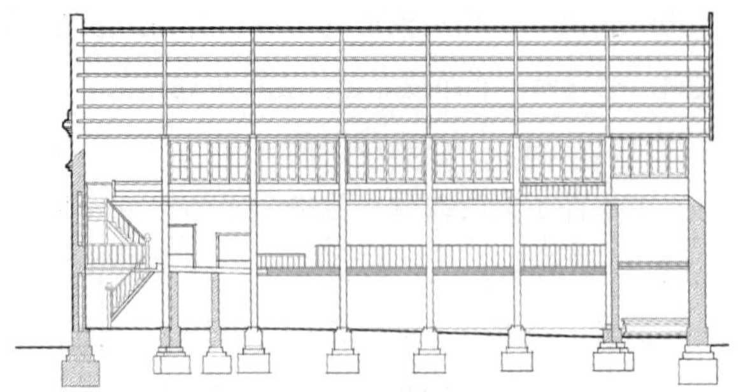

图3-3-15　卿鸣大舞台剖面

间，使其自身出现了多种多样的风格，同时也推动了沈阳的戏剧与电影业的发展。

第四节　沈阳近代住宅建筑

清代以后，沈阳地区的城乡住房格局基本属于汉族传统习惯，属于东北四合院形式，但有的也吸收了一些满族习惯做法。由于沈阳地区向来以几代同堂共同生活的大家庭为传统家庭单位，旧式三代或三代以上同堂生活的大家庭，全家几代人共吃一锅饭菜，诸项家务由家长指派完成，这种传统直接影响到沈阳住宅建筑的形式。在1858～1905年，即沈阳受外来影响的初始期，传教士带来了西方宗教建筑的影响，同时还有俄国人在城西郊划出“铁路用地”并营建建筑，但此时老城内仍以延续传统的营造方式为主。其中，住宅形式是典型的“四合院”建筑，还有一些平民住的“趟子房”。

20世纪20年代，随着沈阳开埠和新政的实施，加上沈阳传统建筑文化包容性和开放性的内在影响，中西方生活方式和建筑理念的交流和融合构成大势，西洋古典式住宅建筑盛极一时，成片建造花园洋房，出现了“洋门脸”式住宅建筑。住宅的建设也呈现出一波繁荣。

1931年九一八事变后，沈阳的建筑业在日本人的垄断下，日本建筑设计机构在沈阳一统天下。此时期设计建造的住宅典型是在今和平广场一带的“满铁社宅”。

在近代一百多年的时期中，随着社会经济的发展，沈阳城市住宅建筑逐渐摆脱了传统的形式，发展出新的、多样化的住宅类型。归纳起来，共有三种住宅类型：延续传统的住宅建筑、西洋古典式住宅建筑、日式洋风住宅。

一、延续传统的住宅建筑

在封建社会后期，中国经济发展缓慢，直到19世纪中叶，中国的大部分城市仍停滞在原有的封建城市、手工业城镇等传统的社会生活阶段。1840年鸦片战争到沈阳开埠之前，老城内仍以延续传统的建筑营造方式为主。

此时的建筑业也反映出封建规制的影响。主要住宅建筑类型是传统的三合院或四合院。由于当时城市人口密度较低，所以此时的合院式住宅建筑都是一层的，院子也比较大。

大多院落中轴对称，等级分明，秩序井然，宛如封建礼制的缩影。沈阳的三合院或四合院，在严格规制的约束下，做法成熟且规范化。建筑多为抬梁加硬山形式。房屋墙垣厚重，空间相对封闭，朝向内庭院一面采光，故院内噪声低，受风沙影响小。色彩亦以灰色屋顶和青砖墙身为主。

建筑均讲究坐北朝南，正房三间或五间相连，除个别建有偏厦之外，一般不设耳房；两侧各有东、西厢房若干间（以不超正房间数为度），前面居中建有门房，四周砌有围墙，围合而成为一个“四合套”。院落尺度较北京四合院为大。城市住房以砖木结构居多，房上起脊、铺瓦，室内铺砖地，院内从正门至上房有砖铺甬道。门里砌有“影壁”花墙，人从影壁两侧进出。乡镇住房格局大体类似，只是房上或以草苫盖，房墙有的以土坯代砖或砖坯混砌。窗为木格式，或镶玻璃，或外糊白纸。室内均设对面火炕，山墙一端多为出自满族习惯的“顺山炕”，不住人，只陈放箱柜、神龛之类。长者居南炕炕头，对面炕上首挂有幔帐，白天收起，夜间放下。厨房在外间，烟囱独立砌于山墙外侧。内院是家庭的主要活动场所。内庭院面积大，院内栽植花木，供家人纳凉或劳作，为安静舒适的居住环境。

康举人住宅（王维赛寓所旧址）（图3-4-1），位于沈河区大南街3段慈恩寺巷18号，地上1层，砖木结构，1894年竣工。该建筑是1894年康举人所建的私宅，康死后由其次子继承，九一八事变前卖给奉天省财政厅长王维赛，日本投降后，王又卖给吉林税务局长石荣亭，新中国成立后于1952年归属沈阳煤矿设计院。该建筑为传统“四合院”布局，堪称典型的民族风格建筑，坐南朝北，布局壮观，正房、东西两侧厢房和门房各五间，方形庭院，设有大门、二门。大门外东西两侧有三蹬上马石一对、拴马柱两根、石鼓狮两个。前出廊，后出厦，梁、檩、椽、柱都是上等的无节松。十六根梁头上刻有“福禄祯祥”，象征安居乐业和福寿康宁。院内四角栽有四根“文官树”，寓意子孙后代“官运亨通”。房间门窗高大，用金属网夹心的玻璃间壁。

又如张氏帅府中院，该建筑位于沈阳市沈河区朝阳街少帅府巷46号，三进四合院，1922年竣工。原为张作霖居所，现为张氏帅府博物馆。始建于1914年的张氏帅府中院占地3900平方米，房屋共13栋，计57间，建筑面积1460平方米。四合院坐北朝南，呈“目”字形，纵向单轴多进，前部分为办公区，后为居住区，院落入口迎门处建一面大影壁，一进院与二进院之间设垂花仪门，无耳房与抄手游廊。四合院院落空间开阔，砖雕与石雕具有传统文化主题。它是吸收奉天城清朝各王府建筑特点，遵循张作霖家乡辽南的生活习俗而建的。三进四合院建筑皆采用传统的抬梁式木构榫卯结构，使用北方传统青砖、筒瓦建筑材料营造。平面布局以垂花门划分前后两部分，前部为门卫、接待和其他辅助功能；后部又按“前政后寝”式布局。随着院落的深入，私密性也渐次增强。充分体现了传统住宅内外有分、男女有别的布局特点，是对传统住宅营造方式的沿用，并且体现着当时沈阳传统营造技艺的成熟与精湛。

图3-4-1 康举人住宅

由于气候寒冷、用地宽绰，沈阳地区四合院比北京四合院尺度偏大而平面布局较为简单，功能上以居住房间为主，层次略少。这些住宅建筑反映着当时的社会生活方式与建造理念：

（1）建造者延续清代人家盛行的宗法制度，注重长幼尊卑，尊祖敬宗。

（2）无论是三合院还是四合院，规模和尺度较大，而且又有较大的伸缩性，适用于人口不同的家庭。

（3）保证家人相对外界的私密性，院内可以种植花草、饲养家禽或宠物，而与外界隔绝。

需要说明的是，沈阳是汉、满、朝鲜、回、锡伯、蒙等多民族共同生活地区，各民族小聚集、大杂居，和睦相处，友好交往，共建家园，形成了多民族习俗风尚相互影响、兼容的乡土文化特色。清朝建立后，满族文化一度居主导地位，对沈阳地区汉、锡伯等族的居住习俗产生了直接和深刻的影响。时至今日，这类建筑除个别保留下来，大多已在旧城改造过程中被拆除。

二、西洋古典式住宅建筑

清末，官方所倡导的近代化，从对洋枪洋炮技术的学习、引进，扩大并延伸到了广义的科学技术范畴。社会风气也转变为崇尚“洋风”，“洋风”成了近乎文明、开化的象征。因此，建筑形式上的洋风化演变成为时尚，城市面貌为之一变。积淀于沈阳城市中的深厚的传统建筑文化，通过匠人之手，与西方建筑文化相融合，创造出了“中西合璧”，即中西混合式的建筑表达方式，成为沈阳近代初期住宅建筑的一大特征。例如常荫槐公馆、吴俊生住宅为四合院式布局，单体建筑却是西洋古典主义风格，属于当时中西两种文化交叠的反映 。

20世纪20年代，伴随着中西建筑文化与技术相互交流的大潮，西洋之风涌入沈城，西洋古典式住宅建筑盛极一时。其中一类是花园洋房建筑，在鼎盛时期，其主要居住对象是军政要人等上层人物。早期的花园洋房主要集中于商埠地正界，后期在老城及大东新区也都有建造。其建筑特点是平面功能、外观设计及室内设备等方面均采用西洋式。20年代初期，其规模不大，多为数栋一层住宅组成，外观做成三段式洋风立面，如奉系军阀张景惠住宅；20年代末，开始出现大面积、大尺度的特点，如位于商埠地的张作霖公馆、张作相公馆、汤玉麟住宅等。此时期市区内不少住宅的平面形式也脱离了传统的中式，改为“洋式”，但结构上仍以木构为主。

随着“官方建筑”（是指那些由官方主持、体现官方近代化意志的建筑）的修建——这些建筑刻意采用西洋样式，肯定了官方自上而下导入西洋化的立场。这类建筑以其广泛的影响，成为“样板”，亦即成为了由民间匠人所创造的中西混合式“洋门脸”建筑的摹写对象。

沈阳早期“洋门脸”住宅建筑的几个实例：如现存的张作相公馆，在主入口两侧及上部各有两根柱，柱间作拱形装饰，在窗户上沿的装饰和二层栏杆的做法都带有欧式的符号，平面呈对称布局，中央门厅为“井”字楼盖，建筑内部的楼梯、柱子等构件均为木结构。再如汤玉麟住宅，建筑外墙面装饰壁柱仿爱奥尼柱，正面开窗为半圆拱形，在线脚及局部装饰上也受西方古典手法的影响，但其平面按中国人的生活习惯布置，且结构形式依然为传统木构。

此外，中西建筑形式与技术相互混搭、极具沈阳地方近代建筑特色的情况，在住宅建筑中体现得尤为突出。张氏帅府小青楼，位于沈河区朝阳街少帅府路48号，地上2层，砖木结构，1916年左右竣工。它是张作霖为最宠爱的寿夫人（五夫人）修建的。该建筑为五开间的2层住宅，平面为U字形，是硬山起脊外廊式楼居。中间三开间为一进，两侧为两进，南侧有外廊，南入口有双层门楼，窗口处作西洋式装饰，二层廊有西式木栏杆，正脊起翘，屋面铺小青瓦。屋架结构为传统的举架式。在外观处理上有中西混合的建筑风格，如用木雕雀替、砖雕墀头，青砖青瓦的建筑材料，同时也有洋式瓶形栏杆，砖砌拱形窗罩。建筑耸立于洋式花园中央。从其得体的设计手法上看，是中西混合风格建筑中的优秀实例。

位于小青楼后面的张氏帅府大青楼，地上3层，地下1层，面积约为2460平方米，砖混结构，1922年竣工。张作霖在四合院院宅的东南侧建成这幢外观为西洋风格的公馆之后，便将主要家眷和办公场所搬到大青楼之中。这里成为了张作霖主政和生活的中枢。皇姑屯事件之后，张学良接任东北军政大权，继而将大青楼用作他办公和居住的主要场所。1931年后被日本人侵占改作奉天国立图书馆，现辟为张学良旧居陈列馆。

该建筑是沈阳从砖木结构向钢筋混凝土结构转型时期的代表性建筑，也是中西建筑艺术相结合的突出范例。建筑造型华丽、气派，建筑的空间组合与造型设计都为西洋式。一层设宽大的柱廊，柱廊当心间及二层通向阳台的出口均设半圆形拱券，三层立面中央为近圆形窗，其上为三角形山花。建筑外观的表现中心在于墙壁，即青砖墙与三层分设的简化的壁柱的对比协调，而不是柱式。这些显著的特征都说明“大青楼”将西洋建筑中最为生动、热烈的标志尽情罗列，尽显折衷之情怀。楼板与屋盖为木结构，砖墙承重，墙体为青砖清水砌筑，仅前脸廊台为钢筋混凝土浇筑。在它的建筑空间组织与结构处理上都表现了设计师良好的专业素养和水平。“大青楼”的屋面采用三角形的木屋架，而非传统的抬梁式，说明了从“小青楼”到“大青楼”的技术上的进步。可以说，“大青楼”从空间布局方式、内部结构到建筑风格都更大程度地“西洋化”了，加之经过精密力学计算的架构设计与建筑用材，精良的施工技术，使它成为了建筑技术进步的标志，而在运用当地传统的青砖材料以及在建筑本体与内外装饰中所体现出来的中国传统做法又是它另一方面的显著特征。

“大青楼”是20年代沈阳西洋古典折衷风格建筑浪潮中的优秀建筑实例，体现了中西建筑文化与技术深层的交融与取得的杰出成就。

杨宇霆别墅，位于大东区大东路178号，地上3层，砖石结构，1930年左右竣工。该建筑为仿西洋古典式住宅，主体2层，局部3层。外墙面为水泥砂浆抹面，橙色涂料喷涂，局部为白色涂料。墙面上的装饰符号、平屋顶、女儿墙上的栏杆、入口处的装饰带都有明显的西洋式装饰特点。入口上方二层楼面有一欧式凉亭，凉亭顶部为穹隆形。窗户有窗套，窗套形式也采用西洋式手法处理。建筑的楼板为木楼板，内部结构形式是木结构。

于真公馆，位于沈河区中山路196号，地上3层，地下1层，砖石结构，1932年竣工，现为沈阳市级文物保护单位。该建筑为西洋古典式住宅，建筑布局基本对称，造型稳重大方。外墙贴面为水刷石罩面和局部的仿石材料贴面，颜色为青灰色。一层墙面上有分割线条。坡屋顶，正立面屋顶凸出，做成三角形式，有壁柱装饰。入口有门廊，门廊由两根西洋柱式支撑，上部为阳台，阳台栏杆也为西洋古典式。一层开窗窗洞为半圆拱形。二层及三层窗户有西洋式窗套，窗套颜色为白色。

另有邹作华官邸、万福麟公馆、卢景尉住宅等16处这一时期的住宅，在此不作详细叙述。当时，“西洋式”建筑盛极一时，与此同时，“洋门脸”式住宅建筑也甚为风行。

“洋门脸”式住宅建筑在建筑的局部片面地模仿和套用西洋建筑符号，反映了当时人们对于外来建筑文化的学习热情和力不能支的经济条件与技术力量，而在建筑的非重要部分和涉及生活习惯等内容时，令形式给功能让路，依然坚持着当地的传统习俗与做法。

这些住宅建筑代表了“牛庄开埠”以后到日本占领东北以前沈阳近代建筑的发展实态，浓缩了沈阳这段时间的建筑发展过程，明确地展示了这一时期建筑从技术、材料，以至风格发展演变的轨迹。它们记载着西方的传统建筑艺术，向沈阳民众“传播”的过程及其所取得的成就，又注释着向西方学习逐渐接受外来建筑的传入、碰撞、混合直至广泛融合的发展途径，在沈阳建筑史中具有典型意义，而建筑单体所取得的成就也恰体现在这些代表着沈阳此阶段建筑水平的典型个例之中。

三、日式洋风住宅

由于在沈阳1907年就建有“满铁”建筑课这样的以官方为后台的庞大设计组织，加之日本建筑师在东北及沈阳建立的民间建筑设计事务所等，沈阳近代建筑在设计原则、设计方法、建筑风格等方面的发展是与同期日本建筑的发展密切相关的。20年代后，建筑风格的演变与日本建筑界的思潮更是息息相关，甚至可以说是同步发展，而不只是被动地接受影响。30年代，则在同步发展的同时，又较日本有超前的现象，这是因为日本在东北及沈阳的设计组织除了与本国的建筑界融为一体外，又直接地向欧美学习，因此给年轻的东北建筑界带来了更多的国际新观念、新技术。这类住宅实例如沈阳“满铁”社宅的成片开发等活动。

根据日本制定的“大奉天都邑计划”，将满铁附属地南侧原属商埠地预备界范围开辟为满铁员工的住宅区。它成为日本设计师在引进欧美新设计理念的基础上，对以往在中国东北住宅建设所取得的成功经验进行总结并应用于其中，形成标准化与规范化设计的重要实践。

日本在东北建造住宅有一段曲折的经历。最初赴东北的日本人，将其本国的木造住宅原样移植，但是由于东北寒冷的气候，使得日本人不得不对其传统住宅设计进行适应性的改造，从接收过来的俄国式建筑中吸取营养，改用砖造，且强调建筑的防寒保温功能。在建筑的空间组合、构造技术、保温供暖及室内通风等方面进行了许多探索，逐渐取得了成熟的经验，并且进行了试验住宅的研究，因而促成了后来集团移民的住宅类型。

“满铁”社宅分布在今和平广场一带（图3-4-2、图3-4-3），其设计是以以往设计中摸索出来的寒冷地区住宅建设的成熟经验为基础，同时又实现了住宅标准化设计，讲求功能、造型简洁而又形态丰富的现代主义设计实例。

住宅标准化首先表现在对各种住宅类别的设定上。“满铁”根据职员的职位及收入，将住宅划定为特甲、甲、乙、丙、丁等住宅等级与类别，在小区组团中以这几种标准型住宅为基本单元进行多样化的组合布局，共形成了四个等级的七个标准住宅平面。通过不同类型的组合，获得了建筑群体风貌的多样化。特甲型是一、二层坡顶组合的一户用独立住宅，供社长级别使用。甲型亦为一户用的独栋式住宅，乙型为两户共用一栋，以上均属高级住宅。丙、丁型均为四户共用一栋，为普通职员住宅。这几种类型虽面积大小和房间数量有所差别，但都是由玄关、客厅、餐厅、卧室、卫生间、仆人用房等基本房间组成的。由于气候寒冷，住宅平面紧凑集中，南向房间进深大，开窗大，北向进深小，开窗也小，多为圆形或其他几何形小窗。

在造型上，小住宅的共同特点是均为一、二层坡顶组合而成，靠简洁的体量跌落、凹凸形成丰富的形体。日本式灰色平瓦屋顶、绿色油漆的木质檐口、窗框、水泥砂浆罩面、基段砌饰石块，这些共同的材料与手法的运用，使得住宅群具有统一的风貌。而就在这统一中，又着意创造了多样化。此住宅群在建筑环境上的处理也具有融入自然等特征，其现代主义设计思想更倾向于赖特的有机理论，而且许多具体的设计细节也流露出了对赖特常用手法的刻意模仿或借鉴。整个小区的开发设计由“满铁”建筑课承担，由南满洲兴业会社施工。

小区规划也体现了充分的现代意识，运用30年代最新的邻里单位规划理论，采用了逻辑关系

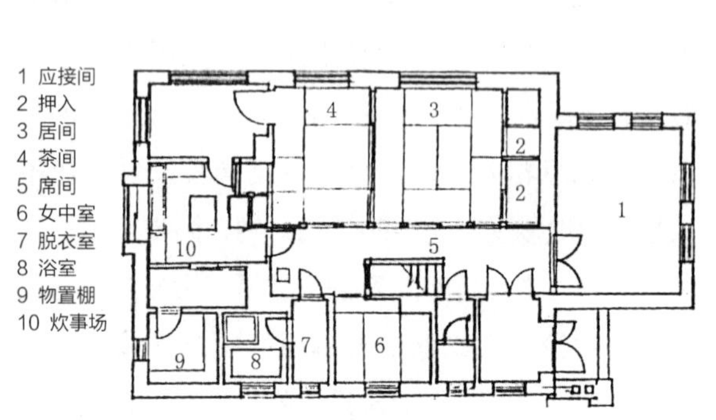

图3-4-2 沈阳“满铁”社宅住户平面图

图3-4-3 “满铁”社宅立面图

极强的模数式设计，由网格式布局和等级不同的道路分划出的各个组团皆成方形，且尺度相仿。在小区中设有公共浴室、俱乐部，在附近设有小学校。在组团内，以斜向与直向的宅间路相组合，在规整的网络格构中，创造出跳动着的活跃因子。低矮的围墙、茂盛的绿化为这一方的组团增添了恬静与亲和的气氛，在繁闹的城市中，开发出一片静谧的栖居地。

“满铁”社宅的建设在经济、合理、实用的同时，对于住宅的个性、组群关系、自然环境等方面都予以了精心的设计。因此，它不仅是30年代建筑活动中的优秀范例，也构成了沈阳独具特色的城市风貌区域，它对沈阳近代住宅建筑研究将会有很大的价值。

另外的一类住宅，如陈云同志旧居，位于和平区桂林街89-3号，地上2层，砖木结构，30年代左右竣工。该建筑原为日本人的住宅，1948年11月3日至1949年5月，陈云同志任沈阳市特别军事管制委员会主任期间在此居住。后为辽宁省气功学会和老年基金会所在，1987年至今为周易研究会及老年基金会两家使用。该建筑为日式建筑，一层与二层的灰色平瓦坡屋顶组合在一起，活泼生动。墙面为水泥罩面，绿色油漆的木质檐口、窗框。靠简洁的体量跌落、凹凸形成丰富的形体。凸出的方形大玻璃窗四周有挑出的水泥窗套。这是沈阳市内区别于满铁社宅而另具特色和代表性的日本式住宅建筑。

第五节　沈阳近代医疗建筑

沈阳近代医疗建筑在两个不同的政权力量统治的区域中经历了不同的发展历程，一个是奉天老城区，另一个是满铁附属地。在不同的政权力量、管理体系和建设组织的影响下，它们按照各自的轨迹历经几十年的变迁，展现出不同的姿态和面貌。19世纪末，英国传教士司督阁将西医带进了沈阳城，在几十年中，老城区的人们逐渐地接受了西医理念，西医体系在这里得以建立，和老城区里传统的中医堂并行发展，互相融合，直至成熟。1909年，满铁附属地建立了满铁奉天医院，一个新型的现代西医院，给沈阳带来了先进的医疗设施和医疗技术，满铁附属地以其优越的资源、医疗团队和医疗技术快速发展。

一、沈阳老城区近代医疗建筑的发展

近代医疗建筑发展初期，更多的是在依托中国传统的医疗建筑。中医的药铺或者医堂是其典型，病患通过药铺门市进入店里，看病和抓药都在一个大的空间内完成；而药铺经营者和工作人员通过内院从药铺作坊到达门市房接待患者顾客。两种人员的流线都是单向的，且不会产生较大交叉。功能上分区明确，前部的铺面对外，后部的内院属于后勤部分，院落对不同的功能空间进行了明确的分划。西医进入后，这种格局开始变化。初期的西医只将候诊、诊疗和取药功能并列在临街处的门市房（图3-5-1），需要通过候诊室和诊疗室到达手术室，有的医院还有一定的住院用房，病患流线不再是单纯的一条流线，而是以候诊和诊疗为中心流向多个不同的功能空间。建筑的功能布局，不再是简单的中国传统建筑的居铺合一、功能并置的二元式组合，而是多种功能共存，复杂化的多元式组合；在建筑平面上，也不再是传统的前后对话，单向序性的纵深布局，而是四周

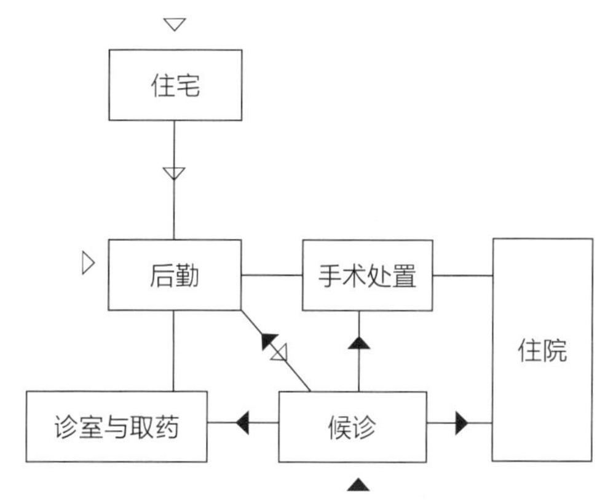

图3-5-1　西医医疗建筑

对话的向心式布局。原本作为后勤的内院，成为了另一个交通的枢纽，甚至在某些特殊时候，比如夏季，或者病房不够用的时候，医院会利用内院作为露天病房。主要功能与附属功能的分区不再明确，医生与患者的流线开始出现混淆交叉的状况。如盛京施医院当初就反映出了上述变化，早期的盛京施医院借用原有的传统住宅开展医疗活动，建筑没有脱离原有的形制，仍然是以院落组织建筑空间（图3-5-2）。医院候诊室、诊疗和取药在最外面房屋里安排，诊室和药房共用一个房间，进入院门是一个较小的前院，前院是门诊部分，而通过候诊室进入内部的院落，才能到达手术室和病房。五开间的正房和三开间的厢房围合成医院的医技部和住院空间。院落不仅是交通疏导和集散空间，在瘟疫肆虐、病患激增、住院用房不够时，还作为夏季的临时病房。地处东北地区的沈阳，在夏天是炎热的，夜晚住院的病患很多选择在院落中休息，宽敞的院落也使得两侧的房间都有很好的通风和采光环境。但是冬天这种分散式的布局就暴露出很多问题，病患和医护人员都要在外部穿行才能到达各个房间，不方便，更不保暖、舒适。沈阳这时期的建筑大都使用当地的青砖。当时所能采用的建筑材料，除了木材和石材，主要是土坯砖、青砖、小青瓦及编条夹泥材料等。屋顶为木屋架，覆以中国式小青瓦，由于是承重墙结构，所以墙体很厚，也适合于本地的寒冷气候，这可以从留存至今的一些医疗建筑中看到痕迹。在东西建筑文化全面接触的初始期，以青砖为主要材料演绎出了具有中西建筑文化混合与交融特征的近代建筑。

到了近代中期，首先，医疗建筑的功能流线组织成为设计的主导因素。功能区块往往由门诊、医技、住院和后勤服务四部分组成，每一区域中又有多重功能，比如门诊部中包含门诊大厅、挂号、等候、药局、值班室以及各科诊室和治疗室等。多重的功能对房间的位置、朝向以及尺寸都提出了不同的要求。医疗建筑开始以功能区域为设计出发点安排建筑空间，而不是以过去将就传统住宅的空间进行行为规律完全不同的医疗活动。从功能上看，这一时期的医疗建筑的门诊部更加完善。由于多层建筑的普遍应用，有了竖向交通，因此门厅成了主要的交通枢纽，既包括挂号、候诊等医疗功能的活动，又要承担沟通水平与竖向交通的功能责任。楼梯成为连接上下空间的主要枢纽，建筑由以往平面的展开向着三维向度变化，许多功能可以在空间上相互叠加起来（图3-5-3）。由于此时期医院大多处于中等规模，因此门诊部和住院部用房较少，以不同层进行功能分区，在流线上难免会出现一定的交叉。此前，沈阳的西医医疗机构，手术仅限于眼科和一些小型的手术。在西医渐渐被接受以后，较大的外科手术甚至内科手术也开始出现，手术的复杂化对手术室提出

图3-5-2　盛京施医院内部院落（来源：《奉天三十年》）

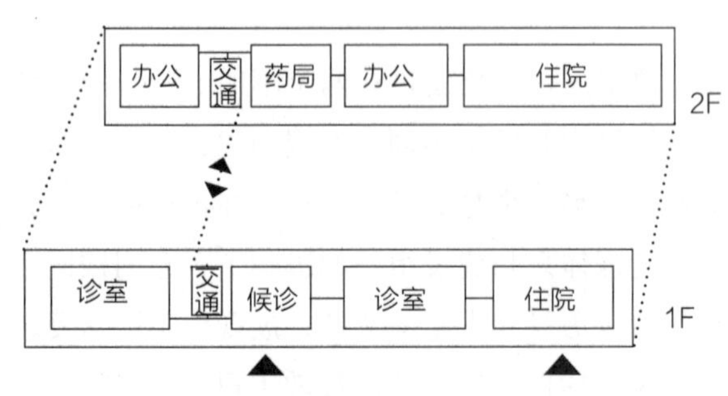

图3-5-3　发展期医疗建筑的功能流线

了较高的要求，手术室采用宽敞明亮的空间。其次，医疗建筑向多层发展。由于建筑结构技术的发展，为建筑功能复杂性不断增加的需求提供了建筑技术的保证，医疗建筑具备了向竖向发展的条件。起初是盛京施医院的门诊和住院部，接着是奉天医科大学的5层教学楼。建筑的竖向发展直接解决了过去传统院落分散布局带来的建筑各功能联系不紧密的问题，在多层的医院中，一般一层为门诊，手术和住院用房在二层。医院单体建筑打破了以往以院落组织空间的传统，体现出了分散式医疗建筑向集中式医疗建筑发展的趋势。再次，以医院为基础创办医科大学。医院的医护人员需要专业的培养和实践训练，因此出现了医院和医科院校结合的情况。医院的主要空间由医疗诊治空间、住院空间组成，同时还需实验、解剖等技术研究空间，除此之外还有储备医疗器械、用具、血液标本等的储藏空间。医学院校除了教学空间和办公空间外，很多实验、解剖用房以及储备医疗器械、用具、血液和标本等的储藏空间和医院重合，因此，医学院与医院往往相邻或者结合在一起设置。医院的诊室和手术室也成为了医科院校学生的实践场地。最后，建筑形式的西洋化。奉天老城区的医疗建筑主要由各国传教士、省长公署等建设管理，传教士建立的施医院在建筑形式上体现出了承续传教士本国建筑传统的特征，比如英国传教士司督阁建立的盛京施医院体现为英国都铎风格，建筑立面较简洁朴素。此时期沈阳人对于西医的接受度普遍提高，各传教团体建立的施医院都得到了社会各界和政府的支持和帮助，而盛京施医院的建立和设计并没有大胆地采用华丽的巴洛克或者欧洲古典主义风格，而是采用与中国古典建筑风格相接近的英国都铎风格，以求尽可能地贴近当地社会的文化情感。建筑物由三个连续的悬山坡屋顶建筑并联而成，三个连续的山墙构成了主立面，很像传统的坡屋顶，建筑开窗简洁，窗洞尺寸较大，这些特征使得建筑在老城边侧的环境之中没有突兀的感觉，也使得西医更容易被本地人所接受。在一些小型医疗建筑，尤其是改建的建筑中，体现出了很多东西方建筑语汇融合的倾向，建筑本身是传统的形态（比如同善堂），仅仅在入口处和临街立面采用西方古典建筑构图形式（图3-5-4）。建筑材料，有的用红砖，有的用传统的青砖。在入口、窗户等处加入西洋式的图样，甚至有的入口直接采用欧式的山花和线脚。这种鲜明的东西方建筑元素的杂糅，是发展期的医疗建筑在建筑形象上向西方文明学习的另一体现。以重建的盛京施医院和续建的盛京医学院（奉天医科大学）为例（图3-5-5），当时的规划本着两条原则：盛京医学院，即满洲医科大学必须与中国人进行多层次、多角度的合作；学院环境必须有利于学生自然地成为基督徒，带着基督教的精神开展医疗工作。由于盛京施医院是在英国人麦克费森的规划和设计指导下逐步重建扩充的，并且分为男、女施医院，因此，盛京施医院的总体布局不仅摆脱了中国传统的院落组织方式和轴线对称的布局结构，而且整个医院园区内的建筑也是自由分布的。按照这一时期的总平面图（图3-5-6），南面的门诊大楼和住院部为医院的主要区域，北面的妇产科大楼和女医院成单独一区。门诊大楼和后来的医科大学教学楼都面临小河沿，医院院门开在南侧，而女施医院的妇产科大楼和女医院也朝向南向的道路。男、女医院相邻但被一条路所隔。新建的盛京施医院包括一栋门诊和病房组成的综合楼、两个侧楼和附属建筑。遗存有最初使用的单层瓦房，新建房舍则为二层的现代建筑。建筑一层设计了门房作为入口的引导，并且起到了门厅的作用，一层布置门诊部，二层是药剂科、办公室、手术室和住院部。与过去不同的是，手术室是一个明亮的、通风条件很好的现代化手术间；住院部有三个病房，可以同时容纳60位患者。

1911年建成的医科大学的教学楼也就是后来

图3-5-4　同善堂大门（来源：《沈阳近代医疗建筑研究》）

图3-5-5　新建的盛京施医院的门诊部和大门（来源：《沈阳近代医疗建筑研究》）

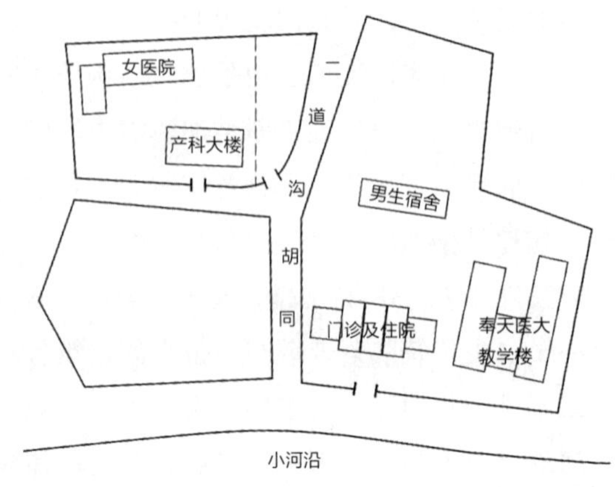

图3-5-6　奉天医科大学总平面

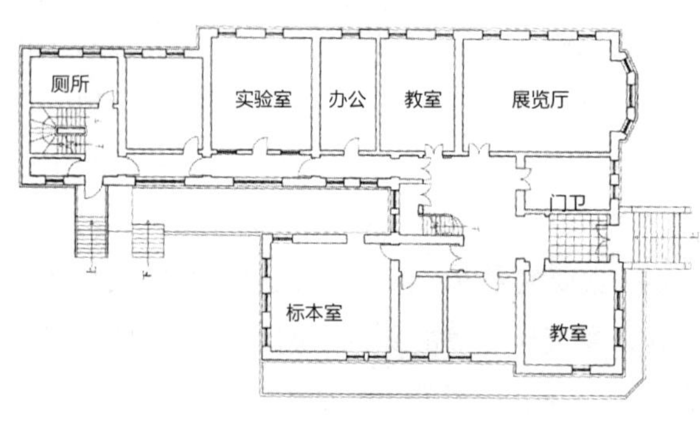

图3-5-7　奉天医科大学教学楼平面

的研究所，位于门诊住院综合楼旁边。起初这栋大楼成U字形，两翼等长，西翼是为纪念对盛京施医院有重大贡献的贾克森医生而建，东翼则为了纪念旅行家毕晓普夫人。1922年，用英国马克雷男爵的捐款增建了教学大楼之东北翼，使得整座建筑不再是平衡的U形，而成为了东翼较长、西翼偏短的异形平面（图3-5-7）。建筑的主入口位于南面，面对施医院大门，还有两个次入口位于教学楼北面的加建部分，一个是教职工的次入口，从北面一侧进入，另一个是通往半地下室的独立入口，三个入口使人流各行其路，互不干扰。学生从主入口进入，通过主大厅的楼梯到达各层上课和做实验。教职员工从北面次入口进入，做诊疗的准备工作，或通过次入口的楼梯到达各层办公。在主入口处，留出一定的空间做门斗，以防御寒冷天气。教学楼为一座地上4层附有半地下层的建筑。一层以教学为主，辅以标本室、展览厅等。自正门进入楼内，是宽敞的大厅，内部装修简洁明快。门厅对面是建筑的主楼梯，楼梯两侧的走廊将人流分别引向东翼和西翼。半地下层布置物理实验室、化验室、解剖室和标本室。较大的半地下室有良好的通风，并且满足了必要的采光。二、三层用于教学和办公，四层起初用作宿舍，新的宿舍建好后，搬至新建筑。建筑内部采用绿色油漆油饰楼梯、门窗及构件，墙面采用暗哑的乳白色，且大都为木质材料构件。整体的感觉淡雅、明快，具有医疗建筑干净、明快的内部环境特点。在这栋建筑中有较为完备的电路、暖气、给水排水装置。单面布置房间，房间功能简捷实效，建筑的造型新颖而有特点（图3-5-8），屋顶

图3-5-8 奉天医科大学教学楼现状立面

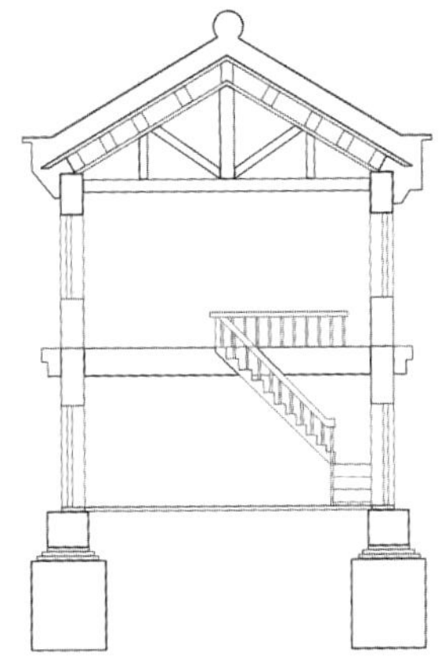
图3-5-9 沈阳疗养院纵剖面

由坡屋顶和四角攒尖顶组合而成，地下1层，地上3层，加上屋顶层，使得建筑看起来有5层楼的高度。建筑主立面位于山墙处，立面由三部分组成，中部向后缩进一部分，右部做了向外凸出的半边六边形凸窗。墙身以砖砌筑，外观呈青砖清水墙，主入口为拱形大门，门窗为简洁的矩形，屋檐下有向外悬挑的绿色装饰构件。这一组建筑带有英国都铎风格。这一时期，往往以三角形的洋式屋架取代传统的抬梁式榫卯木屋架，屋架的结构与传统木屋架相比已经简化很多，竖向支架和斜撑都搭接在横梁上，而除了屋面以外，墙体和主要承重体系都为钢筋混凝土结构（图3-5-9）。

近代后期，大型的医院都采用红砖砌筑，很多医疗建筑和设施采用砖混结构。20年代是红砖建筑的鼎盛时期，建筑基本都是沿用西方建筑中的墙承重体系，其A字形屋架直接落在柱子或墙上。钢筋混凝土结构的普遍使用是这一时期材料结构进步的又一体现。新建的施医院门诊大楼和奉天医科大学的教学楼采用的都是钢筋混凝土结构，其中值得一提的是奉天医科大学的教学楼采用了木与钢混合用的结构，楼板下方的纵梁相隔500毫米左右，上面用截面为矩形的木梁，木梁下直接钢筋混凝土梁，纵梁之间用两个交叉的斜撑和一根横向的金属支撑拉接，增加梁之间的联系。

医院形成了复合医疗功能体系，以门诊、住院和后勤辅助三大区域为主要功能区域。门诊部分以候诊大厅为中心，分别围绕着各科诊室、药局、治疗室、X光机室、手术室等功能用房，住院部区块以大病房为主要空间，并配备护士办公、卫生间浴室等，而后勤辅助区有炊事场、餐厅、仓库、太平间等。三大区块联系紧密，互相间需要经常性的资源流通（图3-5-10）。在这一时期，检验、检测、化验和照影等医疗诊断器械的技术都处于一个不断发展和进步的过程中。X光机室在门诊的各科室附近设置，也有的在病房区域设置，而手术部往往离病房很近，因此，医技科室虽然并未成系统，然而这里已经显现出了门诊、医技和住院部三者之间的紧密关系。随着这种功能的联系发展，逐步形成了后来的三大组成部分：门诊、住院和附属用房。同时，住院部向分类化

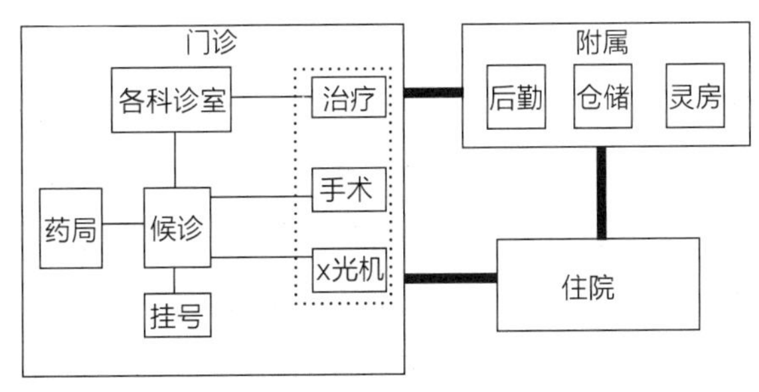

图3-5-10 医疗建筑的功能三大块分析

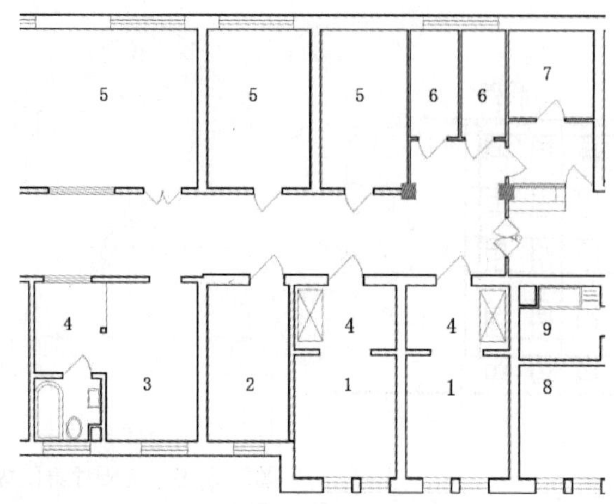

1 一等病室
2 二等病室
3 特等病室
4 附添室
5 三等病室
6 隔离室
7 看护妇室
8 眼科诊室
9 暗室

图3-5-11　医疗建筑养病室分级

演进，对于病室的功能安排有了较统一和规范的格局（图3-5-11）。一般一所较综合的医院，有普通病室、重患病室、皮肤病调养室、霉疮疾病调养室、痘疹病调养室、小儿科调养室、热病及麻疹调养室。病室外的走廊须与看护室、厨房、医官室相连。

二、满铁附属地及周边医疗建筑的发展

1909年南满洲铁道株式会社在刚刚开始建设、周围尚且空旷的大广场（今中山广场）上修建起了一座新颖、高大的医疗建筑——满铁奉天医院。它的建立标志着满铁附属地医疗建筑史的开端。紧接着，南满医学堂、日本赤十字社奉天病院、满洲医科大学诊所等相继建立。一直到1931年日本全面侵占东北，满铁将日本的新式医院带入了奉天，使得沈阳医疗建筑的近代化迈上了一级新的台阶，并影响着其他城市板块中医疗建筑的发展。

满铁奉天病院位于大广场（今中山广场）南侧，这个建筑以广场中心为圆心展开，它是大广场上建成的第一座建筑。随着日本人侵势力的加强，它的建成也奠定了广场上后续修建的大和旅馆、横滨正金银行奉天支店、奉天警察署、日资三井洋行大楼等一些建筑的规划形态。建筑规模为地上3层，地下1层，砖石结构，平面采用当时的医院建筑设计中流行的“分隔式”平面布置（Pavilion Style）。门诊楼与其后的病栋以廊子相连，形成一个一个的院落，其设计思想来源于当时欧洲医疗建筑正流行的野战医院式样的单元式建筑体系，以廊子将各单元相连。此体系的特点是可以有新鲜空气的持续流通，不设立绝对的中心，医护人员被指派到相对较小和相对独立的区域。在20世纪初的欧洲，用这种建筑体系显示对民主的追求，因为它可以广泛地满足自由、平等和博爱的革命性要求。然而，不同于欧洲单元式建筑体系的是，满铁医院各病栋之间以双廊连接，以此形成了一个一个完整的院落空间，这种形式与中国传统的院落空间极其神似。这样的建筑布局可以说是西方现代医院建筑与中国古典建筑空间组织形态的巧妙结合。

20世纪20年代以后，在沈阳出现了由日本建筑师设计的明显地带有功能主义倾向的现代建筑，在平面设计上注重功能流线，对于医疗建筑，尤其注重不同科室的分区、建筑的通风采光以及不同使用者的使用舒适度等。可以说，当西方国家现代建筑运动走向高潮时，沈阳的外来建筑师也开始了他们的积极尝试和探索，在他们的建筑活动中体现了他们对现代建筑文化的追随与传播成果。满铁奉天医院立面造型独特（图3-5-12），门诊主楼正立面两侧、山墙端头都设有阶梯状山墙（Step Gable）。入口前廊三面都开半圆形拱券。除此之外，正立面的三个圆形花窗、檐口的条形花纹以及坡屋顶上的三角形老虎窗，都为这栋建筑增加了独特的魅力。住院部建在门诊楼的后方，由三栋病房楼组成，建筑风格和门诊楼统一，立面也采用阶梯状的山墙作装饰。该建筑由满铁工务课建筑系设计。

图3-5-12　满铁奉天医院（来源：《沈阳近代医疗建筑研究》）

医院平面功能也有变化。首先，是对门诊部与住院部的功能整合。与老城区不同的是，满铁建立的综合医院在处理门诊、医技和住院部的功能区块时，以门诊为主要功能，以门诊大厅为中心，向各不同功能方向形成辐射式连通：门诊的各科诊室、医技部、急诊、住院部、中国人门诊和后勤用房。虽然住院部有自己的独立入口，但是，在空间位置上，以门诊部位作为主要核心。沈阳地处东北严寒地区，冬天寒冷的时间较长，采用这种整合的功能空间加强了各部门的联系，并且在一定程度上减少了交通的长度。病患流线以门诊为主，再向着不同方向引导前进，不同科室的人员在各自的区域中工作活动，尽可能地避免产生较大的混淆和交叉。与同时期的老城区医疗建筑相比，老城区虽然也是朝着中心式的功能流线发展，然而更倾向于门诊与住院部的分离，形成各自的中心体系。满铁附属地的大型医疗建筑从一开始就关注功能的实用性和当地的气候条件，用更加先进的设计理念整合功能，推动了医疗建筑的进一步发展。

老城区的医院在20世纪初只对门诊分科，在住院部的设计上还没有分科的做法，而满铁的日本医院已经超前地将门诊、住院等功能作了详细划分，并实行了分科。单独设立急诊科，也是沈阳近代医疗建筑史上的先例，这是由引入先进的医疗技术和自身拥有的高水平医疗团队和医疗资源所形成的建筑空间上的领先优势。此外，后勤附属用房采用分散、灵活的布置方式，根据需要设立，与住院部和门诊关系更加紧密。

其次，是对西方近代医院的“分散式的单元建筑体系”的引入和转译。

1800年前后，西方医院在近代经过分散式和集中式的争论后，欧洲大部分国家在很长一段时间里采用分散式的单元式建筑体系。该体系由于没有所谓的中心建筑，因此形成了独立的各个区域，医护人员分别在不同的较小的区域内工作，功能上做到了分区明确、自给自足，并且减少了交叉感染的概率。分散式的布局亦增加了发展的灵活性，留下了供未来加建、改建的用地空间。在20世纪初的沈阳，这个体系的引入虽然相对于西方的医疗建筑尚显落后，然而并非采取一种完全照搬的姿态，而是在形态和布局上融合了中国传统建筑的特质，在这一点上，确实很值得赞许。

图3-5-13所示是前述的柏林城市医院和满铁奉天医院的总平面对比，二者都主要呈现为分散式的单元建筑体系，且都采用了连廊将各功能相连。不同的是，柏林城市医院只连接各病栋，病栋与门诊、医技、手术等联系并不紧密，而满铁奉天病院的病栋以双廊连接，围合出一个个完整的院落，这种将沈阳传统院落的形态与病栋结合

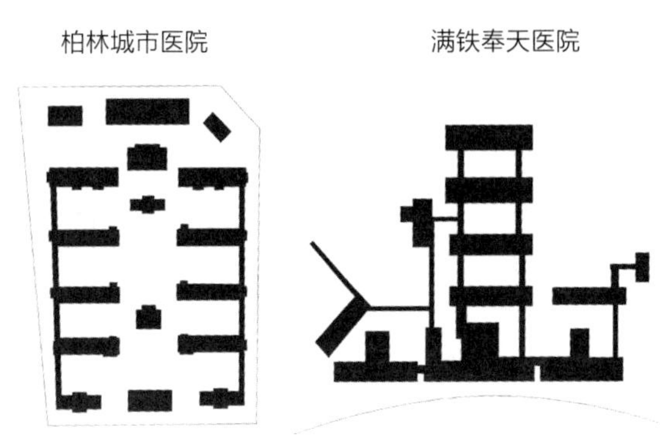

图3-5-13　满铁奉天医院与柏林城市医院对比

的手法非常巧妙，也加强了功能上的联系。另外，不仅是病栋间采用连廊，门诊和住院部、门诊和中国人门诊、炊事场和病栋等全都用连廊联系，使得整个医院成为了一个整体，除了灵房、锅炉房等附属用房外，不用通过室外就可以到达医院的任何一个地方。这一点是出于对东北城市气候环境的考虑而采取的创造性的设计安排，体现了沈阳近代医疗建筑对于西方医疗建筑的学习与创新。

再次，是体块式建筑的诞生——一种由分散向集中过渡的医疗建筑的形态。

纯粹的分散式单元建筑体系很快就暴露出很多缺陷：交通面积过大、流线过长，虽然分区明确，流线不易混淆，但各部门联系不紧密。用连廊连接虽然沟通了各部分的联系，却增加了交通面积。建筑逐渐开始在竖向上发展，从空间上更加强调明确的分区，门诊的各科都有独自的区域，各区域可以在水平和竖直两个向度上形成分区与联系（图3-5-14）。因此，在建筑的体量上形成了块体式组合模式，这种模式的特点是既保留了分散式功能体系的优点，又发挥了集中式的长处。

医院在建筑中的门诊部按照分区域的形式，可能伸出若干翼，每个翼作为一个单元，包含一个科或者门诊的一个部门，门诊上方可以是医技和手术室，医技部也是按照功能需要分区布局。整个建筑形态像搭积木一样，而且完全根据功能的需要安排各部门，在近代建筑中，仍然是以对称布局居多，这种对称性的结构容易造成很多不必要的空间浪费，尤其是医院中每一个科室和部门用房面积并不一样，而块体式建筑的设计就是让每一部分选择适合各自面积的区块，当然这并不是确定各部门位置的唯一因素，还要综合考虑采光、朝向、彼此间关系等因素。然而，在当时的大型医院建筑中，块体式医疗建筑在一定程度上弥补了对称布局的缺憾。建筑中各部分联系密切，不需要通过室外联系，在沈阳的气候条件下是十分适宜的。此外，块体式的布局让建筑本身形成了多个院落，不同的院落都起到了引导和标识的作用。也为建筑提供了软环境。使建筑空间更为丰富，也为病患和医护人员创造出了舒适、安逸的氛围。

然后，是特殊病患的分离。这时期的妇人科、传染病科和精神科都脱离门诊本部，而独立设置，并且妇科医院有单独的出入口，远离门诊和其他建筑。传染病科和精神科建筑采用隔墙和院落等方法相对独立，或设置在树木遮挡处。

这时，老城区还没有出现急诊部的功能，而满铁附属地的医疗建筑在一开始就设有急诊科室，有的医院叫做救疗部，和手术治疗结合在一起。

最后，是医学院校以医院为核心的布局方式。

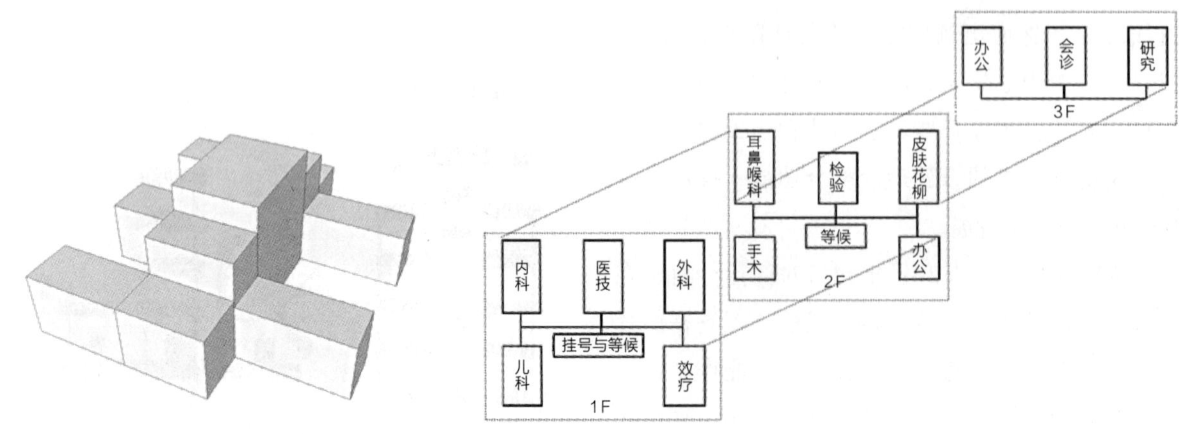

图3-5-14　块体式医疗建筑的外部形态与功能结构分析

20世纪高等学府的校园建设随着政治经济的迅速发展呈现出多样化的发展趋势，这是欧美大学的繁荣时期。沈阳满铁附属地的学校设计，大多出自日本设计师之手，尤其是满铁会社的设计师从西方各国学成回来，带着各国日趋现代的设计思想进入了沈阳，使得沈阳这一时期的学校建筑设计不拘一格，不仅摆脱了古老的合院对称布局的定式，而且向着多层次的局面发展。此时，医科学院的建设则特别注意规划的功能性、灵活性及实践性。

满洲医科大学的整体规划就是以医院为核心（图3-5-15），辅以教育建筑所组合成的整体。校园规划按照以功能性、灵活性及实践性为出发点的思路所展开。1911年时，学校与医院的布局从形态上并无太大联系。医院主要建筑以大广场为圆心作放射状布局，医院建筑为正南正北向；而学校的本科教室正对信浓街（今南京北街），其他建筑如预科教室都为西北东南向。在本科教室与医院之间设置了动物解剖室，这样做是考虑到要使学校与医院都与其形成联系的缘故。1928年以后，由于外来诊疗所（门诊）和新病栋（住院部）的竣工，使得整个校园的格局发生了巨大的改变。医院的主入口面向信浓街，从主入口进入后可以到达门诊和病房的入口，大学本馆的主入口不变，

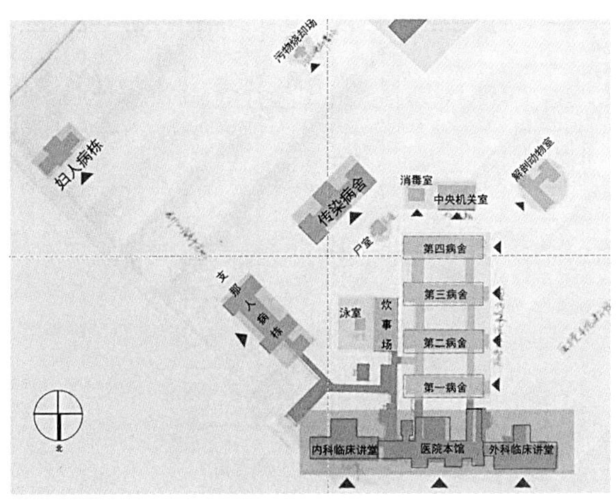

图3-3-15　满铁奉天医院平面布局（来源：《沈阳近代医疗建筑研究》）

校园中不再有倾斜的轴线，只有医院的住院部还保持着斜向的构图，维持着原有的轴线关系，原因之一是顺应前方的原满铁奉天医院建筑，原因之二是对于连接中国人病院、儿科病院和新建的诊疗所起到了很好的作用，并且节省用地。除了一些还没改建的附属建筑外，所有的主要建筑都顺应道路的方向排列。

校园内的主要建筑——1914年建成的满洲医科大学本馆原为2层，1926年增建，1926年加建三、四层。设计者是满铁工务课建筑系，施工方为大仓土木组。砖混结构，增建部分采用对称布局，由中间的主楼梯和两端的两个楼梯共同组织竖向交通。三层与四层平面采用单面廊的形式，并且三层与四层的廊子不对位，三层走廊在北向，四层在南向。三层平面两尽端的大房间用作手术室，其他10个实验室一字排开，中间设一大实验室。四层两端大房间与三楼相同，其余12个房间均为实验室。中间大厅开敞通透。

建筑外立面的开窗形状、尺寸、局部装饰和线脚等与原有建筑相同，在此基础上对整体进行了调整。原来的2层建筑为红砖砌筑，建筑主立面为横三纵五式构图。横三段：自一层窗下沿到地面作灰砖砌筑的基座段，一、二层为中段，屋顶女儿墙最高处与单层层高相当，为第三段。纵五段：中间段与两端都在顶层女儿墙作了高起的处理，加强了五段式构图的形象。两个尽端的楼梯间各向外凸出2米左右，且高出了尽端的女儿墙1米左右。经过三、四层的加建，将三层与一、二层的墙面做同样的处理，红砖砌筑。四层做白色水刷石墙面，开窗虽与其他层相同，但是没有做窗过梁外露的细部处理。这样做是为了保持横三的构图，以四层水刷石饰面作最上面的一段，这样就不用通过将女儿墙高出来达到纵三的构图目的了（图3-5-16）。除此之外，还加建了塔楼伸出屋顶1层之高。

满洲医科大学的外来诊疗所于1928年建成，主

要部分为5层门诊楼，地下1层，最高6层，钢筋混凝土结构，满铁地方部建筑课设计，大仓土木株式会社施工，是一栋“块组式”平面布置的多层医院建筑。建筑总高约为26米，立面具有日本和欧洲建筑风格相结合的特征。建筑平面采用对称构图，入口一侧呈U形，北面呈山字形，整个建筑伸出了五翼。由于内科、外科、妇产科和儿科等各自都需要独立的就诊区域，因此，在沈阳近代医疗建筑中，常见到门诊部呈现出三翼甚至五翼式构图的实例，这一点在满洲医科大学附属医院门诊大楼中表现得很典型。

图3-5-16　满洲医科大学本馆加建前后对比（来源：《沈阳近代医疗建筑研究》）

图3-5-17为外来诊疗所的一层平面图，根据图纸档案中表明的功能，可以展现出当时满铁附属地医疗建筑的功能特征和发展水平。

第一，在功能分区上已经十分接近现代医院，门诊包括急诊、内外科、儿科等各科室，医技部与门诊部紧密相连，并且设置在一层正对入口的各科室和各部门的中间区域。急诊部与门诊部的关系处理得当，急诊部位于主入口右侧，与门诊部中间以候诊厅和小手术室相隔，并且有急诊的次入口，这是考虑到了日常的独立使用和特殊时期的合用的做法。在平时，急诊部是一个相对独立的部门，处理急诊患者，有自己的流线；夜间门诊，各

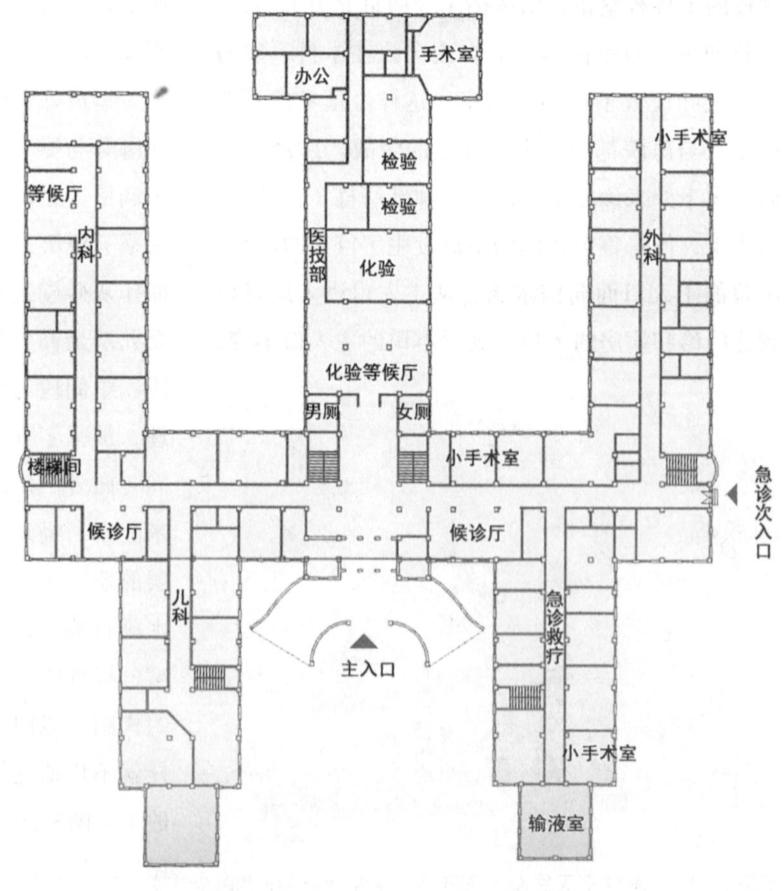

图3-5-17　外来诊疗所平面图

部门关闭，值班人员在急诊部坐诊接纳夜间患者，这时像药局、药库、等候等功能就转变了位置。医院的药库是一个统一管理的库房，因此，在非常时期，急诊与门诊的合用就显得非常必要了。因此，将急诊放在门诊部主入口的右侧，合用等候厅和小手术室等，使得功能和资源在一定程度上得到了整合，而入口的分类和部门的分区保证了日常使用的独立性，这样的做法已经十分接近现代医院的处理方法。

第二，每一个部门或者科室基本上都配有自己的等候厅和小手术室，这不论是在奉天老城区还是满铁附属地的其他医院中都是没有的。抛开满洲医科大学的雄厚实力，从功能上看，这种做法使得每一个部门都有自己的一套独立的系统，医护人员在各自的区域内活动，不会造成过多的流线穿插和混淆。对于简单的处置手术，都可以在本科室的门诊部完成，而较大的手术需要到医技部的大手术室完成。

第三，门厅的功能已趋于完善，门厅由两个对称的楼梯、男女厕所、挂号、候诊、取药等功能围合而成，这样的做法是成熟的医疗建筑的体现。其他楼梯间的位置分布在各个科室里和急诊次入口的旁边。虽然楼梯的数量已经满足需要，然而此时对于疏散距离，特别是袋形走道的疏散距离还没有过多的考虑，楼梯间与建筑端头的距离较远。

此外，建筑只有两个出入口，虽然各科室都有楼梯疏散，并且都配有等候厅和手术室，然而由于没有设立各部门的独立出入口，使得在一层的交通上还是会产生一定的流线交叉。

整栋建筑讲究比例权衡的推敲，建筑在块体凸出处设置线脚，强调各自的测绘形态，线脚简洁。由于是块体式的建筑体量，所以在立面设计上并没有像很多建筑那样采用横三纵五的古典主义风格，而是简洁、大气地将各体块组合在一起。入口处三个开间做拱形大门，入口上部二层和五层用拱形窗强调立面的中部形象。所有窗户为呈微微竖向的长窗，窗户上方和上下两层窗户间用浅灰色水刷石作装饰，给人纯净之感。整个建筑外墙用红砖砌筑，稳重，不浮华。立面体现为东洋和西洋建筑风格相结合的特征，是沈阳近代医疗建筑的典范（图3-5-18）。

新的诊疗所建筑不仅在功能上比满铁奉天医院更加先进，在建筑造型上也更朝着沉稳、庄重的风格发展，摒弃了多余的装饰和矫揉造作的立面造型，建筑向着实用和简洁美观发展。虽然此时的建筑风格与其他原有的大学本科教室、学生宿舍、看护妇宿舍、办公楼和预科教室不尽相同，然而由于采用了简洁、朴实的建筑形态，整个校园还是呈现出和谐的建筑氛围。

除此之外，20年代至30年代初，沈阳近代医疗建筑在技术上也有巨大的进步，以欧美为代表的西式医疗建筑在高度上有所突破，而满铁附属地的医疗建筑表现为大规模的建筑在水平方向的伸展。钢筋混凝土结构的普遍使用是这一时期材料结构进步的又一体现。这一时期的满洲医科大学本馆的加建，采用钢筋混凝土框架结构。大跨度的建筑空间，诸如医科大学的礼堂主体结构，也都采用了钢筋混凝土结构。满洲医科大学中单独设置的体育场馆，是医疗机构中的第一个钢结构建筑，虽然其用途与医疗活动并无直接联系，但是它的出现代表了这一时期建筑结构和技术上的新

图3-5-18　满洲医科大学外来诊疗所（来源：《沈阳近代医疗建筑研究》）

发展。先进的技术引入使得建筑空间在各方面都有所突破。表现在以下几个方面：

第一，医院建筑的高度突破了2层向着5层甚至更高发展，建筑高度的突破使得医疗建筑从分散式体系向集中式体系迈进，解决了北方医疗建筑一直存在的很多问题。

第二，建筑的跨度增大，使得建筑功能空间可以向更加开敞、更加宽阔的维度发展，并且使得需要较大尺度的用房有了更好的环境。另一方面，跨度的增大也使得医科院校可以拥有像体育馆、讲堂这样的大型公共建筑，为医科院校的人才培养奠定了基础。

第三，在建筑体量上，医疗建筑的形态更加恢宏、厚重，造型有了更大的可塑性。

这一时期，特殊病患建筑已经出现，它得以脱离门诊部而独立成病栋，然而，它仍然是一个综合医院的一部分。到了30年代以后，由于医科的分化及传染病防患意识的加强，诞生了各种专科医院。专科医院的功能结构和综合医院在本质上并无太大差别，都是由门诊、医技和住院部分组成，并配备相应的附属和后勤设施。在某些传染类的专科医院中更突出地体现了不同传染病患的流线隔绝和功能隔离。不同病种的住院则不用连廊联系。这是西方疾病预防思想在专科医院上的明显体现。

专科医院往往规模较小，并且资金和资源投入不多。另外，专科医院在使用上并不强调门诊与住院部等部分的紧密联系，像妇科，传染性质的白喉、霍乱、麻疹等专科用房主要采用较简单的分散式布局安排建筑，因此也有利于建筑的加建和扩建，为医院创造了发展的灵活性。

典型实例：沈阳市立传染病院，占地面积45892平方米，建筑面积5200平方米，四周有水泥院墙。内部建筑均按收容传染性疾病所设计，设松、樱、梅、桐四个病栋。病栋机构简单，设备简陋，时称满洲医科大学附属传染病栋。医院在建院时没有设立门诊，就医患者看病直接到病房，由病房医生进行诊断，确诊为传染病后收入病房。此种方式一直延续到新中国成立初期。

第六节　多种类型的公共建筑

沈阳最初出现的新的建筑类型如教堂、车站、领事馆、办公楼等，虽为移植而来，但在建筑材料及营造技术等方面又多是依赖于本地。此后，又在官方的倡导下形成了自上而下的崇西洋式建筑的风潮。建筑技术上近代化的进一步发展，则是更多地依赖于从外国的移植，如20世纪初由俄国在华修建的铁结构大桥、日本在华建造的钢筋混凝土框架结构的七福屋百货店，也给沈阳的建筑技术带来了一定的进步。这种进步经历了一个由“点”到“面”的普及过程：从个别建筑类型到多种类型；从最先发展的满铁附属地扩展到商埠地，再影响到老城区、大东—西北工业区——由西向东并波及全市的扩展趋势。

20世纪20年代后，是奉系军阀迅速崛起的时期，也是外来势力向深层渗透的时期。伴随着各方势力的相互利用与争斗，沈阳的新建筑类型及建筑技术在各方的促进下，得以迅速发展。前期已产生的公共建筑类型如银行、办公楼、医院、百货店、邮局等更向大型化、大量化发展；住宅类型发生巨大的转变，产生大量为洋人、官绅阶层所用的西洋式别墅以及为一般平民、中等职员们所用的居住大院、公寓等；多种前所未有的新设施、新类型也相继出现，如体育场、体育馆、公园、大学、俱乐部、电影院、舞厅等；工厂建筑伴随现代军事工业的兴起而被大量建造。大量的旧有建筑，尤其是商业建筑拆除翻新，大量的新建筑被建造起来，老城区、商埠地及附属地呈现出了建筑业的繁忙景象。附属地的规划于1918～1919年基本实现，并在此期间出现土地热、股票热、建筑热以及大量朝鲜、日本移民，促进了城市建设的发展与各种建筑类型的大量建造。

一、商业建筑

大型百货店、洋行、大型饭店都是沈阳近代大量兴建的商业建筑类型。

沈阳近代的商店建筑群的集中地首属位于老城区的四平街（今中街），在沈阳民族工商业迅速发展的20年代，四平街进行了波及一条街的大型改造活动（图3-6-1）。它的建设与改建过程，构成了20年代沈阳商业建筑营造活动的特征。多运用新建高大的洋式店面和对老店铺进行洋式门脸的改造来达到广告宣传的目的，渲染其商业气氛。军政当局为了振兴商业，也将西顺城街的私人土地收购，再重新划地放租，使西顺城街建起了二三层的洋门脸式商店建筑，鳞次栉比。门脸立面均为三段式，底层壁柱，上用女儿墙做出各种曲线式屋檐并有巴洛克式的雕饰。这种对街面整体性的追求，甚至使此街侧的道教建筑太清宫也不能免俗地将入口做成了中西混合式立面。无论是四平街的大规模重塑，还是顺城街的改建商业街店铺，都是脱胎于旧的建筑类型的商店建筑。因此，这类商店也多集中在老城及老城周边，使得旧城中中国古典建筑与洋式建筑并存。这种东、西建筑文化并存的景象，其超越时空的意义，已大于形式上对比的意义。

在商埠地及满铁附属地的城市干道两旁，更多的是由外国移植来的新型百货店。外国建筑师设计营建的商店，则受其本国或欧美建筑设计潮流的影响，无论其建筑形式还是营业方式，均由外国直接引进而来，创建了沈阳从未有过的新的商业建筑类型。在附属地还形成了商业一条街——春日町（今太原街）（图3-6-2）。最初，附属地的商店多为2层，如1917年在浪速通（今中山路）所建原田商会，建筑2层，按规划要求对街道转角处部分作了精心处理。又如亦坐落于浪速通，于1918年建造的大陆堂书店，均是红砖墙砖木结构的2层建筑（图3-6-3）。20年代后，附属地的百货店则开始向大型化发展。如浪速通上于1923年竣工的藤田洋行（今秋林公司）（图3-6-4），是3层外墙贴饰深色面砖的建筑，商店平面呈集中式，建筑立面也是典型的深色面砖、白色的装饰带，并强调建筑转角处理，屋顶设有绿色扁圆形穹隆。此商店的造型是20年代附属地商店的典型造型。一些小商店，建筑满足规划的高度限制之后，表现形式更为自由而生动。例如中央大街加茂町（今南京北街）某小商店，利用日本唐破风式曲线屋檐与托檐装饰等构成了具有新艺术运动（Art Nouveau）特征的立面，而另一座处于千代田通（今中华路72号）的2层商店，其屋檐及入口等处运用具

图3-6-1 四平街景（来源:《沈阳历史建筑印迹》）

图3-6-2 春日町街景（来源:《沈阳历史建筑印迹》）

有韵律感的机械直线图案假石雕饰，同样形成了新装饰艺术派味道的构图。这种重建筑形式、轻功能要求，甚至持续很长时间的中小规模商店做法直至30年代后才被打破，而相继出现了大型的百货商场建筑。七福屋百货店，1906 年修建，是沈阳最早的百货商店，七福屋于1934年重新翻修，1940年建筑改名为三井百货店。建筑规模地上5层，地下1层，新中国成立后加建一层变成6层，采用钢筋混凝土框架结构。该建筑平面外轮廓随地形呈三角形，填补了由中山路与横纵街道相交的空白，其正入口设在东侧锐角转角处。建筑立面处理采用古典三段式的设计手法，三段之间用石带装饰作横向联系。檐口部分装饰较多的方形饰物，并用方形仿柱式装饰构件作竖向划分。屋身仿古典柱式的装饰壁柱则是檐部竖向划分的延续，上有竖条状纹饰。条形窗三个为一组填补在竖向装饰壁柱之间，基座用石材饰面，加强了建筑的稳定感。

旅馆建筑也得到普遍发展。1927年由小野木横井共同建筑事务所设计，1929年竣工的大和宾馆（图3-6-5），代表了20年代沈阳宾馆建筑的设计水平。4层钢筋混凝土结构，外观为城堡式的文艺复兴样式，无论在其建筑规模、结构技术，还是室内豪华的设计装修等方面都为沈阳之首。它行使满铁公所专用旅馆的职责，为“满铁”员工优惠服务，同时也是外商云集的大饭店。另一座代表性的建筑是1923年由“满铁”建筑课设计，北京的荒木清三作顾问的满铁奉天公所（图3-6-6），于1924年竣工。它位于老城区，张作霖官邸的街对面。公所是“满铁”于老城区的办公处兼旅馆，恰位于故宫附近，因此采取中国式的大屋顶，将建筑融于老城区的氛围中，确为贴切。它是一座砖结构与钢筋混凝土混用的2层建筑，外观采用中国式的黄琉璃瓦大屋顶，粉墙彩画，基底做成假石砌饰的基底层及圆形拱券入口。公所的中心是庭院（图3-6-7），四周围合着拱形券廊。在建筑空间的处理以及中西建筑手法的融合使用等方面，

图3-6-3　大陆堂书店（来源：《沈阳历史建筑印迹》）

图3-6-4　秋林公司（来源：沈阳建筑大学建筑研究所内部资料）

图3-6-5　大和宾馆（来源：沈阳建筑大学建筑研究所内部资料）

图3-6-6 满铁奉天公所（来源：沈阳建筑大学建筑研究所内部资料）

图3-6-7 满铁奉天公所庭院（来源：沈阳建筑大学建筑研究所内部资料）

是20年代杰出的实例之一。公所是简单的中国式合院建筑，仅入口有三横木略显日本特征。

二、教堂建筑

沈阳的近代教堂建筑与其他类型建筑一样，经历了外来文化与本土文化的交融与碰撞。教堂建筑作为传播外来文化的一种特殊载体，而有异于住宅、商业等其他生活与公共建筑类型。

从现存的形象资料来看，面对西洋教堂建筑形式有两种设计取向，一是对纯粹西方建筑式样的移植，最初的教堂建筑形式属于较为纯粹的西洋建筑风格，与当地的环境极不协调，但它使国人惊异地意识到了在建筑总体布局、建筑形象、建筑技术、审美意趣上完全不同于自我世界的另外一个建筑文化种类的存在，而且在久而久之的接触中，对其逐渐接受并培养了新的审美情趣。从法国传教士于清道光十八年（1838年）首先来奉天传经布道，并在1878年在奉天修建了第一座教堂建筑始，此期间的教堂建筑基本为直接从外国移植来的建筑模型，再令它适当简化，以使本地工匠用手头的原料和技能就能够大致建造出来，只是在材料及建造方面兼顾到可实施的地方性条件，才使得建筑细节略有改观，如1900年被毁前的南关天主教堂，体现了当时较为强势的文化植入。西方宗教建筑的到来为沈阳城增加了新的建筑类型，而且在传教的同时带来了科学知识及外来建筑文化的影响。二是由于主观上传教人士唯恐异类文化给国人带来强烈冲击而形成心理上的抵抗，致使其传播宗教文化受阻，当时许多传教士建筑师怀着教化中国人、改变其信仰的目的，有意识地在各自的建筑实践中，尽力或多或少地表现出“中国本土化”风格，而不是使用“纯西方式”的建筑语言。他们试图在建筑上谱写出一曲和谐的乐章。这种尝试在中国各地屡见不鲜，并从最初民国时期的星星之火，终形成20年代的普及之势。开始的本土化手段较为浅显，仅从外国人眼中的中国建筑特征出发，以中国的大屋顶作为中西文化融合的主要标志，如被烧毁前的东关基督教礼拜堂将中式攒尖塔亭放在教堂顶部，在建筑风格上表现出对中国传统的尊重，反映了一种对于中国文化的主动适应性。随着财政问题与建筑风格的冲突的出现，外国传教士建筑师也在不断地探讨如何将中国传统建筑特色及建筑文化更好地融入各地的教堂建筑中，而非仅是局部的、片面的融合，正如莫勒将此问题归纳为三个方面：一是结构、实用性和造价方面的；一是审美方面的；再就是精神方面的。力图在教堂建筑中寻找与本土文化和谐的旋律，以便让这种异质文化在他乡飘扬久远。如莫勒设计的沈阳基督教青年会，恰是20年代兴起的“本土化教堂运动”中出现的较好的改良实例。另外一个原因是当时本地技术水平、生产水平等客观条件所限，难以达到完全移植外来建筑式样的要求，故从主、客观条件的限定出发，使中国传统建筑文化与西方建筑文化融合创造出具有浓郁的中西合璧色彩及特征的建筑，形成中西混合式的建筑风格。尽管原因不同，但殊途同归，无论源于以上何种原因建造的教堂建筑，在施工、材料等方面均依赖于当地。当地的建筑技术是其再创造的物质基础。

天主教和基督教与后来的东正教是原始基督教的三大派别。天主教、基督教教堂建筑形式以哥特式为主，兼有文艺复兴及英国都铎风。东正教建筑流派起源于历史上地中海、黑海地区的拜占庭。东正教教堂多数在巴尔干、小亚细亚和俄罗斯、保加利亚、亚美尼亚等东欧地区，圆葱头屋顶是其显著特征。

天主教于康熙年间传入辽沈地区。清光绪四年（1878年），在沈阳兴建了南关天主教堂。基督教在鸦片战争之后传入我国，随后逐渐传入辽沈地区。同治十一年（1872年），沈阳成立东关基督教长老会，1876年建东关礼拜堂。东正教随着俄国人在中国东北修建东清铁路南满支线并划占铁路用地而进入了沈阳，并于日俄战争后修造了沈阳东正教堂。它们成为了沈阳外国教会在沈阳的发展中心，也成为了沈阳教堂建筑的代表（表3-6-1）。

沈阳近代天主教教堂　　表3-6-1

名称	创建时间	地址	创建人	备注（现状）
小南关天主教堂	1878年	沈河区小南街南乐郊路40号	方若望（法籍）	
遂川街教堂	1928年	和平区遂川街	卫忠藩（法籍）	1951年房屋改造，宗教活动停止
三经路教堂	1937年	和平区和平北大街31号	卫忠藩（法籍）	
十间房教堂	1938年	和平区二经街	卫忠藩（法籍）	1958年房屋改造，宗教活动停止
铁西区教堂	1946年	铁西区艳粉屯	费声远（法籍）	1951年宗教活动停止
皇姑区教堂	1948年	皇姑区雪耻街	费声远（法籍）	1958年房屋改造，宗教活动停止
小河沿教堂		新城子小河沿	纪隆（法籍）	

（一）天主教教堂

天主教于清康熙三十五年（1696年）传入辽宁。1838年，罗马教皇指令将辽东和蒙古从法国迁使会北京教区分离出来，成立满蒙教区，并将主教府设在营口。1878年沈阳南关天主教堂建立，这是沈阳历史上最早建立的天主教堂之一。1892年，满洲教区主教府从营口迁到沈阳，沈阳逐渐成为东北地区天主教活动中心。新中国成立之初，沈阳市有天主教堂10座，1957年，教堂合并为7座，“文革”中，教堂遭到严重破坏，宗教活动停止，1979年后，南关天主教堂等场所开始陆续修缮、建立并对外开放。

满洲教区第一任主教（法籍）方若望（Emmanuel Jean Francois Verrolles）生于1805年，1828年晋升神父，1830年到四川传教，1838年12月11日被任命为满蒙独立教区主教，1840年8月28日满蒙教区分离，他于1840年到满洲教区工作。方若望在职期间，建筑教堂有：沈阳南关教堂、庄河岔沟教堂、盖县阳关教堂、盖县教堂、海城市牛庄教堂、辽阳沙岭教堂、辽阳市教堂等。

满洲教区第四任主教（法籍）纪隆（Laurent Guillon）生于1854年，1877年晋升神父，1878年来中国传教，1889年任满洲教区第四任主教，1898年满洲教区改为南满教区后担任主教职务，1900年义和团运动中逝于南关天主教堂。在职期间的主要作为：于1892年将主教府确立在奉天；于1897年在沈阳建立了育婴养老院；在1897年相继建筑了11所教堂，其中包括沈阳新城子小河沿教堂等。

除教堂外，还建有育婴堂、养老院、神学院、主教与神甫的住宅等建筑。

此外还有天主教修女院，亦称沈阳圣母圣心修女会，位于沈阳市沈河区热闹路38号。该会于1911年由法籍苏主教创立，并于1913年开始招收修女。后在沈河区热闹路政贤西里新建教会，并于1926年8月15日正式迁入新址。

1. 小南关天主教堂

营口开埠之前，法国传教士于清道光十八年（1838年）首先来奉传经布道，国人视之为异端，裹足不前，鲜有登堂入室者。营口开埠后，于清咸丰十一年（1861年），法国巴黎“外方传教会”派遣传教士神甫方若望从营口转道奉天进行传教活动，并于清光绪元年（1875年）始，在奉天天佑门外（即小南门外）修建天主教堂，名耶稣圣心堂，成为沈阳教区的主教府所在地，管辖周围13个地区。

原教堂（图3-6-8）采取对称式布局，大堂平面为矩形，上覆两坡起脊式屋顶。建筑正立面位于大堂山墙方向，3层，六开间，中间的两开间合一，形成对主入口的强调。一层主入口中央开一个大尖拱券门，两侧各开一小尖拱券门辅之。二层亦是中间大两边小的三个圆形玫瑰窗。三层为三组竖向拱窗。正立面最边上的两个开间是两座高耸的钟塔，塔楼顶部中央为锥形尖顶，周围环绕着小尖塔。式样完全是西方教堂的移植，即哥特式教堂，但是从当时传教士势单力薄的情形来看，其营造技术及施工应为当地工匠承担。

来自西方的传教士曾给本国政治家建议：“追随宗教比追随军旗更为可靠”，由此可见，当时宗教的传来也肩负着政治责任。也正因为教会介入了瓜分中国的殖民活动，因此成为义和团运动攻击的目标。1900年7月2日，在沈阳的东关礼拜堂（英）、小南关天主教堂（法），被义和团刘喜禄、盛京副都统晋昌等人攻占并烧毁。此后，根据“辛丑条约”中的庚子赔款约定，奉天当局向英法教会分别进行了赔偿。各教会利用清政府的大量赔款在原址重建教堂。此时，中国的社会观念渐趋开放，教会在社会中的地位得到提升，加之银两充足，重建教会建筑都采用了本国的建筑风格。其中，最为典型、威严、壮丽的莫过于天佑门外的南关天主教堂了。

法国传教士苏培里于1909年向清政府索赔140万两白银，重建教堂，于1912年落成，由法国神甫梁亨利设计，当时占地9264平方米，有堂宇120楹，规模之大，屈指可数。教堂可容纳1500人。1926年由罗克格·雷虎公司设计，在教堂西侧又建一座主教府。1949年3月后，罗马教廷开始任命中国人为沈阳教区主教、东北地区总主教。至此，它变为了东北地区天主教活动中心。

小南关天主教堂名为耶稣圣心堂，位于沈河区小南街南乐郊路40号，原来叫作南关教堂，现在是沈阳教区主教堂（图3-6-9）。这座教堂建筑面积约1140平方米，面阔约17米，纵长约66米，塔高近40米，是一座典型的法国哥特式建筑（图3-6-10～图3-6-12）。

教堂坐北朝南，正立面构图横向分三开间，左右为塔楼，中开间分上下两段，下部是入口，

图3-6-8 1878年建南关天主教堂（来源：沈阳建筑大学建筑研究所内部资料）

图3-6-9 南关天主教堂全景（来源：沈阳建筑大学建筑研究所内部资料）

图3-6-11 教堂正立面（来源：沈阳建筑大学建筑研究所内部资料）

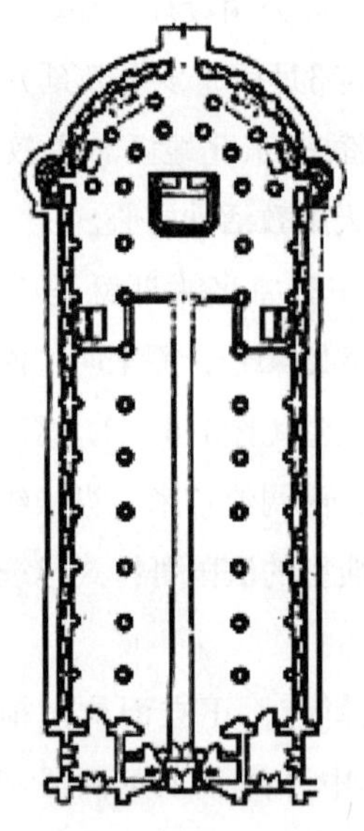
图3-6-10 教堂平面图（来源：沈阳建筑大学建筑研究所内部资料）

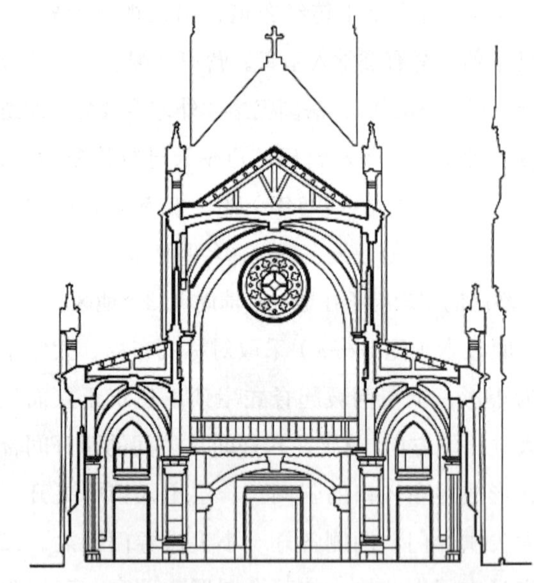
图3-6-12 教堂剖面图（来源：沈阳建筑大学建筑研究所内部资料）

未设透视门，而设半室外前室，设尖券于铁栅栏门两侧束柱上。内门上部石过梁上加嵌板于尖券之中，并雕刻以十字架、小麦、葡萄造型（图3-6-13）。入口券上为水平饰带，其上山墙中央为大玫瑰窗，与大尖券一起成为统领全局的整个立面的构图中心。两个塔楼左右对称，自身四面相同，上下分为四段。底部为次间入口，设有外室、门洞。往上是小尖券、玫瑰窗，再上为方尖形水平饰带，联系三个开间为一体。中间两段开方尖窗，以饰带划分，最上为八面锥体塔冠，由八个小尖塔围绕的主塔尖上立金属十字架（图3-6-14）。立面很朴素，只在每层被水平饰带断开的扶壁端部饰小尖塔，而塔冠部分则大小塔尖竞相上耸作为主塔尖的陪衬，如繁花簇锦，显得主次分明，繁简有

图3-6-13 南关天主教堂夜景（来源：沈阳建筑大学建筑研究所内部资料）

图3-6-14 高耸入云的教堂塔楼（来源：沈阳建筑大学建筑研究所内部资料）

致，塔尖高直，虽竖向线条常被水平饰带打断，升腾向上的动势仍然明显，而且简练、凝重。教堂前面是三扇拱门，中央为圆形的大玫瑰窗和三角形的尖拱透空山花。教堂两侧有成排的小窗。教堂为青砖砌就，外部不做罩面，内部只在墙面上涂黄白色水泥沙浆，而暴露出砖砌束柱、壁柱、尖券装饰及拱券骨架，显得层次清晰，脉络分明。尖券、尖塔及方尖形母题布满室内外，另有壁柱、束柱等竖向线条反复，从而使形象完整，风格统一。

教堂内部平面为三廊巴西利卡式，有24根石柱支撑，将大厅空间在纵向划分为三部分。两侧束状砖砌壁柱与中间的石柱共同组成大堂的竖向支撑构件。穹隆顶镶嵌着巨大的花纹。主入口外室左侧为上唱诗台的圆楼梯间，右为圣井室。入口上部设唱诗台，由唱诗台可上东西塔楼，东楼为钟楼，西楼可缘内部爬梯上至塔顶。三条过道分男女座席为四排，祭坛地面高出教徒座席地面一阶，并以铁栅栏围合。圣台面南，做弥撒时，神父与教徒同时面北而拜。小祈祷台沿教堂北端由九边折成的半圆形外墙布置，位于柱列及上部回廊围合的小空间内。圣台后的墙面上有门、廊通更衣室。

空间高耸，动势则不太强烈，侧窗很大，光线充足；柱子是叠柱式，没有直通向上；拱券也很平缓。虽然在色彩、装饰上简约、节制，但气氛并不神秘、压抑。

教堂的墙体材料采用的是中国传统的青砖，屋顶用小青瓦，尺寸都很大。束柱的圆砖、塔尖饰件等都是在梁亨利特设的窑中烧成，但未采用国外的红砖烧法。用一顺一丁法国式砌筑，用石灰砂浆抹灰。塔楼内平台为木制，塔尖内平台采用石梁、石板抹角搭砌而成。

竖向承重结构：侧廊为砖墙，设扶壁；中厅下部用石柱支撑，上部为砖墙。水平承重结构：侧廊部分的屋顶上层是木结构，半个人字屋架承其上各层；下部是从侧墙扶壁与中厅石柱上起券的四分拱，拱肋为砖砌，有斜撑支于木梁及墙、柱之上，拱体为木条拼成，上作抹灰。这一层仅作装饰，在室内模拟哥特尖拱形式。中厅天花为“两层皮”。真正的结构为人字式木屋架，木梁横架于中厅侧墙扶壁上，与一般大梁不同的是，在其两端贴墙体向下伸出木柱，并以斜撑连接。下层为木条抹灰顶棚，做成四分拱形式，承自重而非木筋吊挂，起券于石柱柱头上的垫石。估计大梁下伸之木柱是为平衡此叠涩券，而压于垫石后部。垫石之上的拱肋是木条拼成，上抹灰浆，再涂青灰（近似砖质），并勾缝画出砖的形式，故自重很小，侧推力不大，因而未设斜撑，外部也没有用飞扶壁。这种形式很经济，既保持了哥特式建筑的典型特征、结构 、材料，做法又很简便。屋顶做法是纯中国民间方式。屋架、擦条、望板、苇席 、条木、麋（泥）分层而设，最上层用特型小青瓦错肩铺成。

这幢教堂采用西方形式，由西方人设计、指导施工，采用西式的砌筑方法、西式的吊顶形式，而由中国人施工，采用中国材料、中国技术的传统屋面做法，反映出了中西建筑交融的特征。天主教由南向北传播，这座教堂是在东北地区地位较高、历史较早、规模较大、风格较纯正、保存较完整的一幢宗教建筑，具有很高的历史价值（图3-6-15）。

教堂的西院有一座4层建筑，这是由法籍卫忠藩主教主持修建的主教府（图3-6-16），由罗克格·雷虎公司于1926年设计，1927年8月竣工。这是一座正面带有希腊山花的西洋式建筑，其内部共有房间近百间，面积达2700平方米，外观壮丽，其横向构图与教堂向上的动势形成强烈对比。教堂东侧后增建两进四合院落，整个教堂院落总面积达9264平方米。沈阳是东北地区的天主教中心。

沈阳天主教堂于1988年被列为辽宁省级文物保护单位，2013年被列为国家重点文物保护单位。

2. 三经路天主教教堂

位于沈阳市和平大街启玉里10号，新中国成立前这里曾是分布有法、英、美、日等国领事馆的领事馆区。1937年经奉天教区主教卫忠藩（法籍）指示，在三经路设立教堂，巴黎外方教会由日本调回的法籍巴天铎神父掌管本堂教务。

教堂（图3-6-17）占地1752平方米，建筑面积548平方米，主体教堂一栋共13间，坐东朝西，西北为6间住宅楼。教堂呈非对称式布局，为现代建筑风格，手法简洁。建筑高低错落，体量不大，

图3-6-15　南关天主教堂外立面（来源：沈阳建筑大学建筑研究所内部资料）

图3-6-16　主教府（来源：沈阳建筑大学建筑研究所内部资料）

图3-6-17　三经路天主教教堂（来源：沈阳建筑大学建筑研究所内部资料）

形体构图丰富。入口居中，建筑体量中间高，向两侧略呈跌落状，使得建筑层次感丰富，并在体量及位置上凸显与衬托入口的重要性。建筑南端一塔楼成制高点，统领整个建筑，塔顶叠涩收分，

与跌落式体量相呼应。建筑规模不大，却主次分明。开窗方式为竖向长窗，彰显建筑之挺拔，尤其是塔楼，除竖向长窗外，还有竖向线脚，更显其高耸。建筑无多余装饰，仅在檐口及窗上口处勾勒简洁线脚，门上口置门心石，采用本色石材，体现庄重肃穆的建筑属性。基于审美情趣及经济价值考量，对于传统的西方教堂建筑形式有了极大的简化与适应性的改良，用较为现代的手法演绎了西方古典建筑与本土文化的有机结合。

1960年，由于教堂合并，宗教活动停止，三经路教会将该堂献出，交给和平区园路公社。根据教徒宗教活动的需要，辽宁省于1983年批准，将它作为开放的宗教活动场所。原教堂现已拆除并于原址新建一教堂，继续作为宗教活动场所。

（二）基督教教堂

基督教最早进入东北是在 1852 年冬季，“德国人郭际烈由暹罗（泰国）乘船到盖平传播基督教，成立两个福音堂。它是东北最早的基督教堂。”由于各方面的制约，这次传教活动未能真正进行下去，也没有产生多大影响。根据“天津条约”规定，牛庄被迫于 1861 年 4 月开埠。伴随着政治、经济势力的延伸，传教士们也纷至沓来，基督教开始以营口为踏板，把自己的触角伸向中国东北这片广袤的土地。据《奉天通志》载，基督教“清同治间……渐入中国北部。同治六年，始在营口创设福音堂。”在《辽宁省志・宗教志》中有更为详尽的记述：“同治五年（1866 年），英国苏格兰圣经会韦廉臣受英国长老会的委托，来到营口，但未久留。翌年，英国牧师宾维廉，从北京移驻营口传道。同治七年（1868年），设东、西街两福音堂，当时有外地在营口的一些商人入教。他被视为东北基督教的‘立基人’。”最早在东北传教的基督教差会是爱尔兰长老会和苏格兰长老会，二者均属英国长老会系统，它们开辟了东北地区最早的五个宣教师驻在地，“即牛庄（爱尔兰长老会，1869 年）、沈阳（苏格兰长老会，1875 年）、辽阳（苏格兰长老会，1882 年）、锦州（爱尔兰长老会，1885 年）、宽城子（即长春，爱尔兰长老会，1886 年）”。其后，还有丹麦路德会，属信义宗。这三个差会在布道过程中互相提携，到 1920 年，它们已经发展成为东北地区势力最大的基督教差会。

1872年（清同治十一年），时年30岁的罗约翰牧师，受苏格兰长老会的差派，经烟台抵达当时的商埠牛庄（今营口地区）购地筑室。1876年（清光绪二年），罗约翰在中国传道人的帮助下，在奉天省城（今沈阳）小北关租房设堂讲道，第二年，迁至西华门，不久又迁四平街（今中街一带），这是东关教会初创时期。

1876年，在大东门外购地，即今天所在位置并开始筹建东关教堂大礼拜堂，当时峻峭巍峨的大礼拜堂足能容纳800个座位。这里也成为了当时东北最大的基督教堂。

在沈的基督教建筑主要有：东关教会、奉天基督教青年会、西塔教堂、铁西基督教堂、北市基督教堂。其中规模最大的为东关教会。

1. 东关教会（教堂）

沈阳东关基督教堂是一座具有120年历史的宗教活动场所，位于沈阳市大东区东顺城街三自巷8号，是中国东北地区最古老、人数最多的新教教堂。东关基督教会始创于1876年，教堂建于1889年，毁于1900年义和团运动。

1907年，罗约翰用庚子赔款在被焚礼拜堂旧址上再度建造教堂建筑，半年后竣工，这就是今天我们所看到的东关教会大礼拜堂主体（图3-6-18）。

历史上，这座建筑的使用一直坎坎坷坷。九一八事变后，传教士被驱逐，之前传教士所修建的学校、医院和教堂全部被日本接手管理。抗日战争胜利后，此地又开办了女子圣经神学院，“文革”期间，教堂宗教活动停止。直至改革开放后，这里的宗教活动才恢复正常。1979年，东关教堂恢复聚会，信徒人数也逐渐增加，为解决聚会

图3-6-18　东关教堂外观局部（来源：沈阳建筑大学建筑研究所内部资料）

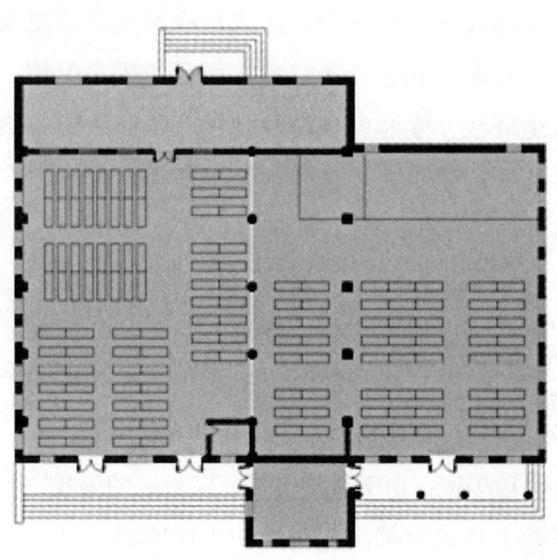

图3-6-19　东关基督教堂平面图

拥挤的问题，1990年教堂修建后偏堂一处，1992年又扩建了西礼拜堂，1998年在原礼拜堂后院建成了4层附属礼拜堂。

院内南北向的民居目前是教会的展示馆。这里是当年罗约翰翻译朝鲜文圣经的地方，东关教堂为基督教传播至朝鲜半岛也做出了重要贡献。

沈阳基督教东关教堂占地面积为4301平方米，主体建筑面积为2830平方米（图3-6-19），教会总建筑面积为6861平方米。

1900年前的东关教堂是一座具有中西混合式建筑风格的建筑，仅仅在东侧有一个矩形的礼拜堂及北侧的钟楼，其主要出入口在北侧，立面保留欧洲教堂的整体特色，建筑为砖石结构。该教堂以其造型的宏观效果展示基督教建筑之意象，但是其中央高耸的塔楼是两层高的重檐歇山式的中国式楼阁，在门窗细部有尖圆形拱券。这是传教士为了吸引中国教民的主观立意与利用当地匠人施工建造的客观条件两方面的不谋而合，客观地反映了外来建筑文化与沈阳传统建筑文化的融合创造。

罗约翰重建东关教堂时将建筑的主要出入口改在了南面，这时的东关教堂已经具有了现在东关教堂的主体部分。由于当时的社会和历史环境对西方宗教持逐渐接受的态度，罗约翰再次修建东关教堂时取消了原来的中国式塔楼部分，其他部分则基本保留了原有的特点。

20世纪40年代加建了现在的西侧礼拜堂和中间的钟楼部分，但是钟楼已经没有什么实际用途了。在教堂内部则形成了巨大的礼拜空间（图3-6-20）。主讲坛设在了原有的礼拜部分。其他的只有内部结构和建筑的内、外窗保留了罗约翰重建时的部分，其余在后来的改建、翻修中都使用了现代的材料。建筑的主立面（南立面）在翻修中使用了现代的材料，而其他三面墙则保留了青砖墙面，颜色深浅不一，彰显历史沧桑感。北山墙有一圆形玫瑰窗（目前被封实），长排窗户的外部特征，体现了英式哥特式建筑的特点。

东关基督教堂建筑的大礼拜堂内空间宽敞明亮（图3-6-21），室内屋架采用英国都铎风格中在大厅常用的锤式屋架，由两侧向中央排出，逐级升高，每级下有一个弧形的撑托和一个下垂的装饰物。内部向上内收成梯形的紫檀色松木也具有很明显的都铎特色。

室内南北向礼拜堂东侧没有侧廊，中厅和西侧侧廊采用了4个券形拱门作空间分隔。在室内看它的屋顶是向上内收的梯形。天棚架设排列整齐，紫檀

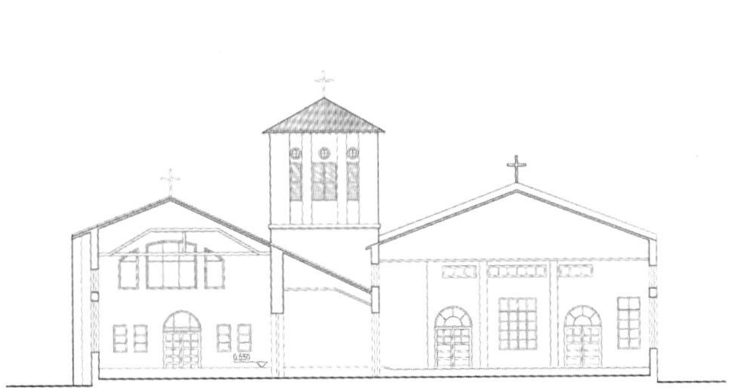
图3-6-20 东关教堂剖面图

图3-6-21 东关基督教堂内景

色松木檩搭配着白灰色棚顶，色彩协调，庄严肃穆中给人一种苍穹感，这是一种典型的欧式教堂风格。

东关基督教堂的特色不仅在于天棚，还在于它的窗户。东侧墙身分为上下两组窗户，上层大概是直径1米的圆形玻璃窗，同时镶有木质的窗花条格，圆窗上的棂心采用中国传统样式；下层是高约2米，宽约1米的长方形玻璃窗。两组窗户的方圆搭配，也彰显出中西建筑风格和宗教文化融为一体的特色。

这座建筑的艺术价值在于中西合璧，它的合院是中式布局，院内除礼拜堂外，其他建筑都采用东北传统的民居形式。东关教堂是英国都铎风格与盛京传统工匠掌握的传统材料和结构的完美融合，体现了当时英国长老会基督教派为使基督教更适合沈阳人而做出的不懈努力。

2. 奉天基督教青年会旧址

奉天基督教青年会（图3-6-22）由美国普莱德、丹麦华茂山、爱尔兰司徒尔三国牧师联合修建，1923年破土动工，1925年5月竣工。该建筑从施工质量到建筑造型在当时的奉天均属上乘。

该建筑在总体设计风格上将西洋建筑风与中国传统建筑理念相融合，手法大气成熟，体现了一定的地域特色。

此为青砖砌筑的4层建筑，地上3层，地下1层，层高呈逐层递减之势，体现了敦实厚重感，具有浓郁的北方建筑特色。屋顶为传统的四坡顶，在二层顶部也做有四坡披檐，三层向内收。建筑呈对称布局，两端房间较大略向外凸出，并分别于二层顶部披檐处对应于窗中部置一歇山，使屋顶变化丰富。一层地面抬起，使地下有些许采光。东西两侧各设入口，于数级台阶登入，体现庄重气派之感，上置混凝土雨篷。建筑立面呈水平式构图，将一、二两层组合在一起，并以一条白色的横向凸带加以强调，凸显其水平向的舒展感；而将第三层略向内收进，形成类似“重檐”的造型，进一步弱化了它的竖向体量，又使外观形象由此而更为生动。一层为斩假石饰面，有条形分格，窗户为木质格构窗棂，二、三层糅入了欧美简洁明快的色调，无古典装饰线角。

楼内有宽敞的大厅和木制楼梯、地板，还设有大小教室、讲演厅、游艺室、浴室以及地下室、

图3-6-22 基督教青年会外观

篮球场等，另外，在院内设有网球场。它的建成使奉天基督教青年会在抗日期间有了一个长期的稳定的开展抗日活动的基地。在此期间，阎宝航先生任奉天基督教青年会总干事，并提倡民众教育。

奉天基督教青年会是沈阳最早传播新文化、宣传马列主义的阵地，是沈阳学生运动的策源地，是沈阳党建的发祥地，张学良将军最初接受马列主义的洗礼也是在这里。

该旧址地处沈阳市沈河区朝阳街155-1号，现为沈阳基督教培训中心，2003年被列为省级文物保护单位。

3. 西塔教堂

全称基督教会西塔教堂（图3-6-23），教堂位于沈阳和平区市府大路33号，被沈阳市政府列为不可移动文物。沈阳基督教西塔教堂主要是居住在沈阳城中的朝鲜族基督教信徒聚会的场所（图3-6-24）。该教堂旧址始建于1917年，2012年经过维修恢复了原貌，虽然目前已经不再作为教堂使用，但其建筑规模和建筑风格却仍然具有一定的艺术价值和观赏价值。现在使用的西塔教会是与教堂旧址毗邻的一栋6层楼高的新式教堂，外观和现代常见的楼房差不多，镶嵌着灰白色的瓷砖，只有第六层的楼窗和一楼出入口上方（占据三层楼高度）的拱形窗，还有楼顶的十字架，让人一眼就能看出这里是教会建筑。

4. 铁西基督教堂

铁西基督教堂位于沈阳市铁西新区保工南街73号，占地面积为1600平方米，主堂建筑面积为3200平方米，分4层，高43米，另有2层12米高钟楼及6米高的十字架。教堂一次可容纳四千名信徒聚会。

铁西基督教堂始建于1939年，当时位于铁西区的景兴街四段十里1号，有平房7间，占地面积为1012平方米，设施陈旧简陋，无院落，名为“中华基督教会沈阳市铁西教会”。

1993年7月份，旧址动迁，铁西教堂移到保工南街13路，当时是一座四合院，占地面积为1100平方米，建筑面积接近800平方米。

现在的教堂，是由于再次的城市拆迁改造，于2000年10月建成，2001年5月份举行献堂典礼，已经是一座现代化建筑风格的教堂了。

5. 北市基督教堂

北市基督教堂坐落在沈阳市和平区皇寺路144号。

1909年美国基督教派丹麦牧师到沈阳传教。1914年在北市场建立教会。新中国成立后教堂一度

图3-6-23　西塔基督教堂

图3-6-24　西塔基督教堂内

改成小工厂，1962年恢复礼拜，上午汉族礼拜，下午朝鲜族礼拜。“文革”期间，北市教会关闭，教堂被占用，先办工厂后办曲艺社。1979年又恢复教堂，1993年北市地区改造，在不远处建新教堂。1994年6月到1996年9月，北市基督教堂新礼拜堂建成，建筑面积1400平方米。北市基督教堂跟铁西基督教堂都经历了城市拆迁改造，原建筑都已经不复存在了。新教堂更大程度上提供了宗教意义而非建筑意义。

（三）东正教教堂

沈阳城内唯一的一座东正教教堂（图3-6-25）位于西塔地区。1900年，俄国在奉天紧邻俄占铁路用地的东北侧修建了一座墓地，以安葬在镇压义和团运动中阵亡的俄军将士。1905年，日俄战争结束，俄国战败，其奉天铁路用地权益被日本接收。1908年，沙皇尼古拉二世欲为战争中阵亡的俄国军人建造纪念物，经过与日本驻奉天总领事馆协商并取得同意，沙俄当局才得以在1911年9月开始在俄国墓地内修建救世主战争纪念小教堂，1912年建成。这座相当于“日俄战争纪念碑”的教堂建筑，主要用于祭奠在“日俄战争奉天大会战”中死亡的官兵。随后，这里继续作为埋葬沙俄官兵遗体的墓地。

该教堂建筑为砖石结构，规模很小，仅1层，高约10米（图3-6-26），占地面积约15平方米。平面为八边形（图3-6-27），西面设拱券式门，东面的凸出部分有空透“十字”装饰（图3-6-28）。以花岗石巨石垒成主体建筑的底座和墙体，在鼓形底座上有花瓣形装饰。顶上加了一个铜绿色葱头形的穹顶，屋顶饰以象征古代武士盔甲的鳞片状铁瓦（图3-6-29）。建筑整体形态感觉如中世纪武士。教堂顶部的十字架不是传统的东正教式，而采用了代表军队的铁十字架。教堂内部空间狭窄，墙壁上有四块铜牌，记录该教堂是为纪念日俄战争期间在九连城、辽阳会战、沙河会战和奉天会战死亡的俄军将士而建。它是沈阳城内唯一一处典型的俄式古典建筑。

具有俄罗斯风格的“洋葱头”式东正教堂，印记着那个年代的外国侵略史，也正是由于它的历史作用和建筑艺术上的唯一性而非常珍贵。虽然它的建筑形式是对俄罗斯建筑的移植，但是因为它又以当地的施工技术为基础，因此这种移植又不可能是纯粹的。

三、其他公共建筑

建筑功能类型的多样化成为中国近代建筑有别于古代最显著的区别之一。中国古代生活内容相对单一，仅以不多的建筑类型即可满足不同功

图3-6-25　沙俄东正教堂

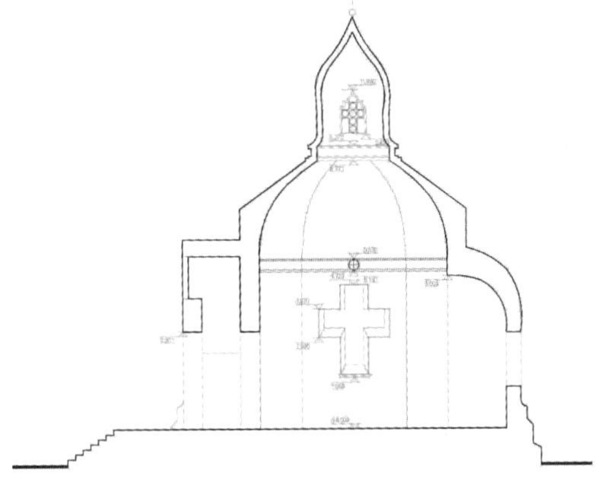
图3-6-26　沙俄东正教堂剖面图

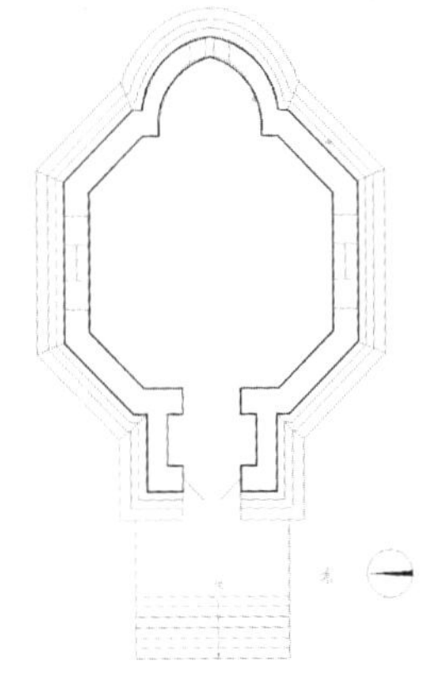
图3-6-27　沙俄东正教堂平面图

图3-6-28　沙俄东正教堂外观局部

图3-6-30　张作霖官邸办事处（来源：沈阳建筑大学建筑研究所内部资料）

图3-6-29　沙俄东正教堂屋面

图3-6-31　奉天商务总会（来源：沈阳建筑大学建筑研究所内部资料）

能的需求。进入近代，社会生活的多样性及其需要提供所依赖的建筑空间的复杂性，促使多种建筑类型出现和发展。特别是社会公共活动的增加，令公共建筑类型丰富起来。

沈阳近代的办公建筑在建筑的空间组合、形式、规模等方面都有较大发展。张作霖官邸办事处，是1925年建成的2层办公建筑（图3-6-30）。中央及四角有局部升起，中央升起最高。立面特征是出檐很大，反复运用栏杆式女儿墙。奉天商务总会，3层建筑，局部4层，砖木结构，中央入口有高3层的柱廊（图3-6-31）。另外，日本在附属地享有治外法权，因此也建有许多警察署。在十间房大街（今市府大路）的警务署，是平面方形的4层红砖建筑，建有绿色铁皮的孟莎式屋顶，立面则运用了曲线形阳台等巴洛克式手法，在建筑样式方面有典型意义。满铁奉天公所是满铁为同中国方面进行交涉，利用清政府给朝鲜使节所设的“高丽馆”改建的。原“高丽馆”是四合院式的平房，1923～1924年间，满铁在保留内院和附属建筑的基础上又新建了主楼。因为地段处于奉天城内，主楼模仿沈阳故宫采用了中国传统式样，并聘请当时住在北京的建筑师荒木清三作为顾问。这栋建筑物是“九一八”事变之前满铁建筑课所设计的少数中国式样的建筑物之一。该组建筑坐东朝西，占地面积4100平方米，建筑面积为3000平方米，平面为封闭的四合院式，钢筋混凝土结构，绿脊黄琉璃瓦屋顶。正对入口的主体建筑为2层，中间天井的南北两侧为单层拱券柱廊，其屋顶是露天阳台，主体建筑的一层延续两侧的拱券柱廊，屋顶则用山花以突出主楼。主体建筑正门两侧各有一座四角攒尖亭式建筑，亦为绿脊黄琉璃屋顶。整组建筑为钢筋混凝土结构。水刷石装饰墙面及斗栱，虽使用的是现代材料和现代技术，但整体感觉为中国传统的建筑风格，并与相距不远的沈阳故宫建筑群相互辉映，建筑空间的处理以及中西建筑手法的融合使用等方面，是具有探索性的实例。

沈阳近代也是娱乐建筑数量及类型迅速增加的时期。位于千代田公园（今中山分园）西侧，由满铁建筑课于1924年设计、1925年竣工的满铁社员工俱乐部是具有十分浓厚的娱乐与健身氛围的建筑形式。俱乐部地上2层，局部1层，地下1层，是砖结构平屋顶建筑（图3-6-32）。一层设有网球场、游泳池、柔道场、剑道场。“道场与俱乐部入口分设，以减少人流交叉。各室尽量有通用性，提高利用率。”同时，为了适合日本人的社交习惯，在临庭院的廊前设置了很大的平台，似为日本传统建筑中“缘侧”空间的沿袭。建筑造型已是非常现代化的方盒子。墙壁用紫色砂浆做出拉毛状粗糙的肌理，“以此追求南方开放明朗的趣味，但做出之后，发现许多没有考虑周全的地方，反而成为自愧的设计”。从这一设计中，已反映出功能分区的思想及现代主义的新美学观。由于砖结构的限制，内部空间仍较为单调，仍依赖于装修的不同达到不同的室内空间感受。受上海、天津等地的游乐场所、娱乐建筑类型的影响，沈阳于20世纪20年代也出现了将商铺、茶园、新型电影、魔术杂耍等集中于一处的兴游园。兴游园建于1925年前后，据称设计人是任职于奉天市政公所测量局的张志田。兴游园扩建后称为第一商场，内设商铺、影院等，东院以有名的白茶馆为中心，各种小吃、杂耍铺面呈辐射式分布，在四周和井字道路上设铺瓦棚顶。第一商场具有综合性的功能，经营兴隆，但其建筑也只是一简陋的大棚式建筑，1946年毁于大火。

除上述各类主要建筑类型外，近代沈阳的文化教育、医疗、交通及城市服务设施等各类建筑也有较快发展。1928年沈阳故宫改为东三省博物馆，于5月开放，展出历代文物。第一次开放的一周中，观众就多达10万人次。1929年又将埋葬皇太极的昭陵辟为公园，成为沈阳第一个史迹公园，具有文化设施之意义。满铁奉天图书馆（图3-6-33）是满铁所建为数甚少的西班牙式建筑之一，设计人为当时满铁奉天工务事务所的篭田定宪和小林广治，1921年12月竣工。该建筑采用了从美国购置的钢制书架和磨砂玻璃楼板。平面采用对称规整的平面布局形式，轴线南北向贯穿。建筑的主

图3-6-32　奉天社员俱乐部（来源：沈阳建筑大学建筑研究所内部资料）

图3-6-33　满铁奉天图书馆（来源：沈阳建筑大学建筑研究所内部资料）

要部分平面形状也沿此方向呈阶梯状布置。其主入口位于南侧，门庭、走廊沿中庭环绕。门厅两侧各有一个2层的楼梯间。供图书馆用的阅览空间部分分布在东侧；轴线向北是图书馆的书库部分，通过沿轴线的一走廊与建筑主体联系。书库4层，平面亦是沿轴线对称的规整矩形。室外有通向地下室的楼梯。立面上总体比较低矮，且分布较广，但正立面有两塔。楼式的楼梯间则打破了这种单调，在高度上增添了变化。造型为西班牙式，形体组合简单，但仍有一些线脚的处理，在门窗上有很多变化。

学校建筑是此时期发展极为迅速的类型。满铁建筑课设计了奉天中学校。中国建筑师杨廷宝设计了沈阳同泽女子中学南教学楼。1923年，为了改变“百业竞起，专门人才渐感供不应求”的状况，奉天省与黑龙江省按9：1的投资比例于沈阳创办东北大学，也是国民政府教育委员会于1917年制定的全国八大国立大学计划之一。校舍分为南校舍（大南关首）及北校舍（北陂前）。1925年5月又划拨北陵前长宁寺附近官地二百余亩为大学工厂址，从德国进口机械，迅速建成东北大学工厂。“盖非仅供学生实习，而实为大学建不拨之基焉。”1929年，南校全部迁入北校舍。校园从规模及环境等方面都是首屈一指的。1922年，“满铁”在南满医学堂的基础上设立了医科大学，又陆续增建了学生宿舍、体育馆、传染病房、食堂等建筑，是当时最大的医疗教育建筑群……

各类为城市生活服务的公共建筑如交通、邮政、通信建筑发展到了新的阶段。东三省的兴建铁路的计划一经实施就大大地刺激了交通建筑的发展。新建的奉海车站，京奉铁路总站是其中的典型实例。邮政建筑则向大型化发展。奉天省邮务管理局，1928年竣工，砖木结构，是地下1层、地上2层的红砖清水砖墙建筑。中央入口有凹入二层高的柱廊，其上承托山花，呈文艺复兴风格（图3-6-34）。转角高耸的塔楼，又有巴洛克式装饰。明治末年时的日本人，在经营东北的铁路附属地之时，将他们眼中文明、开化的象征——红砖建筑引入附属地的营建活动。于是，沈阳开始了与传统的青砖建筑大相异趣的红砖建筑时代。20年代是红砖建筑的全盛时期。奉天省邮务管理局则是红砖清水墙建筑鼎盛时代的终结作品。此后，清水砖墙建筑在大型公共建筑中销声匿迹，取而代之的是新兴的钢筋混凝土结构及面砖的普遍应用。1927年由关东厅内务局土木课设计的奉天自动电话交换局（图3-6-35），于1928年10月竣工，地上3层，地下1层，钢筋混凝土混合结构，建筑面积2900平方米。外观相当简洁，从各种建筑材料的对比运用，尤其是用白水泥做出

图3-6-34　奉天省邮务管理局（来源：沈阳建筑大学建筑研究所内部资料）

图3-6-35　奉天自动电话交换局（来源：沈阳建筑大学建筑研究所内部资料）

植物枝茎般伸出的壁柱等方面来看，设计似乎是受了些当时流行的新艺术运动的影响，但设计者本人称其作品为“现代哥特式”。

城市公共设施逐渐完善。其中有的是由旧有的公共设施改建而成，如连奉堂奉天分号，在原有合院式建筑的基础上，将天井加封顶盖，进行顶部采光，扩大了浴室规模。登瀛泉浴室将原有建筑拆除，于1930年（民国19年）新建二层楼房，外观为洋式门脸，内部则是由高侧窗采光的中庭空间。也有完全新建的公共设施，具有代表性的是1930年建成的当时沈阳最大的体育建筑——奉天国际运动场，钢筋混凝土结构，总面积为33000平方米，有12000个露天座席。其后，东北大学体育场也建成并投入使用。

沈阳近代，是一个建筑由承续发展了几千年的中国传统体系被西洋建筑所替代、所纳入的过程，是一个建筑技术突飞猛进的过程，是一个建筑功能类型发生了裂变式的突变与剧增的过程。这一时期建筑的发展为现代建筑打下了重要的基础，也为今天的沈阳留下了众多的建筑遗产与历史记忆。

04

沈阳近代建筑技术的发展

中国近代建筑技术，作为中国沿袭千年的传统木构体系与欧洲近代建筑并轨，并向现代建筑结构体系转型的重要载体和媒介，无论结构、构造、材料还是施工工艺都体现了外来建筑技术在引入过程中的适应性发展以及传统建筑技术的提升和更新。由于中国近代史发展背景错综复杂，不同的地域又表现出了不同的发展特性。对于沈阳城，近代建筑技术的发展主要体现在：① 以力学应用引发的结构体系变革，传统的施工口诀以及师徒相授被科学的力学计算和学院的建筑技术教育所取代，传统的砖木结构逐渐被砖混结构、钢筋混凝土结构、钢结构所取代；② 以红砖和混凝土为代表的新型建筑材料的引入与自主生产；③ 随着城市的扩张与发展，更加快捷和安全的施工方式开始出现，一系列新技术措施改善了人们的生活环境，近代建筑走向了同世界并轨的近代建筑技术的行列。

第一节　力学应用引发的结构体系变革

虽然在中国传统建筑中许多方面都体现了传统工匠对建筑受力的敏感以及合理的力学体系，但这些都是经验的累积和感性的处理与应对，并没有对具体的结构进行力学的计算。传统建筑的施工构造采用的是大材大料，利用施工口诀来保证建筑的安全与坚固，特别是传统的木结构建筑，定期的维护和修缮是延长其使用年限的重要保证。近代时期，伴随着洋风建筑的传入，建筑科学体系中的建筑力学也一并传入，这不仅仅是以传统的建筑技术创造西洋的建筑样式，而是在西方新兴建筑材料的支持下修建洋风建筑的技术保证，是近代建筑科学化的重要标志。

近代沈阳，力学在建筑中的推广与应用主要体现在以下几个方面：首先，是三角形木屋架体系的出现。在沈阳近代建筑中最早的力学计算应用在屋顶部分。用三角形屋架取代抬梁式屋架使得木材用料大大地节省，建筑跨度可以更大，屋架受力更合理，并有效地减轻了屋面的重量。三角形的木屋架构成及组合方式反映了力学在建筑中的应用，是力学计算在沈阳近代建筑设计中的最早应用。三角形木屋架利用五金件尽可能将材料的空隙减小，固定柱脚，应用斜支柱、斜撑技术以及桁架屋架使结构紧凑一体化，从而提高刚度及稳定性。应用“三角形不变原理”，通过西式桁架屋架、斜支柱、斜撑的有效性来判定其牢固性。三角形木屋架的出现标志着沈阳近代建筑在技术上的一个实质性的开端。因为只有三角形木屋架取代了抬梁式屋架，才能真正解决传统建筑屋顶重量过大、柱子孤立、榫头接口与其他部分空隙大、横木和楔子固定的暂时性等一系列的结构问题，才能有效减小材料尺寸，合理利用木材，才能解决木材等材料本身对建筑跨度的约束和限制，才能科学地解释建筑结构体系的力学关系，为实现丰富多变的室内格局和大跨空间并且为接下来的新型结构体系的出现与发展打下基础 。

其次，承重墙体的出现。随着砖木结构的出现，外墙变成了承重体，由外围护部分变成了外围护结构，墙体砌筑不能简单地只考虑传统防寒防暑问题，而且涉及承受屋顶荷载和自重的结构问题，砖墙砌筑的合理与否决定了建筑的稳定性和材料使用的合理性，这就涉及了力学的计算。

再者，现代结构形式的变革。以承重墙和梁柱系统构成的砖混结构、钢筋混凝土框架结构以及多种高层建筑结构标志着建筑技术近代化的真正实现与完成。

一、三角形木屋架的传入与适应性发展

（一）三角形木屋架的构成与特色

根据其立柱的分布位置和数量可将三角形木屋架构成形式分为三种。其一，单柱柁架，即三角形屋架中间由一根立柱（大立人）支撑；其二，双柱柁架，即三角形屋架中间由两根等长并平行的立柱（大立人）支撑；其三，为混合式柁架，即由三角形屋架组合而成的混合式。其中以单柱柁架使用最为频繁，是沈阳三角形屋架的主要形式，分析其原因，主要是单柱柁架屋顶结构简单，施工便捷。再者，由于沈阳寒冷的地域气候特点，建筑开间大，进深小，所以使用单柱柁架最为经济、合理。从表4-1-1中可以看出，沈阳的近代建筑进深一般在20～30尺（6.4～9.6米）之间，这正符合我国

沈阳近代三角形木屋架建筑构件尺寸（1928～1931年）　表4-1-1

时间（年）	建筑名称	进深（尺）	柁/梁（寸）	大立人（寸）	大杈（寸）	小杈/小立人（寸）
1928	多小公司	23	12×8	12×8	8×6	4×4
	省议会宿舍		10×7	7×7	8×6	5×3
	省议会锅炉		12×10	9×8	10×8	4×6
	沈阳县公署		10×8	6×6	8×6	
1929	沈阳县立第三初级中学	28	10×5	5×8	8×5	3.5×5
	沈阳公安局		6×8	5×7	5×7	3×5
	李少白		5×8	5×8	5×6	3×4
	詹淑英门市	10	8×10	4×6	4×6	2×3
	承业堂	22.8	9×10	5×6	6×7	4×5
	福顺堂	27	10×7（h）	6×5（h）	6×5	4×2
	张玉山住宅	20	10×9	4×6	8×6	3×4
	徐景庶楼房	24	10×8	7×8	7×8	
	任永文楼房		7×4	7×4	7×4	4×3
	康永久住宅		12×8	8×8	10×6	
	南洋钟表行		8×12		8×12	

续表

时间（年）	建筑名称	进深（尺）	柁/梁（寸）	大立人（寸）	大杈（寸）	小杈/小立人（寸）
1930	省高等法院职员宿舍		8×5	7×4	20×4	3×4
	省高等法院		8×5	8×5	7×5	5×4
	允中堂		9×6	8×5	8×5	
	吴长麟堂		10×5	6×5	8×5	4×5
	成泰皮鞋厂	23	6×9	5×8	5×8	3×4
	清真学校	20	6×8		5×7	2.5×5
1931	杨景荣建筑		8×6	8×6	8×6	3×3
	基督教安息日会		5×8	5×8	8×10	6×6

近代第一本建筑学著作——天津张锳绪著的《建筑新法》中对单柱柁架进深尺度的建议范围，同时也满足现代木结构三角形桁架对其跨度的要求。

从三角形屋架本身的结构构件的组成上，可以将三角形木屋架分解为上面的屋架、中间的桁架以及下面的横梁，也就是现代结构中的上弦、腹杆、下弦。理想桁架的节点都是铰接点，所以桁架的杆件布置必须满足几何不变体系的组成规则，因此由基础或一个基本铰接三角形开始，依次用不在一条直线上的两个链杆连接成一个新节点是三角形木屋架的基本形式，如多小建筑公司的屋架（图4-1-1），两两铰接，该体系是无多余约束的几何不变体，是最稳定的形式。沈阳近代建筑的三角形木屋架大都采用这种最符合力学原理而又最简单的基本形式。

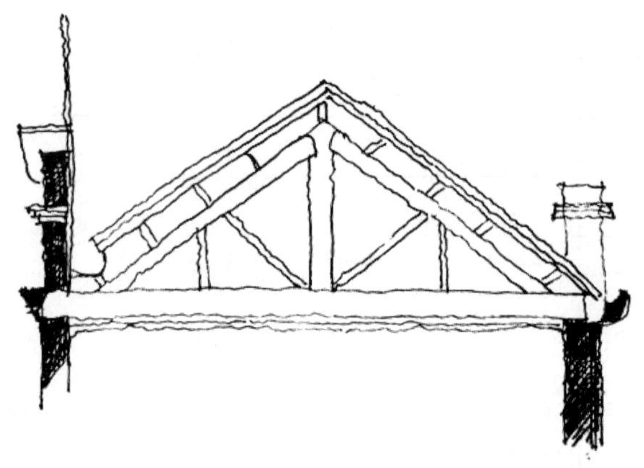

图4-1-1　多小建筑公司屋架图（来源：根据沈阳市档案馆藏蓝图绘制）

对于整个三角形屋架来说，屋架所受到的力有屋面的自重传给屋架的力、屋架本身自重、风与雪的压力以及两端柱或墙的支撑力。在这里，梁是主要的受弯构件，其承载力主要考虑恒荷载（自重）+雪荷载（沈阳）。根据现代木结构总结出的规律：桁架的自重同桁架的跨度成正比，所以当同等地域环境下，采用同样的建筑材料，桁架跨度越大，桁架的自重越重，要求梁的抗弯性就越高，也就是说梁的横截面面积越大。分析《建筑新法》对单柱木柁架建议的数值（表4-1-2），建筑物的跨度每增加5尺，梁的高度便随之增加1寸。而在沈阳的三角形木屋架统计的数值中（表4-1-1）很难看出梁同建筑进深尺寸的关系，可见当时沈阳三角形木屋架发展的良莠不齐。根据建筑力学原理，梁的强度是由正应力强度控制的，为了减轻梁的自重和节省用料，在梁横截面相等的情况下，令矩形截面的高度大于宽度更为合理，也就是在合理的高宽比例范围内，加大梁的高度有利于增加材料的抗弯性能（图4-1-2）。1929年修建的福顺堂在其“工程做法说明书”中明确规定梁宽为10寸，高为7寸，梁宽大于梁高，不

《建筑新法》中规定的单柱柁架的尺寸　　表4-1-2

进深（尺）	柁/梁（寸）	立人	大杈（寸）	小杈（寸）
20	9×4	4×4	4×4	4×3
25	10×5	5×5	5×4	5×3
30	11×6	6×6	6×4	6×3

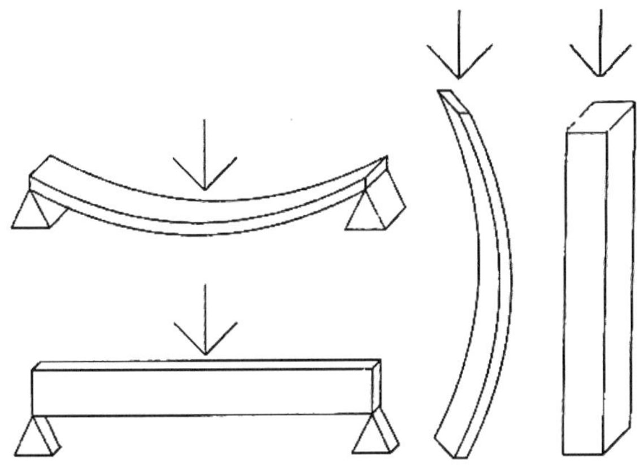

图4-1-2　弯曲时截面作用（来源：《建筑技术》）

仅不符合建筑力学的原理，同时也浪费了建筑材料。利用同样的力学原理，再看《建筑新法》中对梁尺寸的规定："9×4、10×5、11×6"近似2∶1的合理高宽比，可见当时此力学原理已经被认知。由民国十八年（1929年）六月在沈阳市政公所组织的"建筑技术人资格考试"中"构造强弱学"的一道考题："梁之断面4×8时向垂直载重于长边与载于短边其强度之比较如何？就沈阳市冬季风雪关系"可见，此力学原理是建筑技术人应该普及认知的道理，那么，反观沈阳的近代建筑，梁横截面的高宽比10∶9、12∶10屡见不鲜，这近似正方形的比例关系虽然不符合材料力学原理甚至会加重结构本身的自重的用材规律，但确是对清代《工程做法》中的规定的延续和应用，由此可见，在沈阳近代三角形木屋架中不仅仅有"拿来主义"的西式建筑技术，同样还有本土建筑师和工匠的模仿、学习。建筑技术体系虽然是砖木（石）结构对传统木结构体系的取而代之，但是这不是一蹴而就的，而是在建筑构造的细节中体现中国传统建筑技术的影子。

对于桁架体系中的腹杆，也就是被工匠们称为"大立人、小立人、小杈"的建筑构件，由于其起到力学中的链杆的作用，所以对其尺寸并没有严格的限制和要求，甚至可以是拼接组合材料，但在《建筑新法》（表4-1-4）中，以进深20米为例，梁为9×4，立人4×4，大杈4×4，小杈4×3，即腹杆均同梁等宽，木材只需根据梁的高度、杆件所处的位置的不同而采用不同的厚度进行切割、分材，类似于三角形木屋架的半预制，施工快捷、方便。根据沈阳的相关数据（表4-1-3），如辽宁省高等法院、奉天省商埠局建筑分所、辽宁省立第一初级中学、多小建筑公司建筑洋楼、任永文建筑等建筑的屋架设计，梁、立人木、大杈、小杈的尺寸组合均符合这个规律，可见，科学的力学原理和理想的材料特性也已经被沈阳的建筑师所掌握。

（二）三角形木屋架的分类与力学分析

三角形木屋架普遍采用的是西方"豪式木屋架"，是西式桁架体系的典型做法之一，也是砖（石）木结构中采用的屋顶结构形式。

三角形木屋架是利用"几何不变体系"的组成规则之一——三刚片规则，即三个刚片用不在同一直线的三个单铰两两铰接组成的体系，是没有多余约束的几何不变体系。通过垂直支撑减少力学计算长度，稳定性好，同时减少内力，杆件截面尺寸也相应减小，更加节约材料，同平屋顶相比，三角形屋架坡度大，利于排除雪水。

沈阳近代三角形木屋架，根据杆件设计的合理性，可将其分为三大类：第一类，设计合理，即不仅满足结构力学中以几何不变体系作为结构

沈阳近代部分建筑师列表　　表4-1-3

建筑名称	设计或施工	建筑师备注
辽宁省立第一初级中学	四先公司建筑部陆绍初、邵衍堂	美国哥伦比亚大学工科毕业
承业堂	李存耀	
成泰皮鞋厂	李謦华	阜成建筑公司工程师
福顺堂	奉天肇新窑业公司建筑部	
任永文住宅	任永文	国立北洋大学土木工程科毕业
南洋钟表行	李存耀	
张玉山、吴润田楼房	李存耀	
清真学校	张佐清	保定中学毕业奉天警务学堂毕业；东三省测量学堂毕业；京师军谘府测量学堂高等模范专科毕业
多小公司建筑2层洋楼	多小公司建筑	穆继多，美国哥伦比亚大学冶金专业
辽宁公济平市钱号	崇德公司经理李耀东，设计绘图者：张逸民	
李少白市楼2层楼	阜成建筑公司工程师“李芳联”，绘图员闫保仲	上海同济大学工程学士
允中堂建筑市楼及住房——辽宁同兴和建筑部制	设计者：魏殿一 绘图者：马景霈	马景霈，北京工艺局传习三年
吴长麟公馆3层洋式市楼	设计者：魏殿一 绘图者：刘如璋	
康成久公馆建筑楼房	工业技师张佐清	保定中学毕业奉天警务学堂毕业；东三省测量学堂毕业；京师军谘府测量学堂高等模范专科毕业
醒时报社	工业技师张佐清	
奉天省立女子师范中学建筑楼房及球场设计图	设计人：丛永文	国立北洋大学土木工程科毕业

沈阳近代建筑三角形木屋架建筑列表　　表4-1-4

序号	时间	名称	地点	设计人	类型	屋架简图
1	1889年	沈阳东关教堂	老城区	罗约翰（英）	教堂	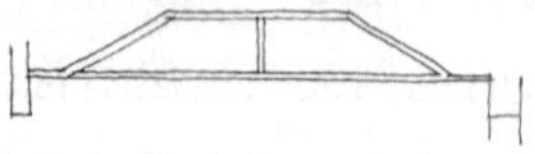
2	1910年	奉天东关模范小学堂	老城区		学校	
3	1910年	奉天省谘议局	老城区		办公	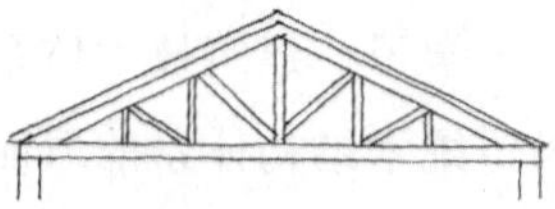

续表

序号	时间	名称	地点	设计人	类型	屋架简图
4	1910年	东三省总督府	老城区		办公	
5	1910年	奉天驿	满铁附属地	太田毅、吉田宗太郎（日）	交通	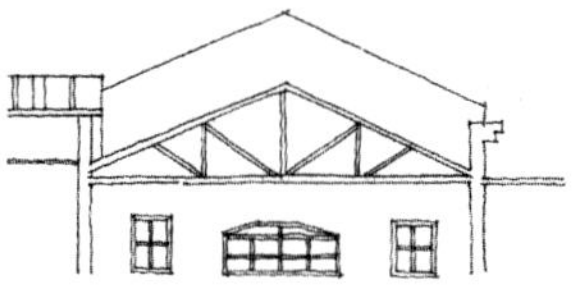
6	1910年	奉天省立第一女子师范学校	老城区		学校	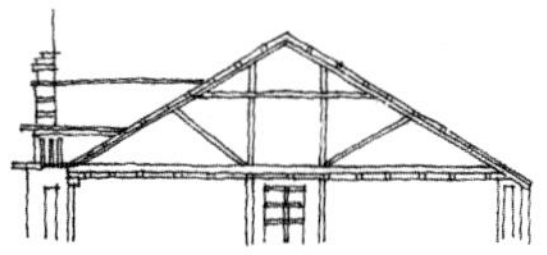
7	1911年	沈铁大旅社	满铁附属地		旅馆	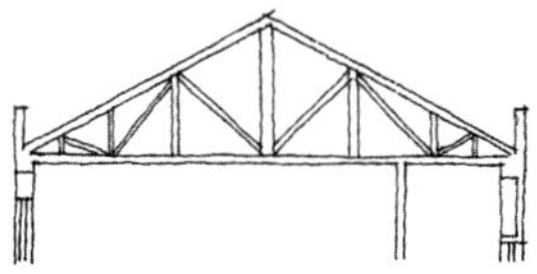
8	1912年	小南天主教堂	老城区	梁亨利（法）	教堂	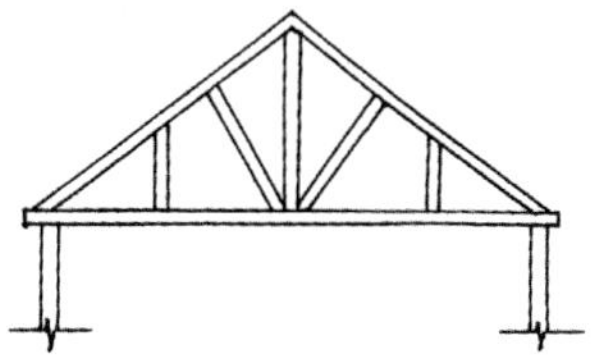
9	1914年	奉天医科大学	满铁附属地		学校	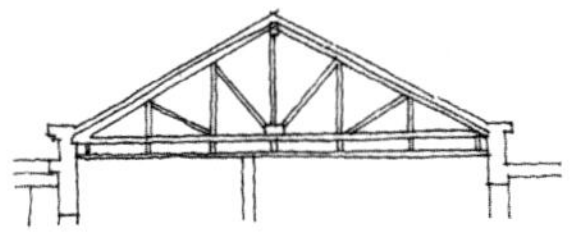
10	1920年	吴俊升住宅	老城区		住宅	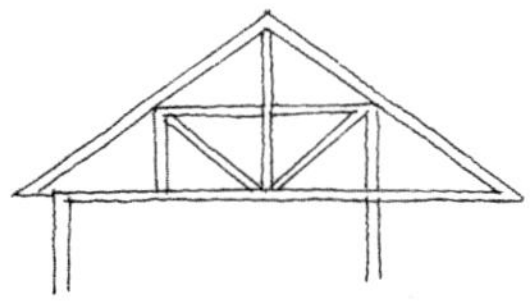
11	1921年	奉天图书馆	满铁附属地	笼田定宪和小林广治（日）	公共	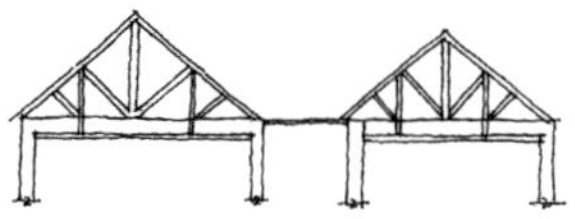
12	1922年	大青楼	老城区		住宅	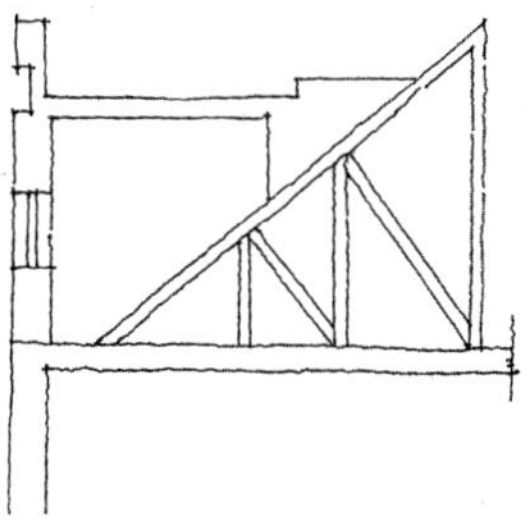

续表

序号	时间	名称	地点	设计人	类型	屋架简图
13	1923年	秋林公司	满铁附属地		商业	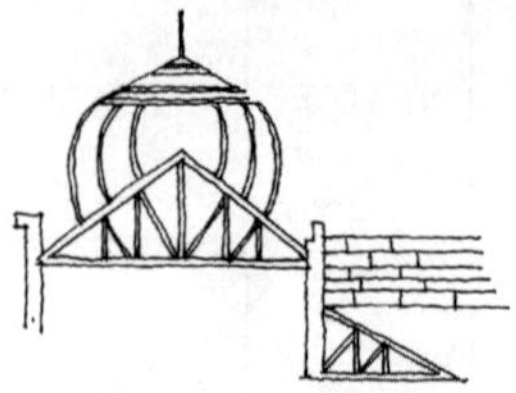
14	1924年	东北大学理工楼	北陵	杨廷宝	学校	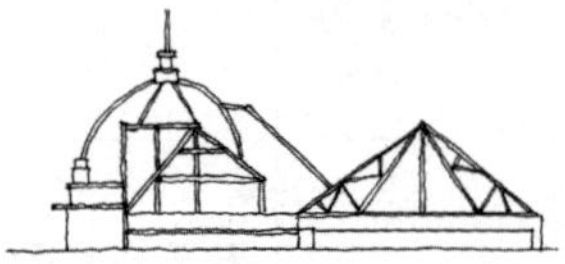
15	1925年	盲女学校			学校	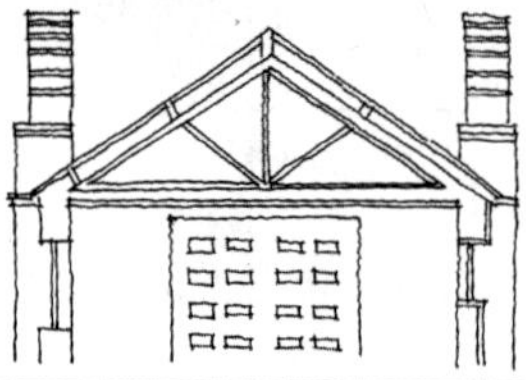
16	1926年	基督教女青年会	老城区		办公	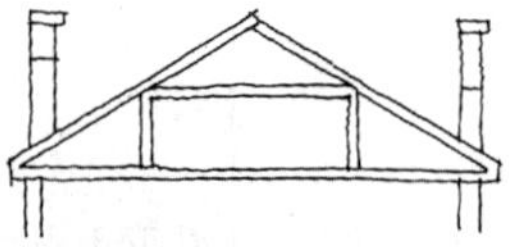
17	1926年	青年会馆	老城区		办公	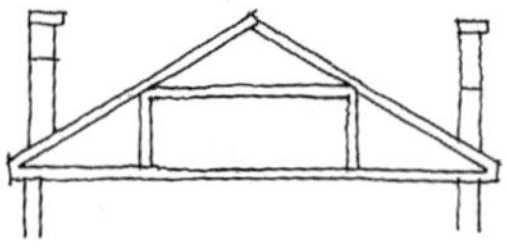
18	1926年	天主堂	老城区		宗教	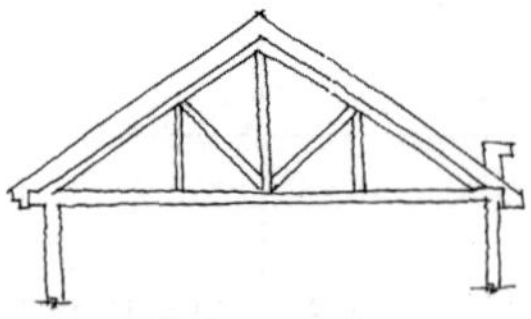
19	1928年	多小公司	商埠地	多小建筑公司	办公	
20	1928年	省议会宿舍	老城区		住宅	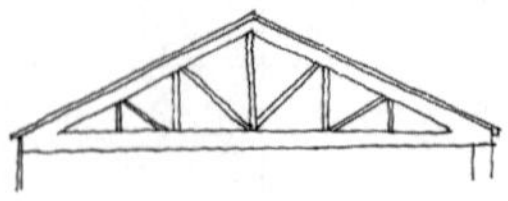
21	1929年	李少白建筑	老城区鼓楼南	李芳聯	住宅	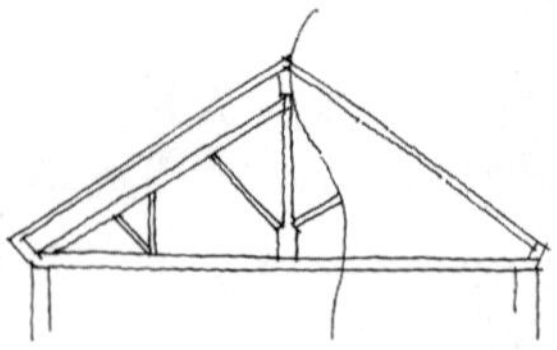

续表

序号	时间	名称	地点	设计人	类型	屋架简图
22	1929年	詹淑英门市		张梦龄	商业	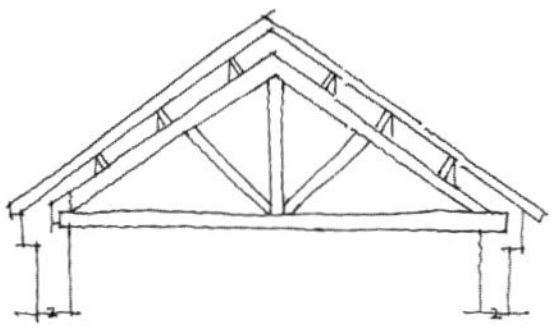
23	1929年	承业堂	老城区中街	李存耀	商业	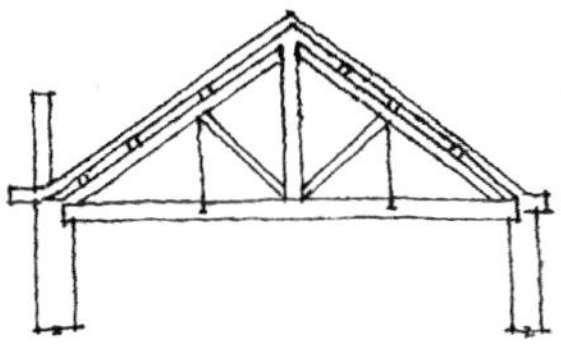
24	1929年	福顺堂	老城区中街	奉天肇新窑业公司建筑部	商业	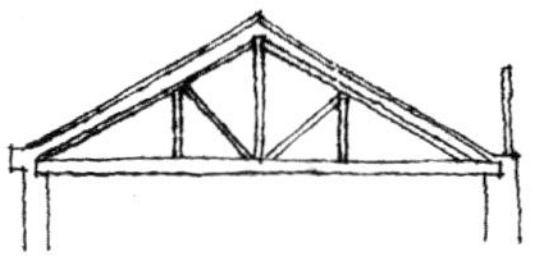
25	1929年	张玉山、吴润田住宅	老城区钟楼	李存耀	住宅	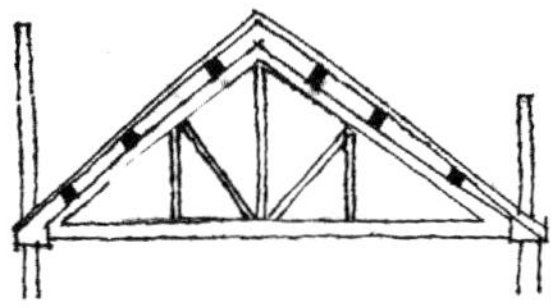
26	1929年	任永文楼房	老城区	杨惠卿	住宅	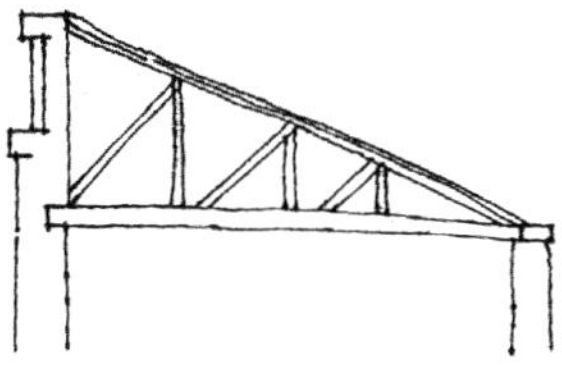
27	1929年	康永久住宅		工 业 技 师 张佐清	住宅	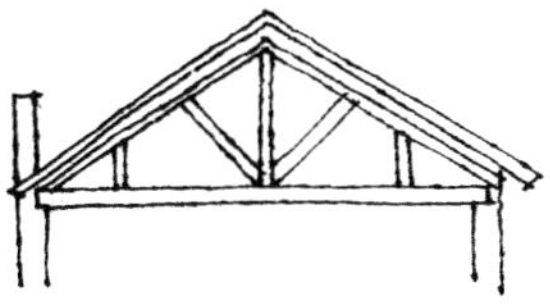
28	1929年	南洋钟表行	老城区四平街	李存耀	商业	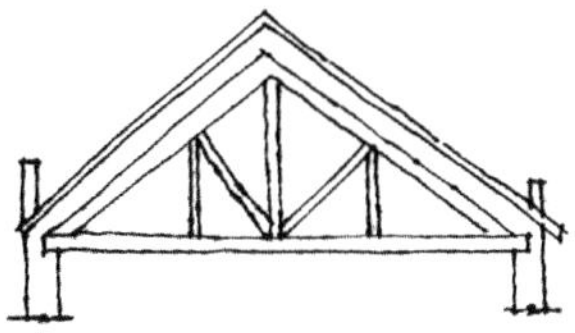
29	1929年	马治南旅长住宅	商埠地四经路		住宅	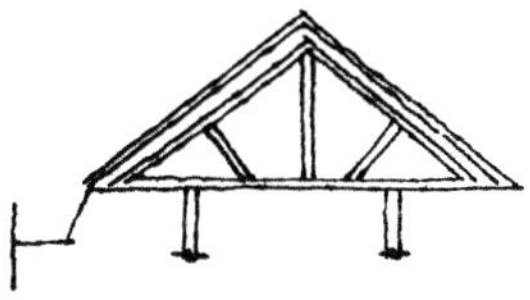

续表

序号	时间	名称	地点	设计人	类型	屋架简图
30	1929年	贫儿学校		奉天肇新窑业公司建筑部	学校	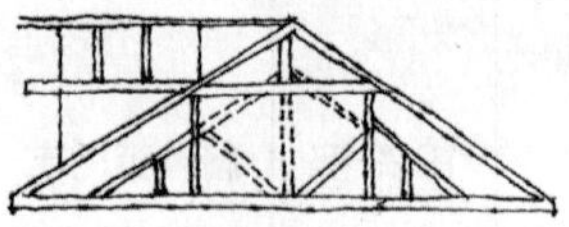
31	1929年	邵衍堂住宅	商埠地		住宅	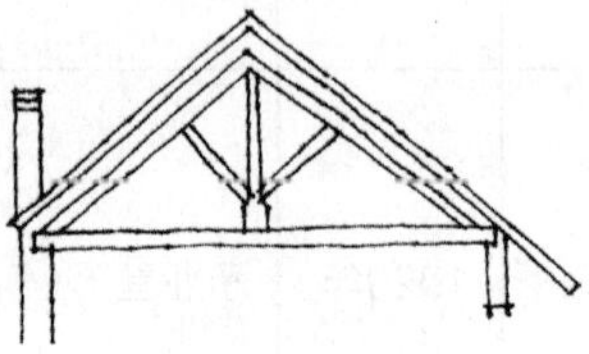
32	1929年	赵其昌住宅	商埠地		住宅	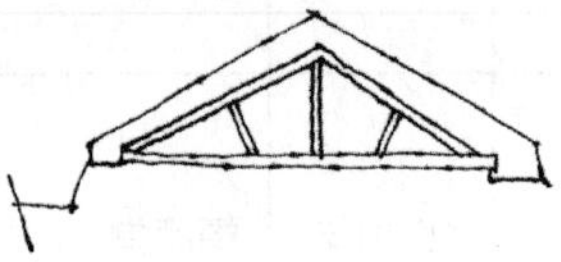
33	1930年	允中堂		魏殿一	商业	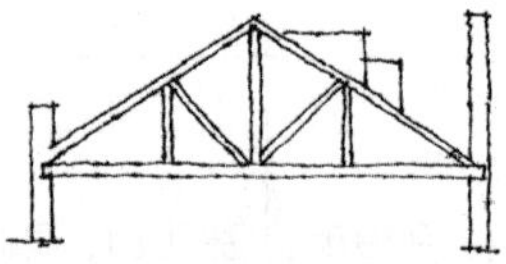
34	1930年	吴铁峰公馆	商埠地	多小建筑公司	住宅	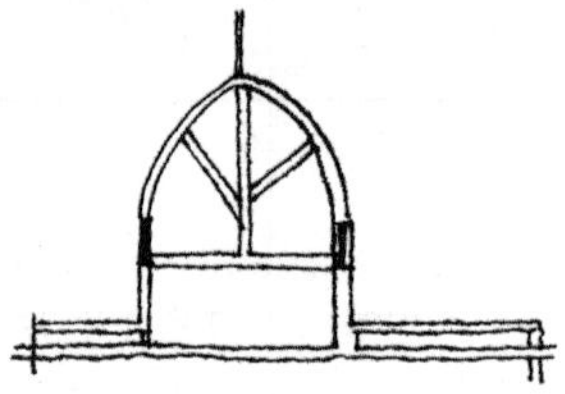
35	1930年	吴长麟堂	老城区	魏殿一	住宅	
36	1930年	白子敬二层洋楼	商埠地四经路		住宅	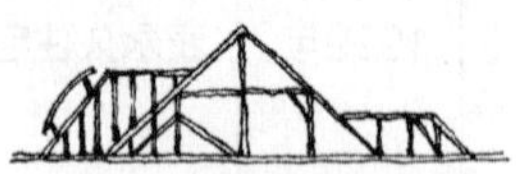
37	1930年	成泰皮鞋厂	老城区中街	李馨华	商业	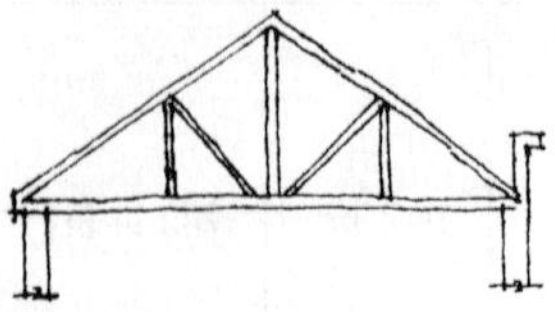
38	1930年	沈阳东站	沈海工业区		交通	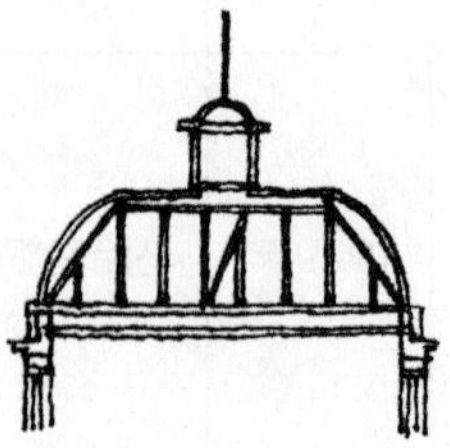

续表

序号	时间	名称	地点	设计人	类型	屋架简图
39	1931年	基督教安息日会	商埠地北市场		宗教	
40	1931年	基督教神学院	商埠地一经路		宗教	
41	1931年	辽宁公济平市钱号	老城区	张逸民	金融	
42	1931年	辽宁省立第一初级中学	老城区鲍觉寺	四先公司	学校	
43	1931年	醒时报社			办公	

形式的最基本要求，而且经受力分析能够充分利用材料，截面合理。第二类，设计比较合理，即设计满足几何不变体系，但经力学分析，截面受力不够均匀，材料没有充分利用。第三类，设计不尽合理，即结构体系经过几何稳定性分析为几何可变体系，不适合做建筑的屋顶结构。

从表4-1-5所示四种类型的对比中可以看出，设计合理的三角形木屋架所占比例同设计不合理的比例近似1：1。在这里，设计合理的三角形木屋架体系基本上采用的都是简单的几何组成体系，在去除地基简支的情况下均可以运用二元体规则分析其几何的稳定性，即“在一个体系上增加或减去一个二元体，体系的几何稳定性不变”原理。如位于满铁附属地的奉天医科大学（图4-1-3），通过其计算简图，在一个几何不变体系——三角形的基础上不断增加二元体，原体系的稳定性不变，仍属于几何不变体系。

1925年修建的老城区大东门里任永文楼房（图4-1-4），通过其结构计算简图可看出是在一个几何不可变体系的基础上不断地增加二元体，其稳定性没有任何影响，并且没有任何多余约束，每两个铰之间的链杆均可视为独立的个体，分担压力，可相对减少截面尺寸，对横梁和斜杆材料的约束性较小。虽然两种结构形式均是几何不变体系，但几何不变体系是结构形式中的最基本要求。在这些符合几何不变体系的三角形木屋架中又可以根据受力分析的合理性分为合理和比较合理两种方式。以成泰皮靴厂和詹淑英门市（图4-1-5）进行对比，两栋建筑的屋顶依据二元体规则，均是几何不变体系，并无多余约束。但

沈阳近代三角形木屋架分类列表　　表4-1-5

类型	代表建筑	
设计合理	奉天东关模范小学堂（1910年，老城区） 奉天省谘议局（1910年，老城区） 东三省总督府（1910年，老城区） 奉天驿（1910年，满铁附属地） 沈铁大旅社（1911年，满铁附属地） 奉天医科大学（1914年，满铁附属地） 满洲铁道株式会社奉天图书馆（1914年，满铁附属地） 大青楼（1922年，老城区） 秋林公司（1923年，满铁附属地） 天主堂（1926年，老城区） 福顺堂（1929年，老城区四平街） 张玉山、吴润田住宅（1929年，老城区钟楼） 徐景庶楼房（1929年，老城区） 任永文楼房（1929年，老城区大东门里） 南洋钟表行（1929年，老城区四平街） 允中堂（1930年，老城区） 吴铁峰公馆（1930年，商埠地） 吴长麟堂（1930年，老城区） 成泰皮鞋厂（1930年，老城区四平街） 辽宁公济平市钱号（1931，老城区） 辽宁省立第一初级中学（1931，老城区）	
比较合理	盲女学校（1925年，老城区） 詹淑英门市（1929年，老城区） 邵衍堂住宅（1929年，商埠地）	
不尽合理	小南天主教堂（1912年，老城区） 多小公司（1928年，商埠地） 马治南旅长住宅（1929年，商埠地） 李少白建筑（1929年，老城区） 康永久住宅（1929年） 赵其昌住宅（1929年，商埠地）	角度
	吴俊升住宅（20世纪20年代，老城区） 承业堂（1929年，老城区）	多杆
不合理	沈阳东关教堂（1889年，老城区） 奉天省立第一女子师范学校（1910年，老城区） 东北大学理工楼（1924年，北陵） 贫儿学校（1929年） 白子敬二层洋楼（1930年，商埠地）	杆件位置
	基督教女青年会馆（1926年，老城区） 沈阳东站（1930年，沈海工业区） 基督教安息日会（1931年，商埠地） 基督教神学院即文会书院（1931年，商埠地）	少杆

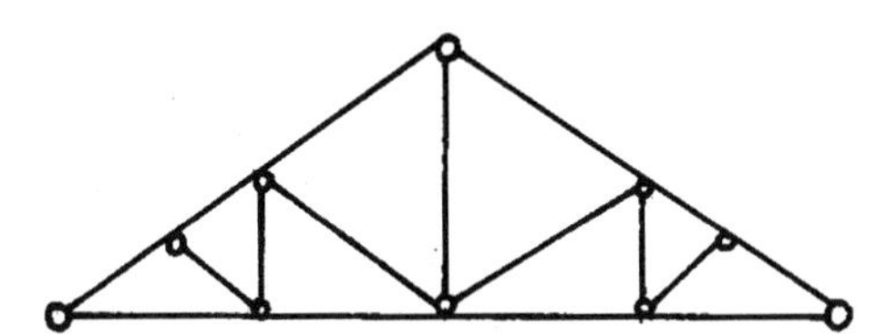

图4-1-3 奉天医科大学屋架结构计算简图

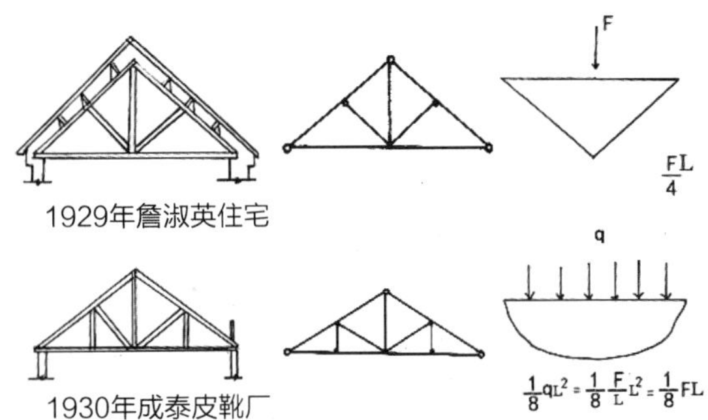

图4-1-5 成泰皮靴厂与詹淑英住宅屋架结构计算简图

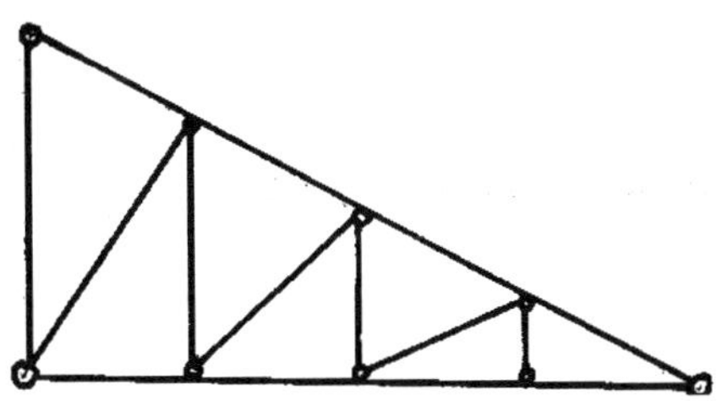

图4-1-4 任永文二层楼房屋架结构计算简图

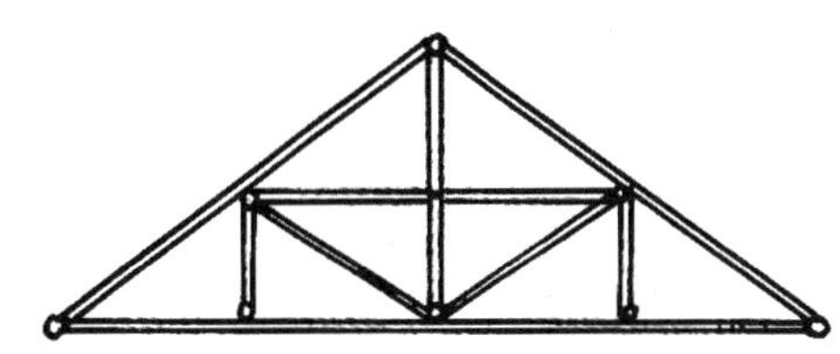

图4-1-6 吴俊升住宅屋架结构计算简图

从二者的下弦弯矩图中可以看出，成泰皮靴厂的下弦杆受力均匀；而詹淑英门市建筑将杆件集中在一点，使下弦杆受力集中，弯矩图成倒三角形，弯矩集中在中心点，截面尺寸加大，而杆件两侧的材料并没有完全利用，存在材料的浪费。在同等跨度和荷载的作用下，大梁中间点承受的弯矩为$\frac{ql^2}{8}$、$\frac{fl}{4}$，这就需要加大横梁的截面尺寸来抵御更大的弯矩。在这里，成泰皮靴厂的跨度为23尺，詹淑英门市建筑为18尺，而成泰皮靴厂的截面尺寸为6×9（寸），詹淑英门市建筑却需要8×10（寸），所以通过受力分析，根据材料是否被充分利用，截面尺寸的大小以及截面受力是否均匀，将三角形木屋架分为设计合理和较合理两类。

第三类为不尽合理，这类屋架主要有两种组合类型，其中一类属于在满足三角形木屋架几何不变体系的前提下存在多余杆件，如20世纪20年代修建的吴俊升住宅（图4-1-6），结构如果没有杆件BF，同样属于几何不变体系，BF为多余杆件，这类结构中含有多余杆件的屋架形式被认为是不尽合理的设计。以承业堂为代表的屋顶形式，虽

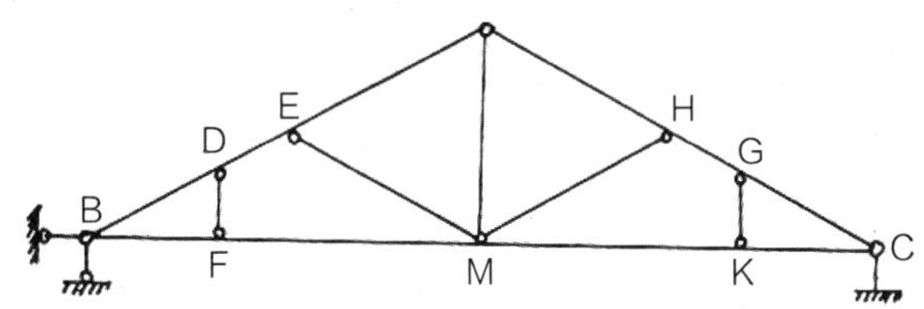

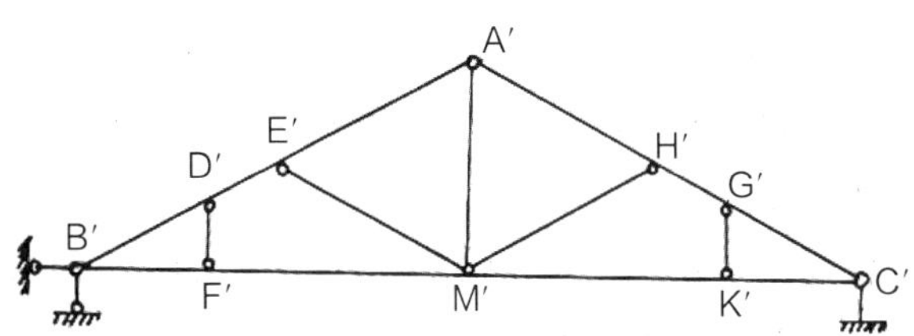

图4-1-7 康永久住宅屋架结构计算简图

然满足几何不变体系，但是其竖向增添了绳索，即形成了柔性拉杆，绳索在这里只能承受拉力，而无法实现对压力的支撑，此种方式需预先使拉杆受拉，从而抵消部分压力，要求施工工艺较高，也相当于增加了无用的杆件。另一类在沈阳近代建筑中应用较多。这一类型是利用杆件形成近似三角形，构成屋架，但其腹杆在上弦或下弦并没有相交于一点。如康永久住宅结构计算简图（图4-1-7），

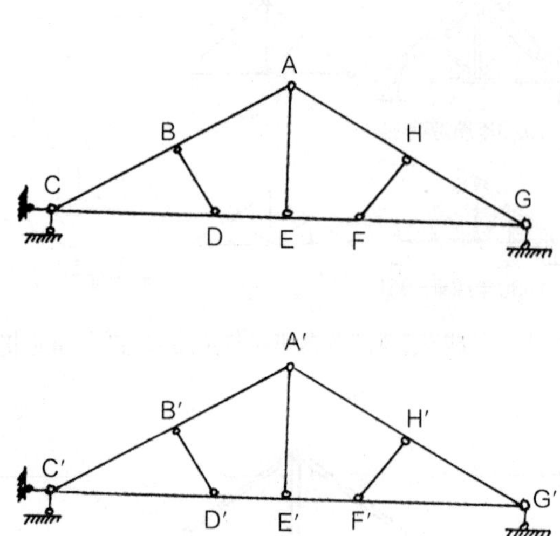

图4-1-8 基督教安息日会屋架结构计算简图

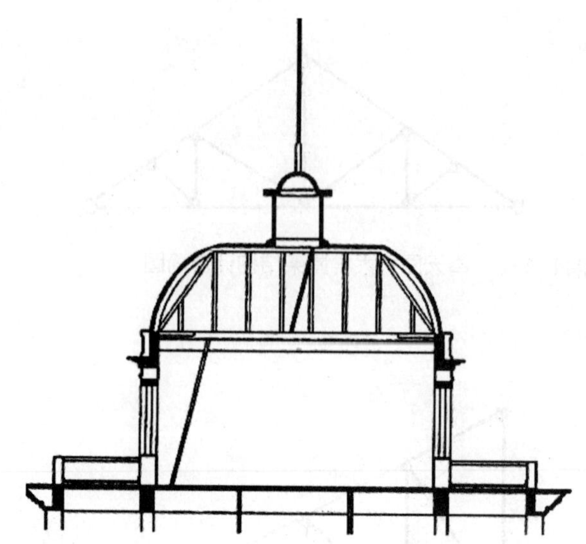
图4-1-9 沈阳东站屋顶（来源：沈阳建筑大学测绘）

将CDE、ABFG、IGH视为三个刚片，三个刚片之间需要六个链杆相连，目前只有四个链杆，所以该结构不是几何不变体系，存在安全隐患。如果要避免存在安全隐患，需将该结构视为梁式桁架，如此，对D'F'和F'H'的长度和截面面积就会有较高的要求。如基督教安息日会绘制计算简图（图4-1-8），去掉两个二元体——CBD、HFG，三个刚片——BD、AE、FG，四个链杆相连或两个虚铰相连缺少约束，属于几何可变体系，存在安全隐患。如果要避免存在安全隐患，D' 与F' 两点为刚接，这样，同样需要增加横梁的截面尺寸和保证材料的长度。所以，将此类划定为不尽合理。

第四类为设计不合理类型。首先，这种屋架形式根据现代结构力学分析，不能够满足几何不变体系，不适合做屋顶结构。根据其不尽合理的原因又将其划分为两种：一种为缺少杆件，如醒时报社绘制计算简图，减去二元体，四边形为失稳结构体系，在现有组合方式下，若要保持其几何不变体系，需增加杆件。沈阳东站为一系列矩形组合而形成的屋架，只在局部增设了斜撑，这种组合方式并不能保证结构的稳定性，如果要使其成为几何不变体系，需要增加一系列的斜撑腹杆。第二种为杆件设计位置不准确，即屋顶结构中虽然设有腹杆斜撑构成几何不变三角形，但由于位置不准确，只能形成局部的稳定而不能保证整体结构的不变性（图4-1-9）。

（三）三角形木屋架影响因素及发展特色

通过对三角形木屋架的传播和构成分析，可以总结出沈阳近代三角形木屋架的发展特点。其一，不同的行政划分区域呈现不同的传播模式。沈阳的老城区经历了传入、认可、学习、模仿、应用、推广等整个事物传播的全过程，这个过程以西方传教士为发端，以本土建筑师和工匠为主导；而在沈阳的满铁附属地，是成熟技术和体系的直接应用，整个过程由日本的建筑师和施工技术人控制，中国工匠在实践中“偷师学艺”。同时期的沈阳商埠地，介于两者之间，由西方建筑师或本土认可度较高的建筑师设计，本土施工团体作为技术支撑。其二，三角形木屋架的构成良莠不齐，方式多样，木材尺寸繁杂。究其原因，可发现同建筑师的成长背景有着密不可分的关系。三角形木屋架力学分析合理、用材得当的建筑的设计师均受过建筑或土木工程的专业教育，或者是由沈阳当时规模较大的建筑公司（承包商）承担，所以设计更加专业化、技术更加合理化。如吴长麟公馆，3层洋式市楼建筑，梁为10×5、大杈6×5、大立人8×5、小杈4×5，其设计者为同兴和建筑公司经理魏殿一，该公司在沈阳建设过萃华楼金店、允中堂等商业建筑；多小公司设计人穆继多毕业于美国哥伦比亚大学冶金矿业专业，该校采矿课程与建筑课大致相同，建筑制图、静力学、材料强弱学 、地形测量学、图解力学、建筑学、矿山房屋建筑学等科目均为矿冶科所必须学习的课程，所以建筑在矿冶专业中是受到重视的，建筑实际上包含于矿冶专业之内，穆继多自然是一名受过专业教育的优秀建筑师，其设计的多小公司办公楼的三角木屋架的尺寸：梁12×8、大杈8×6、大立人12×8、小杈4×4，体现出材料的选择和设计的合理性；国立北洋大学土木工程科毕业的任永文在自宅设计中也体现出了专业的素养……可见，建筑师的不同成长背景形成了沈阳近代建筑技术发展的不平衡和不同步。

从沈阳三角形木屋架的分类中看其发展特点：从时间脉络上，无论是在近代早期还是在建筑市场繁盛的20世纪20年代以及沈阳沦陷后，设计合理、较合理、不尽合理和不合理四种类型均有修建，可见，在沈阳，三角形木屋架体系没有经历萌芽、发展、成熟、衰落的普遍事物发展规律，它体现的是一种非进化式发展模式；从地域分布上，设计合理的建筑主要分布在满铁附属地和沈阳的老城区，设计较合理的主要分布在老城区和商埠地，而设计不尽合理或不合理的建筑主要分布在沈阳的商埠地，体现出以地域为分划的板块式不均衡发展。

沈阳近代三角形木屋架虽然种类较多，而且良莠不齐，但三角形木屋架的出现，是力学计算开始在沈阳应用，是沈阳建筑走向科学化，开始近代化发展的标志。本土工匠通过对三角形木屋架的模仿掌握了现代力学计算的技能，从而推动了现代建筑技术的引入与普及应用（表4-1-5）。

二、承重砖墙的砌筑与特性

（一）承重砖墙的砌筑方式与特性

中国传统建筑中很早就开始使用砖石来砌筑墙体。特别是到了明清时期，制砖和用砖极大普及，砖瓦技术被广泛应用到民用建筑中，而沈阳更是由于清政府多次维修城墙、修缮皇宫陵寝，工匠们掌握了精湛的青砖烧制和砌筑技术，所以，在沈阳，虽然新的结构类型传入，结构体系发生了根本的变化，但本土工匠很快接受和掌握了结构原理，并且同传统技术融合，创造了用传统的砖墙砌筑方式完成墙体由围护结构到承重结构的转型，传统砖墙砌筑同西式砖墙砌筑方式共同构成了沈阳近代承重砖墙的样式与特性。

1. 传统砖墙砌筑

我国早在仰韶文化时期就烧制过红陶，龙山文化时期烧制出灰陶，传统的青砖青瓦正是继承了龙山文化灰陶的制作工艺。青砖青瓦在坚固耐用和抗腐蚀性上都比红砖红瓦要好，所以当砖墙由自承重即传统建筑中的围护部分变成承重体系时，青砖的坚固特性首先保证了力学上的可行性。

我国传统建筑结构体系是木结构承重，砖墙是围护体系，并不承重。早在西汉时期，就采用厚墙收分的方法来增加墙体的稳定性，发展到宋朝，建筑墙体的收分有了明确的口诀和规定。到近代，砖木结构体系传入，砖墙开始承担屋顶和自身的重量。由于砖墙是用来承受屋顶和墙体本身的荷载的，所以必然需要加大墙的厚度和基座的厚度，但是为了减轻自重和更好地将屋顶的重力传递下来，砖墙的砌筑仍然沿用中国传统的砌筑方式（图4-1-10），根据砖墙承担的重量和所处位置的不同而有不同的厚度，普遍的现象是砖墙厚度随着高度的增加和承受重量的减少而逐层退减（表4-1-6）。

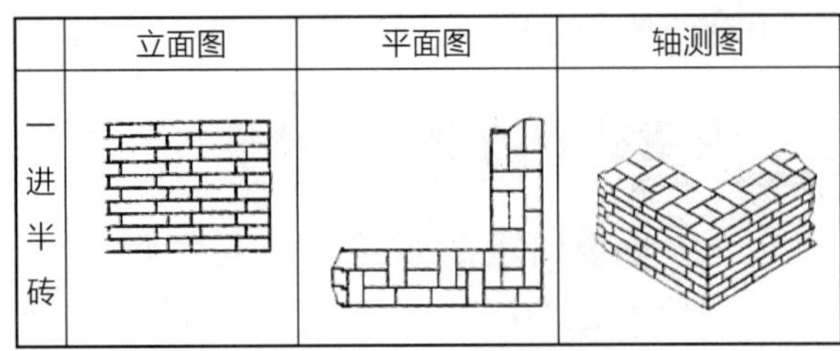

图4-1-10 传统“三顺一丁”的砌筑方式（来源：根据《建筑新法》整理绘制）

由于沿用传统砌筑方式的砖墙承重体系一般为1～2层建筑，一般建筑墙体从下至上大概划分为：暗台、明台、一层墙体、二层墙体、风挡女儿墙。其中暗台、明台是在沈阳近代建筑的施工做法中普遍使用的术语，暗台与明台是位于外墙与地基之间的连接部分，一般暗台比明台厚一进砖，暗台位于地平面以下，是保证砖墙的稳定并便于力的传导的一种技术做法。

沈阳近代砖木结构传统青砖砌筑典型建筑列表　　表4-1-6

分布区域	建筑年代	建筑名称	备注
老城区	1907年	东三省总督府	青砖墙体，红砖装饰，中式砌法
老城区	1908年	奉天省咨议局	青砖为主，红砖装饰，中式砌法
老城区	1910年	奉天东关模范小学	青砖、中式砌法
老城区	1918年	张氏帅府小青楼	青砖、中式砌法
老城区	1925年	张氏帅府办事处	建筑砖石承重，局部青砖砌筑，中式砌法

沈阳自古就掌握了青砖的烧制方法，所以青砖这种建筑材料到近代时期已经发展成熟，从笔者搜集、整理的沈阳近代建筑的工程做法说明书中可以发现，对于红砖修建的建筑在做法说明书中一般会要求红砖的尺寸，如辽宁沈阳北陵疗养院的做法说明书中就明确规定使用的红砖必须是“二叉四分之一厚，四叉四分之一宽，四叉二分之一长”①。而对于采用青砖的建筑，从青砖的采购中并没有提及对砖的尺寸的要求，并且建筑的尺寸，如明暗台的高度、建筑的层高等都是以营造尺为单位，其中对砖墙砌筑的高度有明确的尺寸要求，但对墙体的厚度仅以砖为单位，一般注明使用几进砖，墙厚等于一砖之长的是一进砖，墙高等于一砖之厚的称为一行砖。由此可以推断出近代的青砖规格模数统一，材料的正规化、产业化发展保证了其在市场竞争中的生命力，也保证了砖墙承重结构体系墙体的稳定性和施工的便捷。

① 记载于辽宁省档案馆。

2. 新式砖墙砌筑

新式砖墙砌筑是指采用西式建筑的砖墙砌筑方式来建造的新结构建筑，其中的建筑材料有红砖、青砖。沈阳的砖木结构形式虽然是由俄国和西方传教士最先引入的，但由于本地并没有红砖烧制，如果使用红砖，只能依靠进口，而此时，俄国侵略者的重点在于铁路的修建，西方传教士也只能依靠教会、教友的募捐修建传教建筑，而且西方国家离东北路途遥远，如果依靠进口红砖，建筑费用本身就已经有相当的负担，所以，西方人修建的建筑大都采用青砖砌筑，早期仅以少量红砖用作装饰。沈阳的红砖砌筑的砖木结构最初是从日本引入的。

西式建筑的砌筑方法主要有两种：英式砌法和法式砌法。法式砌法是在砖砌筑的各行的水平方向上，砖截面的顺向和横向相互交错排列，即所谓的一顺一丁；英式砌法从表面上看起来是一行顺砌，一行丁砌，砖缝彼此交错。

（1）英式砌法

英式砌法在沈阳近代建筑中应用广泛，这与其传入者有着密不可分的关系。日本早在幕末、明治初期（1870年左右）就开始引入西式红砖，主要应用与仿照西洋建筑，这时普遍使用的是法式砌法，这是由于当时在日本活跃的西方技术者以法国人、美国人为主，日本最初生产红砖的生产机器，如横滨、北海道等城市均是从法国购买，技术指导者也为法国人。后期随着日本侨居国外的日本建筑家学成回国，开始创办日本工部大学，

	立面	平面	轴测图
一进砖			
一进半砖			
二进砖			

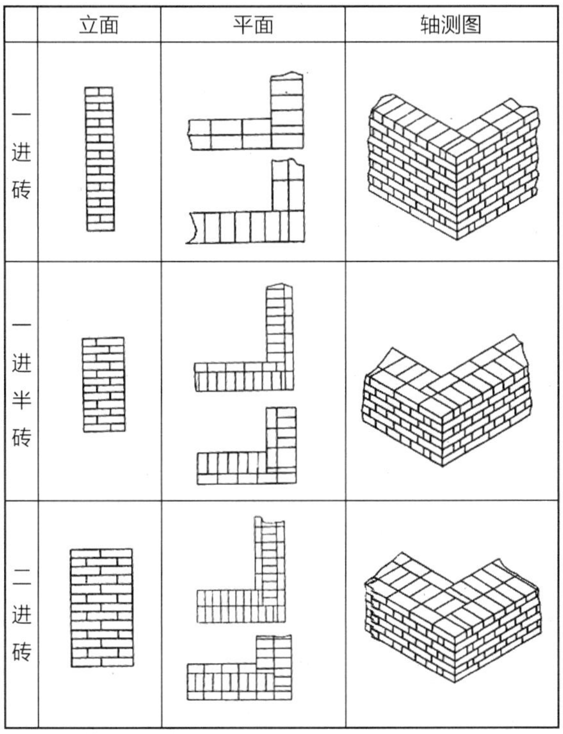

图4-1-11　英式砌法（来源：根据《建筑新法》整理绘制）

并且逐渐引领日本的建筑界，英式砌法逐渐替代了法式砌法（图4-1-11），之后被统一为英式砌法。因此，当日本侵略者于1905年日俄战争后进入沈阳的时候，已经在日本经过近40年的应用和验证成熟的英式砌法的红砖建筑也一同传入。

由于是日本建筑工匠的市场，所以在满铁附属地的红砖建筑均是沿袭日本的英式砌法（表4-1-7）。在满铁附属地不罩面的红砖建筑中，1910年第一栋典型的红砖建筑即采用了英式的砌法，直到1937年的奉天南满医院采用的仍是英式砌法。

（2）法式砌法

法式砌法相比较英式砌法，外表面美观，但稳定性稍差。法式砌法在近代也是常用的西式砌筑方式，其主要是西方建筑公司承揽的项目，而且红砖建筑不多。目前可考证的有：由美国建筑公司施工的帅府红楼群采用的是法式砌法，而青砖建筑则根据工程承接人的不同而采用不同的砌筑方式。如由法国主教梁亨利设计施工的小南天主教教堂采用的是传统青砖的法式砌法，天主教主教堂则采用的是英式青砖砌筑（图4-1-12）。

（3）中、英、法式砌法比较

三种砌筑方式如果以同种类型的砖砌筑来比较其美观程度和坚固度的话，英式砌法最为坚固，

沈阳满铁附属地红砖建筑（英式砌法）典型建筑　　表4-1-7

建筑年代	建筑名称	备注
1910年	奉天驿	太田毅和吉田宗太郎设计、英式砌法
1912年	共同事务所、贷事务所奉天铁路公安段	英式砌法
1926年	满洲医科大学	红砖、英式砌法
1912年	奉天铁路事务所	英式砌法
1916年	奉天邮便局	红砖、英式砌法
1921年	奉天高等女学校	红砖、英式砌法
1922年	奉天中学校	红砖、英式砌法
1927年	奉天千代田小学	红砖
1937年	奉天南满医院	红砖、英式砌法

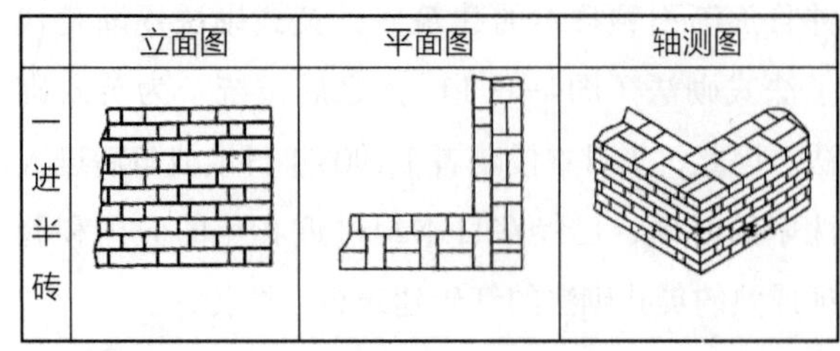

图4-1-12 法式砌筑方式（来源：根据《建筑新法》整理绘制）

法式砌法最美观，中式砌法则在两者之间，没有英式坚固，不如法式美观（表4-1-8）。

在沈阳近代的砖木结构建筑中，三种砌筑方式均有采用，并且分区域几乎贯穿整个近代时期。在满铁附属地采用的是红砖砌筑的英式砌法，在沈阳老城区主要采用的是青砖的中式砌筑方式，在外国建筑师聚集的商埠地则是三种砌筑方式均有采用。

3. 砖墙的粘合方法

砖墙牢固是砖木结构中的结构要点，但要保证其稳定性，主要看各砖块能否结合成整体，将所受重力传递给大地。结合成整体的必要条件：砖块必须规格统一，垒砌搭配合理，并有较强的粘结材料。只有这三个条件都满足，才能使零散的砖块结合成整体。

对于砖墙的粘结材料与方法，传统砌筑方式的砖木结构主要还是采用中国传统的砌砖技术，在沈阳，通常采用磨砖勾缝方法，粘结材料为白灰和砂子按比例用清水和匀灌浆，砖缝以平缝为主，其中又因勾缝材料的不同而分为两大类：第一类为传统方式，即用灰浆找平，这种方式主要应用于早期的砖木结构，在20年代后期主要用于建筑规模不大、造价不高的建筑，如修建于1909年的奉大省谘议局建筑群的砖墙采用传统的青灰浆勾缝，再用黑烟加胶水用毛笔刷黑，这种方式在中国古代也是应用于较为重要的建筑中。发展到20年代后期，采样传统方式砌筑砖墙的砖木结构主要应用于沈阳老城区的小型民间商业建筑，如位于沈阳中街的南洋钟表行、成泰皮鞋厂等建筑砖墙均属于此类型。第二类，即使用青砖传统砌筑砖墙，但在勾缝时亦采用新式建筑材料“洋灰”（水泥）。此种类型主要应用在位于商埠地和新开发城区的中国人修建的仿西洋式建筑中。如李少白建筑楼房工程，以三成白灰、七成净砂混合成膏，砖为卧砌，每层灌浆充分，砖缝以三分为度，外刷青浆，勾洋灰平缝。奉天省城商埠局警察局在什字街及皇寺新建两分所，以青砖砌房墙，先用水将砖湿透，3：7灰砂垒砌满丁满排灌浆到顶，灰口不可超过三分，再按1：2兑成洋灰砂子抹平

常见红砖砌筑的砌筑方式对比 表4-1-8

砌法	美观程度	坚固度	图样	举例
英式砌法	弱	强		边业银行 同泽女子中学 奉天邮务管理局 东北大学图书馆 奉天驿
法式砌法	强	弱		少帅府红楼群 法国汇理银行奉天支行

缝。位于新市街的奉天电灯厂新厂机井房，房墙均用青砖，砌时用水将砖浸润后，方可使用。灌浆须用3：1的砂子和淋好的白灰掺和，砖缝不得超过三分，且须横平竖直，外部概用洋灰抹缝。

无论是建筑砖墙的砌筑方式还是粘结材料的选择，都能看出西方建筑技术已经在潜移默化中对中国传统工匠和施工工艺产生了作用和影响，并且这种传播从空间形态上是沿着城市的外围向老城区逐渐渗透，从建筑的性质上则是“从官建到民建”的逐渐拓展和延伸。

（二）承重砖墙的力学分析与应用

沈阳近代时期将中国传统建筑中外围护部分的外墙变成了承重体，由外围护部分变成了外围护结构，从历史档案的资料中可以推断此种改变是在科学的力学计算的指导下进行的。

在沈阳市档案馆所藏“奉天市政公所L65-1612 ”中“福顺堂新建筑二层洋式楼房的工程做法说明书”中明确指出“用三进砖墙，宽一尺二寸”，再结合其他工程做法中对砖墙厚度的规定（表4-1-9），可以推断出沈阳近代的砖墙砌筑以几

沈阳部分近代建筑承重砖墙的砌筑方式　　表4-1-9

建筑名称	层高（尺）	进深（尺）	暗台	明台	一层墙体	二层墙体	风挡女儿墙
成泰皮鞋厂	25	24	砌七进两层、六进两层 五进两层、四进至明台		三进砖		两进砖
承业堂	10	22.8	六进砖，三尺五寸高		三进砖		——
清真学校	22.5	20	五进砖做两层，四进砖，明台、暗台高共三尺五寸		三进砖		两进砖
多小建筑公司	24	23	暗台高二尺半，明台二尺高，四进砖		三进砖		——
李少白楼房	23	18	暗台高一尺五寸，五进砖	二尺，四进砖	三进砖		两进砖
南洋钟表行	23	28	暗台高三尺，五进砖	四进砖，明台高一尺	三进砖		两进砖
福顺堂新建筑二层洋式楼房	24	27	用七进、六进、五进砖砌马蹄式，一尺二寸高	明台一尺五寸高，用四进砖，一尺六寸宽	三进砖墙宽一尺二寸		
任永文新建楼房	22.5	21	六进砖三行，五进砖三行，四进砖至明台		三进砖		
辽宁公济平市钱号	25	25	—		三进砖		—
吴铁峰公馆	25	25	高二尺，宽四进砖	高三尺，宽四进砖	三进砖		—
吴长麟堂	30	25		明台一尺			
中和福茶庄	25	28			四进砖	三进砖	二进砖
徐景庶建筑楼房	23	24	四进砖，二尺高	四进砖，二尺高	三进砖		—
奉天纺纱厂建筑工人宿舍	9	21.5			墙身二进砖，墙垛三进砖		—

进砖作为砌筑厚度的单位，由于对于特殊砖的尺寸在工程做法的材料选择中会有明确的规定，所以对于没有规定具体砖的尺寸的工程，说明其砖的选择是标准化的尺寸，那么每进砖的厚度约为4寸。

在1910年出版的由天津张锳绪著的《建筑新法》一书中确切地记载了求墙厚的计算方法，认为建筑的墙厚同墙的高度有着密不可分的关系，其中以墙厚等于墙高的1/8为最稳固，1/10为中稳固，1/12为次稳固，但又因为墙体与周围墙体的关系而有所不同。对于三角形屋架，认为由于三角形屋架将力传导给墙体时不仅是自身的重力，同时又有侧推力，进深越大，侧推力越大，墙体要求越厚，所以墙体的厚度同房间进深也有着密不可分的关系。根据书中记载的墙厚的计算办法，可以推算出墙厚与建筑层高和进深的关系公式：

$$\sqrt{H^2 + L^2} = M$$

$$\frac{1}{12} \times H = N$$

$$Q = \frac{L \times N}{M}$$

其中，建筑的层高为H，房屋进深为L，承重墙体的厚度为Q，上下可以有1～2寸的误差。

那么，根据这个公式，结合调研统计出的沈阳部分近代建筑承重砖墙的砌筑方式（表4-1-9）提供的进深和层高的数值分别计算承重砖墙的厚度Q（表4-1-10），其中最大值为吴长麟住宅的1.6尺，最小为奉天纺纱厂的0.69尺，其他建筑的墙厚区间为1.18～1.48尺（表4-1-10）。根据砖的大小，二进砖的厚度为0.8尺，三进砖为1.2尺，四进砖为1.6尺，那么，既满足砖墙的牢固要求，而又节约建筑材料的最适宜的尺寸是三进砖。根据表4-1-4，所调研得出的建筑砖墙厚度基本满足以上条件，其中又属中和福茶庄为代表的新式建筑最为合理，根据建筑所承受的力的不同，一、二层以及女儿墙采用不同的厚度。对于不承重的女儿墙采用二进砖的围护砌筑，不仅可减轻屋顶重量，同时还可节约材料，对于二层部分到建筑的一层直至明台、暗台，采用逐层递减、逐层收分的砌筑方式，这也是在我国古代建筑中普遍使用的一种传统的砌筑方式。以奉天纺纱厂的宿舍建筑为代表的砖墙砌筑采用的是砌筑砖柱，利用三进砖柱来进行力的支撑和传导，但根据力学的计算，二进的砖墙也有能力承载一层的建筑高度。

承重墙的计算与实际墙厚的对比　　表4-1-10

建筑名称	计算墙厚	实际墙厚	建筑名称	计算墙厚	实际墙厚
成泰皮鞋厂	1.4尺	1.2尺	承业堂	0.86尺	1.2尺
清真学校	1.25尺	1.2尺	多小建筑公司	1.32尺	1.2尺
李少白楼房	1.18尺	1.2尺	南洋钟表行	1.48尺	1.2尺
福顺堂新建筑二层洋式楼房	1.5尺	1.2尺	奉天纺纱厂建筑工人宿舍	0.69尺	1.2尺
辽宁公济平市钱号	1.47尺	1.2尺	吴铁峰公馆	1.47尺	1.2尺
吴长麟堂	1.6尺	1.2尺	中和福茶庄	1.55尺	1.6尺+1.2尺
徐景庶建筑楼房	1.38尺	1.2尺	任永文新建楼房	1.28尺	1.2尺

（三）承重砖墙砌筑特点

1. 砖墙砌筑方法多样以及力学科学合理

首先，砖墙砌筑不局限于传统的三顺一丁的做法，英式、法式砌法均传入了沈阳，出现了多种砌筑方式。其次，开始广泛使用砖砌过梁与砖柱，不仅增加了砌体的强度和稳定性，而且使斜槎尺度合理。建筑楼房一、二层以及女儿墙根据不同的受力程度采用不同的建筑厚度，节约材料、省时省力，体现了砖墙砌筑的科学性和合理性。再次，门窗洞口的过梁利用砖砌各式拱式不仅有效地承受了上部荷载，同时创造了丰富的样式。

2. 砖墙厚度以经验值和地方常用值为依据

通过上一节对沈阳近代部分砖墙厚度的测算以及实际采用的砖墙厚度可以发现，在沈阳，近代建筑以一层三进砖为标准，建筑技术人员在计算墙厚时大都根据实际的经验来选择地方常用数值，但也会根据建筑使用的实际情况进行调整，如在民国十八年十月十九日“崇德公司经理李宝山申请电灯厂小北边门外电灯新厂电机房南面墙加梁说明书”[①]中记载：“贵厂工程师所绘之图样，业包承修工竣，惟有南面山墙长十二丈余高六丈八尺三进砖到顶”，因起动机振动及其重力又大，“中间除一道间壁以外并无拉扯之物危险之极”，为防危险，保护电机，“外加洋灰砖梁六道，内二道外四道”，“顶用洋灰抹光砌梁，每七尺高时墙挖一尺三寸见方窟窿两眼，固以铁筋石子洋灰，里外梁合一。”从中可见，对于承重砖墙墙厚的选择是多方面考虑的，虽然是以经验值和地方常用值为依据，但其中仍体现了建筑的合理性和科学性。

三、砖混结构的技术处理与应用

砖混结构中对钢筋和混凝土的选择和配比需要有工学计算和材料选择的规定，从中可以看出技术的进步与发展。

（一）材料的选择

在建筑施工过程中，所用的建筑材料须送呈建筑师，经许可后才可以使用，工程结束后需要建筑师的最后验收和审核，所以在近代时期，建筑师相当于建筑师和工程师的综合。建筑师最初进行建筑设计以及制定建筑工程做法时会明确规定材料的选择要求，特别是对工匠们不是十分熟悉的建筑材料，更会有明确的要求。

1. 洋灰（水泥）

由于近代洋灰在沈阳主要由日本垄断，所以，在沈阳的近代建筑中，除日本产权的建筑外，一般采用唐山启新的马牌洋灰，白子敬公馆、吴长麟堂、辽宁公济平市钱号、辽宁省立第一初中学校等建筑都是明确规定使用马牌洋灰，并且明确要求洋灰“未用以前不许沾染混气以防失其凝固之效力”。[②]在辽宁省立第一初中学校的工程说明书中甚至规定工程中使用的洋灰以“启新洋灰公司出品之马牌洋灰为标准，或桶或袋均须印有该公司之牌号足以证明真货者为合格”，可见，在工程中，建筑师对洋灰选择的慎重和重视。

2. 石子

沈阳近代建筑中对混凝土的材料选择比较严格，其中对石子的大小、形状、出处以及使用都有明确的规定。白子敬公馆将圆石分为两种：一种为用于钢筋混凝土的圆石，要求石子半寸到一寸大；另一种是单纯用于混凝土的圆石，尺寸为半寸至两寸大，要求圆石必须洁净并且没有被风雨剥蚀。在吴长麟公馆建筑中，对石子的选择的要求是必须用河光圆石，尺寸最大不得超过一寸二，最小不得小于四分。辽宁省立第一初中学校中对石子的选择：“本城所产质地坚硬、不带泥土、不含松软矿物、不杂有机物质之圆石子，但用时仍须用清水洗涤洁净。”

① 收藏于辽宁省档案馆。

② 沈阳市档案馆藏近代建筑档案整理。

3. 砂子

为了保证混凝土的性能和质量，砂子的选择也是有要求的。不仅要求粒大、洁净无杂质，而且要求不得带有鱼骨壳以及一切有机物质等杂质，在空气中暴露许久的砂子不得使用。

4. 钢筋

钢筋在近代时期被称为“铁筋”，对于使用铁筋的近代建筑，建筑师在施工图中会分别配置洋灰铁筋的构造图，工人按照图纸和工程做法说明书施工，但当钢筋扎好后须请工程师查验，保证与图样相符后才能开始下混凝土的工作。虽然对铁筋的选择有方有圆，铁筋的大小长短不一，但都要求使用软硬适中、富有拉力和弹力，并且不易脆裂的进口钢条，在沈阳的近代建筑中，但凡两铁筋横直交汇处，从可调研到的数据来看，均是采用21号铁丝来绑紧。对于铁筋之两端或中间须弯曲者均用冷弯，不准用火烘热致失效力。

从沈阳近代建筑师对钢筋、混凝土选择的原则中可以看出，当时已经认识到钢筋、混凝土这类新兴材料的使用特性和原理，并且掌握不同的比例关系，得到的强度不同，适用的建筑部位不同，反映出了沈阳近代建筑技术的发展水平。

（二）模盒的使用及施工工艺

模盒是将钢筋、混凝土融合成坚固整体的临时性的容器，模盒的合格与否直接决定了钢筋、混凝土的坚固程度，又因它仅作为临时性构件的特性而不能作太大的经济投入，所以，近代沈阳砖混建筑的模盒材料多选用木材，普遍使用强度较高、胀缩变形较小的白松板，至于模盒容积的大小、宽深，一般根据洋灰和铁筋的要求而确定，模盒用铁钉钉牢、木柱撑实，以保证受混凝土压力后不致变形。

加入混凝土前，木板模盒需用清水淋湿，木屑杂物都需要取出，保证模盒的干净整洁，如果模盒还有缝隙，须用麻刀白灰墁补，避免漏灰浆。根据配比，以木斗为标准拌匀，拌和混凝土用的水应该是极清洁的，不得含有泥土、油质、酸质、碱质以及有机物或其他物杂质，混凝土拌好后立即用洋铁桶灌入模盒之内，下混凝土时，洋铁桶不宜离模盒太远，随时调整模盒中的混凝土，以保证均匀，但过程越快越好，如果拌匀的混凝土静置超过半小时还没有倒入模盒中，它的凝结能力就会降低，只能当作废物抛弃，不能再用。一边将混凝土填入木板模盒，一边需要将铁筋四周及木盒的边角和未灌满混凝土的地方用铁杵子将其充实，外面再用木棒轻轻敲击，使混凝土充分填满，然后在混凝土上面用木拍子拍实。木拍子选用坚硬、材质均匀的材料。

填打混凝土时不可间断，最好不留接茬，如果混凝土不能一次打完，不得已须留接口时，也必须经技术人员验过接口之后再施工，填打混凝土时应注意天气寒暖，其温度最高不得在华氏120度（约为49摄氏度）以上，最低不得在华氏40度以下。倘因打完混凝土后，天气骤寒或天气已在华氏40度（约为5摄氏度）以下，不得已而须继续填打混凝土时，须设法在填打混凝土之处增高其温度至华氏50度（约为10摄氏度）以上，保持72小时到一星期为止。对于保固温度的方法，由工程师根据具体的情况而制定，主要是通过合盐与化学药料或其他物质，但不能为防冻而加入有损混凝土性能的材料。混凝土填打完毕后一星期内绝对禁止震动与压置重物，非不得已时不准在上面走人，混凝土打好后，其上面显露部分当即用麻布袋遮盖，不能受太阳暴晒，每日早、午、晚共淋水三次，若在烈日之下，天气炎热则每隔2小时淋水一次，保持湿度，持续至第7日为止，主要是为了避免模盒上面的混凝土先干，到可拆卸模盒的时候，也要保证在10摄氏度的适宜温度，较好的天气下施工，但也仅是侧面不受重力的木板在7日后可以拆卸，如果是在混凝土下面承受重力的木板，须过两星期后方可拆卸。

从混凝土的施工工艺中，可见混凝土在沈阳

的应用，不仅是材料的购买受到限制，更是受到了地域气候的影响，这样对建筑技术人员的施工工艺、技术水平就会有较高的要求和限制，在砖混结构的传播过程中，无论是材料的选择、配比还是施工，都不是仅仅靠简单的模仿和学习就可以嫁接而来的，这时需要掌握材料性能和技术的专业建筑师的指导和传授，他们是这一结构技术的主要传播者。

（三）砖混结构的技术处理

沈阳近代砖混结构主要用于小型商业建筑和新式别墅建筑的门窗洞口、地下室以及楼板与屋顶等结构构件。

1. 门窗洞口

钢筋混凝土用于门窗洞口的过梁是砖混结构中比较常见的技术构造179做法，但在沈阳近代的砖混结构中，并没有盲目地使用这种技术，而是当砖砌拱券无法满足技术要求的时候使用钢筋混凝土。在白子敬公馆建筑中，当门窗洞口的尺寸不足一公尺二公寸（1200毫米）时，用水泥砂浆砌砖券，超过一公尺二公寸（1200毫米）的门窗洞口才需要做钢筋混凝土的过梁；在多小公司楼房建筑中，四尺以内（约为1280毫米），用砖叠砌，四尺以外，至五六尺（约为1800毫米）的门窗洞口，用钢筋混凝土做过梁。钢筋混凝土过梁一般要求梁两端要长过洞口一尺，宽度随墙厚，高度不超过十寸，根据不同建筑的实际情况而采取不同的配筋方式。在吴长麟公馆门窗过梁中，使用的是五分方钢筋6根，其中4根直、2根弯，在多小公司楼房中采用的是四分方铁3根，东记印刷所的钢筋为方铁5根，而混凝土都是按一成洋灰、二成砂子、四成石子的配比搅拌而成。

2. 地下室

地下室的修建主要是解决两大技术问题：防潮和坚固，而由于混凝土的耐水性能好，自身强度高，抗压能力强，所以混凝土在沈阳近代时期被广泛地应用于地下室的修建中。沈阳近代地下室主要有两种砌筑方式：其一，混凝土砌筑。未铺隔离层以前，各墙及洋灰地须先找平，铺1：3洋灰砂子浆，厚度达到1厘米为佳，然后再铺设隔离层，隔离物含有沥青一层，涂于洋灰浆之上，又有2号油毡一层，铺时约有一公寸二公分之压口，其上再涂沥青一层，地窖墙背面有填土的地方，须再抹1：3洋灰砂浆并涂防潮混合物。地窖及第一层的固体地板用混凝土筑造，其成分为1：15：8的洋灰：石灰：砂子：碎砖或圆石子，混凝土板厚一公寸，其下铺设三七灰土一层，厚1.5厘米（图4-1-13）。其二，钢筋混凝土砌筑。地平先打素土一步，灰土一步，上做四寸厚的钢筋洋灰，上面铺2号油毡一道，上做洋灰，厚三寸，中带铁丝网，油毡由地平向上包砖砌，于砖墙内夹2号油毡一层，须过地平准线上二层砖皮压于砖缝内，油毡内外两面均需刷油膏一层，墙内做五寸厚的钢筋洋灰立墙，墙内外皮均抹洋灰胶泥，厚一寸（图4-1-14）。

名称	简图	构造做法
地下室顶板		1. 面层 2. 10厚1：1：5：8洋灰：石灰：砂子：碎圆石混凝土 3. 15厚3：7灰土一层
地下室墙身		1. 3：7灰土分层夯实或素土分层夯实 2. 1：3洋灰
地下室底板防水		1. 面层 2. 10厚1：1：5：8洋灰；石灰：砂子：碎圆石混凝土 3. 卷材防水层 4. 10厚1：3水泥砂浆找平层 5. 地基持力层

图4-1-13 沈阳近代建筑地下室做法（来源：根据调研资料整理绘制）

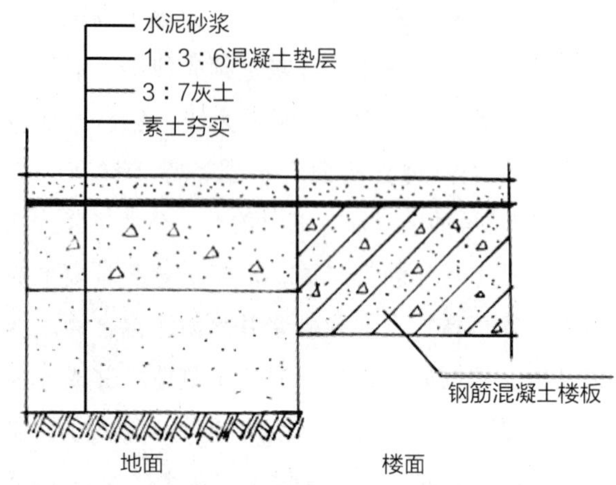

图4-1-14 楼板与面层做法（来源：根据调研资料整理绘制）

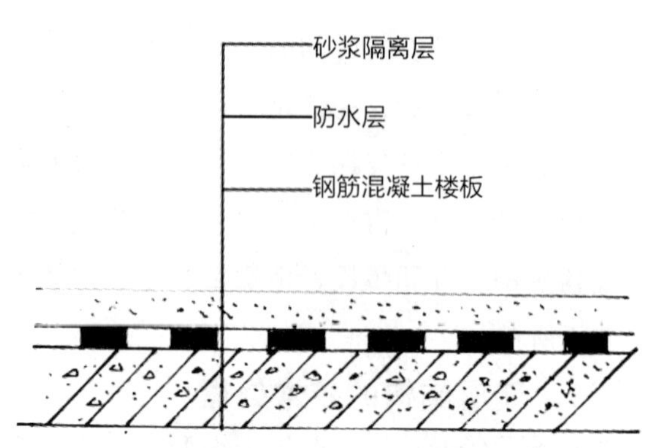

图4-1-16 上人面层做法（来源：根据调研资料整理绘制）

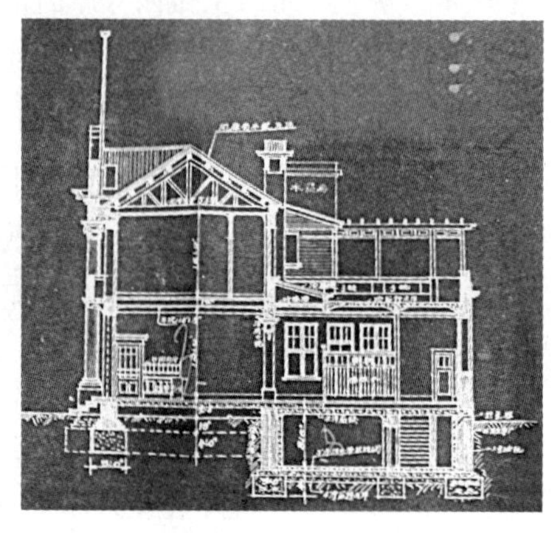

图4-1-15 辽宁公济平市钱号剖面图（来源：翻拍自沈阳市档案馆藏蓝图）

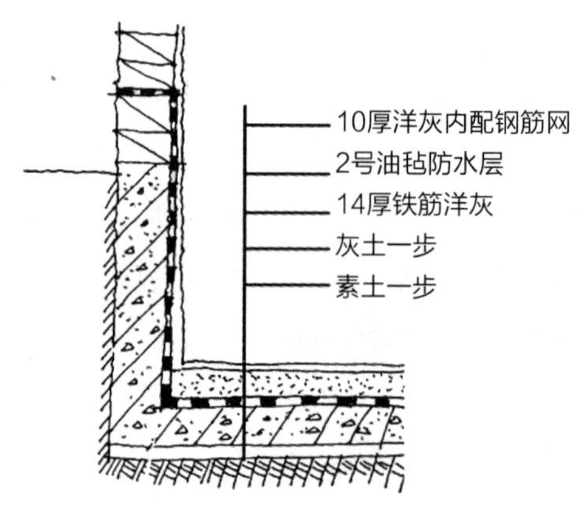

图4-1-17 沈阳近代建筑地下室做法（来源：根据调研资料整理绘制）

辽宁公济平市钱号（图4-1-15）地下室作为新银库，所采用的就是这种做法。

3. 楼板与屋顶

砖混结构中钢筋混凝土的使用不仅可以增加建筑的横向承载力，同时还能创造出丰富的建筑屋顶的形式，比如平屋顶以及屋顶花园。东记印刷所混凝土地板，第一层洋灰地无铁筋，第二、三层以及屋顶即是钢筋混凝土做成，使用三分方铁，屋顶每隔6寸，排列一根，横竖两层，布置成网形。一层不用钢筋混凝土，但需先打三七灰土，厚一尺，上面再铺设1：3：6的洋灰、砂子、石子的混凝土。第二、三层以及屋顶使用的是1：2：4的洋灰、砂子、石子的混凝土。辽宁省立第一初中学校的一层走廊及门道、楼梯间等处先打素土一步，上面再浇注1：3：6的洋灰、砂子、石子的混凝土地板，厚五寸，再抹1：3洋灰砂浆一层，厚一寸，并划成斜方格或直方格形（图4-1-16）。公济平市钱号屋顶花园为洋灰混凝土楼板，须做二寸厚以上的返水铺贴法，先将混凝土楼板面洒扫洁净，涂油膏一层，厚二分，上铺1号油毡一层，再涂热油膏一层，厚约三分，上铺一分径至一分半径的小石子，即成屋面的返水（图4-1-17）。屋顶花园有混凝土花池槽八个，长三尺、宽一尺、深一尺、厚二寸，混凝土配比为洋灰：沙子：小石子为1：2：4，并且内带铁丝网。

四、近代钢筋混凝土结构在沈阳的发展

（一）俄国工程师的引入

钢筋混凝土结构已经成为当今世界建筑的主流结构形式。沈阳最初的钢筋混凝土结构是随着中东铁路的修建而由俄国工程师引入的。俄国人最先将先进的结构技术用于铁路工程建设。1902年，在沈阳南建有浑河大铁桥，今名浑河中线桥，全长819.2米，23孔，孔跨33.5米，上承桁梁结构。支座类型为辊轴，桥墩基础为浆砌料石，基础入土深度为12米，基底标高24.84米。1903年俄人又建成北陵立交桥，一座钢筋混凝土结构的双孔铁路公路立交桥。这些桥梁沿用至今。由于在这些工程中雇用了大量中国工人而使他们对新的钢铁技术及混凝土技术有了初步的认识和运用经验，在建筑技术上迈出了重要的一步。

（二）日本建筑队伍的实践

1905年日俄战争后，日本获取了俄国在沈阳的大部分利益，为了建设满铁附属地，随之引入了本国的建筑材料和施工队伍，并在1906年修建了沈阳第一栋钢筋混凝土建筑——七福屋。

此后，由于工业生产过程中对大空间、大跨度、大荷载、高震动条件的需求，钢筋混凝土结构被最先且越来越普遍地使用在厂房建筑之中。框架技术、装配技术、天窗技术以及防震、防湿、防腐、防火、耐高温等技术被引入沈阳，并用于工业建筑。同时，先进的设施设备（吊车、电梯等）也被装备于厂房和用于工业生产之中。

铁西区是以建筑工业化生产的方式快速建设而成的。首先，30年代后大量的建筑工业，如混凝土、水泥、砖瓦、玻璃、涂料、钢材、门窗及建筑机械等工厂涌现，成为建筑工业化生产的物质基础。其次，快速建成大片工厂的客观要求，使得已接受现代功能主义建筑思想的日本建筑师们采用了工业化的建筑设计及生产方式。铁西区的工厂建筑普遍运用钢筋混凝土框架结构。工厂的平面也完全根据工艺要求而设计。建筑造型也都是“豆腐块”式的几何形体，没有装饰，有许多厂房是水泥罩面。具体实例如1935年设计、1936年竣工的奉天麒麟啤酒厂，由井户田建筑事务所根据制酒工艺：“糖化—发酵—出酒—包装”流线，配置车间平面，表现出了现代功能主义的自由平面特征。外部造型完全由内部功能所致。与麒麟厂称为姐妹厂的奉天太阳啤酒厂，同事务所设计，亦是5层的现代功能主义厂房建筑，根据功能要求自由开设大小不一、高低不同的门窗及室外楼梯等。满洲亚细亚麦酒厂，1934年由日本总社的指宫城（机械）、兵滕（酿造）两技师设计，1935年由大仓组承接施工，两技师亦赴沈阳现场，与大仓组一起施工，1936年工程告毕。此工厂从设计到结局更显十足的现代功能主义风格。

工业建筑的发展是其他建筑类型、建筑技术与建筑材料近代化以及现代主义风格进入沈阳的源头与桥梁。

（三）非大众化的转播

从表4-1-11中可以看出，在沈阳的近代建筑中，钢筋混凝土建筑主要分布在满铁附属地，在沈阳的老城区内数量有限，个别分布在沈阳老城区的钢筋混凝土建筑也是混合建筑，局部使用该结构，建筑体量不大，分析其影响发展的原因，笔者认为主要是材料依靠进口，无法自给自足。日本开始尝试钢筋混凝土技术是在1900年左右，同沈阳几乎是同步的，虽然日本不像西欧各国那样有长久的混凝土使用经验和研究历史，但是日本在1877年之前就已经全国范围内进行水泥生产了，稍迟的钢材生产也于1901年（明治三十四年）在八幡制铁厂开始进行，无论是水泥还是钢材的生产都进入了自给自足的新时期。而在沈阳1929年（民国十八年），复新建筑有限公司承接的东北大学工程，申请“购买洋灰七千包铁筋七十吨，业

沈阳近代典型钢筋混凝土结构建筑　表4-1-11

时间	建筑名称	所在区域	设计者	施工者
1906	七福屋	满铁附属地		
1910	沈铁大旅社	满铁附属地		
1912	奉天日本总领事馆	商埠地	三桥四郎	高冈又一郎
1917	基督教会西塔教堂	商埠地		
1920	医药大厦	满铁附属地		
1921	美国花旗银行	商埠地		
1922	东洋拓殖银行	满铁附属地		
1925	吉顺丝房	老城区	穆继多	多小建筑公司
1925	东北大学理工楼	北陵	魏德公司	
1927	满洲医科大学体育馆	满铁附属地		
1927	奉天军械厂	老城区		奉天建造局
1928	奉天自动电话交换局	满铁附属地	关东厅内务局土木课	奉天木组
1928	东北大学体育场	北陵	杨廷宝	基泰工程司
1929	中和福茶店	老城区	刘锡武	义川公司
1929	奉天大和宾馆	满铁附属地	小野木横井共同建筑事务所	
1929	满洲医科大学	满铁附属地	满铁地方部建筑课	大仓土木株式会社
1929	奉天警察署	满铁附属地	关东厅土木课	长谷川
1929	千代田公园水塔	满铁附属地	满铁土木课	
1930	奉天国际运动场	满铁附属地		
1930	同泽俱乐部	商埠地	土屋胜经	
1930	京奉铁路沈阳总站	老城区	杨廷宝	荷兰治港公司
1930	边业银行总行	老城区		
1931	平安座	满铁附属地		
1932	满毛百货商店	满铁附属地		
1932	奉天大厦	商埠地		
1934	满铁消费组合奉天青叶町配合所	满铁附属地	平野绿、山田俊男	户田组
1934	南满洲瓦斯株式会社奉天瓦斯	满铁附属地	大仓土木株式会社	大仓土木株式会社
1934	汤玉麟住宅	商埠地	沈阳中华冯记建筑公司	同义合建筑公司
1935	万泉水塔	老城区		奉天建造局

续表

时间	建筑名称	所在区域	设计者	施工者
1935	满洲麦酒株式会社奉天第一工厂	铁西区	井户田建筑事务所	满洲大仓土木株式会社
1936	奉天电报电话局	满铁附属地		
1936	云阁电影院	满铁附属地		
1936	满铁铁道总局本馆	满铁附属地	满洲铁道总局工务处狩谷忠磨	福昌公司
1936	泰东大厦	商埠地		
1936	满洲麦酒株式会社奉天第二工厂	铁西区		
1937	三井洋行大楼	满铁附属地	松田军平	高岗组
1937	满洲医科大学本馆	满铁附属地	满铁地方部工事课	碇山组
1937	奉天市公署	老城区	奉天市公署工务处建筑课	清水组奉天出张所
1937	亚细亚麦酒股份有限公司奉天工厂	铁西区	满洲大仓土木株式会社	满洲大仓土木株式会社
1938	满洲日日新闻奉天支社	满铁附属地	横井建筑事务所	福昌公司
1938	日本天主堂	满铁附属地		
1938	满洲电线株式会社满洲电线株式会社奉天工场	铁西区	长谷部竹腰建筑事务所	

已启运来沈希即免税放行”，①可见，此时洋灰、钢筋都需要进口，材料的高成本必然约束了钢筋混凝土建筑技术的传播，使其成为上层建筑才能尝试的一种结构，也使其技术成为了少量承接大型项目的建筑公司才能掌握和把控的建筑技术。

（四）具有地域特色的中和福茶庄

1. 建筑背景与特色

1929年改建竣工的中和福茶庄，创建于1882年（清光绪八年），是经营全国南北名茶的名店。其经营内容属传统商品，因此建筑立面也更多地保留了传统的建筑手法。新店由义川公司建筑部路铁华设计，施工为同公司工程师刘锡武（图4-1-18）。

中和福茶庄中西结合，韵味十足。新楼3层，地下1层，内设锅炉供暖，为砖混结构，砖均用上

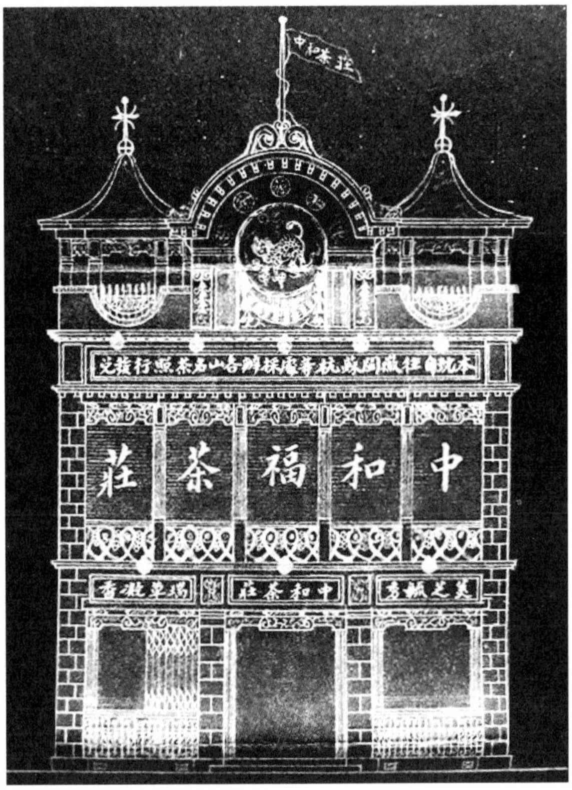

图4-1-18 中和福茶庄（来源：翻拍自沈阳市档案馆藏蓝图）

① 辽宁省档案馆近代时期档案藏。

等青砖。正立面为三段式，是中西折衷样式，面阔三间，底层左右设“铁栏杆墙，中做铁拉门”，中段为五开间的柱廊。柱为红木柱，柱头方形，柱子之间设置雀替。上段中央为圆形高起的女儿墙，上悬生动立体的“洋灰制麒麟商标，各字均用洋灰做成”。女儿墙左右是八面形攒尖亭，在亭中有品茶、休憩的服务项目，略有今天商店的综合功能性质。在室内仍是传统式装修，木地板，松木由美国进口。店内两个柱上还挂有书法对联，渲染着浓郁的传统室内氛围。这些中、西建筑手法虽各有来历，但由于组合恰当，而颇具个性，在中街上有很强的识别性。此商店在后人的使用过程中，又在一层的入口及窗上加设绿琉璃的小披檐，更加强了它中西混合的建筑风格特征。然而，这幢沿街立面很有特色的商店，其背立面却简单至极，可谓是典型的“样式店面”建筑，这也是中街商店的普遍现象。

2. 施工流程与技术（图4-1-19～图4-1-23）

首先，地基与基础。开挖基槽、做基础。

根据占地范围，先将南北长21尺、东西宽15尺的场地平整，由于东西方向紧邻中街其他建筑物，所以再各自向内退1尺，形成15×19（尺）的近似方形基地。然后在基地四角打桩，开挖基槽。根据基地的条件，东侧北向基槽深四尺半，宽四尺，须夯实七步灰土；南侧西向基槽深四尺，宽三尺，须夯实五步灰土；其余基槽深六尺，宽四尺，夯实七步灰土。“一步”是指顺槽填入大约十寸灰土后将其夯实为6寸，然后喷洒一次清水。该项目使用的灰土是经过24小时清水浸透的本溪湖大块白灰，白灰与土按照3∶7比例混合。中和福茶庄基础，夯实七步，灰土高三尺半；夯实五步，高二尺半，地基与基础完工后，须测平。

其次，主体结构。砖砌、浇注构造柱、梁、现浇顶板。

在地基与基础施工完成后，在四角分别打入三根木桩，桩上钉两块木板，用来辅助砖墙砌筑。

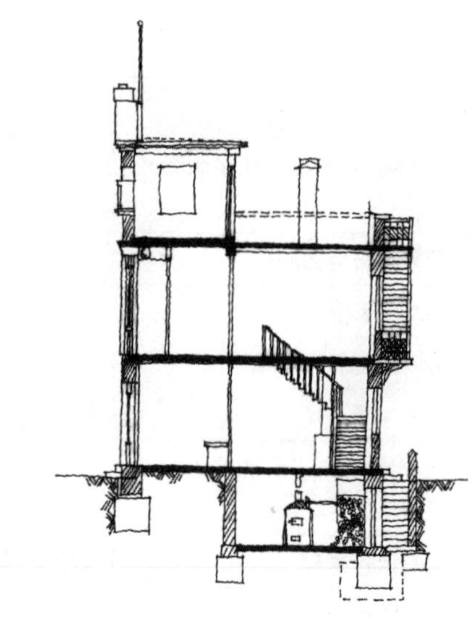

图4-1-19　中和福茶庄剖面图（来源：翻拍自沈阳市档案馆藏蓝图）

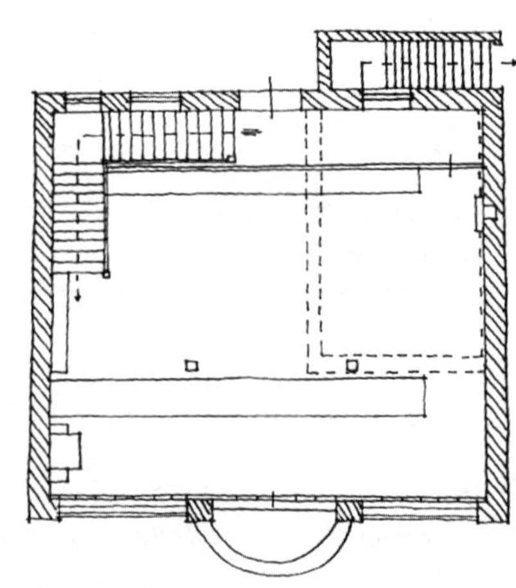

图4-1-20　中和福茶庄一层平面图（来源：临摹自沈阳市档案馆蓝图）

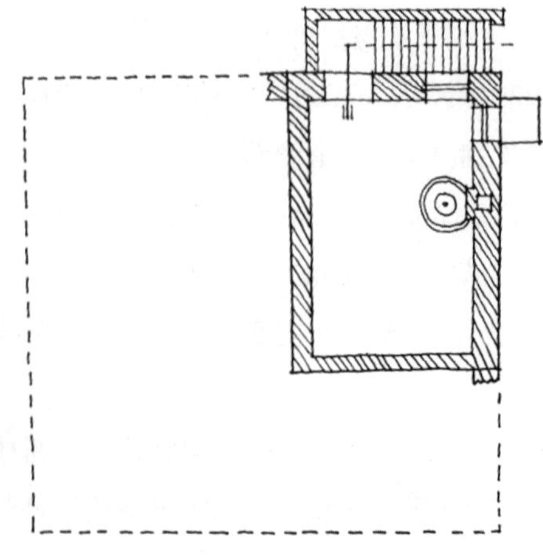

图4-1-21　中和福茶庄地下一层平面图（来源：临摹自沈阳市档案馆蓝图）

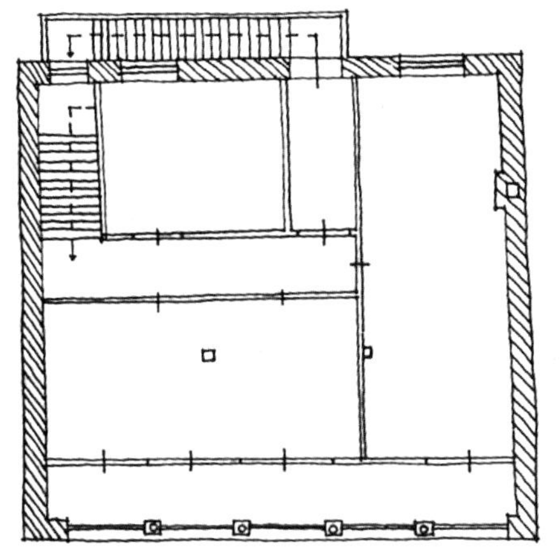

图4-1-22 中和福茶庄二层平面图（来源：临摹自沈阳市档案馆蓝图）

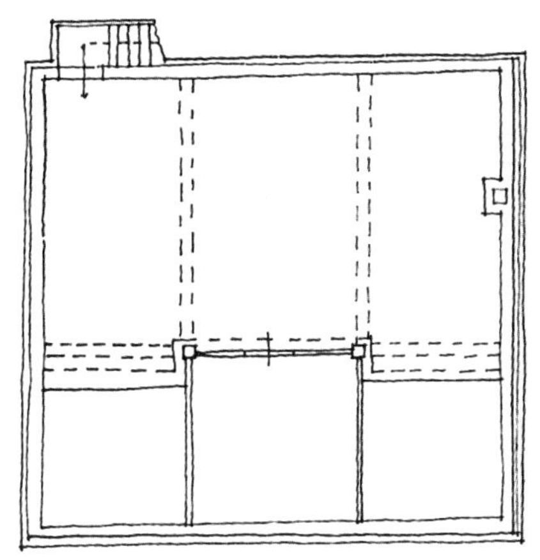

图4-1-23 中和福茶庄三层平面图（来源：临摹自沈阳市档案馆蓝图）

中和福茶庄采用上等青砖，主体砖墙粘合剂使用的是1：3比例的白灰与粗砂砂浆，地下室防水采用的是1：4：7比例的洋灰、白灰与砂子的混合砂浆。在砌筑砖墙的工艺上要求每层青砖灌浆一次，饱满充盈，砖缝平直，并且厚度不超过三分。

砖墙砌筑从下至上，首先是地下室，砌筑厚为六进砖，高为一尺的暗台，上砌五进砖直至一层明台上面，一层建筑为四进砖砖墙，二层建筑为三进砖砖墙，屋面除主立面山花及两侧女儿墙为三进砖之外，其他部位女儿墙皆为二进砖。

建筑竖向结构体系为两根九寸见方的洋灰、砂子、石子、铁筋组成的混凝土柱，直通屋顶平台。横向结构体系，地下室楼板为1：3：5比例的洋灰、砂子、石子、钢筋混凝土，厚为5寸。地下室顶板设16寸×10寸洋灰大梁，一层顶板为钢筋混凝土楼板，并设三道梁，东西方向为一道16寸×10寸梁，南北方向设两道梁。

屋顶为现浇混凝土楼板，先用四分方铁筋，每隔九寸一根，排列形成方格网式，并用21号铅丝绑牢，即可准备浇注混凝土。混凝土施工的重点是模盒的制作、浇注时的速度以及后期养护。中和福茶庄的工程模盒采用白松木板，厚约2寸，现场临时制作，确保承受面干净、光滑、稳固、严密。浇注混凝土时，先用清水充分淋湿，后用铁桶将拌匀的混凝土挑入模盒，要求速度快，不可间断，不留接口。混凝土浇灌后一周内禁止震动与压置重物，更不可上人行走，并用麻布袋遮盖，避免日晒，保证早、中、晚三次淋水，两个星期后拆卸模盒，混凝土工程施工完毕。

再次，装饰与装修。

中和福沿中街主立面墙设计有两层高圆形柱子，其上、下横梁均为1：3：5比例的洋灰、砂子、石子的钢筋混凝土。主立面在砖墙外做洋灰水刷石，至于背面和山墙没有其他建筑物遮挡处，只用洋灰平缝。

室内墙面处理为第一层刷5分厚3：7砂子白灰，里面加入少量麻刀；第二层为麻刀白灰，刷2分厚，房间顶棚为两层麻刀白灰浆，保证室内平整、光洁。麻刀白灰浆配比为每100斤白灰加入麻刀7斤。

最后，采暖设备。

中和福茶庄地下室内装设用于采暖的锅炉一座和用于取水的洋井一眼。锅炉通过32寸的管道与室内房间相连，并且根据房间面积的不等，设置不同片数的暖气，确保室内温度的适宜。洋井深6丈，上安设电力抽水机。

3. 建筑技术特点

中和福茶庄在局部采用了钢筋混凝土结构，这在沈阳近代时期是普遍使用的一种大空间处理的手法，从中和福茶庄的钢筋混凝土结构的技术处理上可以看出此时的建筑技术特点。

力学计算与专业监理。钢筋混凝土结构的配筋需要经过严格的力学计算，并且在施工过程中，每一个环节在施工后都需经工程师查验，确定同图样相符，才能进行下一步施工。

传统与现代技术结合。即使是钢筋混凝土结构的建筑，在砖墙的砌筑和材料的选择上仍会出现“中西结合”的方式，比如青砖的选择、砖墙的砌筑、粘合材料的选择等，这种融合正是工程师和本土工匠多年的磨合和经验的累积。

新材料、新结构、新技术促进现代建筑技术的推广应用。水泥、钢筋等新兴材料的传入，促进了钢筋混凝土结构在沈阳近代时期的推广应用，由于是新兴的建筑结构形式，在传入与应用的过程中促进了现代建筑技术的传播，如钢筋的冷拉、绑扎技术、木模具的制作与质量要求、混凝土的浇筑技术与自然养护技术等均与现代建筑技术同步、并轨。

设备的现代化与科学化应用。随着结构与材料的现代化，相应的建筑设备也随之发展。特别是在沈阳这样的寒冷地区，取暖设备更是建筑设备的重点。中和福茶庄暖气安装的炉片与锅炉的容量、供暖力均是依据科学的计算，对室内温度的适宜性有较高的要求，促进了建筑设备的现代化与科学化应用。

第二节　新型建筑材料的引入与自主生产

建筑材料是人类赖以生存的物资材料之一，随着社会生产力的发展而发展。古代人自脱离“穴居巢处”后即对建筑材料有了需求，经历“凿石为洞，伐木为棚”，筑土、垒石阶段，出现了烧制砖瓦、白灰等传统建筑材料。沈阳传统建筑的主要材料是青砖、木材以及土坯。当西方建筑随着外来文化被人们认可和推崇时，原有近代初期仅靠地方传统建筑材料和技术做法来修建具有西方建筑样式和符号的建筑已经不能满足人们的需求，这样传统建筑技术和新的生产关系形成的建筑体系之间的矛盾，必然推动和刺激传统建筑技术的动摇和变革。西方的新材料开始远渡重洋，伴随着租借地、商埠地建设而源源不断地引入，并且随着工程量的不断增加，逐渐在这里形成较为完整的生产体系。建筑材料是建筑技术的物质基础，建筑材料的发展赋予建筑物以时代的特征和风格，新型建筑材料的诞生推动了建筑结构设计和施工工艺的变化，而新的结构设计方法和施工工艺又对建筑材料的品种和特性提出更多、更高的要求，所以沈阳近代新型建筑材料的引入和发展成为了必然。

一、红砖的引入与推广

（一）红砖的引入

1. 沈阳老城区最早的红砖主要用于装饰

沈阳作为清王朝的龙兴之地，自古重视建筑活动，其中宫殿、陵寝以及王府大臣的宅邸的修筑都是采用传统的青砖，再加上沈阳的城墙经过了数次的扩张，其材料也是青砖，因此，在沈阳周围有大量烧制青砖的窑场，如位于海城缸窑岭的“盛京皇瓦窑”是明末清初比较有名的窑场，建于明万历年间，窑主侯振举，明天启二年（1622年）被后金封为五品官，成为官窑，为修建宫殿及“盛京三陵”（永陵、福陵、昭陵）生产建筑材料，有工匠数百人，隶属盛京工部。随着经验的积累，工匠们掌握了扎实而又纯熟的青砖营造技术、雕刻工艺，也许正因为如此，在近代沈阳，由传统建筑材料——青砖砌筑的建筑贯穿整个时期，特别是沈阳的老城区（表4-2-1）。上到奉系军阀的办公府邸，下到寻常百姓的宅院，无论是外来建筑样式的教会建筑，还是土生土长的老字号商号，均采用青砖砌筑，那么，新兴建筑材料——红砖在沈阳老城区是如何传入与应用的呢?

1905年，日俄战争使清政府认识到了改革的重要性，因此推行“预备立宪”，启动了中国由君主专制制度向资本主义民主制度转变的进程。沈阳此阶段的建筑也一改过去的纯青砖建筑，不仅在建筑样式中增添西方建筑符号，在建筑材料中，也在青砖承重的基础上增添了红砖装饰，所以，在沈阳老城区，红砖最初是作为建筑的装饰材料而被引入和应用的。

沈阳近代典型青砖砌筑建筑（不罩面） 表4-2-1

分布区域	建筑年代	建筑名称	备注	砖的尺寸（毫米）
附属地	1899年	谋克顿火车站	俄国人修建	
老城区	1907年	东三省总督府	青砖墙体，红砖装饰，中式砌法	
老城区	1908年	奉天省咨议局	青砖为主，红砖装饰，中式砌法	260×130×50
老城区	1910年	奉天东关模范小学	青砖、中式砌法	270×130×50
老城区	1912年	奉天南关天主教堂	青砖、法式砌法	370×180×100
老城区	1918年	张氏帅府小青楼	青砖、中式砌法	265×130×65
老城区	1922年	张氏帅府大青楼	青砖墙体，白色水泥抹边线	265×130×65
老城区	1925年	张氏帅府办事处	建筑为砖石承重，局部青砖砌筑，中式砌法	275×160×60
老城区	1926年	小南天主教主教府	青砖、英式砌法	260×110×70

沈阳老城区最早使用红砖的建筑是以奉天省谘议局（图4-2-1）、东三省总督府（图4-2-2）、东关模范小学（图4-2-3）为代表的新类型、新功能、新样式的建筑。主要有以下特点：

（1）外装饰以红砖为主

作为新兴的建筑样式，以模仿和仿造西式建筑为主，而具有西式建筑样式特点的构件往往采用红砖砌筑完成，即青砖承重墙体，而红砖用于外装饰。红砖在建筑外表面的使用位置主要分三个部分：

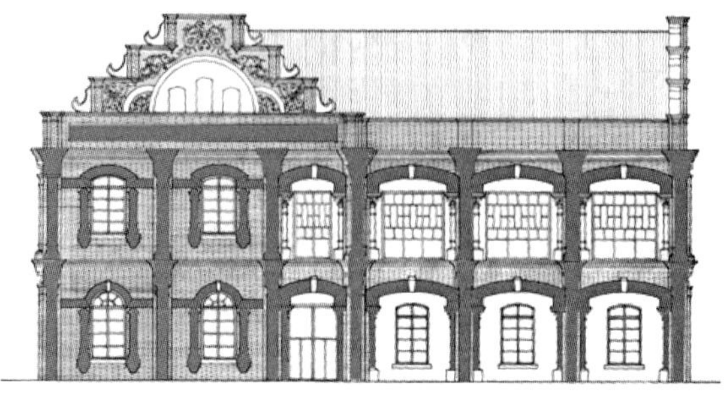

图4-2-1 奉天省谘议局辅楼东立面红砖示意图（来源：根据沈阳建筑大学测绘资料整理）

首先，是凸出主墙面的门窗洞口的拱券、西式的柱头和列柱，是最直观体现西式建筑特点的语汇；其次，是屋顶的装饰，如砖雕纹样与檐板，通过西式的纹样来表现建筑的热烈；最后，是主墙面，通过青砖中穿插红砖，砌筑出有几何秩序的花纹。

红砖作为新兴的建筑材料，在沈阳老城区最初20多年的时间里只用于外装饰的原因主要有两点：一是价格，由于传统工艺为砌砖，所以在沈阳周围的传统的手工砖窑均为青砖，工人们掌握青砖的烧制工艺，而对于红砖的批量自主生产需要过程，产量决定了价格，所以早期红砖的价格自然高于青砖，当时在建筑中，红砖主要用于“点睛之处”。二是质量，传统工匠非常了解青砖的性能，认为青砖坚固、耐用，而红砖作为新材料，对其性能的掌握自然也是需要时间的，所以建筑的承重墙体使用的仍是令工匠们信任的青砖（表4-2-2、图4-2-4）。

（2）多样的青红砖墙砌筑方式

红砖作为建筑外立面的装饰材料，在与墙体

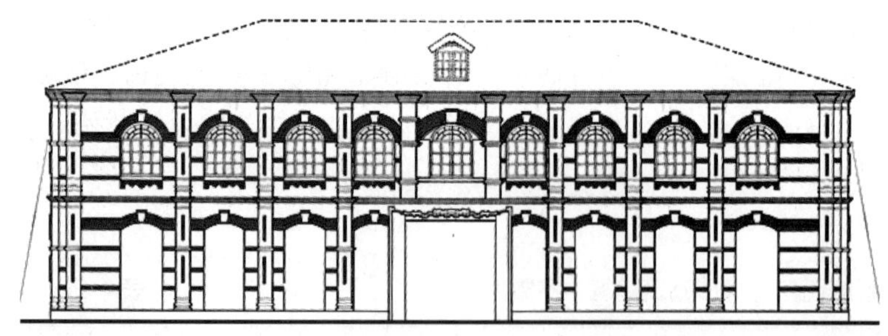

图4-2-2 东三省总督府立面红砖示意图（来源：根据沈阳建筑大学测绘资料整理）

的结合过程中，有着丰富多样的砌筑方式，其中主要有交错搭接式、并列平行砌筑式、灰浆粘合式。交错搭接式一般应用在红砖柱与主墙体的结合处，多作为突出墙体的装饰物，通过青红砖的咬接交错彼此搭接，以半砖

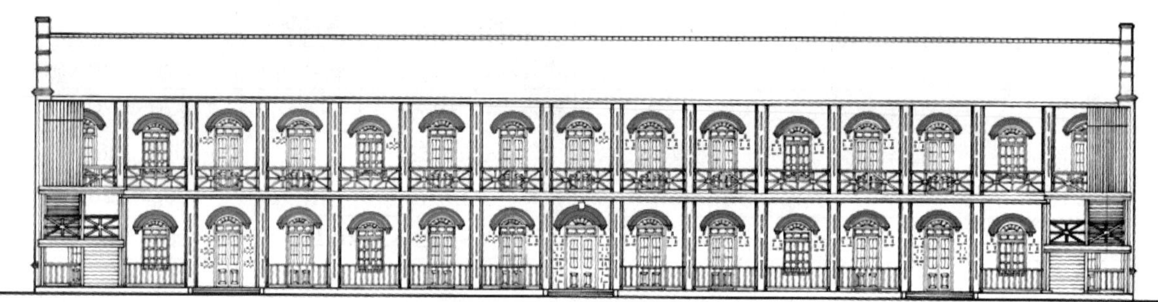

图4-2-3 东关小学立面红砖示意图（来源：根据沈阳建筑大学测绘资料整理）

沈阳近代典型红砖砌筑建筑（不罩面） 表4-2-2

区域	建筑年代	建筑名称	备注	尺寸（毫米）
老城区	1929年	少帅府红楼群	美国建筑公司修建，法式砌法	225×110×60
	1926年	边业银行	红砖、英式砌法	230×110×60
	1928年	同泽女子中学	红砖、英式砌法	
商埠地	1926年	法国汇理银行奉天支行	红砖、法式砌法	
	1927年	奉天邮务管理局	红砖、英式砌法	
北陵	1930年	东北大学图书馆	红砖、英式砌法	
		东北大学文法学院	红砖	
		东北大学体育场	红砖、英式砌法	
满铁附属地	1910年	奉天驿	太田毅和吉田宗太郎设计、英式砌法	230×105×55
	1912年	共同事务所、贷事务所奉天铁路公安段	英式砌法	230×105×55
	1912年	奉天铁路事务所	英式砌法	230×105×55
	1916年	奉天邮便局	红砖、英式砌法	
	1921年	奉天高等女学校	红砖、英式砌法	225×105×55
	1922年	奉天中学校	红砖、英式砌法	
	1926年	满洲医科大学	红砖、英式砌法	230×110×60
	1927年	奉天千代田小学	红砖	
	1937年	奉天南满医院	红砖、英式砌法	250×115×70

图4-2-4　红砖外装饰

或2/3砖凸出墙面；并列平行砌筑式用于红砖与青砖的主墙面混砌，通过顺丁不同的组合，拼合出适宜的图案；灰浆粘合式主要应用于纹样的雕饰，将红砖与灰浆混合成粘合剂，通过工匠的雕工雕刻出装饰纹样，或通过厂内预制雕刻后（烧制后）以粘合剂粘合而成（图4-2-5）。

2. 满铁附属地内的红砖建筑

（1）日本红砖的引入与应用

沈阳真正的红砖建筑是以日本建筑师的设计为先导的。红砖建筑无论是在日本还是在沈阳都是近代建筑的标志性特征。日本古代建筑的木构与瓦作同中国一脉相承，但日本并没有沿袭中国传统的青砖。明治时期，日本打开国门，主动学习西欧的先进技术，红砖建筑作为西式建筑的象征，也被他们引入。文献记载，明治初年，日本建成的仿西洋建筑使用的是进口的红砖，建筑费用上造成相当大的负担。转折点是1872年，以建设东京银座红砖街为契机，日本大藏省土木局以T.J. Water（美）的指导为基础建造了日本最初的霍夫曼式专用砖窑，开始生产红砖，并且很快掀起一股日本自主生产红砖的热潮，红砖产业机械化标志着日本建筑技术的近代化，1887年（明治二十年）日本已经具备了正式化的砖石建筑时代的材料基础。1897年（明治三十年）前后日本以红砖建造建筑正式展开，1919年（大正八年）年产量约为五亿六千万块（1566万日元），达到了日本生产的顶峰。此时，红砖建筑在日本得到推崇。

（2）红砖在沈阳满铁附属地的最早应用

1905年以后，“满铁”为了建设沈阳的满铁附属地，同时彰显本国的政治地位和经济实力，也将体现西方“近代文明”的红砖引入了沈阳，在附属地修建了以“奉天驿”为中心的一组红砖建筑群（图4-2-6、图4-2-7）。根据1910年（大正四年）的建筑分布图，并通过实地走访和历史资料的比对，可以看出，在满铁附属地的建设初期，红砖建筑特别盛行，不仅包括公共建筑类型，如商场、宾馆、学校、医院，同时也包括满铁舍宅，其中1910年10月1日投资30万日元修建的“奉天驿”代表了当时红砖建筑技术及艺术的高水平。

奉天驿作为满铁附属地放射性规划布局的中心，必然得到满铁的重视，所以，设计之初，定位为高等级火车站，该站楼由满铁建筑课设计师太田毅设计，1908年始建，1910年竣工，是当时有“满铁五大站”之称的满铁主要车站站房之一，并且是最大的，其建筑施工与艺术达到了当时甚至日本国内的先进水平。奉天驿与另外两栋同其相对的“辰野式”建筑物（原满铁奉天共同

图4-2-5　多样的砌筑方式

图4-2-6 奉天驿站红砖建筑群（来源：《沈阳历史建筑印迹》中国建工出版社）

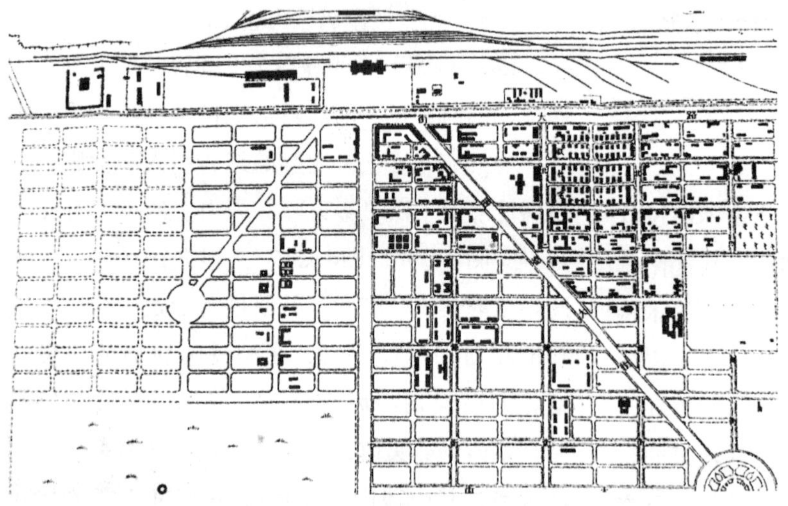
图4-2-7 1910年（大正四年）满铁附属地红砖建筑分布图（来源：根据1908年沈阳满铁附属地地图整理）

事务所和原满铁奉天贷事务所，均在1912年竣工，太田毅设计）形成了站前广场。

（二）青红砖生产工艺的比较

中国传统民居中除闽南地区是“红砖厝”之外，其余砖瓦建筑均使用青砖。青、红砖在工艺上均以黏土为原材料，之所以有颜色的差别，主要是因为砖的烧造方法的不同（表4-2-3）。青砖的烧制流程为：制作砖坯，进入密封窑，工人依照经验，在烧制的过程中渗水迅速降温，将砖坯中的氧化铁还原成灰黑色氧化亚铁，所以颜色为青。红砖的烧制流程为：前期同青砖一样利用黏土制作砖坯，将砖坯放入开放窑，借助蒸汽自动设备在砖窑内自然冷却，此时将砖坯中的铁元素与氧元素充分结合生成颜色很红的三氧化二铁，所以砖呈红色。但是无论青、红砖，二者的强度同颜色无关，那么，为什

图4-2-8 炼瓦的制造场（来源：由民间收藏家詹洪阁提供）

图4-2-9 窑业砖（来源：由民间收藏家詹洪阁提供）

么青砖在近代逐渐被红砖取代呢？分析原因，笔者认为主要有三点：① 青砖操作难度大而且复杂，要求工人经验丰富，烧制时间长，产量低（图4-2-8），而近代时期，红砖可借助机器烧制，产量高（图4-2-9）。② 红砖是西方建筑的直观代名词，体现了先进、时尚、现代，所以得到了宣扬西方近代文明的日本和进步人士的推崇。③ 红色，中国人对红色有着特殊的代表吉祥的爱恋情节，但在中国古代，红色只能用于祭祀建筑和皇家建筑，所以近代红砖给中国百姓高贵、富足的印象，成为达官贵人彰显身份的象征。

随着日本殖民者进入沈阳的红砖，使沈阳建筑材料的生产逐渐开始近代化。但是，由于日本殖民者的保守、侵略、垄断的殖民统治思想，沈阳自主生产红砖的速度很慢，其发展与推广程度其实一直掌控在日本殖民者手中（表4-2-3）。

青、红砖工艺对比　表4-2-3

类型	原材料	烧制方法	操作程序	原理	性能对比
青砖	黏土	砖坯—密封窑—烧制—渗入水降温—青砖	人工	将砖坯中的氧化铁还原成灰黑色氧化亚铁	强度与颜色无关，青砖烧制工艺复杂、难度大、烧制时间长，但密度高、抗风化效果好
红砖	黏土	砖坯—开放窑—砖窑自然冷却—红砖	借助蒸汽自动设备	将砖坯中的铁元素与氧气充分结合生成颜色很红的三氧化二铁	

（三）红砖的自主生产与推广

1. 红砖的自主生产

清光绪二十九年（1903年），日本人松浦如之郎等3人在营口市郊建成18门轮窑1座。日产黏土砖3万块。之后，又有日本人在省内各地建窑数十座，采用机器生产。1917年6月30日，日本在沈阳设立奉天窑业会社。据《东北年鉴》记载，民国十二年（1923年）以前，所有新式建筑之砖瓦，大部分依赖日本窑厂。截至1926年，在沈阳的奉天窑业、满洲窑业、小川、共益、浅野5家是当时影响比较大、产砖数量较多的日本砖窑。杜重远于1917年考取了留日官费生，入日本东京藏前高等工业学校窑业科，专学陶瓷制造，1922年学成归国，鉴于东北地区没有机制陶瓷工业，瓷器市场完全为日本所垄断，而他本人又学机制陶瓷工业，由于资金薄弱，所以先行生产砖瓦，作为制造瓷器的基础。建厂时只有2筒烧青砖的旧式马蹄窑一座，当年只生产青砖7万余块，小青瓦5万余块。1926年兴建了一座18筒烧红砖的新式轮窑（这种窑省煤，可以降低成本），并扩大了青砖和泥瓦的生产。当年生产青砖和泥瓦90余万块，全部售尽。按当时的社会习惯，普通建筑都用青砖而不用红砖，因此，120余万块红砖销售迟滞，几乎全部积压。正赶上东北大学建筑校舍，将红砖全部购买，才解决了资金周转问题。当时，大部分人认为红砖没有青砖坚固、耐用，所以一般建筑仍然不愿用红砖。如何打开红砖的销路，对肇新的发展仍然是一个重要问题。肇新增设了建筑部和五金部，作包工建筑营业，以提倡使用轮窑烧出的红砖，同时大力宣传红砖火度足、抗力大、保证坚固耐久，这样促使红砖逐渐被认可（图4-2-10、图4-2-11）。

2. 红砖的推广应用

红砖的自主生产结束了日本垄断红砖市场的现象，同时将红砖引入了老城区，通过表4-2-2可以总结出红砖建筑在沈阳近代推广应用的特点。首先，红砖建筑随着日本的入侵带入中国，并在满铁附属地盛行，在沈阳老城区，红砖的传入并不是一蹴而就的，传统青砖近20年独占市场；其

图4-2-10　辽宁肇新窑业公司全景(在大北边门外)（来源：由民间收藏家詹洪阁提供）

图4-2-11　肇新窑业砖瓦陶器（来源：由民间收藏家詹洪阁提供）

次，随着红砖自主生产的实现，在沈阳老城区才开始出现真正的红砖建筑；再者，红砖在沈阳奉系军阀统治地区是作为西式现代建筑的标志性建筑材料而被使用和推广的。总之，红砖作为沈阳近代一种重要的新型建筑材料，不仅带动了建筑样式的西洋化，同时也带来了建筑材料的产业化和工业化。

从沈阳和日本对红砖的生产与发展的对比中（表4-2-4）可以看出，沈阳近代对红砖的引入与推广具有典型的殖民地发展特点，生产的主动权掌握在殖民者手里，限制着殖民地的自主生产和材料的更新与进步，虽然也经历了短暂的民族意识的竞争，但这个过程的重心在于刺激民族产业的出现和发展，并没有对材料和产品进行优化和提升，这就是沈阳近代新材料生产的普遍现象和问题。

沈阳与日本本国红砖建筑的进程对比表　　表4-2-4

地域	生产与发展	发展差别
沈阳	出现（1905年）—日本垄断生产（1905～1923年）—自主竞争销售（1923～1931年）—日本垄断	从发展对比中可以看出沈阳的红砖的引入与发展具有典型的殖民地发展特点。虽然它也有短暂的竞争阶段，但这个竞争过程仅刺激民族产业的发展，并没有对材料、产品的优化
日本	出现（19世纪50年代）—大规模生产（1886年）—统一规格（1925年）—降低生产（1937年）	

二、水泥（洋灰）与混凝土的现代应用

（一）洋灰的由来与传入

洋灰，即水泥（cement）。因为它对中国人来说是舶来品，所以同洋枪、洋炮一样，根据其外在的特性，称之为“洋灰”。水泥，一种水硬性胶凝材料。在水泥中加入适量水后能够将其转化为塑性浆体，无论是在空气中还是在水中均可硬化，硬化后强度较高，能够抵抗淡水或含盐水的侵蚀。如果能将砂、碎石等散粒或纤维材料加入水泥中，可以非常牢固地胶结在一起。水泥的产生促进了整个世界建筑技术的发展和飞跃，为现代建筑材料——混凝土的发明以及现代建筑结构体系——钢筋混凝土结构的创造提供了基础和条件。

水泥的溯源最早可以追究到古罗马时期，据记载，聪慧的古罗马人在建筑工程过程中开始使用石灰和火山灰的混合物，前提当然是古罗马拥有丰富的火山灰和石灰石。1756年，英国工程师J·斯米顿在研究中发现如果要获得水硬性的石灰，必须使用含有黏土的石灰石才能烧制出来，用于水下建筑的话，最理想的当然是水硬性石灰同火山灰的混合配比，这个就是近代水泥最初的雏形和原理。1826年，英国J·阿斯普丁终于用石灰石和黏土烧制出了近代的水泥，由于硬化后同波特兰当地用于建筑的石头颜色相似，所以又被称为波特兰水泥，也就是我们现在的硅酸盐水泥。1871年，日本开始建造水泥厂。1886年，中英合资创办了澳门青洲英坭厂，生产翡翠牌水泥。水泥自其问世以来就成为了建筑领域重要且难以替代的建筑材料。虽然中国和日本的水泥生产的时间差不多，但水泥在中国的生产无论是厂数的设置、产量还是技术的更新都发展缓慢（表4-2-5）。1889年，河北唐山成立了用立窑生产的“细绵土”厂房（图4-2-12）。1906年，该厂引进了新的设备，整合创建了影响中国近代水泥市场的启新洋灰公司，生产“马牌”水泥（图4-2-13）。“马牌”水泥品质优良，曾多次荣膺国际大奖：1906年获美国圣鲁意赛会头等奖、1905年获意国赛会头等奖、1909年武汉第一次劝业会一等奖、1911年中国农商部南洋劝业会头等奖、1915年中国农商部国货展览会特等奖、1915年获巴拿马赛会头等奖、1929年天津特别市国货展览会特等奖。1919年，启新水泥的销售量占全国水泥销售总量的92.02%，对沈阳来说，启新“马牌”水泥是质量和信誉的保证，如1929年修建的沈阳中街上著名的中和福茶庄、1929年多小建筑公司设计施工的吴铁峰洋房、1930年白子敬建筑公馆的修建、1931年辽宁公济平市钱号工程、沈阳议会楼的修缮等，在建筑设计之初的工程做法说明书中就明确指定建筑中的水泥混凝土及水泥工程须采用唐山启新“马牌”水泥，可见其在沈阳的销售市场。1930年（民国二十年）6月17日，启新洋灰股份有限公司在沈阳设立支店，沈阳成为启新洋灰公司在全国仅有的四个总批发所（天津、上海、沈阳、汉口）之一，沈阳成为启新洋灰公司在东三省的销售中心。

（二）洋灰（水泥）在沈阳的使用

沈阳传统建筑的砖墙砌筑因建筑的等级不同，而采用不同的粘结材料。在官式建筑以及个别重要建筑中，往往采用糯米煮浆加在石灰里面，用它来砌砖缝，如清代东陵。采用这种粘合方法粘合后非常坚硬。次者用石灰砂浆，再次者用灰砂、黄土的混合灰泥。除俄国人在沈阳修桥建路的工程之外，在近代，可追溯的最早使用水泥作为粘合剂的建筑为1906年盛京施医院修建的新医院，粘

图4-2-12　启新洋灰公司前身——唐山细绵土厂（来源：http://blog.sina.com.cn/s/blog_bd8108bc0101668v.html）

图4-2-13　马牌水泥商标（来源：http://baike.sogou.com/h8910054.htm）

中国近代水泥工业发展简表　　表4-2-5

时间	厂名	产权	产品	备注
1886	澳门青洲英坭厂	中英合资	翡翠牌水泥	
1889	启新洋灰公司（原唐山细绵土厂）	民族资本企业（天津、上海、沈阳、汉口四个总批发所）	马牌洋灰（在美国芝加哥博览会上获奖）	1919年，启新水泥的销售量占全国水泥销售总量的92.02%
1907	广东士敏土厂	岑春煊筹划	威风祥麟牌	中国第一个国有水泥企业
1908	小野田洋灰	日本小野田	龙牌洋灰	大连
1908	武汉大冶水泥厂（启新公司收购后更名为华记湖北水泥厂）	张之洞、程祖福	宝塔牌	1910年，获南洋劝业会头等奖、银奖牌各1枚
1917	山东洋灰公司	德国人创办。1918年由小野田洋灰制造株式会社接管		产品行销大连、青岛和上海等地
1920	致敬洋灰股份有限公司（济南）	朱东洲		1932年生产出水泥产品
1920	上海华商水泥公司		象牌	上海龙华
1928	中国水泥公司（南京）	姚锡舟	泰山牌水泥	1935年日产量715吨
1933	江南水泥厂（南京）	启新		袁克桓、陈范有、赵庆杰、王涛
1963	华新水泥股份有限公司	王涛总经理，翁文灏为董事长		抗日战争后，中国最大水泥厂

合剂采用的就是唐山启新公司生产的回转窑水泥。在东北，水泥生产垄断在日本人手中。1905年，随着日本攻占大连，日本国内著名的水泥制造商小野田洋灰制造株式会社就相随勘察地质，1908年在大连开设水泥厂，生产“龙牌”洋灰。1922年修建的奉天纺纱厂暖气锅炉房中的暗台及地基使用的是日本的“龙牌”洋灰，明台采用的是“马牌”洋灰，可见，两种洋灰在沈阳竞争的激烈，但从前文的分析中可知，启新洋灰作为国产品牌，在沈阳的老城区和商埠地得到了国人的支持和信赖。

水泥的引入，为沈阳近代建筑业带来了重大的变化，水泥强度大、抗水性好、并且防冻，特别适合沈阳的地域气候。虽然水泥的特性好，优势明显，但由于在沈阳，本地生产的水泥由日本垄断，而唐山水泥运送到沈阳需要经过铁路，运费偏高，所以，水泥在沈阳近代属于高消费的建筑材料。因此，在建筑施工中，主要应用在建筑结构和技术的关键部位。“1929年修建的中和福茶店，砌砖均用上等青砖，凡用时确以清水浸透，均用一成白灰三成粗砂，每层灌浆一次，充满为度，砖缝不过三分，务要平直。唯地窖子砌砖时用1：4：7洋灰白灰砂子灌浆充满以免漏水。”[①]

水泥在沈阳并不是因砌筑砖墙而大量使用，而是主要应用于混凝土和建筑装饰以及砖券的砌筑，从表4-2-6中可以看出沈阳的硅酸盐水泥的配比方式很多，总的来说，在普通工程中，砂浆调和比低下，石灰的作用偏大，另外，在使用砂的

① 记载于辽宁省档案馆。

沈阳近代建筑洋灰配比举例　　表4-2-6

建筑部位	配比方式	实例
门窗、璇脸	洋灰：砂子=1：5	电灯厂办公楼 白子敬洋房
暗台	洋灰：细砂：石子=1：3：6	奉天纺纱厂建筑暖气锅炉房烟突
明台	洋灰：细砂：石子=1：2：6	奉天纺纱厂建筑暖气锅炉房烟突
地基	洋灰：白灰：砂子：碎砖=1：2：5：10	东三省官银号建筑职员宿舍饭厅厨房等工程
地面	洋灰：石子：砂子=6：1：3	东三省官银号建筑职员宿舍饭厅厨房等工程
墙体灌浆（山墙）	洋灰：热白灰：砂子=1：2：10	奉天电灯厂修建新厂办公楼
外墙皮	洋灰：熟白灰：砂子=1：1：5	奉天电灯厂修建新厂办公楼
固体台阶	洋灰：沙子：圆石子=1：3：6	白子敬洋房
人造花岗石墙面	洋灰：色石粒=2：5	白子敬洋房
抹色洋灰浆墙面	洋灰：淋透石灰：砂子=1：1：5	白子敬洋房
过梁	洋灰：砂子：碎石=1：2：6	吴公馆建筑三层洋式楼
地面板	洋灰：白灰：砂子：碎砖头=1：3：5：10	吴公馆建筑三层洋式楼
水刷石墙面	洋灰：小黑白渣=1：1	辽宁公济平市钱号

同时，也使用砖头的碎片和石子，只有在重要的大型建筑中，才会增加水泥的配比。总之，洋灰的出现促进了沈阳近代建筑结构的改进，砖混结构和钢筋混凝土结构相继出现。

在满铁成立之初，日本商人就已经敏锐地发掘了东北的建筑市场，水泥作为城市建设必不可少的材料，同日本的建设兵团直接进入并应用。而在沈阳的老城区，水泥却是一种全新的建筑材料，购货渠道固定而单一，这就决定了水泥必然不是廉价之物，所以主要应用于大型的或重要的公共建筑和富贾官员的商铺与府邸，最初只有西方传教士使用的水泥开始逐步被工匠们认识并掌握了施工的技巧。

（三）伪满时期水泥的生产

伪满时期全东北共计有14个现代化的水泥工厂（表4-2-7），除大连小野田水泥工厂是日本于1908年建成的以外，其余13个工厂都是在九一八后建立起来的。九一八事变后，日本占领了东三省，成立了伪满洲国，日本国内的资本家都迫不及待地前来东北，利用丰富的资源和廉价的劳动力，赚取高额的利润，因此，水泥业也竞争激烈。这些水泥工厂的建立为日本在东北的大规模开发建设提供了材料支持，沈阳此时以“奉天都邑计划”为目标加快了建设步伐，铁西的现代工厂、新式的钢筋混凝土结构等都以水泥作为基本建筑材料。

伪满时期东北水泥企业名录　　表4-2-7

序号	水泥厂名称	创立年代	地点	创立人及背景	服务范围
1	小野田水泥工厂	1908年	大连	大连小野田水泥株式会社	
2	日满合办满洲洋灰株式会社	1933年	辽阳	北林吉惣	

续表

序号	水泥厂名称	创立年代	地点	创立人及背景	服务范围
3	日满合办哈尔滨洋灰株式会社	1933年	哈尔滨	北林吉惣	北满水泥市场
4	大同洋灰株式会社	1933年	吉林哈达湾	日本浅野水泥会社	
5	小野田鞍山水泥厂	1933年	鞍山	大连小野田	
6	满洲小野田洋灰株式会社泉头工厂	1936年	四平	大连小野田	
7	满洲小野田株式会社小屯厂	1939年	辽阳、本溪间小屯子	大连小野田	
8	本溪湖洋灰股份有限公司	1936年	本溪彩家屯	大仓财阀 日高长次郎	操控安奉线和东边地区的水泥市场
9	本溪湖洋灰股份有限公司宫原分厂	1961年	本溪宫原	大仓财阀	
10	抚顺水泥厂	1933年	抚顺煤矿大官屯	满铁	
11	牡丹江水泥厂	1961年	牡丹江省宁安县	哈尔滨水泥株式会社	控制牡丹江、佳木斯、延边一带的水泥需要
12	大同水泥株式会社锦州工厂	1962年	锦西	个人	争夺锦州、热河一带的水泥市场，同时利用葫芦岛港，向华北输出，与唐山启新水泥厂对抗
13	东满水泥株式会社庙岭厂	1963年	丹图线苗岭山	朝鲜铁道会社	开发矿山和朝鲜使用
14	安东水泥厂	1961年	安东市六道沟	满洲重工业会社	满洲重工业会社完成安东大东港计划

三、玻璃在近代建筑中的应用

（一）玻璃在我国古代建筑上的应用

玻璃并不完全是近代的新生材料，在我国，玻璃有着自己的发展过程。考古学发现，早在春秋战国时期，我国就有以珠、管、剑饰为主的一些小型的玻璃制品。北魏时期，中西文化开始交流，玻璃作为舶来品进人我国。在古代建筑中，在建筑物的顶部采用类似平板玻璃的明瓦来采光，据《颜山杂记》、《博山县志》中记载，山东博山在明清时期，曾生产明瓦。目前，在我国福建的传统村落的民居中还可以找到当年在屋顶铺设的用于采光的明瓦。由于其是手工制作，产量低，透明度不高，而且中国传统建筑用格栅分割门窗，尺寸小，安装不便，所以玻璃在我国古代未能广泛使用。

（二）玻璃在近代沈阳的出现与应用

在近代建筑当中，玻璃也是不可缺少的建筑材料。在公元200～300年，罗马教堂就已经出现了彩色玻璃窗，但沈阳的彩色玻璃是19世纪70年代跟随西方传教士在沈阳修筑的教堂建筑而出现的。平板玻璃则随着俄国修筑中东铁路南满支线而进入沈阳。任何一种建筑材料如果想被广泛地采用和推广，首先要具备来源广、价格低的特点，而中国大规模生产平板玻璃是同近代工业相联系的，直到1922年，在我国秦皇岛创建耀华玻璃厂，是中国乃至远东地区第一家采用机器制造玻璃的工厂。在作者调查的近百栋建筑的工程做法说明书中，大部分都明确规定使用秦皇岛耀华厂生产的玻璃，同时会指定玻璃的厚薄程度和质量要求等（表4-2-8）。

部分建筑使用玻璃情况举例　　表4-2-8

时间	项目	厂家	备注
1936年6月	学校	耀华厂	薄片玻璃
1930年	拘留所	长光牌普通玻璃	无水泡即可
1931年	杨景荣宅	耀华厂	单槽
1929年	李少白建筑楼房	秦皇岛出品	无皱纹者
1929年	南洋钟表行	耀华厂	无水泡皱纹者
1931年	省立第一初级中学	耀华	素片玻璃
1929年	吴铁峰建筑住楼工程	秦皇岛出品	7厘厚
1928年	奉天纺纱厂	秦皇岛出品	

可见，在近代时期，决定玻璃质量的因素主要有薄厚程度、纹理和褶皱，同时，厂家也是质量的保证。玻璃作为新的建筑材料，在沈阳主要依靠的是引入，而玻璃本身作为易碎产品，在运输过程中自然加大了损耗率，所以质量好的玻璃同样是高价位的，在沈阳的近代建筑中也主要应用到重要的或者说是高造价投入的建筑中。

四、新型装饰材料的出现与应用

（一）瓷砖

沈阳近代后期，在满铁附属地修建有大量的外立面贴有瓷砖的建筑（表4-2-9），这种风格和材料主要是由日本传入沈阳。第一次世界大战结束后，钢铁及钢筋混凝土结构在日本逐渐盛行和普及，日本的红砖建筑时代接近尾声，随即急速地掀起一股空心砖、瓷砖、赤陶之风。1923年（大正十二年）日本的关东大地震给砖木结构以沉重的打击，那些日本明治时期最典型的靠砖墙支撑自重的砖木结构被质疑，进一步促进了钢铁、钢筋混凝土结构的发展，红砖成为新结构的填充物和装饰材料，随后被瓷砖取代。因为瓷砖不仅能够保护墙体，防止砖的日久风化和腐蚀，同时还能增强建筑的整体感，美观大方，所以，瓷砖这种建筑材料随着在日本本国的盛行也传入了沈阳的满铁附属地，并呈现出独特的推广途径和特点。

1. 瓷砖的引进

瓷砖作为面砖在沈阳满铁附属地的使用几乎是同日本本国同步的，现存最早的贴有瓷砖的建筑是1920年建成的朝鲜银行奉天支店（图4-2-14）。朝鲜银行奉天支店是由1905年7月东京帝国大学建筑学科毕业的中村与资平设计的。该建筑在立面处理上采用的是较为成熟的古典复兴样式，建筑主立面对称、均衡，体现着古典设计原则，中央部位设有六根爱奥尼巨柱的凹门廊，女儿墙屋檐之上设有小山花，为突出主入口，把主入口上部女儿墙升高，并做三角形山花重檐形檐口，两边设颈瓶连接（图4-2-15）。墙面在材料上运用了当时在日本本国盛行的面砖，即墙面贴

图4-2-14　从广场远眺朝鲜银行奉天支店（来源.《沈阳历史建筑印迹》中国建工出版社）

图4-2-15　朝鲜银行奉天支店（来源:《沈阳历史建筑印迹》中国建工出版社）

饰白色面砖。在材料上形成了砂浆饰面与面砖饰面的粗细对比。

同时，瓷砖作为装饰性极强的墙体材料，不仅用于建筑的外立面、用于保护外墙体，其丰富的色泽和图案，也被建筑师应用到室内装饰中。1929年建成的奉天大和宾馆的一楼大厅的室内墙壁、方柱均利用瓷砖装饰，增强了室内的富丽堂皇的艺术效果。从瓷砖在色彩上的发展规律可以看出建筑师对沈阳地域特色的认识。

沈阳的瓷砖是由日本传入的新的装饰材料，在满铁附属地内应用较多，1931年沈阳沦陷后，成为日本的殖民地，所以在1931年以后才在沈阳大范围地使用。但根据瓷砖在沈阳近代建筑中应用的变化，特别是色彩的变化，会发现其发展的特点和规律。首先，在20年代初是白色为主的浅色面砖，在30年代初期，色彩又以黄色为主色调，而到30年代后期，则是以红褐色、暖灰色为主（表4-2-9）。从瓷砖的色彩使用规律中可以推断出瓷砖的颜色发展同日本对沈阳和中国东北的地域文化的认识和适应有着密不可分的关系。沈阳地域寒冷，在砖墙外贴面砖，不仅有利于建筑的保温，同时可通过面砖的颜色来调节建筑给人视觉的冷暖观感，充分体现出建筑的适应性改变。

沈阳近代建筑外立面贴面砖建筑　　表4-2-9

建筑名称	建成时间	瓷砖色彩	备注
朝鲜银行奉天支店	1920年	白色瓷砖	砂浆饰面搭配
东洋拓殖株式会社奉天支店	1922年	白色瓷砖	原色水刷石搭配
日本横滨正金银行	1926年	黄色瓷砖	局部仿石材料，顶部水刷石罩面
奉天自动电话交换局	1928年	黄褐色面砖	底层仿石材料，顶部水泥砂浆罩
奉天大和宾馆	1929年	白色瓷砖	局部仿石
奉天警察署	1929年	褐色瓷砖	檐口为水刷石罩面
张振鹭寓所	1930年	白色面砖	
曹祖堂公馆	1931年	黄色贴面砖	位于老城区
奉天旅馆	1933年	黄褐色面砖	
南满铁道株式会社	1936年	黄褐色面砖	两侧墙面土黄色涂料
金昌镐公馆	1936年	米黄色瓷砖	花岗石墙裙
云阁电影院	1936年	黄色面砖	

续表

建筑名称	建成时间	瓷砖色彩	备注
三井洋行	1937年	深褐色	–F1为灰白色水刷石
奉天市政公署办公楼	1937年	赭石釉面砖	
日本兴农合作社大楼		赭石色瓷砖	局部采用仿石材料
奉天放送局舍	1938年	暗黄褐面砖	白水刷石饰面勒脚

2. 瓷砖的应用技术

瓷砖作为近代中后期被大量使用的建筑装饰材料，并不是简单的单一颜色的拼贴，而是通过不同但近似颜色、不同粗细纹理的瓷砖拼贴出具有丰富变化的立面效果。

朝鲜银行奉天支店（图4-2-16）瓷砖虽然均为浅白色，但在1米见方的面积内，白色又可分为R/231、G/224、B/216，R/239、G/232、B/226，R/203、G/191、B/179，R/222、G/213、B/206，R/229、G/219、B/210，R/235、G/228、B/220至少六种白色的瓷砖。

图4-2-16 朝鲜银行奉天支店局部

奉天市政公所（图4-2-17），建成于1937年12月，是奉天市的行政中心，由奉天市政公署工务处建筑课设计，日本人施工，为褐色外墙砖罩面。2001年，为适应办公需求，除塔楼外，建筑整体加建两层。在拆除瓷砖的过程中发现虽然同为褐色外墙面砖，但仔细区分近似的颜色，可达百种。

正是这变化丰富的瓷砖颜色，形成了沈阳近代多彩的建筑色彩。瓷砖的贴挂在沈阳主要分为两种（图4-2-18）：一是砖墙外抹灰贴砖，通过粘合剂的力将瓷砖贴合，这种方式适合小块的瓷砖

图4-2-17 奉天市政公所（来源：《沈阳历史建筑印迹》中国建工出版社）

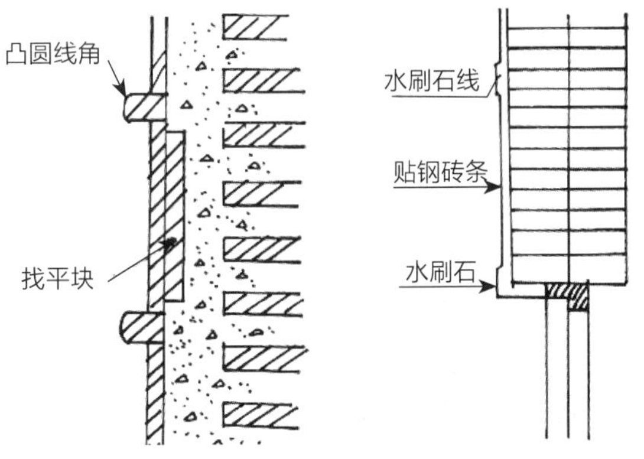

图4-2-18 瓷砖贴挂（来源：根据调研资料整理绘制）

和条形的钢砖条等；二是通过凸的线脚，内部通过找平层找平后外挂瓷砖，这种一般用于大块的理石和瓷砖。

总之，瓷砖饰面的使用保护了建筑砖墙，丰富了建筑的色彩，是建筑发展的进步表现，但该材料在沈阳近代建筑上的使用局限在满铁附属地范围内，主要应用于日本的建筑和较重要的公共建筑之中，所以其发展有局限，并没有大范围地推广使用。

（二）五金件

"五金件"，顾名思义，这里是指用于建筑的五金件，是用金属通过加工、铸造得到的用于建筑连接、固定、装饰的构件。主要分为三类：材料连接作用，如合页、钉、螺栓等；实现上下水作用，如水龙头、上下水管；具有特殊功能的，如门锁等。"五金件"是近代的新生事物，同其他的新兴材料一样，是随着西方列强的侵入而传入的，从"洋钉"的称谓中即可看出。沈阳近代建筑的五金件来源主要是西洋货和东洋货。

1. 日本生产的五金件

日本自产的洋钉是于1898年（明治三十一年）春天，在美国技师的指导下开始着手生产的，1912年（大正元年）的时候已经可以满足本国的需求量，并且以第一次世界大战为契机迅速占领了本国和殖民地市场。随后，东洋钉漂洋过海进入了日本在中国东北附属地的重要城市——沈阳。

洋钉的传入打破了中国的榫卯体系，虽然失去了原来传统建筑的柔性连接的一些优点，但大大简化了建造技术，提高了施工效率和建筑成本，同时也降低了对材料规格的要求。

2. 五金件在沈阳近代建筑中的使用与推广

五金件在沈阳近代建筑中的使用与推广主要有以下几个特点：首先，同东洋五金件相比，西洋五金件档次要高，其中以德国产的质量居榜首，美国以销量取胜。如在修建东北大学时，暖气铁管等均是由上海商行购置的德国黑管；奉天省议会修理房舍和安装锅炉暖气工程时明确指定使用西洋货，以备延年。四先公司修建辽宁省立第一初中学校教室说明书中规定各门洋锁均用西洋货古铜色者，插销、链钩、合页均用西洋货之品质精良而坚固者；穆继多修建多小建筑公司楼房时，使用了美国原子黑珠洋锁合扇。其次，五金件价格偏高，以西洋货为最。辽宁纺纱厂修建职员家眷宿舍时，门锁用白磁疙疸西洋货，每把约值现大洋1元，外门用西洋黄铜锁，每把约3元。而在修建东记印刷所（隶属东三省官银号）三层洋式楼房时，第一层正门洋锁，价值现洋6元，其余檐下上下门洋锁每把约3元。吴铁峰建筑楼房工程中采用的是德国五金件，门锁价值现洋5元一把。而在当时（1930年）辽宁电话局更夫的工资仅为10元/月，司事30元/月，国内电报每字1角。更夫每月的工资只相当于两把德国门锁。再次，东洋五金件更适合大众。建筑师对西洋五金件更为认可，西洋五金件在沈阳占有更大的市场，在公共建筑和洋房、公馆等重要建筑的关键部位倾向于使用西洋五金件。相比较西洋五金件，东洋五金件档次要低一些，在修建的中小学等规模相对较小、档次相对不高的建筑中使用东洋五金件的偏多，如沈阳县第一区小学校采用的是东洋五金件，辽宁省沈阳县公安局建筑瓦房时采用的五金件是东洋的普通下中等五金件。

第三节　建筑设备的现代化发展

水、暖、电等设备及其技术应用于建筑是建筑近代化的一项突破性进展，它不仅为提升建筑品质起到了重要作用，而且也为建筑注入了更高的科技含量。这一时期在国外的设备与技术被引进的同时，也在按照当地的具体情况和要求被改进着、完善着，电梯出现在公共建筑之中，有轨电车代替了马拉铁道，沈阳也成为国内最早广泛应用煤气的城市之一。与之同时，建筑设备与技术也成为沈阳现代工业和工业建筑产生和发展的前提与必备条件。

一、电与电气设备

在近代建筑设备的引入过程中，电与电气设备是最早被引入的，并且是通过官方引入的，所以其影响最大，传播最广，普及最快。

（一）沈阳电灯厂的建立

1908年，在满铁附属地西塔大街建立临时发电所，并设立电灯营业所，向日本住户送电。1909年9月，奉天银元总局改建为电灯厂，正式向全城送电，奉天城内开始安装路灯。1923年8月，奉天市政公所成立，向德国购买了8辆有轨电车，由沈阳人自行筹划、施工。1924年，有轨电车开始创办，1925年10月完成大西城门经太清宫至小西边门线路的铺轨工程，并通车。随后电话、电报、自来水等设施都在沈阳城陆续出现。

奉天电灯厂是官办企业，创始于1909年10月（清光绪三十四年九月），由东三省银元总局创办。厂址设在大东边门里银元总局院内锅炉房南面的空地上，占地环周55米。机组安装在这里，而电灯厂所用锅炉、办公室等，则借用银元局原有设备，定名为“东三省银元总局电灯厂”。1909年10月15日（清宣统元年八月二十二日）开始发电。1910年8月20日（清宣统二年七月十八日）从银元总局划出，更名为“奉天省电灯厂”，改归奉天行省管辖。1929年后，称“辽宁省电灯厂”。1911年（宣统三年），添设美国制造的奇异350千瓦发电机一台，专供夜间使用。1915年（民国四年）11月，又添装1500千瓦发电机一台。1916年（民国五年），经议定，委托本厂工程师——美国人巴伯向上海慎昌洋行赊购美国纽约的奇异发电机大小共两台。至1919年（民国八年），电灯厂已略具规模。

1926年（民国十五年），经省署批准，在小北边门外筹建电灯新厂，增添5000千瓦发电机一台。为了便于新旧两厂的电力分配，又在新厂以北设变电所一座。1929年（民国18年）5月，新厂机组落成。

《盛京时报》中有对筹备电灯厂的报道：“开设电灯铁路之有成议——省城修路之后驻奉总领事磋商决议拟筹集中日商股安设马车铁路并开设电灯公司，刻正令工程师估计工程之际，想自明春而后马路开通履道坦坦马车铁路亦见开通加以电灯照耀夜白画奉省文明景象颇有可观者矣。”从此报道中可以看出，沈阳电灯厂的最初筹备是由驻沈阳的总领事们提出的，后经中日合办的官办企业完成，所以，从建立之初，对规模和设备的采用不仅在国内领先，更堪比欧美其他城市，由当时精于机械制造的德国西门子电机厂提供设备，并且由德国工程师指导应用，从1924年5月20日的《盛京时报》的报道中可见一斑：“创办电灯为发达各种工商事业之源，第一须有优良之机器，次则当具精确之预算，两者果能兼备，则其获利之厚实远驾他种实业之上，敝厂在德国设立七十余年，制造各种电气机器供给世界各国久驰盛誉，而对于电灯厂尤具有极丰富之经验，不独机器精良可首屈一指，且有德国专学工程师驻奉代为设计，如机器宜采用何种资本，应如何运用等，均能就各地情形切实贡献胥有益于创办诸君绝对不为广告式誉扬之语而误。——德国西门子电机厂。”

（二）电在建筑中的应用

沈阳电灯厂除保证市政用电之外，更向全城供电。所以电与电气设备的设计与应用成为建筑设计与施工的重要组成部分。

1930年白子敬修建公馆楼房时明确规定凡是建筑设备，包括暖气、卫生装置和电气设备，均在施工时预留出安装孔洞或沟槽，并将管道等装置完成，用填塞抹灰等方法将其封好。吴长麟修建的3层洋式楼房，电灯均装暗线，承包人只需装出电线头，后期安装灯泡由业主自己负责，但业主会在施工前确定灯头的数量，“电灯均装暗线，承包人只管装出线头，至于按泡子接火则归业主或租户自理限灯头不得过五十个。”[①]1929年修建的南洋钟表行更是细致到对安装电灯的股线圆圈的尺寸有明确规定，选择的出发点不仅是用电的安全，同时还考虑美观。“安装电灯之需俱作成（1.8）尺起股线元圈，最雅观为合格。”可见，此时的建筑电气与设备已经同现代的施工近似，由目前搜集的民国档案图纸可知，只有少量的建筑设计如沈阳疗养院等大型的公共建筑设计中会配置相关的图纸，其他均没有对其明确的标识，所以推断在沈阳近代时期，电气的施工以有经验的工人依照以往的经验施工为主，而且电气设备是否由包工包料的承包商承担，需要事先明确。

近代时期，电气设备大多依靠出去采购，1922年《盛京时报》中有一则记载：“收买灯泡，某洋行近因灯泡厂往购大宗灯泡已致求过于供，乃派专员分赴上海滨江及日本广岛购运，闻上海滨江两处尚未购到，惟由日本购得少数，往来川资已用去金票五百元，其他可知矣。”它从一个侧面反映了沈阳近代建筑市场的设备的引入渠道，当时许多洋行销售境外的高质量的设备，德国西门子电器在沈阳设立分公司，可见建筑市场的繁盛。

二、取暖设施

（一）沈阳传统的取暖设施

沈阳冬季漫长而寒冷，所以取暖设施在建筑中尤为重要。东北地区传统的取暖设施是火炕，可提高室内温度。富户人家也兼用火盆、火炉取暖。火炕以砖或土坯砌筑，高约60厘米。火炕有不同的做法，按照炕洞来区分，可分为长洞式、横洞式、花洞式三种。炕洞一端与灶台相连，一端与山墙外的烟囱相连，形成回旋式烟道。炕上以草泥抹面，铺苇席炕褥等。在灶台做饭时，烟道余热可得到充分利用，加热炕的表面。

大多的建筑，地面或土筑或砖砌，与房子外面的地面齐平，甚至还要低一些。在设计房屋的时候就考虑到了节约能源的问题，传统的供暖方式“炕”，占用室内面积的一半左右，人们盘腿坐在上面，白天吃饭、工作，晚上铺盖就寝。室内一头建有一个部分隔开的小厨房，其中有一个火炉，上面架着一口大锅，下面是焚烧谷物秆的灶坑，燃烧产生的烟气通过火炉后面的烟道进入炕下，产生的热量再传到炕的表面，形成能够维持数小时的适宜温度。每天烹调食物时随意烧火两三次，炕面的温暖就能保持一天。但谷物秆燃烧所产生的烟气散发到室内，会影响室内的空气质量。

低矮的房间、裸露的屋架、纸糊的窗户、无措施的排水以及冬季并不新鲜的空气，这些对已经进入工业时代的沈阳来说是不相称的，所以当西方文明进入时，全新的建筑设备也随之进入沈阳。

（二）全新的取暖设施的引入

由于传统的取暖设施单一，所以，到近代，沈阳出现了多种取暖设施，可以说是东西方的结合，主要有集中供热的锅炉与散热片、分散供热的西式壁炉、俄式（经日本改良）的“撇拉沓”。

1. 集中供热

（1）暖气的使用

暖气供暖设施是在近代时期进入沈阳并且迅速得到认可和推崇的一种供暖方式。沈阳盛京施医院是最早使用暖气供暖的建筑之一，此时的设备是从营口运输而来，1929年修建东北大学，采用的暖气铁管是委托基瑞公司购置的德国黑铁管。当时登在《盛京时报》上众多暖气代理商的广告，也从一个侧面反映出暖气在沈阳已经成为普遍采用的取暖设施。

在盛京施医院的暖气安置时（图4-3-1），暖气管是贴地坪下面后期安设的，由1928年东三省官银号的建筑说明书中：“南北两排屋内基下加修暖气管之总沟通两段梁，按前有之汽管平线沟内净三尺，三尺上用铁筋洋灰顶盖预备日后接总暖气用计长三十米达”可以知道，暖气设施的管道是

① 沈阳市档案馆藏近代资料中记载。

图4-3-1　盛京施医院走廊（来源：张士尊，信丹娜译.奉天三十年（1883——1913）[M].武汉：湖北人民出版社，2007）

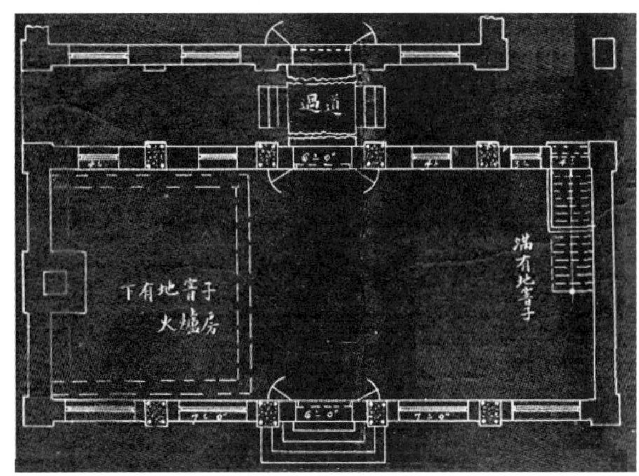

图4-3-2　多小公司建筑一层平面

在建筑建成以后加设的。

（2）烟囱的修建技术

烟囱作为近代暖气供暖方式的必要设施，无论是砌筑方式还是材料要求都是近代出现的新鲜事物，对工人的施工技术有较高的要求。

砌筑烟囱要求采用防火砖，内设置火泥管，根据具体情况设定烟囱的高度，公济平市钱号炉房大烟囱内面由火门起高一丈五尺以内砌五寸厚的火砖，以水泥砌造以上部分。白子敬公馆中央暖气所用的烟筒内砌一进火砖，带六寸直径水泥管。其中烟囱的内径根据暖气供应的建筑数以及面积的大小决定，东记印刷所烟筒原仅在该楼内，后因其他楼宇的暖气亦共用该烟筒，原来的烟筒不能满足暖气使用，所以后期改进，加大了高度。

多小公司建筑（图4-3-2）有烟囱火道，砌砖时用麻刀灰套平抹光，烟道随砌随套，灌浆到顶，每砌砖一层，灌浆充足，用抹子抹平，再续砌砖料。

基督教神学校地窨子烟囱十五寸见方，别的烟囱十寸见方，用麻刀白灰抹在里面，所有过木要远离烟囱，地窨子烟囱不抹灰，用洋灰勾缝。

1922年修建的奉天纺纱厂锅炉房，洋灰铁筋烟囱一座，由地面掘深十尺，宽长各十九尺半，灌洋灰三合土二尺高。次第收缩宽、长各十五尺半，高二尺，灌洋灰三合土八角形暗台一座，下面对角线长十三尺，上面对角线长十一尺半，高六尺。八角形明台高一尺，对角线十一尺半。八角形底座高十五尺，对角线十尺半。烟筒内由地平面上五尺起砌耐火砖一进，砖高三十尺，耐火砖与洋灰墙之距离为三寸，以为储藏空气之用。每七尺半高将耐火砖一块砌入墙内，每块中间距离为该圆六分之一，最上层砌入墙内，其横距离同上。由地平面上至烟口之中心高十一尺，烟口为圆形，直径为五尺。灰门高五尺，宽三尺。

烟筒底座墙之中部砌入一寸铁管四根，每铁管之距离为圆周四分之一。安设白金避雷针一具，由烟筒顶点高出四尺，装入烟筒墙内，其线由顶点深入地下水面为止，埋铜板两块带绝缘体瓷壶的螺丝棒，每距三尺砌入烟筒的外面以为固定避雷针线之用。

烟囱技术的纯熟是保证暖气供暖设施在沈阳广泛使用的前提，特别是钢筋、混凝土材料的引入，更加促进了建筑设备的配套发展。

（3）锅炉的自主生产

清末，沈阳开始出现大型官营企业，其后，各类官营、民营企业一天天增多。机械修理业、建筑业的发展，也带动了与之配套的铁工业的发展。沈阳附近的鞍山、本溪蕴藏着丰富的铁矿资源，抚顺、阜新则蕴藏着丰富的煤炭资源，这些为沈阳的铁工业发展提供了得天独厚的自然条件。到了19世纪20年代，已经有大小铁工厂30～40家，其中最大的是官营东北大学铁工厂，其次就是朱子明创办的大亨铁工厂。这些铁工厂具备了生产锅炉的能力。

1915年，华北机器厂在沈阳创办，产品中有铸铁锅炉，这是沈阳最早生产锅炉的工厂。

1923年秋，朱子明为创办大亨铁工厂筹集到股金41.5万元的奉票，这与他原计划资本160万元尚有很大差距。但是为了早日开工，早日盈利，他在选购大东边门外177亩土地为厂址后，于1924年秋开始动工兴建厂房、办公楼等，12月，草创成型的工厂开工，当时仅有工人二百余。1926年大亨铁工厂筹足原计划的资本160万元，工人增加到380人，产值也在增加，可以说，经过三年的草创，大亨铁工厂此时已经具有相当实力。

1927年，大亨铁工厂进入发展时期，这一年的春天筹建酸素厂（氧气厂）、铸铁厂，1928年厂房完工后，开始安装设备，8月工厂投产。1929年着手扩建铸铁厂，准备将其建成"水管、铁路车辆、铁桥、暖气、锅炉、起重机及一切工作机械均能制造"。

设备的原材料的自主生产又是其推广使用的基本保证。为此后沈阳自主生产锅炉打下了坚实基础。

2. 分散式供热

（1）西式壁炉

西式壁炉随着西方传教士的传入而传入，司督阁在沈阳购买到宅院后就在院墙内改建建筑，安设西式壁炉。壁炉的传入解决了沈阳传统的靠炕和火墙取暖的方式，不仅美观，而且提供了更为宽敞的空间。同时，壁炉的热传递，通过辐射、传导、对流三种传热方式，形成冷热空气的对流，可调节室内外的干湿度，其舒适、快速的取暖方式得到了认可，并在沈阳近代迅速传播。

大青楼中发现有五处烟道，并在室内开有烟孔洞，这说明当初它是用来取暖的设备。但大青楼中的不是办公室就是居住用的卧室，不可能直接设置烧火灶，考察天津同时期西式小洋楼宅邸时发现，其内部多有装饰性的西洋式壁炉，因此，在大青楼中与烟道连接的应该是西洋式壁炉。在二三十年代兴建的官邸中，加设壁炉是很时尚、很流行的做法，壁炉的构造开口均在距地面400以下（图4-3-3～图4-3-5）。

（2）撇拉沓

国外的设备与技术被引进的同时，也在按照当地的具体情况和要求被改进着、完善着。由日本人设计的满铁社宅为了适应沈阳寒冷的气候，创造性地将俄国人使用的一种叫作"撇拉沓"的供热方式加以改造（图4-3-6）——在几个相邻

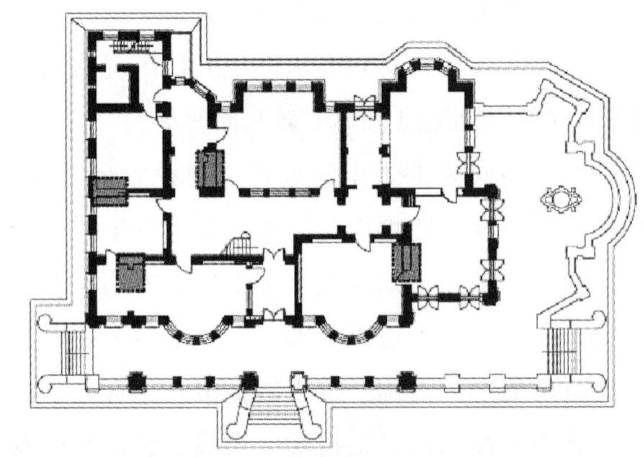

图4-3-3　大青楼一层壁炉位置图

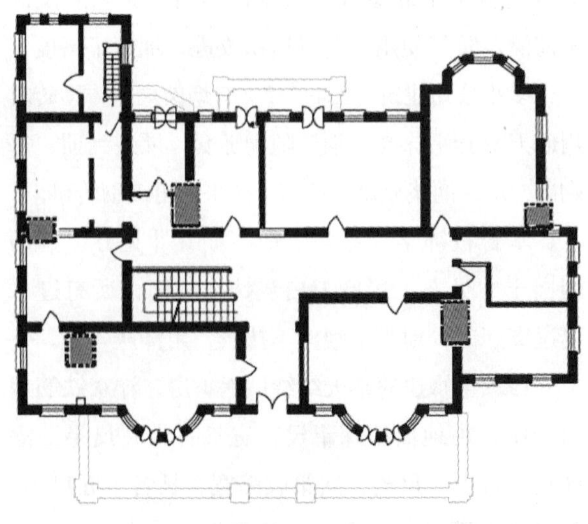

图4-3-4　大青楼二层壁炉位置图

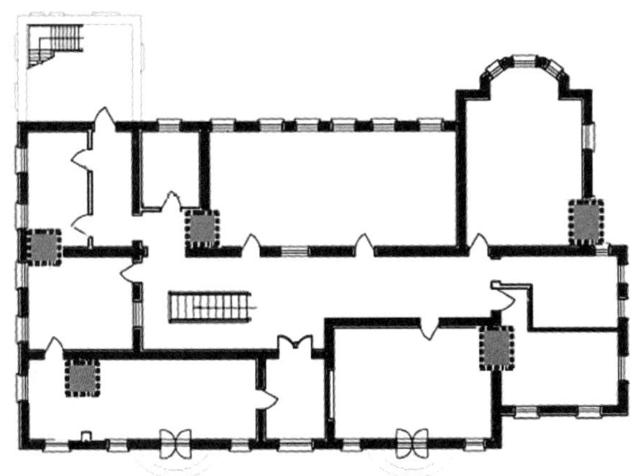

图4-3-5 大青楼三层壁炉位置图

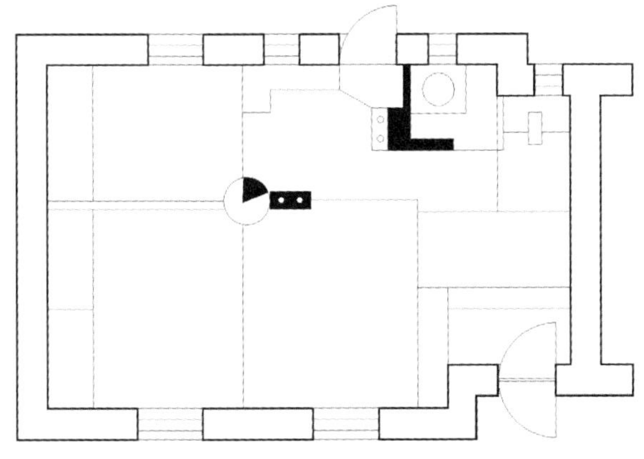

图4-3-6 “撇拉沓”供暖方式

房间共同的屋角处设一个圆柱形的壁炉，一炉可以同时为几个房间供暖，既节能又有效地减少了对房间的污染程度。“撇拉沓”是日本人向俄国人学习御寒技术的同时继承下来的采暖方式，有角形和夹墙形（夹在两墙中间）：角形散热好、效率高，放在屋内的一角不影响室内空间的使用和家具的摆放；夹墙形性能最好，且能两室共用。它进而被推广到多类公共建筑之中。此后集中供热方式又进入到建筑之中。

三、给水排水设施

（一）给水设施

1898年，沙俄在浑河左岸建造直径为17尺、深为16尺的自来水井，这是沈阳最早的自来水井，

图4-3-7 奉天第一座给水塔

后被用作“满铁附属地”的供水设施。当时的沈阳没有管道供水设施，为了方便日常生活，日本将当时为火车头上水的管线加以改造，向居住区延伸，形成了沈阳市最初的供水方式。

1915年，在当时属于满铁附属地的千代田公园内建了一口自来水井，井径9米、深10米，配水塔1座（图4-3-7）。1915年，在奉天驿附近开始供应自来水。

千代田公园（今中山公园）内的水塔，是千代田水源的组成部分，1928年设计改建（图4-3-8），容积为1200立方米，占地面积为160平方米，建筑面积为380平方米，为钢筋混凝土结构圆筒式建筑，单一灰白色，塔高53.55米，外有八根承重柱，由塔基、塔身、塔顶组成，塔顶设避雷针。千代田水塔的高度超过了故宫的凤凰楼，成为了当时沈阳最高的建筑物。建成后的水塔可以向附属地的5万日本居民供水。此外，沈阳还建有多处水塔。

（二）排水设施与技术发展

1. 市政设施的排水

沈阳城区最早的排水设施是明末清初皇太极改建沈阳城时修建的“七十二地煞”与护城河。清末民初又修建了一些排水暗沟。随着历史的发展，这些早期排水设施都逐渐淹没在不断扩展的城市建设中。

图4-3-8　1928年改建后水塔

在近代时期，沈阳的排水设施根据管理政权不同所形成的“附属地、商埠地、铁西区和老城区”四个板块各自的排水管网自成体系，但由于互不相通，配套不齐，质量优劣不等，所以全市没有形成统一的市政给水排水网。按形成时间的先后分为：老城区排水网、“附属地”排水网、商埠地排水网和铁西工业区排水网。

（1）老城区排水网

沈阳城区排水设施最早形成于1627～1631年间皇太极重建沈阳城时。当时老城里挖了许多用于汇集雨水、污水的暗坑，并用暗沟将其联络，与护城河相通，这是沈阳最早的排水设施。随着城内人口的增加、外城的修建，这些渗水暗沟和护城河逐渐被废弃，取而代之的是顺地势、沿街巷挖一些排水明沟，将雨、污水直接排到城外大沟或沼泽之中。

清末民初，城里修建了一些砖砌排水暗沟，大都集中在四平街和官衙、士绅宅院周围。据奉天市政公所1923年8月的“清摺暗沟说明”记载：最早的砖砌暗沟建于1910年（清宣统二年），由五斗居分所门前，顺大西关大街南侧，向西至大西边门外止，长约1000米，宽0.8米，深1.3米砖墙起券覆盖。1913～1922年，城内先后新建了巨合胡同到大南门里等的48条暗沟，总长13261米。1926年开始在小北关马路下铺设水泥下水管，第二年自大东门至清云寺胡同修筑了580多米的水泥下水管道。到1931年，老城区的排水网络初步形成。

沈阳老城区排水网络规模较小，各渠道的终点多散布在城区内的水泡子，没有统一通往城外的排水干渠，完全靠地势高低自然导流，没有机械、电力排水设施，居住在蓄水坑周围的住户在汛期饱受水害。

（2）“满铁附属地”排水网

由于沈阳老城区地势高，而满铁附属地地势低洼，所以在满铁对附属地进行基础建设之初，就非常重视排水设施的建设。

1898年，沙俄殖民者在奉天“谋克敦”火车站附近修建了一些排水设施，但时隔不久便多报废了。1905年，日本在沙俄手中夺取“南满铁路”及其附属权益，开始对“附属地”重新规划和建设。1909年，修建奉天驿火车站，同时，以火车站为中心，向北修建了底宽为1.8米、长1100长的木造明渠，向南修建了底宽为1.5米、长218米的石砌暗渠与南北两条明渠相连，排出站前地区的积水。1911年11月，在北五条街修建了长800米的木造明渠，对浪速通、官岛町、若松町的下水道进行了改造并开掘了公共排水沟，与各日本住户的下水道相连接。1915年，有900户日本住户安装了下水道，1917年，“附属地”内各支线排水管渠工程及千代田通、平安通等街道的排水管渠基本完成。1925年，排水管总长达到4000米，排水管主要是铸铁和陶土管，并开始使用钢筋混凝土管。同时，附属地还在主要干线的终端修建“唧筒站”，就是在干线的终点挖掘直径20米左右的蓄水坑，用机械和电力将雨污水吸入一个排水管内，然后排出市区，进入浑河。

到19世纪20年代中期，自成体系的“满铁附属地”排水网络已经形成，这些排水设施的建成使用，改变了以前雨水滞积的忧患和卫生条件。

（3）商埠地排水网

在满铁附属地排水网建设的同时，商埠地也进行了排水管道的建设。1908年，在日本领事馆西侧修建了一条长44.5米，宽0.6米，深1.5米，条石封盖的排水暗沟，以后废除。1909年，从法国领事馆到大西关大什字街修了一条暗沟。1913年，中、日在协和大街修了一条北起浪速通，南到南四条通的雨水明渠。1925年，修建了二纬路和浩然里等街道的排水暗沟，全长3135米，有渗井19个，沉淀井42个。

商埠地的排水管道随道路同时修建，一般建于20世纪的前30年，因外国人在商埠地享有特权，对这里的市政规划建设多有干涉，排水网的建设缺乏系统性，衔接配套能力低。

（4）铁西工业区排水网

九一八事变后，日本侵略者出于长期统治满洲，进而吞并中国的目的，在“满铁附属地”以西开辟了铁西工业区，从1934年开始，日本陆续修建了保工暗渠和建设大路部分区段的排水管道。“奉天都邑计划”实施以后，于1940年开掘了奖工（今卫工）明渠，长7095米，宽25米；修建了肇工明渠，全长7832米，宽20米。此外，还修建了一些工厂排污和主要街道的排水管渠，到1945年，铁西区已形成了一个规模超过“附属地”、商埠地和老城区，污、雨水排放并重的新型排水网。

2. 建筑排水设施

沈阳传统建筑是无组织排水，到近代，有组织排水传入沈阳。辽宁公济平市钱号的排水工程中全部下水管均用26号白铅铁敲成五寸，圆管子水斗用24号白铅铁制做，敲出线脚，管箍用热铁做成，每3尺一道，上口须加铅丝圆球一只，以防落叶等杂质冲入管内，管之数量按能排净全部屋顶之雨水量计算确定，惟前脸以暗管子用4寸之瓦管充做。但在工程中，建筑设备的购买和安装都分离于建筑项目的承包商而独立存在。在工程任务书中会明确注明：“本工程除去门窗五金铁筋暖气卫生工程电灯工程不在包价之内，承包人按照说明书及图样，各工料价承包人应详细计算载明于工料详细计算表内。”

四、煤气在沈阳的使用和生产

1922年5月，日本开始在沈阳建设“奉天瓦斯作业所”，其目的是为日本人的饮食、照明、取暖和部分军工企业服务。1923年12月28日建成9孔水平贯通式煤气发生炉3座、机械室1座、容积5700立方米的煤气贮罐1个、烟囱1个、上煤机1台、排焦装煤机1台，“奉天瓦斯作业所”开始营业（图4-3-9）。1924年，经南两洞桥至“满洲制糖株式会社”的煤气管道贯通，煤气通往铁西。1925年和1937年曾分别并入“南满洲瓦斯株式会社”和“满洲瓦斯株式会社”，成为下属的奉天支店（图4-3-10）。1928年，增建9孔水平式煤气发生炉2

图4-3-9　1923年成立的瓦斯株式会社

图4-3-10　1925年成立的瓦斯株式会社

座，与之前已经建成的3座合组为1个炉室。1931年，将已经建成的5座9孔水平式煤气发生炉陆续改建为12个孔。1933年，日本关东厅以24号令公布《瓦斯事业规则》。1939年，“康德计量器株式会社”正式成立，资本50万元，共1万股，全部股份中，“满洲瓦斯株式会社”占40%，“品川制作所”和“金门商会”各占30%。营业范围主要为煤气表制作、修理和销售。到1945年8月，共建成水平式煤气发生炉32座，煤气精制室2座，湿式煤气贮罐3个，供气范围主要是满铁附属地和铁西工业区。1944年，在小河沿西南部开始筹建万泉营业所和煤气贮罐，煤气罐基础埋入南运河河底。1945年，开始建设皇姑屯营业所和皇姑屯煤气罐。8月日本投降后，“满洲瓦斯株式会社奉天支社”停产。“奉天支社”职工，待命接收，自发组成“临时瓦斯事业维持会”。同年，沈阳市政府公用局成立，接管沈阳市煤气供应。1946年，公用局制定“瓦斯工厂复工计划书”，目标是日产煤气1.5万立方米，供应1万户。从中可了解到沈阳当时的煤气供应量。

沈阳最初的煤气为管道煤气供应，由于当时煤气用户较少，供气范围小，煤气供应采取低压管网一级供气方式。低压管网一级供气方式是指气源厂产出的煤气直接排入贮气罐中，然后利用贮气罐的自身压力，向市街管网输送，直接供应给用户使用。1936年，为向市街高峰供气作补充，建成第一座“高压室”（实为中压加压站）和第一座中压调压器。这样，开始形成低压为主、中压高峰调节的中低压两级管网供气方式，以解决离气源相对较远地区的用户要求。

05

沈阳近代建筑教育、建筑师与建筑管理

第一节　沈阳近代建筑教育与东北大学建筑系

沈阳近代，尤其是民国以后至“九一八”事变前，沈阳经济发展迅速，商贸活动频繁，这使得建筑界迈出了极大的一步，即建筑教育开始向正规化发展，大学里开设了建筑教育，产生了众多的建筑设计机构。在此之前，仅有以大连为中心，以“南满”附属地为活动范围的“满铁”建筑课及关东督都府土木课作为专业的设计部门。

沈阳近代建筑有别于其他城市的独特之处和多样化的建筑形态，与多渠道的沈阳建筑教育途径不无关系，而其中的东北大学建筑系更发挥了不可低估的作用。

一、百花齐放的沈阳建筑教育途径

近代沈阳奉系军阀崛起，将东北据为根据地，因此，相对于军阀混战的关内来说，关外较为安定。同时，沈阳作为东北的政治、经济、文化中心，居于东三省发展之首。随着沈阳近代经济的发展和西方列强带来的西方文化的传入，出现了很多全新的建筑类型，而且在沈阳各个区域，近代都处于开发建设阶段，建设项目丰富，建筑市场广阔，这为沈阳的近代建筑教育的发展提供了物质基础。

沈阳自古就重视建筑的发展，进入近代时期，随着西方现代文明的出现，这种传统更加大众化和普遍化。当时人们对新鲜事物和外来文化的接受能力和程度有了很大的提高，建筑教育这个新兴行业很快得到大家的认可和重视，这为沈阳近代建筑教育的发展提供了精神基础。

这些为建筑教育进入沈阳建筑市场创造了有利的基础和条件，进入沈阳建筑市场的建筑教育途径多样，主要有中国传统工匠的转变、沈阳本土专业建筑师的形成及日本建筑教育的影响。他们由于不同的成长环境和受教育情况而形成了沈阳近代建筑设计的两条基本的发展脉络：一是官方建筑自上而下的近代化趋向和本土建筑工匠、专业建筑师对建筑设计近代化的努力，同时东北大学建筑系的创立更加促进了本土传统建筑从形式、风格、技术、行会组织等方面全方位地向中国新兴的资本主义建筑形式的转化；另一条发展途径则是由外来殖民势力为主体带来的西方建筑文明与技术所导致的城市及建筑的近代化，这是外国资本主义强加给这个城市的。通过这两种相互制约、相互渗透、相互依存的发展途径，形成了风格独特的沈阳近代建筑。

（一）中国传统工匠的转变

古代中国的建筑设计由“匠师”们担任，他们的技艺薪火相传地持续下来。知识分子很少插手和担任这门工作，在“雕虫小技，君子不齿”的思想支配下，文人士大夫与建筑工匠泾渭分明，正如李鸿章分析曰：“盖中国之制器也，儒者明其理，匠人习其事。造诣两不相谋，故功效不能相并。艺之精者，充其量不过为匠目而止。”但朝中已有“工部”设置，它是清初皇太极始建的六部之一，可见朝廷对此已有充分重视，努尔哈赤曾视善于建筑营造和烧窑技艺的侯振举家族为国宝，给予了侯氏家族几代以汉人从未达到过的官阶和重视，这也是沈阳对建筑重视的表现。

1645年（清顺治二年），清王朝入主北京后，宣布取消“匠籍”，改征“代役银”，匠户可以纳银代役。此时，作为清故都的盛京城（今沈阳）内，随着城市的繁荣、工商手工作坊的发展，一些商人、居民已开始出资雇佣工匠，建造房舍。建筑工匠已由毫无人身自由，转为可靠技艺为生、纳银代役的自由工匠。1723年（清雍正初年），清政府推行“摊丁入亩”的赋税制，将“匠役银”并入田赋中征收。从此，封建社会沿用两千多年的“匠役制”正式结束，建筑工匠的活动更为自由。一些出类拔萃的建筑工匠开始纠集同行，以几人或十几人合伙承包土建工程，这样就产生了以盈利为目的的专业建筑组织——泥木作坊。泥木作坊一般为手工业户，作坊内的雇工与作坊主“同做共食”。作坊一般规模较小，资金较少，主要采取典工或包工不包料、包工包料几种方式承揽一般民用建筑。这就使沈阳建筑行业具备了雏形。

1840年鸦片战争后，中国逐渐沦为半殖民地半封建社会，中国被迫开放门户，帝国主义的侵略势力也侵入了东北。一些并非专业建筑人士的外国人、传教士来到中国，他们草绘图样后，由中国的建筑工匠施工。有的外国人干脆把外国的建筑图样拿来，叫中国建筑工匠依样“画葫芦”。有的外国商人凭着想象，自己绘出草图后，交中国建筑工匠建造，因此工匠用中国的传统技术和材料在施工过程中摸索着西方的建筑样式。

1898年（清光绪二十四年）后，随着“奉天商埠”的开辟以及日本、俄国等帝国主义者在“奉天”的政治、经济、文化势力的侵略，加上清政府办洋务、民族工商业者兴实业，使沈阳地区的近代建筑大批出现。西方建筑技术、建筑材料、施工方法的传入使得沈阳地区传统的泥木作坊面临巨大的挑战，使得一部分泥木作坊因无力承担新型的建筑工程而倒闭。大型建筑从设计到施工大都依赖外国人，这种现实刺激着传统的建筑工匠，他们要通过发展自身来改变困境。一部分泥木作坊主及工人，在新的施工技术挑战面前，努力使自己适应，并逐步学会新的施工技术，向具有近代化的施工组织——营造厂或建筑公司迈进，这样，到了1908年（清光绪三十四年）前后，沈阳地区开始出现一批素质较高、可以按图施工、包工包料的私营建筑企业。1911年（清宣统三年）以前，沈阳地区的私营营造厂或建筑公司主要有冯记营造厂、项茂记营造厂、永茂记营造厂、复元建筑公司等。

建筑工匠在此期间充分表现出了对外来文化的理解和适应以及将其与中国传统建筑文化迅速糅合、交融的智慧和能力。与封建时代的营造业相比，沈阳近代营造业的显著特征主要表现在技术、观念、经营三方面对外来文化的理解和适应，他们扬弃着中国传统文化，产生了令人瞩目的巨大转变。

他们首先在建筑施工方面取得了突破。从刚接触新结构、新技术的一无所知，至20世纪初，开设中国人的营造厂，中国传统建筑工艺在近代建筑发展中也找到了自己的位置。在有着复杂繁琐装饰的巴洛克、古典式建筑的施工中，沈阳的木工大显身手，制出了精巧的木模；泥工、粉刷工凭着一把泥刀，将西式建筑内外部花卉草木图案做得线条流畅，富有神韵，至今仍然光彩照人（图5-1-1）。传授技艺上也从师授父传转变为主动学习，自觉提高自身的技术素质。

图5-1-1 泰和商店柱头雕饰（来源：《沈阳历史建筑印迹》）

观念上也发生了转变，从供奉祖师转变为尚贤重才，从内向型转变为外向型，要求社会承认本行业地位的思想日趋强烈。

经营上也从自然经济转变为商品经济，从个体分散转变为集约化经营，从单一营造转变为跨行业投资经营，经营地域从本土转变为全方位开放。

（二）沈阳本土专业建筑师的形成

沈阳本土专业建筑师的形成有两种渠道：一是在国内洋行打样间或建筑师事务所等设计机构中，通过设计实践逐渐成长，尽管未受到正规的建筑学教育，但他们是早期的中国本土建筑师；二是在国内或国外经过专业教育培养的建筑师。

1. 未受正规建筑教育的建筑师

清末民初，许多中国人在外国洋行、测绘行等建筑机构中求职、实习，学到了绘图、测绘以及设计等职业技能和钢骨水泥的结构技术，在长期的实践中逐步掌握了一定的设计绘图能力。他们逐渐提高能力，在机构中获得了建筑师的地位，有的甚至担当了要职，还有的独立开办了事务所。他们在沈阳近代的建筑市场中占有很大的比重。他们是早期的中国建筑师，尽管未受到正规的建筑学教育，但他们为沈阳近代建筑的本土化做出了很大的努力。在这一时期，他们不仅具备了设计大型建筑的能力，而且正在积极从事这项工作。在可以查证的沈阳民国申请建筑技术许可证的57位技术人中，曾经有过这种经历的有10人，占总人数的17.5%。在天津一品建筑工程司学习建筑绘图的阎保仲学成来沈，加入义兴建筑公司绘图设计宝和堂；刘锡武自民国元年入天津法国一品公司学习工程至民国十三年，毕业后即任奉天马克敦建筑公司工程师，后为义川公司经理兼建筑工程技师；沈阳人富景泰在俄国工程师德鲁仁宁先生处学习设计绘图兼工程事宜二年，掌握的主要技能是建筑绘图设计工程等，民国十五年在奉天市成立文昌建筑绘图处，办理建筑设计绘图等事宜；同样，沈阳人高玉书于民国六年在日本爱源县温泉郡受福己四郎指导绘图，回沈后成立玉兴建筑绘图处。

在实践中成长的建筑师属于自学成才拥有设计绘图能力的第一批本土建筑师，他们基本掌握了西方建筑设计绘图的方法和过程，因此最先承担起建筑设计工作，同时也是西方建筑师和本土建筑业主沟通的桥梁，他们在北京、上海、天津等开放较早、西方势力渗透较深的城市中的西方打样间潜心刻苦学习，掌握一技之长，学成后到沈阳来开拓自己的事业，同时又培养了大量建筑技术人才。他们是在专业建筑师出现以前在建筑设计领域承上启下的生力军。

2. 受专业教育培养成才的建筑师

接受正规建筑教育，可以称得上“专业建筑师”的中国人有两类：留学国外，或在国内读“工程类”专业的学生；留学国外，或在国内读“建筑类”专业的学生。

（1）“工程类”专业出身的建筑师最早走上历史舞台

1945年国民政府颁布的《建筑法》第一章第四条规定：“建筑物之设计人称‘建筑师’，以依法登记开业之建筑科或土木科工业技师或技副为限。”可见土木工程师在法律上也是建筑师的一部分。在近代时期，中国建筑师中土木工程专业出身的大有人在。早期的许多土木工程专业并未将建筑设计课程分离出去，因此，许多土木工程师兼做建筑设计并非属于“跨专业”。

鸦片战争后，中国社会结构的变化促使中国建筑开始了近代化的进程。一方面，西方殖民者将西方建筑带入中国；另一方面，主动引进西式建筑成为民族工商业活动和城市生活的需求。中国近代早期建筑师正是产生于这一背景下。

在国内，1866年洋务派兴办的军事学堂中设置了部分土木工程课程，1895年创办于天津的北洋西学学堂，是最早设立土木工程系的高等学校。清廷于1902年拟定的《钦定京师大学堂章程》中，工艺科目设八门，第一门为土木工程学；1903年制定的癸卯学制和1912～1913年制定的壬子癸丑学制中，都明确订立了中等教育的土木工科。1908年，南通师范学校设土木工程科，属中等专业教育。国内建筑学科教育同样比土木工程科晚得多，是建筑学专业留学生回国后才正式开办的，最早的是1923年设立的苏州工业专门学校建筑科，属中等专业教育。除了中国自办的，20世纪10年代，外国人开的震旦大学（法国）和圣约翰大学（英国）也设了结构工程的课程。至20世纪20年代前，已有北洋大学（1895年，今天津大学）、南洋大学（1896年，今上海交通大学）、上海圣约翰大学（今同济大学）、山西大学、唐山工学院5所大学开设了土木工程系（课程），培养出的工程师，在实践中转向建筑设计，从事市政建设、一般房屋的建筑设计，或成为结构工程师。

土木工程学在近代中国之所以能够如此迅速发展，首先应归因于近代实业发展的需要，土木工程是各门类实业不可缺少的配套工程，也是固定资产的组成部分，因而它能够与任何门类的实业发展同时起步，作为工程学中的重要环节而成为实业教育的有机组成部分。另外，土木工程专业具有很强的适应性，“奏定学堂章程”、“大学科目”和“教育部颁布大学规程”所规定的土木工程学的科目中包括地质学、石工学、桥梁、道路、测量、河海工学、铁路、市街铁路、水力学、水力机、房屋构造等课，可以应用于交通、水利、市政、房屋建造等多个领域，因此，土木系毕业的学生知识面广，适用范围大。正如我们要研究的许多沈阳近代建筑师也出身于土木工程专业，这种适应性不仅是近代实业发展的需要，也是自谋职业的社会的需要。

洋务运动中，由于开矿山、兴铁路、建工厂，对“工程类”人才首先提出了要求，因此工程专业的留学活动也开始较早。1872年容闳带领30名幼童赴美留学，而建筑学专业的留学活动要晚得多，1905年始才有留学生赴欧洲、日本学习“建筑类”专业。

正是由于建筑学科的留学活动以及国内建筑学教育起步较晚，所以中国近代最早的建筑师产生于工程类专业，并在建筑实践中积累提高。沈阳近代时期“工程类”专业出身的建筑师及其开设的事务所一直是建筑设计行业中的一支生力军。在市政公所授予建筑技术人许可证的57人中，“工程类”专业毕业的建筑师23人，占40.4%。其中天津国立北洋大学矿冶专业毕业后，留学哥伦比亚大学矿冶专业的沈阳本土建筑师穆继多更是“工程类”出身的沈阳近代建筑师中的佼佼者。

在国外读“工程类”专业，往往也包含建筑专业，如美国哥伦比亚大学采矿工程专业，该校的采矿课程与建筑课大致相同，采矿科功课也以制图设计为主，建筑的课程也应有尽有，现仅将20世纪20年代哥伦比亚大学矿冶专业所授课程分列如下：建筑制图、静力学、动力学、材料强弱学、地形测量学、地基山洞学、地质学、图解力学、建筑学、矿山测量学、矿山房屋建筑学，以上科目均为采矿科必修的功课，工程类专业中融入了建筑知识。

土木工程专业出身的建筑师走上历史舞台，打破了建筑设计与知识分子分离的局面。与古代工匠大不相同，他们接受了近代教育，具备了一定的近代建筑科学知识和专业上的理性思维能力，掌握了一定的建筑设计技能，而古代工匠主要靠经验行事。值得注意的是，他们在自己负责的工程中一贯身兼建筑设计与施工管理两种角色。这正是近代以来，尤其是洋务运动以后，中国知识分子开始关注生产技术的结果，其实质是知识分子与匠人两种社会角色相结合而产生的一次新的社会分工。

这些最早的土木工程出身的建筑师开创了近代中国建筑师的先河，他们是从工匠到近代意义上的建筑学专业出身的建筑师之间的过渡性人物。就这批人的职业声望与社会地位而言，并非二三十年代中国建筑师的主流，但这丝毫不影响他们作为近代中国建筑师之先驱者的历史地位。

（2）“建筑类”专业建筑师学成初露才华

1898年，戊戌变法，光绪皇帝下诏设立京师大学堂，力图推广新式教育。光绪二十八年，张百熙成为管学大臣，拟定学堂章程——“钦定学堂章程”，称“壬寅学制”。次年，重新修订为“奏定学堂章程”，又称“癸卯学制”。两份章程对建筑学科的设置已经有了详细的规定。随着中国民族资本主义的初步发展，实业救国的思想在这一时期广泛传播，同时各种近代建筑的兴办加剧了对建筑专业人才的需要，发展建筑教育，培养符合社会需要的建筑技术人员，得到了不少有识之士的赞成与提倡。1905年以后，理工科留学生逐渐多了起来。相应地，学建筑学的人数也在增加，此时的西方建筑学在日本已率先发展了近半个世纪并极受重视，这就使得早期的中国留日学生系统学习西方建筑学成为可能。正是这个时期的留日学生为中国近代建筑学的开端做出了重要贡献。他们先于留学欧美者回到祖国，在一片洪荒中披荆斩棘，开辟道路。辽宁人张準就是留学日本东京高等工业学校建筑科卒业，后在帝国大学工学部建筑学科教室作研究，回国后即进入了沈阳的建筑市场。

1906年成立的清华留美预备学校为中国学生到欧美学习建筑学专业创造了机会，我国第一批本土专业建筑师杨廷宝、梁思成、陈植等优秀人才就是通过清华留美预备学校到美国知名大学学成归国的。这批从清华留美预备学校毕业，到美国留学的中国早期建筑师，代表了当时中国建筑界的最高水平。他们都经过国内各地严格的选拔，是当时青年中的佼佼者，不仅具有较高的国学修养，而且还有广博的西学知识；他们留学于美国多所高水平的大学之中，比较全面地接受了当时美国的建筑思想；他们在美国留学成绩优异。这批建筑师在清华留美预备学校期间正是中国历史上思想大解放的“五四”时代，回国后又赶上中国近代发展的高峰阶段，加上他们自身的天才和努力，在建筑创作和建筑教育上成就卓越，对中国近代建筑的发展做出了巨大的贡献。不少建筑师在建筑设计上表现出了优秀的专业才能，显示出了设计者规划大型组群，设计大体量建筑的才华和努力借鉴传统遗产的可贵精神，反映出了较深的专业造诣。除了官派出国留学学习建筑的以外，还有一批学生自费出国学习建筑，这些学生的数目是呈不断增长趋势的。在大量学生出国学习建筑的同时，一些建筑师开始学成回国，在国内也参加了一些建筑活动与建筑教学。留学外国的建筑师学成回国，中国的建筑师队伍得到了相当的扩大充实，逐步形成了一股较强的势力。

当时的沈阳在张作霖和张学良父子的统治下，奉系军阀地方军事工业、民族工商业、文化教育事业均有发展，使得私营建筑公司也迅速发展。特别是张学良，能够积极接受进步思想，推崇西方文化，重视人才，更吸引了专业建筑师加入沈阳建筑市场。在天津创办基泰工程司的留美归国的建筑师关颂声通过宋美龄、宋子文等人同张学良成为了好朋友，因此当时沈阳许多奉系军阀的大型建筑项目都通过投标或委任给了刚刚留美回国加入基泰工程司的建筑师杨廷宝先生。

同时，张氏父子在沈阳创办东北大学，1928年聘请梁思成和林徽因到沈阳东北大学创办建筑系，随后梁思成又力邀才华出众的童寯、陈植等宾大校友共同加入东北大学建筑系。这一时期东北建筑教育事业的兴起为中国建筑事业培养出了新的第二代、第三代建筑师。不久，梁思成到北平中国营造学社工作，童寯接任建筑系主任。

1930年，梁思成、陈植、童寯、蔡方荫在沈阳成立了营造事务所，从事建筑研究的同时，承揽建筑工程。事务所一开张就接了两个大项目，一是修建吉林大学校舍，二是设计交通大学锦州分校校舍。林徽因和梁思成在一项“公共设计”中合作，设计了沈阳郊区的一座公园——肖何园。此外，他们还替沈阳一些有钱的军阀设计私宅。通过奉系军阀的力量，我国第一批留学回国的专业建筑师来到沈阳初露设计锋芒。

1921年（民国十年）后，一部分本土建筑公司开始由从国外学习建筑专业的知识分子或国内学校培养出的专门人才开办，使建筑公司的素质发生了变化，由过去建筑一般民房、客站、商号、小工厂，发展到能承担较为复杂的大型建筑工程。

由于建筑师这个职业在中国近代时期为新兴的行业，我国建筑学教育起步又较晚，除第一批国外留学的建筑学专业的建筑师外，其他本土建筑师大都是土木工程专业、打样间学习和一些建筑类相关技术学校毕业的建筑师，他们不仅在外国开设的事务所工作，而且积极开设自营建筑设计机构，与外资设计企业一争高下，融入沈阳的建筑市场。此外，他们还积极投身建筑施工与行政管理领域。

从沈阳本土建筑师的专业实践中可以看出，虽然许多设计作品由于种种原因在形式上有折衷、复古倾向，但大都是中西文化的结合，特别是对中国传统建筑符号的灵活运用，而且亦不乏现代建筑思潮影响下的建筑作品。

从沈阳本土建筑师的观念来看，他们能够积极迅速地接受有别于古代传统工匠的建筑设计方式，学习西方近代科学技术，注重建筑绘图的表达。

所以，无论是本土建筑师的专业知识背景、专业实践或是思想意义，都反映了本土建筑师为沈阳近代建筑发展做出的积极努力和开拓精神，他们通过自己的奋斗，终于在沈阳拥有了一片天空，成为沈阳20世纪二三十年代建筑设计的主力军，为沈阳留下了很多优秀的建筑设计作品。

（3）本土建筑教育机构

著名的东北大学建筑系的创立，是沈阳近代建筑界的一件大事，更是中国最早创办高等建筑教育的学校之一。这个建筑系成为了传播西方学院派建筑思想的一个窗口，培养了不少的杰出人才，关于此部分内容，后面章节将有专门陈述（表5-1-1）。

东北大学学科设置　　表5-1-1

学年	学科	备注
一	应用力学，图示几何，图案（设计），图画，西洋宫室史，阴影，营造则例	营造则例即建筑基本单位之研究，如斗，举架及西洋之“五式”（Five orders）门窗壁拱梁等构件渲染
二	图案，图画，图式力学，东方宫室史，石土及铁工，透视学，应力分析	
三	木工，图案，图画，暖气及换气，东方画史西洋美术史，雕饰，装管及排水，水彩	雕饰指建筑雕饰历史之研究及创作图案，对于中国彩画、琉璃瓦及雕刻尤为注意
四	建筑工程设计，建筑工程理论，东方雕刻史西洋美术史，营业法，钢筋混凝土，合同，论文	建筑工程理论即各种房架结构房柱柁梁计划，防火工程钢筋混凝土等等

摘自：辽宁省档案馆藏《东北大学校史，建筑学系》

（三）日本建筑教育的影响

日俄战争后日本侵占了东北，“九一八”事变后占据了沈阳，并欲强行将其作为本国的境外领土，极力在各方面谋求发展，在城市建设上也不遗余力，设置了许多的建筑机构，培养了大量的专业技术人才，用于城市建设，其中具有教育性质的机构有以大连为中心，以“南满”附属地为活动范围的“满铁”建筑课及“南满洲工业学校”，两者虽地处大连，但培养的建筑人才直接服务于东北，包括沈阳。

1. “满铁”建筑课

满铁建筑课是与满铁的设立同时发端的建筑设计组织，其创立时间是1906年11月，然而实际活动是在1907年3月满铁本社从东京迁移到大连之后才开始的。在当时的体制中，它是设于总务部土木课之中的称为“建筑系”的部门，1908年12月组织改革时独立成为“课”的设置。

建筑课是满铁里面负责建筑营缮的单位，此性质自创立到1945年满铁消灭为止皆未改变。

满铁建筑课是有组织的、典型的殖民地建筑家的团体。19世纪后至20世纪初的中国，受到帝国主义诸国的不断侵略。以通商港口所设立的租界为中心，外国建筑家的建筑活动十分频繁。他们是离开他们自己的国家，以中国为活动据点的殖民地建筑家。殖民地建筑家的出现，可以说是帝国主义诸国侵略的副产品。在中国，这样的殖民地建筑家的设计组织中，满铁建筑课是规模最大的。这是就满铁建筑课所具有的特性而言的。满铁在表面上是民间企业，然而该公司的活动是在为了统治辽东半岛殖民地所设置的关东都督府长官关东都督的监督之下，作为日本侵略中国东北地区的先头部队以及殖民地统治的机关。

如果以建筑样式为着眼点，将外国建筑家在中国设计的建筑物分类的话，大致上可分为两类：一类是受到他们本国的建筑样式所影响者，另一类是在他们本国所见不到的样式。前者如19世纪末在上海、广东及其他各地，外国租界所建的古典主义建筑等。后者如19世纪中叶在通商港口的外国租界所建的殖民地样式（Colonial Style），或者在20世纪30年代模仿中国的传统建筑样式所建的建筑等。

“满铁”建筑课的成立，使得东北各附属地的规划、建设都出自于建筑师之手，同时带来了日本建筑界的影响。在沈阳可以看到附属地之建筑与日本近代建筑的众多姻戚关系。民国之前，尤以附属地的规划及红砖建筑群为其特征。

2. “南满洲工业学校”

1911年“南满洲铁道株式会社”为了给铁道建设的发展培养技术力量，在大连办了中等技术学校——“南满洲工业学校”，是东北建筑研究的重要组织。“南满洲工业学校”只招收日本学生，设有土木、建筑、电器、机械、采矿等科，以培养实用性技术人员为目标，即为建筑施工培养“优秀的匠人，能够充分理解设计人意图”的学生。学制四年，课程设置偏重技术与实用，因袭日本教育体系。建筑科设有建筑材料、房屋构造、建筑工学、建筑实务、建筑样式、特殊建筑设计法、测量法、制图等课和现场实习、卒业课题、实课作业等课程，它培养了很多在沈的日本建筑师。占日本在沈建筑学会总成员的12.9%（表5-1-2）。

“南满洲工业学校”建筑科课程（1922年以后）　　表5-1-2

学年 学科	第一学年		第二学年		第三学年	
	前期	后期	前期	后期	前期	后期
自在画	3	3				
阴影与配景画法			2	2		

续表

学科＼学年	第一学年		第二学年		第三学年	
	前期	后期	前期	后期	前期	后期
建筑学			3	3	3	
构造设计			3	3	3	
制图		2	8	8	1	
建筑史	2	2	2	2		
意匠装饰法			1	2	2	
意匠设计			4	4	6	
特种建筑设计法				2	2	
建筑卫生工学				1	2	
附属设备			1	1		
施工用诸机械					2	
实务（施工会计）						4
关系法规						2
规划及制图						16
实验与检查						7
现场实习					夏期实习	

资料来源：涂欢硕士论文《中国近代高等建筑教育研究概论》

南满洲工业学校的毕业生，分配在南满洲各地，主要从事附属地的建筑营造活动。同时，此校中有两位著名的研究学者，一是研究"满蒙"建筑历史的村由治郎，一是研究中国园林史的冈大路，他们对中国建筑史的研究提供过一些有用的素材。

这两个具有教育培训功能的机构，为当时的沈阳建设输送了大量的实用型人才，对沈阳近代建筑的设计及施工水平有一定的作用，对沈阳近代建筑多元化的风格形成产生了影响。

二、独树一帜的教育摇篮——东北大学建筑系

著名的东北大学建筑系的创立，是沈阳近代建筑界的一件大事，更是中国最早创办高等建筑教育的学校之一。这个建筑系成为了传播西方学院派建筑思想的一个窗口，培养了不少的杰出人才。

（一）产生的溯源与概况

20世纪20年代以来，风雨飘摇的中国，外有列强的入侵，内有军阀连年的混战，国家破坏十分严重，百废待兴，急需建设人才。1928年8月，著名爱国将领张学良将军接任东北大学校长。"张学良校长教育思想的一个显著特点是：适应社会的需要，培养实用人才。因此他根据我国的实际情况，从我国的经济和社会状况出发，不断增添新学科。"为了培养建筑方面的急需人才，在他的支持下，东北大学工学院创立建筑系。

当时，东北大学工学院院长高惜冰原想请宾夕法尼亚大学建筑系出色的毕业生杨廷宝来当系主任，但是当时杨廷宝已接受基泰建筑公司的聘请，他推荐了同窗好友梁思成，认为他是唯一合适的人选。当时梁思成夫妇刚刚毕业，还在欧洲

旅行，杨廷宝主动和梁思成的父亲梁启超取得联系，促成了这件事。

1928年初夏，高惜冰电请梁思成夫妇尽快回国组建东北大学建筑系，梁夫妇提早匆匆结束了欧洲旅行，于8月取道西伯利亚回国。秋季时，他们正式创办了建筑系。关于东北大学建筑系的创立，童寯也有记载："沈阳东北大学建筑系创设于民国十七年秋，属于工学院。时高惜冰君为工学院院长。值梁思成君及夫人林徽因女士自美归来。高君邀主建筑系。一切开始任务。"

第一学期只有梁思成、林徽因二位授课，第二学期，陈植、童寯、蔡方荫等先后任教，此时建筑系的教师队伍最为强大。但到了1930年末，林徽因因病离开沈阳，回北京治疗。1931年，也就是民国二十年，"二十年春，陈植君来沪经营建筑师业务。同年夏，梁君因北平营造学社急待整理，暂时离校。"

1931年9月18日，日本开始了侵占满洲的军事行动，九一八事变，使东北大学建筑系过早夭折。原建筑系师生相继在北平避乱，筹谋复课。冬季，童寯召集建筑系三、四年级学生来沪，童寯呼吁建筑界好友共同给学生义务补课，陈植与大夏大学磋商，让这些学生在土木系借读，到毕业时仍发东北大学证书。专业课方面，设计由陈植和童寯担任，江元任、郑瀚西教工程，赵深教营业规例合同估价等课。历时近两年完成学业（图5-1-2、图5-1-3）。

（二）建筑教育特征

东北大学建筑系与中央大学建筑系及北平大学艺术学院建筑系一道，成为20世纪20年代末中国首批兴建建筑系的院校，虽处于探索与实践的阶段，且东北大学建筑系由于历史原因，存在时间较短，但也有其自身的特点。

1. 创办人的教育背景

东北大学建筑系的创办人均有留美的求学经历，故在办学伊始会受到美国教育体系的影响。

中国留学生赴美学习建筑主要集中在20世纪20年代，正是学院派的教学方式在美国兴盛的时期。一方面，建筑实践领域折衷主义盛行，使受过古典建筑样式训练的建筑师大受欢迎；另一方面，越来越多的来自法国巴黎美术学院的建筑师来到美国各建筑系执教，因此使学院派的教学方式很快在该国蔓延开来（图5-1-4）。

图5-1-2 1930年东北大学建筑系师生（来源：童寯. 中国建筑教育//童寯文集：第一卷. 北京：中国建筑工业出版社，2000.）

图5-1-3 东北大学建筑系第一届学生合影（来源：东北大学校史志编研室提供）

图5-1-4 巴黎国立美术学校的水墨渲染（来源：荆其敏，张丽安. 透视建筑教育. 中国水利水电出版社，2001.）

尽管巴黎美术学院的“Atelier”制被大学的学期制及班级制所取代，但其设计的训练模式仍被完整地保留下来了。一样强调艺术修养，设计强调抽象古典美学构图原理，不提倡学生自己创作，也不考虑技术因素，设计成果只重视图面平、立、剖面表现，学生花大量时间进行渲染和美术方面的练习。

众多中国建筑学了就读的宾夕法尼亚大学建筑系是当时美国学院派的大本营，这与当时宾夕法尼亚大学建筑系的主持人克瑞（Paul PhilippeCret）有很大关系。他原籍法国，毕业于里昂艺术学院，深造于巴黎美术学院，获法国“国授建筑师”称号。他的加入使得宾大从1911年至1914年连续四年获得巴黎大奖，到1930年，纽约Beaux Arts协会在20年间所颁发的各种奖牌有1/4被宾大的学生获得，宾大在克瑞的领导下成为地道的学院派教学体系的学府（图5-1-5）。

图5-1-5　设计渲染（杨廷宝作）（来源：顾大庆. 图房、工作坊和设计实验室——设计工作室制度以及设计教学法的沿革. 建筑师）

20世纪30年代以后，随着欧洲现代主义大师们的到来：1937年格罗皮乌斯来哈佛执教，差不多与格罗皮乌斯进入哈佛同时，密斯受聘来阿莫学院（1940年阿莫学院升级为伊利诺伊理工学院）建筑系任教，使得美国的建筑教育发生了重大变化，逐渐摒弃了原来学院派的教学方式和折衷主义设计手法，开始转向现代主义。但此时，正是庚款数目不敷支而采取收缩政策，停派留学生之时。中国留美学生数目大量减少，对中国产生间接的影响，只通过个别留学生对中国高等建筑教育产生了一定影响。

2. 课程设置及教学特点

东北大学建筑系属于国内首批兴办的建筑系，且存留时间短暂，在发展过程中无前车之鉴，在摸索中前行，在课程设置及教学方面有其固有的发展规律及特点。

（1）东北大学建筑系的起步：对“学院派”的模仿

20世纪20年代，从洋务运动开始被陆续派往西方各国学习建筑的留学生归国，将国外先进的知识和教育体系带回祖国，西方的建筑教育也随着留学生的归国而传播到了中国，并且在西方建筑教育的基础上创办起了中国近代高等建筑教育，在东北大学等三所综合大学中诞生了中国最早的建筑系，促成了现代意义上的建筑教育制度的建立。但正是因为这样特殊的背景，在办学之初免不了对西方建筑教育体系的照搬，在办学上存在一定的局限性。

东北大学建筑系在初期受创办人的教育背景影响很大，反映出了对其所受的西方建筑教育体系的直接模仿，甚至照搬。在这个时期，西方建筑教育体系对中国近代高等建筑教育的影响是巨大的，难免会出现在西方建筑教育引入初期，没有对中国的实际情况加以认真考虑的情况，因此这个时期的高等建筑教育在办学上存在着一定的局限性。

在课程设置方面，东北大学建筑系更多地参

照了宾夕法尼亚大学建筑系的课程设置，体现出了对艺术修养的重视，对设计能力的强调。

东北大学建筑系："课程讲授均由留学欧美者和国内知名人士担任：建筑设计由梁思成、林徽因、童寯、陈植教授担任；结构设计课由蔡方荫教授担任，暖气通风课由彭开煦担任，绘画写生由孔佩苍担任。建筑系还从欧美和日本购进一些古代和现代建筑的幻灯片，以配合宫室史（即西洋建筑史）的教学。"东北大学建筑系当年的学生张镈也有记载，梁思成主讲建筑史和建筑初步两门课程，蔡方荫讲授阴影和立体几何课程，林徽因讲授美术课程（表5-1-3）。

东北大学建筑系工学院建筑系职员名单　　表5-1-3

现任职务	姓名	籍贯	到校年月	履历	任教课程
建筑学主任教授	梁思成	广东新会	民国十七年九月（1928年9月）	美国彭省大学建筑硕士	建筑设计、建筑史、建筑初步
建筑学专任教授	林徽因	福建闽侯	民国十七年九月（1928年9月）	美国彭省大学建筑美术学士	建筑设计、美术
建筑学专任教授	陈植	浙江杭县	民国十八年八月（1929年8月）	美国本雪文尼亚大学建筑工程硕士又本雪文尼亚大学建筑助教	建筑设计
建筑学专任教授	童寯	辽宁沈阳	民国十九年九月（1930年9月）	美国本雪文尼亚大学建筑硕士	建筑设计
建筑学专任教授	蔡方荫	江西南昌		清华大学毕业，美国麻省大学建筑学士及硕士，曾在纽约著名建筑公司实习	结构设计、阴影、立体几何

资料来源：该表由东北大学建筑系校史志编研室提供的资料和笔者收集的其他资料整理而成。彭省大学和本雪文尼亚大学现翻译成宾夕法尼亚大学。

东北大学建筑系5位主要教师中，有4位毕业于宾夕法尼亚大学，而20世纪20年代美国的建筑教育还是属于学院派体系，"设计思想还处于折衷主义、新古典主义的创作路子，强调艺术修养，偏重艺术课程"。这些特点在东北大学建筑系里也得到了反映（表5-1-4）。

宾夕法尼亚大学与东北大学建筑系课程比较　　表5-1-4

The Curriculum of Pennsylvania School of fine Arts①	东北大学建筑系课程表（最早的）②	东北大学建筑系课程表（改进后的）③
Technical Subjects:		
Design	图案（1，2，3，4）	图案（1，2，3）34′，图案（图案组）（4）20′
Architectural Drawing	图画（1，2，3）	图画（1，2，3）13′
Elements of		论文（4）6′
Architecture		建筑工程设计（工程组）（4）16′
Construction		建筑工程理论（工程组）（4）6′

续表

The Curriculum of Pennsylvania School of fine Arts[①]	东北大学建筑系课程表（最早的）[②]	东北大学建筑系课程表（改进后的）[③]
Construction:		
Mechanics	应用力学（1）	应用力学（1）8′，应力分析（2）3′，材料力学（2）
Carpentry	铁石式木工（3）	8′
Masonry	木工式铁石（2）	木工（3）6′
Ironwork		石土及铁工（2）6′，石土及基础（工程组）（4）6′
Graphic Statics	图式力学（2）	钢筋混凝土（工程组）（4）6′
Theory of	营造则例（1）	图式力学（2）3′
Construction	卫生学（2）	营造则例（1）4′
Sanitation of Building		暖气及换气（3）2′，装管及排水（3）2′
Drawing:		
Freehand	炭画（4）	炭图（图案组）（4）4′
Water Color	水彩（3，4）	水彩（3）4′，水彩（图案组）（4）4′
Historic Ornament	雕饰（3）	雕饰（3）4′
Graphics:		
Descriptive Geometry	图式几何（1）	图式几何（1）4′
Shades & Shadows	阴影（1）	阴影（1）2′
Perspective	透视学（2）	透视学（2）4′
History of Architecture:		
Ancient	宫室史（1）	
Medieval	宫室史（西洋）（2）	西洋宫室史（1）4′
Renaissance	宫室史（中国）（3）	东方宫室史（2）6′
Modern		
History of Painting and	美术史（3）	东方画史（3）4′，西洋美术史（3）2′
Sculpture	东洋美术史（4）	东方雕刻史（4）4′
	施工课：	
	合同估价（4）	合同估价（4）2′
	营业规例（4）	营业规例（4）2′
	公共课：	
	国文（1）	国文（1）4′
	英文（1）	英文（1）6′
	法文（1）	法文（1）12′

说明：括号内的数字为该门功课开课时的学年，后面的数字为该门功课的总学分。

资料来源：① Xu Subin. Chinese Foreign Students in Japan and America and the Development of Modern Architectural Education in China. 见：赖德霖. 梁思成建筑教育思想的形成及特色. 建筑学报，1996（6）：27；

②、③东北大学校史志编研室提供的资料整理而成。

对照两所大学建筑系的课表，可以看出东北大学建筑系的四年制与宾夕法尼亚大学的五年制十分相似。其中有17门课程是一致的，占宾夕法尼亚大学22门功课总数的77.2%，也印证了童寯说过的"……悉仿美国费城本雪文尼亚大学建筑科"。同时，与艺术和设计相关的课程有10门，占了东北大学建筑系课表（最早的）中所有24门课程的41.7%，可见其对艺术的强调，对设计能力的重视。

除去占比重最大的图案课之外，史论课在四年的学习中的学分占了总学分的11%，相比较与其同时期的中央大学的7.9%而言，东北大学建筑系史论课的分量明显要重得多。这一方面是美国学院派教学体系直接影响的结果，当时盛行的新古典主义和折衷主义手法已经将历史建筑作为了新设计的样式库，从而使得历史课在建筑教学中的地位较高，这点在东北大学的建筑课程中也得到了反映；另一方面，与梁思成本人对历史研究的浓厚兴趣有关，深厚的历史功底使他对建筑有独特的理解，因而在教学中也十分强调史论方面的课程。

此外，张镈的叙述也能明显地反映出建筑系创办初期对学院派教育方式的模仿。他说："因为建筑设计课占学时较多，经常日夜在大图房赶图，给技术课留下的自修复习时间少，以能及格升班为目标，从一开始就有重艺术、轻技术的倾向。……十分重视'学院派'的'五柱式'模数制。要求能识，能画，能背诵如流，能按模数默画……"

不仅如此，东北大学建筑系还继承了"学院派"建筑教育的独立研究室（Studio Type）的学分制和师带徒制。由于设计课程较重，一年级下就开始了正式设计课程。"一年级下学期做3题，二年级做7题，三年级做6题，四年级做5题。每题按上、中、次评奖，分别为3、2、1分，及格为1/2分，违反构思草图或迟交者为0分，一年级下学期的设计作业，上奖只给2分。"

正如童寯所言：东北建筑系，纯采用学徒制度，其教学方法模仿巴黎，图案限期交卷，合集比赛，而由各教授甄列给奖。

通过东北大学建筑系的学生和老师的描述，不难看出东北大学建筑系在教学方法上对学院派教学体系的模仿，但这也是由于当时的客观条件所决定的。

首先，中国在当时还没有几所真正意义上的建筑系，没有形成完整系统的建筑教育教学体系，也没有太多可以供人学习和借鉴的办学实例。1927年中央大学成立了中国第一个建筑系，而东北大学建筑系在紧随其后的1928年成立，两个建筑系都处于摸索阶段，所以并不能为东北大学建筑系的创办提供太多有价值的经验教训。

其次，东北大学建筑系创办得有些仓促，筹备的时间很短。梁思成在回忆当年创办建筑系的情景时曾说："回想4年前，差不多正是这几天，我在西班牙京城，忽然接到一封电报，正是高惜冰先生发的，叫我回来组织东北大学的建筑系……我在八月中由西伯利亚回国，路过沈阳，与高院长一度磋商，将我在欧洲归途上拟好的草案讨论之后，就决定了建筑系的组织和课程。"可见当初创办时的仓促，并且在梁思成还未到校之时，东北大学已经招收了第一批建筑系学生，导致第一学期只有梁思成、林徽因两位老师上课。由以上的描述可以清楚地得知，客观条件并不允许梁思成有太多的思考和准备时间，在这样仓促的情况下，照搬其母校宾夕法尼亚大学建筑系的那一套办学方法，就成为很自然的事情了。

除此之外，就梁思成本人来说，1928年他刚刚从宾夕法尼亚大学毕业回国，之前并没有任何从事建筑教育的经历。对于一个刚从大学里走出来的年轻人，回国后，立即投身到祖国的建筑教育事业当中，并且创办东北大学建筑系，担任系主任，那么在他一手创办起来的建筑系里，对他的母校宾夕法尼亚大学建筑系的模仿自然也是不可避免的。

（2）适应中国国情的教学探索

东北大学建筑系是在西方建筑教育体系的基础上建立起来的，在引入初期，多少带有些盲目引入和照搬的意味。但是在中国创办建筑教育有着与国外很不一样的环境和背景，这些都促使中国老一辈建筑教育家们进行自主探索，将建筑教育与本土化相结合，走出了一条自主探索的道路。

1）探索的主客观条件

在主观上，归国创办建筑教育的留学生意识里都有浓烈的中华文化情结和探索中华建筑之路的建筑观。虽然在国外接受的是西式的教育，学习的是西洋的文化，但强烈的民族爱国热情，加上中国近代屈辱的社会现状，更加激励了他们要将所学致力于本民族文化的振兴和发扬。同时，中国社会对于建立在西方哲学基础之上的带有强烈“异质文化”色彩的西方建筑美学在审美上不可能做到全盘接受。相反，虽然中国传统的木构架体系建筑在近代已经没有大规模的建设，但中国的传统建筑历经四千多年的历史，在世界建筑之林中独树一帜，因此，无论是在建筑艺术上，还是建筑技术上，中国古建筑文化强大的生命力对每一个中国建筑师都有着潜移默化的影响。如何运用西方先进的建造方式，结合中国的建筑材料，设计符合中国审美情趣的建筑，就成为了许多建筑师努力的方向。因此，20世纪30年代出现的“中国固有形式”与“新中国建筑”都是建筑师们在这一方面所作出的探索。建筑师率先开始探索新的建筑形式，而这些探索以及在探索过程中积累的经验和体会，又反馈到他们同时从事的建筑教育之中。对于当时的建筑教育者们来说，如何将中国优秀的传统建筑文化融于西式建筑教育基础之中，是他们一直探求和努力的方向。中国的情况不同于西方，如何培养出适应近代中国需要的建筑人才也是他们一直在思考和探索的问题。中国老一辈建筑教育家们是一批有志向、有思想的智者，他们引入了西方的建筑教育体系，并且结合中国的国情和对建筑教育的思考改造了它，在中西方文化激烈地交织与碰撞的大环境下，他们主动地进行探索，寻找一条适合中国的建筑教育道路。

在客观上，中国具体的国情决定了不能照搬西方的建筑教育。首先，在办学条件上，由于20世纪上半叶国内政局的动荡，战争频繁，经济萧条，使建筑教育的发展深受影响，东北大学建筑系就因为“九一八”事件而被迫停办。学校因为政局的动荡而得不到稳定的保障，致使学校招生人数很少。

东北大学建筑系从无到有首次创办，国内的图书资料、教学设备都极其匮乏，加上战争的频繁，使国内经济萧条，物资紧缺，致使在教学上也受到很大的制约，许多在西方开设的课程到了中国之后无法得以实施，典型的例子如：“宾大美术学院为培养学生动手能力设置的一个大工作室。学生可以随时进去做自己设计的作品，这个工作室的设备非常齐全，从木工用的斧锯到陶瓷的塑形、上釉、烧窑直到金属的铸模、翻沙、仿古等各种材料设备一应俱全。”而当时中国的办学条件并没有能力创办这样的工作室，因此在20世纪30年代的任何一个建筑系中，这样的大工作室都是不存在的，即使在由毕业于宾夕法尼亚大学的梁思成创办的东北大学建筑系中也不曾有过。

其次在师资力量上，东北大学建筑系的教师主要来源于回国后从事建筑教育的建筑专业留学生，教师资源的紧张迫使其创办的建筑教育无法像西方建筑教育那样拥有强大的建筑师资和浓厚的建筑氛围，相反，由于中国土木工程专业起步早，并且在后来发展很快，因此中国的许多建筑系自诞生之初就与土木工程有着密切的关系。在建筑专业的教学上，相比较西方而言，中国对土木工程专业的教师的依赖程度也要高得多，致使中国近代许多建筑系对工程性十分强调，呈现出实用化和技术化的特点。

此外，中国传统的建筑技术、建筑材料以及当时的社会、文化、经济等多方面的客观条件都与西方有很大的不同。中国传统的木构架建筑技术从其产生，历经几千年的不断完善，发展到近代已经相当成熟，而且被广泛接受。在中国使用最多的建筑材料是木材，这也不同于西方的石材，再加上经济条件等因素的制约，决定了不能照搬西方的建筑样式，而是经过改良后的砖木结构的建筑形式在中国得到了广泛的传播。中国几千年辉煌的建筑艺术成就，对于国人的审美有着很深的影响，因此，西式的建筑样式也不可能原封不动地运用于中国，必然会加以改造以适应中国人的审美情趣。在建筑教育中自然不可缺少中国的内容，如中国的建筑艺术和建筑技术等。

正是中国这些不同于西方的特点，决定了西式的建筑教育不能照搬地运用于中国的高等建筑教育之中。西式的建筑教育在植地过程中，必须适应中国这些客观条件，在对其改造的过程中反映出中国自身的特点。

2）在教学上的积极探索

东北大学建筑系的创办属于中国首批，无前车之鉴可遵循，又因筹备时间短暂，故在创办之初完全处于独立探索阶段。

a. 在办学思想上的探索

在大学的“建筑学系毕业规定”中明确地阐明了当时中国建筑师队伍的状况及其培养学生的目标（表5-1-5）。

东北大学建筑系课程表　　表5-1-5

课程类别	最早的课表	改进后的课表
普通课	国文	国文
	英文	英文
	法文	法文
专业基础课	图式几何	图式几何
	阴影	阴影
	透视学	透视学
美术课	雕饰	雕饰
	图画	图画
	水彩	水彩
	炭画	炭图
设备课	卫生学	
		暖气及换气
		装管及排水
材料构造课	木工式铁石	石土及铁工
	铁石式木工	木工
	营造则例	营造则例
结构课	图式力学	图式力学
	应用力学	应用力学
		材料力学
		应力分析
		钢筋混凝土
		石土及基础
		建筑工程理论
历史课	美术史	西洋美术史
	东洋美术史	东方画史
	宫室史	
	宫室史（中国）	东方宫室史
	宫室史（西洋）	西洋宫室史
		东方雕刻史
设计课	图案	图案
		论文
		建筑工程设计
施工课	合同	合同
	营业法	营业法

资料来源：王伟鹏，张楠．1928—1931年间的东北大学建筑系的教学体系和学生情况．见：张复合．中国近代建筑研究与保护（四）．北京：清华大学出版社，2004．642～643

“溯自欧化东渐，国人竞尚洋风，凡日用所需莫不以西洋为标准。自军舰枪炮，以至衣饰食品，靡不步人后尘。而我国营造之术，亦惨于此时堕人无知识工匠手中。西式建筑因实用上之方便，极为国人所欢悦。

然工匠之流，不知美丑，任意垒砌，将国人美之标准完全混乱。于是，近数十年间，我国遂产生一种所谓‘外国式’建筑，实则此种建筑作风，不惟在中国为外国式，恐在无论何国亦为外国式也。

本系有鉴于此，故其基本目标在挽救此不幸之现象，予求学青年以一种根本教育。先使了解建筑原则，然后诲导其建筑美术上之创造，务使其理论上及建造上，对于建筑之美术及科学俱可得深切训练。此外，更引起学子一种自觉性及审美观念，则几庶可引起新时代新美术之产生矣。

课程中对于中西营造方法并重，而近代新产生之结构法，实为此新艺术长成之基础，故在结构方法则以西方为主。

第四年级课程分为建筑图案及建筑工程两组，在前三年中一切课程俱同，至高深科目始分二组，俾得深造。

合同、说明书、估价、营业道德等亦为课程之一部分，俾学子将来服务社会时，有所凭借不致茫然不知所措。

毕业至最低限度计需一百八十六学点。”

从这段训言中可以了解，东北大学的建筑教育对西洋建筑文化是持抵制态度的，也说明了它对中国文化的倡导。从训言和课程表（表5-1-4）中，我们可以看出东北大学形成了艺术和工程结合、设计思想以艺术挂帅、结构方法以西方为主、中西营造方法并重、强调设计能力和实践能力的教育体系。但是，对“中西”的并重，其内容与程度是不同的，亦即这种教育本身就隐含着对中国古典建筑的学习，主要体现在美术的意义上。这种“中国式的学院派”建筑教育体系影响了整个中国近现代建筑教育，并占据了统治地位。

梁思成、童寯、陈植三位教授都是美国宾夕法尼亚大学建筑系毕业的。这个学校的建筑系在20世纪20年代很有名气。它以法国“美专”（Heau-Arts）的纯美术教学为主，重视宏观群体的艺术综合，对轻视微观个体的设计和专业技术的综合这些特点与不足作了修改，走上了艺术和技术并重、对个体建筑设计加以突出的道路。“宾大”建筑系十分重视构图原理，师法“学院派”在比例尺度、对比微差、韵律序列、统一协调等方面的基本功训练，还很重视素描、速写、水彩及单色渲染的技巧。20年代初期，美国流行“摩登古典”（Modern Classic），梁、童、陈三位的授业老师保罗·克瑞（Paul Cret）是其代表人物。1930年，童寯教授承担教职，他十分重视学院派“五柱式”的模数制，要求同学能识、能画、能背诵如流、能按模数默画。这种严格训练，使学生终生难忘，也因此形成了东北大学建筑系独特的办学思想。

b. 在具体措施上的探索

在探索具有中国特色，符合中国国情的建筑教育的道路上，梁思成等第一批建筑教育家作出了可贵的努力。通过与宾夕法尼亚大学建筑系的课程对比，可以看到东北大学建筑系新增了合同估价和营业规例课程，这是结合当时中国建筑业从业环境而开设的课程，目的就是使将来毕业的学子“服务社会时能有所凭借，不致茫然不知所措”。

在对东北大学建筑系调研的过程中，发现了两份不同的课表（表5-1-3）：一份见于《东北大学概览》1929年3月刊，应该是1928年梁思成夫妇刚进大学时草拟的；另一份与《童寯文集》中“建筑教育”一文中所附课表一致，童寯是1930年9月来校任教的，所以应该较晚。

由修改后的课表可知，史论课增加了东方宫室史、东方画史和东方雕刻史课程，不仅可以使学生更加了解祖国璀璨的艺术，而且在课程设置上也具有了中国的特点。更重要的是，可以挽救由于欧化东渐，致使无知的工匠盲目效仿西方，建出许多所谓“外国式”的建筑，混淆国人的审美标准的现象。在其建筑学系毕业规定中这样写道："基本目标在挽救此不幸之现象，予求学青年以一种根本教育，先使了解建筑原则，然后诲导其建筑美术上之创造，务使其在理论上及建造上对于建筑之美术及科学俱可得深切训练。此外，更引起学子一种自觉性及审美观念，则几庶可引起新时代新艺术之产生矣。"它表达出了在东北大学建筑系办学时，创办者们对建筑的认识和理解以及对建筑教育的思考。

同时，修改后的课表中，结构类的课程显著增加，新增了应力分析、材料力学、钢筋混凝土、石土及基础、建筑工程理论这些课程；设计类课程增设了论文、建筑工程设计这两门。除此之外，还对一些课程进行了拆分和合理细化，比如将原来的卫生学拆分成暖气及换气、装管及排水两门课程进行讲授，将木工式铁石和铁石式木工分作石土及基础、钢筋混凝土和木工三门课程，不仅对原来的课程作了一定的细化，还对其进行了必要的补充。这都是出于对当时缺乏精通新型建筑技术人才的国情和对建筑本身的理解等方面进行的比较细致的思考。从这些改动中不难看出，东北大学建筑系开始从纯艺术向艺术与技术相结合的方向转变，逐渐形成自己的办学思路。

用东北大学建筑学系毕业规定中的话来总结其自身的办学思路就是：中西营造方法并重，结构方法则以西方为主，合同说明书、估价、营业道德等，亦为课程一部分，体现出了艺术和技术相结合，强调艺术修养，注重设计课程的教学特点。

此外，东北大学建筑系还有一个与众不同的特点，就是四年级分为图案组和工程组两个不同的方向。图案组侧重设计课和绘画课，而工程组则在第四学年集中设置了多项结构技术类课程，使得整体四年课程中技术课比例大大提升。

童寯曾对这种做法作过这样的描述："东北的建筑系原属于工学院，称建筑工程系，为避免被指责脱离科技，在最后一年分为设计专业和结构专业，这个遮羞的办法也是由本雪文尼亚抄来的，本雪文尼亚建筑系第五年可选修结构专业，但无竞赛，无奖牌，所以受吸引选习这个专业的人极少。"这一点也从一个侧面反映出东北大学建筑系对宾大建筑系的模仿还没有形成自己的办学特色。这种做法在中国近代建筑教育史上尚属首次，可能和梁思成对建筑教育的理解有很大关系，他心目中学生的培养目标应该有偏重艺术和偏重实践工程之分。图案组以培养有深厚艺术修养的理想型设计人才为目标，而工程组则更侧重建筑实践的技术，更倾向于实用型人才的培养，使学生的培养更加具有针对性和专业性。

但是，在实际教学中是否进行了分组教学还没有进一步证据可以说明，而且由于东北大学建筑系过早地被迫停办，加上学生人数本来也不多，真正完成全部学业的只有后来去上海的两届学生，因此，学生可能大多还是以图案组的方式来培养的。虽然这种分方向培养的方法可能未曾实现，但梁思成的这一教育思想在他以后的建筑教育活动中一直有所延续，并反映在他后来创办的清华大学建筑系的教学计划中。在清华大学工学院营建系课程草案中，他将建筑系分为建筑组、市镇体形计划组、造园学系、工业艺术系和建筑工程学系五个不同方向，可能就是他对此前在东北大学教育实践中的教育思想的完善和延续。

从学生作业中我们可以看出，东北大学建筑系的教学成果具有扎实严谨、新旧并重的风格。

中国近代高等建筑教育发轫于20世纪20年代末，建立在西方建筑教育的基础之上，因此，在引入初期受主要留学国家建筑教育的影响很深，反映出了对创办者留学国家建筑教育特点的模仿。其中最为典型的就是东北大学建筑系，其创办人梁思成及系里主要教师都毕业于美国宾夕法尼亚大学，因此，在课程设置和教学方法上对宾夕法尼亚大学进行了较多的模仿。这一特点反映出中国近代高等建筑教育在创办初期，在引入建筑教育体制，开办中国自己的高等建筑教育方面存在一定的局限性。

尽管如此，在高等建筑教育创办初期，中国老一辈建筑教育家们也对西方建筑教育如何运用于中国进行了最早的一些探索性的改革，例如增加和细化技术类课程，修改培养目标，以适应中国当时极其缺乏精通新型建筑设计，掌握新型建筑技术的人才的现实需要，增开有关中国建筑史、中国营造方法等方面的课程，使学生了解中国璀璨的建筑艺术，树立正确的审美观等。

推动中国近代高等建筑教育前进的源动力不仅包括西方建筑教育的引入，更重要的是在引入的过程中，中国自身的努力和探索，而后者更能体现出中国自身所具有的特点。

（三）学生情况

东北大学建筑系共招了三届学生。第一届有刘致平、郭毓麟等10人；第二届有刘鸿典、梁思敬等9人；第三届有唐璞、张镈、林宣等14人。后张镈、唐璞、林宣、费康、曾子泉5人转入中央大学，于1934年毕业。

1. 毕业去向

令人扼腕痛惜的是，第一届毕业生还未及毕业，“九一八”事变爆发，东北大学不得不内迁，建筑系学生也流落到北京、西安、上海等地，多插班学习，分别在不同学校毕业。1947年东北大学回迁，但于1948年沈阳解放后重新组建。因此，当年东北大学建筑系的学生并未能参与到沈阳的建筑活动中，倒是在上海、南京、北京等地多有优秀表现，如30年代刘鸿典设计的上海市中心（江湾）图书馆及游泳池（设计方案审定人为董大酉建筑师）、上海淮海中路上方花园住宅等，刘致平则在中国营造学社中有出色表现，在中国建筑史方面卓有建树。（注：东北大学建筑学系自民国十七年开班至二十二年停办，二十一年级毕业生0人，二十二年级毕业生9人，共19人，全部为男生。）

2. 毕业生的社会职责

东北大学建筑系的学生从对所学专业的一无所知到对本学科的热爱，期间充满了授课老师的心血及个人的努力。由于当时的社会环境，人们对建筑师及其职责也知之甚少，所以毕业的学生投入到社会中也担当着一定的社会责任，这从梁思成写给第一期毕业生的信中可略知一二：

“现在你们毕业了。‘毕业’二字的意义，很是深长。美国大学不叫‘毕业’，而叫‘始业’（Commencement）……你们的业是什么？你们的业就是建筑师的业。建筑师的业是什么，直接地说是建筑物之创造，为社会解决衣食住三者中住的问题；间接地说，是文化的记录者，是历史之反照镜。所以你们的问题是十分的繁难，你们的责任是十分的重大。”

“因为什么要社会认识建筑呢？因建筑的三元素中，首重合用。建筑的合用与否，与人民生活和健康、工商业的生产率，都有直接关系的。因建筑的不合宜，足以增加人民的死亡病痛，足以增加工商业的损失，影响重大。所以唤醒国人，保护他们的生命，增加他们的生产，是我们的义务。在平时社会状况之下，固已极为重要，在现在国难期中，尤为要紧。而社会对此，还毫不知道，所以是你们的责任，把他们唤醒……而建筑这东西，并不如其他艺术，可以空谈玄理解决的。它与人生有密切的关系，处处与实用并行，不能相离脱。讲堂上的问题，我们无论如何使他与实际问题相似，但到底只是假的，与真的事实不能完全相同。如款项之限制，业主气味之不同，气候、地质、材料之影响，工人技术之高下，各城市法律之限制等等问题，都不是在学校里所学得到的。必须在社会上服务，经过相当的岁月，得了相当的经验，你们的教育才算完成。所以现在也可以说，是你们理论教育完毕，实际经验开始的时候。”

“现在你们毕业了，你们是东北大学第一班建筑学生，是‘国产’建筑师的始祖，如一只新舰行下水典礼。你们的责任是何等重要，你们的前程是何等的远大！林先生与我两人，在此一同为你们道喜，遥祝你们努力，为中国建筑开一个新纪元！梁思成（1932年7月）”

东北大学建筑系的毕业生担负着以专业知识服务社会及科普建筑知识让大众了解的双向职责，投身到社会中去。

（四）创立的历史地位及意义

20世纪30年代，中国近代高等建筑教育经历了由西方建筑教育直接引入和初步探索的最初阶段之后，开始较为深入地探索中国自己的建筑教育。中国的高等建筑教育不是国内本身就有的，而是由西方引入的。因此，中国高等建筑教育自其诞生的那天起，就处于中西方文化的激烈交织与碰撞之中，决定了中国老一辈建筑教育家们必须进行自主探索，去寻找一条适合中国的建筑教育道路。正是基于这样的背景，使得中国近代高等建筑教育的自主探索在总体上呈现出两个鲜明的特点：一是建立在西方建筑教育体系的基础之上；二是对建立在西方建筑教育体系基础之上的高等建筑教育进行中国本土化。

在所有的探索里面，尤以留美回国的建筑师为主体建立的“学院派”建筑教育体系迅速发展，并以强大的师资队伍和教学影响力占据主导地位。与此同时，受建筑师职业实践和对建筑形式探索的影响，在学院派模式主导下，其他不同趋向的教育实践也在一些建筑院校中开展起来，中国近代高等建筑教育进入了丰富多彩的自主探索时期。

1928年，当时的教育部为统一全国大学课程，曾请中央大学、东北大学两校建筑系主任刘福泰、梁思成以及基泰工程司的关颂声三人共同参加工学院分系科目表的起草和审查，并且在其后的制定审计的工作中也有这两所学校的参与。经过一段时间的准备后，于1939年在后方重庆颁布了新的全国统一科目表，这是继1903年的《奏定学堂章程》和1913年的《大学规程》之后第三个全国统一科目表。

在这次统一建筑系科目表中，能够明显地看到制定者所在大学的建筑科目的影子。可以说，刘福泰和梁思成综合了各自学校的建筑教学课程，共同组成了新的统一科目表。从课表比较（表5-1-6）中可以看出，统一课表将中央大学课表中部分技术类课程列为选修课，同时也将东北大学图案组部分美术类课程列为选修课，使得统一课表兼具两校的特点。该课表可以适应从重视技术实践到重视艺术、理论之间的跨度内多种侧重倾向的教学工作，因此，其他学校参照使用时，可以根据自己的情况灵活运用。

东北大学、中央大学建筑系课程与1939年全国统一课程比较　　表5-1-6

		东北大学（1928~1931年）	中央大学（1933年）	全国统一科目表（1939年）
公共及其他部分基础课		国文、英文、法文	国文、党义、英文、物理	算学、物理学
专业课部分	设计课	建筑图案 论文	初级图案 建筑图案 内部装饰 都市计划	初级图案 建筑图案 *内部装饰 *都市计划 毕业论文、*庭园

续表

		东北大学（1928~1931年）	中央大学（1933年）	全国统一科目表（1939年）
专业课部分	图艺课	图式几何 阴影法 透视	投影几何 透视画 阴影法	投影几何 透视画
		徒手画 水彩画 炭画	徒手画 水彩画 模型素描 建筑初则及建筑画	徒手画 水彩画（一） 模型素描 单色水彩 *水彩画（二）、*木刻、*雕塑及泥塑、*人体写生
	史论课	西洋宫室史 东方宫室史	西洋建筑史 中国建筑史 中国营造法	西洋建筑史 *中国建筑史 *中国营造法
		西洋美术史 东方画史 东方雕刻史	美术史	美术史 *古典装饰 *壁画
		建筑工程理论		建筑图案论
	技术及业务课	应用力学 材料力学 图式力学 营造则例	应用力学 材料力学 图解力学 营造法	应用力学 材料力学 *图解力学 营造法
		石土及铁工 木工	钢筋混凝土 钢筋混凝土及计划 铁骨构造 暖房及通风 电照学 给水排水	钢筋混凝土 木工 *铁骨构造 *暖房及通风 *电照学 *房屋给水及排水 *材料试验、*结构学
		营业规例 合同估价	建筑组织 施工估价 建筑师职责及法令 测量	经济学 施工估价 建筑师法令及职务 测量

*为选修课

资料来源：涂欢，东北大学建筑系及其教学体系述评（1928－1931），建筑学报，2007年1月；《中国建筑》1933年8月；教育部编《大学科目表》，正中书局印行，民国三十六年六月(1947年6月)沪八版

以中央大学和东北大学这两所较为正统的学院派建筑系的课表为蓝本而制定的全国统一科目表，得到了当时教育部的认可并成为了全国性的统一教程。

虽然东北大学建筑系由于“九一八”事变而停办，自开办以来只有短短3年，但对中国建筑教育的产生及自主探索发挥了积极的作用及深远的影响。东北大学建筑系的学生也将严谨的学院派风气带到了中央大学等诸多院校及工作岗位，为沈阳近代的建筑教育培养了正规的主力军。

东北大学建筑系的创立对沈阳近代建筑业的发展有着深远的影响。首先，为沈阳带来了西方建筑文化和正统的西方建筑理论，促进了传统建筑文化的近代化；其次，东北大学建筑系的创立体现出在当时的社会情况下，人们对建筑的重视程度开始提升；再者，在当时的沈阳，建筑师这个新兴行业已经有了较高的社会地位，对建筑人才的培养更证明了对建筑人才的需求量的增加；最后，东北大学建筑系的创立证明了本土建筑师的出现和成长，他们为沈阳留下了优秀的近代建筑。

第二节　沈阳近代建筑师与建筑机构

沈阳，在近代时期，由于前文所述的特殊的地理位置和政治、经济环境而吸引了很多中外建筑师前来创业，建筑师队伍的组成为：夹缝中成长的“多源”本土建筑师、随战争而入的大量日本建筑师以及西方建筑师。

一、夹缝中成长的“多源”本土建筑师

中国本土建筑师和建筑设计机构是20世纪20年代沈阳建筑业的生力军。其中，我国第一代建筑师杨廷宝先生和他所在的基泰工程司在沈阳留有京奉铁路沈阳总站、同泽女子中学、东北大学等优秀建筑，这些是杨廷宝先生刚刚留学回国初显建筑才华的作品，体现了杨老先生早期的建筑创作思想；穆继多以及多小股份有限公司是在沈阳设立的最大的本土建筑师建筑机构，在沈阳，无论是办公建筑、住宅建筑、商业建筑还是文化教育建筑，都有穆继多和该公司的设计作品，他们是沈阳本土建筑师中的佼佼者，他们注重中西文化的结合，注重建筑的功能性，让我们看到了本土建筑师的日趋成熟；沈阳还有其他很多优秀的本土建筑师与建筑设计机构，如从土木相关工程类专业毕业的李圭瓒与华泰工程公司等建筑师及其建筑机构、在打样间成才的刘锡武与义川公司等建筑师及其建筑机构、从建筑类相关技术学校走出的张佐清与东北产业公司附设建筑公司等建筑师及其建筑设计机构，从他们在沈阳的建筑作品中可以看出不同的成长背景和受教育情况对他们的影响。

（一）杨廷宝与基泰工程司

杨廷宝（1901-1982）（图5-2-1）是20世纪中国最杰出的建筑学家、建筑师、建筑教育家之一。他曾就读于美国宾夕法尼亚大学建筑系，并获硕士学位。1927年回到祖国，随即便加入天津基泰工程司，同一年来到沈阳，完成了多项建筑设计工作，这些作品独具匠心，个个精彩，无不反映出其专业上的出众才华。

图5-2-1　杨廷宝（1901-1982）（来源：刘怡，黎志涛. 中国当代杰出的建筑师、建筑教育家杨廷宝 [M]. 北京：中国建筑工业出版社，2006，3.）

杨廷宝在沈阳的作品虽多采用西方建筑式样，但也不乏对本土建筑的不断探索，是沈阳近代建筑的代表。正是他的这些早期的专

业经历为其后期的建筑创作形成了坚实的基础和有益的铺垫。

杨廷宝于1927年回国后不久便应关颂声和朱彬的邀请，到天津基泰工程司从事建筑设计工作，开始了其真正的职业生涯。

基泰工程司，是留美归来的关颂声于1921年在天津成立的。主要成员有四位，分别是负责组织和对外业务的老板关颂声，负责财务管理的朱彬（1924年加入），负责建筑设计的杨廷宝（1927年加入）以及结构工程师杨宽麟（1927年加入）。在四位的共同作用下，基泰的事业蓬勃发展，成为了近代由中国人开设的最具实力的建筑事务所之一。

1921年创立基泰后，关颂声通过宋子文与当时的东北少帅张学良建立起特殊的关系，再加上杨廷宝加入基泰后所表现出来的雄厚的设计实力，使得基泰通过上层社会承揽工程的触角顺理成章地伸到了当时民族经济迅速发展的沈阳，并连续通过投标、直接接受委托等形式拿到了几个大型工程的设计权。

可以说，杨廷宝与沈阳的缘分是他的老板关颂声创造的，沈阳也就成为了杨廷宝回国后建筑设计事业开始的地方。

1. 杨廷宝在沈阳的作品

杨廷宝在沈阳的建筑设计集中在1927～1931年，在这四年里，他完成了八个单体项目和一个校园规划（表5-2-1）。

杨廷宝在沈阳的建筑设计项目　　表5-2-1

项目名称	设计时间	委托人	备注
京奉铁路沈阳总站	1927年	东三省交通委员会	
少帅府红楼群	1929年	张学良	
同泽女子中学	1927年	张学良	
东北大学总体规划	1929年	张学良	
东北大学图书馆	1929年	张学良	
东北大学文法科课堂楼	1929年	张学良	两幢
东北大学化学馆	1930年	张学良	火灾焚毁
东北大学运动场	1928年	张学良	
东北大学体育馆	1930年	张学良	未建

（1）京奉铁路沈阳总站

随着奉系军阀的崛起，民族经济和政治开始恢复和发展，同时民族意识上开始与外来势力相抗争。为遏制日本势力扩张，发展民族铁路运输事业,1924年，东北政府成立了“东三省交通委员会”，开始了自经自营东北铁路网的筹备工作。张作霖引入英美贷款，着力促成并实施这一计划。京奉铁路沈阳总站就是在这样的情况下着手兴建的。

关颂声通过同张学良的关系，接下了京奉铁路沈阳总站的工程设计工作，并把它交给了刚刚加入基泰的建筑师杨廷宝。于是，这一项目成为了杨廷宝回国以后主持设计的第一项工程。

京奉铁路沈阳总站于1927年6月设计，1930年3月19日建成，位于沈阳商埠地北侧。该站平面布置紧凑，功能合理，具有交通建筑特征。站前为长方形广场，总面积近7000平方米，是继北京前门、山东济南等车站后，由我国建筑师自己设计建造的当时国内最大的火车站（图5-2-2）。

图5-2-2 京奉铁路沈阳总站（来源：http://liaoning.nen.com.cn/liaoning/361/4022861.shtml）

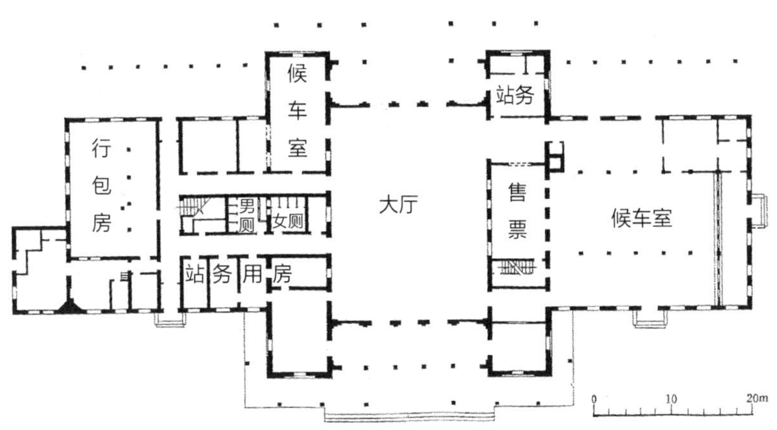

图5-2-3 京奉铁路沈阳总站底层平面图（来源：南京工学院建筑研究所. 杨廷宝建筑设计作品集 [M]. 北京：中国建筑工业出版社. 1983，12.）

刚刚留学回国的杨廷宝，接到设计任务时，原试图采用西欧现代建筑式样，但当时京奉铁路主管部门和设计事务所的同仁多倾向于北京前门站外形，杨廷宝不得不放弃了初始的主张，按照前门站的样式，采用了中轴对称式的布局，平面沿站台设计成“一”字形平面，与站台联系紧密，底层主要用作旅客用房，内含行包、大厅、候车厅三个大空间（图5-2-3）。位于中轴线上的主体大厅面积最大，由于人流量大，将其设计成了一个由半圆拱屋顶覆盖着高大空间的候车大厅，结构形式上采用距室内地坪高25米、跨度为20米的新颖的半圆形钢筋混凝土筒拱，拱脚下为捣制混凝土梁柱支承。大厅顶端采用大面积玻璃木窗，便于采光，又与两侧比较厚重的立面形成对比，充分表现了内部大空间的特点。平面布局上用两条纵向的售票间、小卖部等服务型空间将大厅与其他两个大空间隔开。考虑到行包房和候车室面积要求不一样，将一些辅助用房与行包房结合设计，二、三层为站务、行政用房，形成两侧对称的外观，又很好地组织了功能。

建筑立面采用西方古典建筑的三段式划分，但形式上又具有折衷的多样性（图5-2-4）。入口的拱形处理，反映出了设计者不局限于古典立面法则的创新。两侧为平顶站房。平屋顶建筑的檐部装饰了一些经简化的西方古典式样的细部，仅采用水平线脚。两条纵向服务性空间的立面檐口上以装饰艺术的风格做成折线式，窗下墙上设有雕饰，用植物纹饰，有新艺术运动的自然主义建筑特点。正厅入口处做大挑檐（长15米、宽3米、高3.5米），用10根混凝土柱支撑。整个建筑设计新颖，手法简练，空间关系明确，火车站的功能性质鲜明，体现出一种东西方文化相互交融的折衷主义特点。建筑造型纯朴、舒展而庄重。

杨廷宝在其回国后设计的第一幢建筑中就充分地体现出了他厚实的设计功力，和力图将西方的设

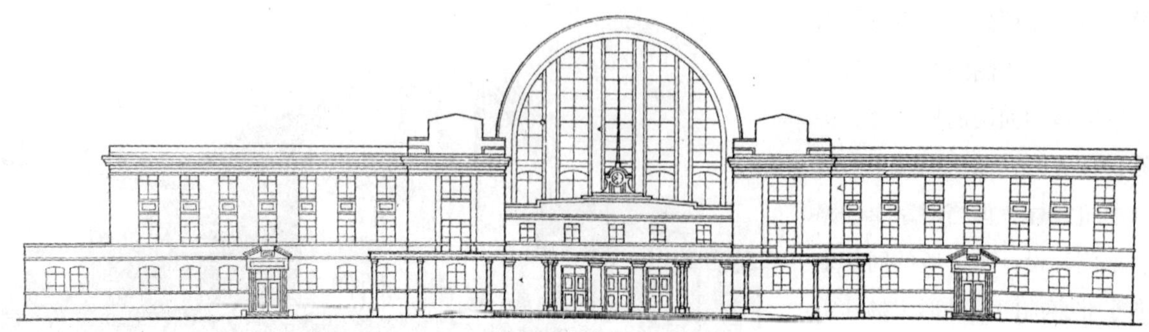

图 5-2-4 京奉铁路沈阳总站正立面图（来源：南京工学院建筑研究所. 杨廷宝建筑设计作品集 [M]. 北京：中国建筑工业出版社. 1983，12.）

计思想与中国的客观条件有机结合，寻求和开创中国建筑新出路的远大志向和抱负，为他日后大量杰出的创作活动打下了一个坚实的基础。

（2）同泽女子中学

同泽女子中学，位于沈阳故宫西侧，是和东北大学几乎同一个时期兴办起来的学校。始建于1927年，由张学良出资兴建，只招收女生，因此称之为同泽女子中学（图3-1-23）。

由于学校坐落在沈阳老城区的中心地带，所以场地很小，只有一座教学楼、一座图书馆兼实验楼和一座宿舍楼，现今保存下来的只有教学楼。该建筑主楼为三层，平面为“T”字形，主入口向东，每层前面部分布置有教室、实验室、图书室和办公室；中间后部的半地下室有一个可以打篮球的室内健身房，跨度约18米，梁底高度4.5米左右，木板地面，供学生体育课训练用，代替了运动场。它的上面是一个设有小型舞台和回廊的千人礼堂，其中带挑台的礼堂能容千人，一层是活动座位，矮矮的窗台，空间显得十分通透，精细的硬木装修，礼堂入口的墙面设计得体；中间一面大镜子，两边各有一大门，线条不多，折衷式风格简练而端庄。

后面大空间的风雨操场和礼堂与前面小空间的教室、办公室等巧妙地通过楼梯连接在一起。主入口外有3步台阶，进门后，经过一段15步的宽敞的直跑楼梯，便进入到了二层，从二层中部两侧对称布置的双跑楼梯可上到第二层或下到底层，它是整座建筑的交通枢纽。同泽女中直达二楼的大楼梯，不仅没有造成环境的拥挤，进门之后的大台阶反而给大厅增加了纵深感，同时丰富了空间层次。由于沈阳冬天寒冷，利用楼梯把厅分为上下两部分处理，入口厅挡住了寒气，在功能上也是十分合理的（图5-2-5）。

该建筑主楼外观采用清水红砖墙、水泥粉刷、哥特式风格的细部线脚，色彩沉着优雅，比例、尺度和谐，整体风格受到欧洲近现代建筑影响，同时又散发着浓烈的哥特式风格，其竖向划分明确，因而建筑整体的纵向感非常强，给人以挺拔、壮观的感觉，体现着青年学生的勃勃生气。

（3）东北大学

东北大学是在张作霖主政东三省之后，奉天省公署于1921年（民国十年）倡议联合吉、黑两省创建的。起初，以旧有沈阳文学专科学校改为文法科，以沈阳高等师范学校改办理工科，并暂以大南关“沈阳高师”旧址为东北大学校址。奉天省长王永江兼任校长。复以沈高、文专两校舍不适于大学的理、工、文、法各科之需用，经省政府函准“清室施助昭陵前土地三百余亩并收买毗连之民田二百余亩”，共核土地面积为38.6万平方米，作为东北大学建校用地，分两期建筑新校舍。

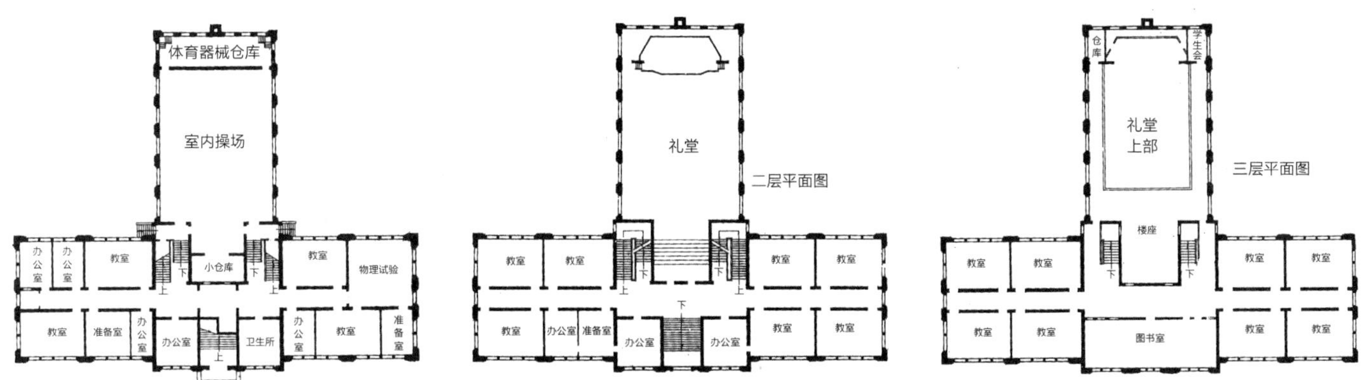

图5-2-5　同泽女子中学平面图（来源：南京工学院建筑研究所. 杨廷宝建筑设计作品集 [M]. 北京：中国建筑工业出版社. 1983，26-27.）

1-图书馆；2-文法学院；3-化学楼；4-体育馆；
5-体育场；6-男生宿舍；7-理工实验室；
8-理工学院；9-大礼堂；10-教职员宿舍；
11-女生宿舍；12-教育学院；13-女生体育馆

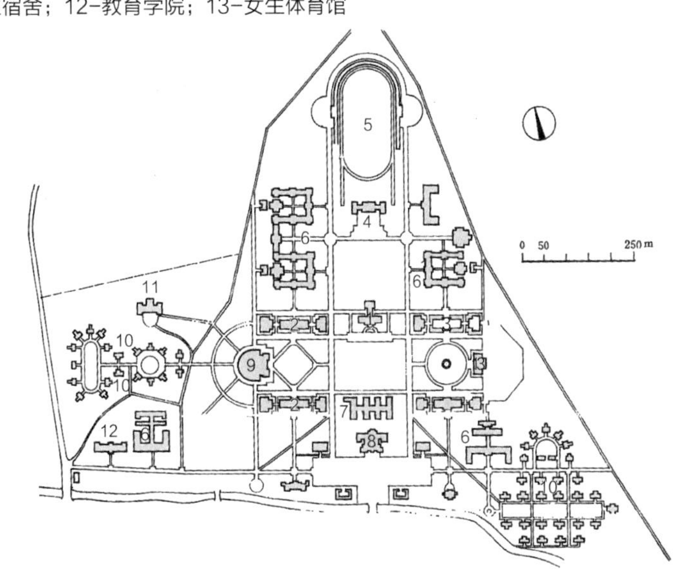

图5-2-6　东北大学校园规划总平面图（南京工学院建筑研究所. 杨廷宝建筑设计作品集 [M]. 北京：中国建筑工业出版社. 1983，17.）

1927年，王永江辞去校长职务。东北大学校长由继任省长刘尚清兼任。笠年8月刘尚清因事辞去校长职务，后东北政务委员会委任张学良为校长，并经校务会议决定，增招女生，给东北女子开辟进入大学读书的机会，男女同校。拟建新的校舍，由于建筑款甚缺，无所筹措，由张学良校长私人先后捐赠银元150万用于新校舍的建设。

基泰工程司拿到了东北大学新校舍的规划和部分建筑的设计任务，具体设计工作则由杨廷宝主持。校址位于沈阳北陵风景区，环境幽静。1928年建成学校办公楼，1929年进行校园总体规划，并先后设计和建造了文法科课堂楼（1929年4月）、图书馆（1929年10月）、化学馆（1930年1月）、运动场及部分教职员宿舍等。体育馆设计完成，但后来未得施工。

1）东北大学校园规划

校园总体规划分教学区、生活区、体育运动区几部分，共有大小建筑76栋，总建筑面积75208平方米，体育场面积40579平方米，有大片绿化面积，道路整齐，联系方便。

从总平面上可以看出（图5-2-6），他沿用了西方古典学院派的轴线规划方法：空间开敞，围合建筑各成一整体，有强烈的几何形式。该规划以图书馆为中心，同理工学院楼、理工实验室、体育馆和体育场形成纵轴建筑群体，中间以方形草坪间隔，又以方形草坪为空间节点引出横轴，导出大礼堂、女生体育馆、男生宿舍、教职员工宿舍等次一级建筑群，而每幢建筑又与周围的建筑围合成三合院布局，特别是在教职员宿舍、大礼堂、女生体育馆的这条横轴上，院落的几何图案变化丰富，从椭圆过渡为八角形、半圆放射形、菱形、方形、方套圆形，与美国大学校园的各学院自成一个单体而又与校园环境以院落整体联系的规划思想一致，其中三合院布局是常用的手法，可以为师生提供露天交流的场所，尺度适宜，层次分明。教师住宅建筑独立于道路一侧，位于东北大学规划总平面的东南角，可以看到尽管地形边界有一定的曲折，但仍然以折线将道路引导到校园区，20幢宿舍楼布置成中心对称的几何形，表现出杨廷宝强烈的古典美学思想。

2）东北大学图书馆

东北大学图书馆（图3-1-24）位于校园中心，砖混结构，地上2层，半地下层，建筑面积5512平方米。

平面为“士”字形，前部主要为入口大厅和阅览室，后部为书库，中间布置业务办公用房，建筑平面功能合理，入口处设大台阶，直接进入门厅，为我国早期图书馆典型平面之一（图5-2-7）。大厅、阅览室空间宽敞。书库为5层，每层高约2.5米，适用于图书的操作整理和争取较多的藏书量。

建筑入口处立面相对两侧高起近一层高度，而且正向前凸出，折线形檐口；中部的门厅部分变化很多：有三分拱券，壁柱，尖券门、窗和窗下凹凸纹饰。下面两层以简化的壁柱和中间的两根柱子形成三等分，每柱间一门、一窗，并用一个统一的拱券将它们组合成一体。上面是三组对窗和阶梯形山花顶饰，同下面的一跑大台阶相呼应，将立面中的重点强调出来。两侧以两个楼梯作为中央体量的过渡，与两翼较为简化的处理形成主从分明、重点突出的整体式构图，不论远观还是近看，都丰富而统一。

3）东北大学文法科课堂楼

东北大学文法楼是两座建筑，为前后两栋外形

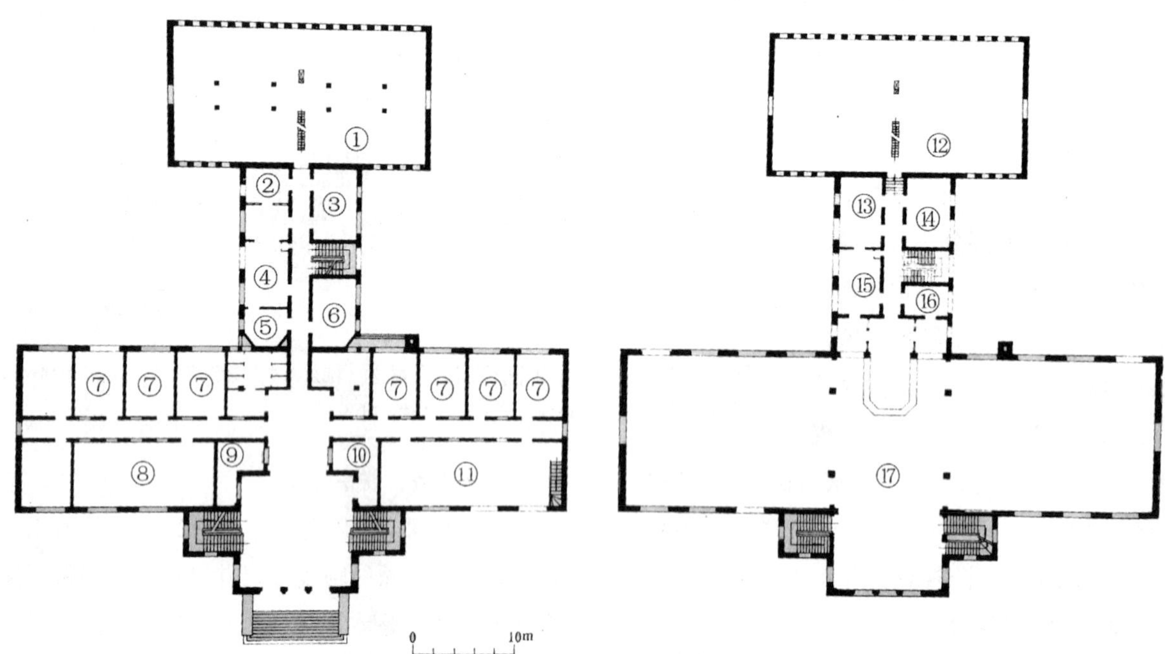

①书库 ②办公室 ③西书购买室 ④主任室 ⑤参考书目室 ⑥中书购买室 ⑦研究室 ⑧阅报室 ⑨挂衣室 ⑩传达室 ⑪杂志室 ⑫书库 ⑬外文编目室 ⑭登记室 ⑮中文编目室 ⑯办公室 ⑰大阅览室

图5-2-7 东北大学图书馆平面图（来源：南京工学院建筑研究所. 杨廷宝建筑设计作品集[M]. 北京：中国建筑工业出版社. 1983，18.）

相同的教学楼（图5-2-8），为纪念张学良将军，分别命名为汉卿南楼（东北大学文学院教室）和汉卿北楼（东北大学法学院教室）。

两座建筑平面为一字形（图5-2-9），中间4层，两侧3层，地下1层，砖混结构，红砖砌筑，建筑面积各为4864平方米。入口设在二层，以室外“T”形楼梯相通，每层皆布置教室和办公室。立面简洁得多，在建筑正面中央均采用室外大楼梯、拱券大门和凸窗等

图 5-2-8 东北大学文法科课堂楼（来源：东北大学校友会 http://www.neualumni.org.cn/SceneInfoList.asp?SubCla=080101）

图 5-2-9 东北大学文法课堂楼平面图（来源：南京工学院建筑研究所. 杨廷宝建筑设计作品集 [M]. 北京：中国建筑工业出版社. 1983，22.）

图5-2-10　东北大学化学馆（来源：南京工学院建筑研究所. 杨廷宝建筑设计作品集 [M]. 北京：中国建筑工业出版社. 1983，23.）

细部处理手法。除去墙角交错的石饰、檐口和每楼层间凸起的带饰和门窗套外，只在入口上部以半个六角形平面的方额凸窗和顶部的三角形山花起到强调入口作为建筑立面构图中心的作用，丰富了近观的视觉效果。双坡的屋面设有女儿墙。设计造型凝重大方，建筑质量上乘。

4）东北大学化学馆

东北大学化学馆（图5-2-10）设计于1930年元月，平面似"山"字形，楼内主要设教室和实验室等房间，以中间走廊将两侧的房间连通在一起。在中部后面设大型教室，供合班课和大型学术活动之用，建筑外观采用与文法学院课堂楼相似的手法与形式，也是采用托座和券门加以重点处理，取得建筑群体构图的对称和协调。

该楼已遭火灾焚毁，未复原。

5）东北大学体育场

东北大学体育场（图5-2-11），位于东北大学校园北侧，也称汉卿体育场。平面呈椭圆形，钢筋混凝土和砖混结构，建筑面积3960平方米，东、西、北三侧建有钢筋混凝土看台，长约530米，南端敞开，计划布置体育馆一座。体育场内，跑道、球场等设备完善，可供大型田径运动比赛使用。东、西看台中部各设司令台一处。罗马式建筑风格，看台为朝南开口的马蹄形，钢筋混凝土结构，地下1层，地上1层。正门为砖砌城楼箭雉式造型，3个大型拱券门洞，两侧各有中式传统琉璃披檐方窗一个。座席栏杆用水泥做成仿清式式样。

（4）少帅府红楼群

张氏帅府是张作霖的私邸，既作为张氏全家的住所，也曾分别作为张作霖和张学良主政时的办公场所。张氏帅府由中院、西院、东院、外院四部分组成，红楼群位于帅府的西院。建筑性质为东北边防长官公廨，亦称少帅府。

张学良主政东北后，为这组建筑在国际上公开招标。天津基泰工程司关颂声获此信息后，连

图5-2-11　东北大学体育馆（摄于2013年）

夜派杨廷宝乘飞机赶赴沈阳。杨廷宝到沈阳后立即至现场勘测，并连夜拟出方案参加竞标。在中外建筑师的众多方案中，杨廷宝的英国都铎哥特式风格方案被张学良夫妇选中，最后选定正在葫芦岛施工的美国建筑公司承建，双方签订了合同，并于1929年开工，但至1931年“九一八”事变，日本军队占领沈阳，张学良及其军队撤出东北，无人为此继续承担经费投入，工程被迫中止。后经美国公司与张学良在日内瓦的一场官司，国际法庭裁定由日本人继续投资，后又经上海地方法院再审判决，才又重新开工，仍由美国公司按照杨廷宝原设计图纸建设，1939年最终建成。

少帅府采用中轴对称布局，入口处的三栋楼为一正二厢，后三栋呈“E”形布局，打破了传统四合院的空间形态，平面自由却又有院落感和生活气息，但仍体现出“前朝后寝”式的平面格局。建筑的主入口位于南面正中，后面也开有通向后几栋建筑的次入口。建筑的主入口在平面上大多向外凸出，并设有较大的门厅，直接连主楼梯，充分满足了人流集散的基本使用要求。

少帅府的建筑外立面为清水红砖墙，红瓦坡屋顶，仅在墙角和窗框处用清水砂浆作修饰处理，整体色调使人感觉稳重、典雅。建筑体量厚重，开窗较小，立面强调竖向构图，并通过竖向的窗洞及其装饰来加强这一视觉印象，使得并不是很高的建筑有一种挺拔庄重的体量感（图5-2-12、图5-2-13）。

2. 杨廷宝在沈阳的建筑作品中体现的建筑创作思想

杨廷宝1927年回国后，他所在的基泰工程司获得大量官方项目，因此市场环境十分有利于建筑师的实践。杨廷宝在沈阳的这些设计作品具有时代特征，并结合中国传统特色，在建筑风格上有所探索和创新。

在沈阳设计的几个项目是杨廷宝回国之后最初完成的作品，其形式、材料、技术，均与沈阳近代建筑的历史发展过程息息相关，地方社会的文化取向及当时的技术力量是他个人才能发挥的前提条件，他采用折衷主义的设计手法，将取自西洋建筑中的经典做法结合当时沈阳的建造条件加以因地制宜地改造、简化和优化，并巧妙地融入中国的传统文化内涵与装饰，以适应特殊的功能和业主的需要。合理的功能布局，协调的建筑体形，表面的折衷与内在的统一性构成了杨廷宝建筑创作的手法与特色。

这一时期内，杨廷宝的主要创作思想体现在以下几方面：

（1）遵照新古典主义的美学法则，同时参照中、西方传统的建筑方法和具有时代性的审美导向，兼容并蓄。

（2）探索具有中国民族特点的建筑内涵与形

图5-2-12 少帅府一号楼（摄于2013年）

图5-2-13 少帅府二号楼（摄于2013年）

式，并根据建筑的功能要求和具体的技术条件进行有针对性的设计，体现建筑的文化和功能特征。

（3）视建筑为环境的一部分，根据建筑物所处的具体地段，将建筑与周围环境结合考虑，达到和谐统一。

1931年“九一八”事变，杨廷宝不得不离开沈阳的建筑市场，但他从这里出发，以其扎实的基本功、深厚的建筑底蕴，开始了他探索“中国风格”的漫长的建筑创作之路。

（二）穆继多及其多小股份有限公司

1. 多小股份有限公司人员组成

穆继多，生于1899年，字续昭，奉天省（辽宁）沈阳人，1920年入国立北洋大学冶金工程系学习，学制四年，期满毕业。毕业后留学美国哥伦比亚大学（Columbia University）矿冶专业，1926年毕业。同年（民国十五年）回国，12月在沈阳成立多小股份有限公司，该公司设有出入口、汽车、产业、矿业、建筑五部分，穆继多的主要技能是土木采矿工程师，1927年（民国十六年）获市政公所颁发的建筑技术人执业许可证（免试）。他是当年热河督统、东边道镇守使阚朝玺的妹夫，因此得到机会主持设计了沈阳中街上几座巴洛克风格的近代商业建筑，例如吉顺丝房、吉顺隆丝房和泰和商店以及利民地下商场等，同时设计了多小公司洋式楼房和东记印刷所大楼、吴铁峰吴公馆规划与建筑单体设计、阚甸唐寓所等。公司建筑部曾承修冯庸大学、迫击炮厂等工程。穆继多是沈阳著名的近代建筑师，后任冯庸大学教授。

多小建筑公司是沈阳当时较大的建筑设计公司之一，公司有能力承接沈阳大型的建筑设计并且管理规范，在当时就已经有设计师、绘图人和审图人的分工，同其他大城市的建筑设计事务所接轨。公司聘有建筑设计人丛永文和刘长龄，绘图人凌锦山和施云峰。

丛永文，生于1900年，原籍江苏如皋。国立北洋大学土木工程科毕业，擅于设计绘图，曾在天津允元宝业有限公司任分段工程师，后任天津万国工程公司副工程师。在沈阳的主要作品有奉天省立女子师范中学楼房及球场、琅环室门市楼。

刘长龄，生于1894年，原籍辽宁省沈阳县，测量学校毕业，主要技能是建筑测量。

穆继多带领他的多小股份有限公司在沈阳承揽了诸多建筑，成为了沈阳近代建筑史上一位极其著名的建筑师（表5-2-2）。

2. 穆继多以及多小公司在沈阳的代表作品

（1）位于中街的商业建筑——吉顺丝房、吉

多小股份有限公司在沈阳主要设计作品　　表5-2-2

作品原名	作品现名	设计人	绘图人	备注
吉顺丝房	沈阳春天	穆继多	——	砖混结构
吉顺隆丝房	体育用品商店	穆继多	——	砖混结构
泰和商店	2006年拆除	穆继多	——	砖混结构
利民地下商场	利民地下商场	穆继多	——	钢混结构
阚甸唐寓所	沈阳部队驻地	穆继多	——	砖木结构
多小公司楼房	——	穆继多	凌锦山	
东记印刷所	——	穆继多	凌锦山	
吴铁锋吴公馆	——	穆继多	施云峰	
冯庸大学	——	穆继多	——	
奉天省立女子师范中学	——	丛永文（注：档案中是“文”还是“丈”看不清，本文中皆按“丛永文”下同）	凌锦山	
琅环室门市楼	沈阳证券公司	丛永文		砖木结构

顺隆丝房、泰和商店、利民地下商场。

多小建筑公司设计的商业建筑在沈阳中街的商业建筑中最具有代表性，它们的规模较大，早期是明显的巴洛克形式，建筑装饰符号较多，华丽、热烈，这跟商家猎奇的出发点和百姓崇洋的心理以及建筑师刚刚留学归国都是分不开的。

吉顺丝房（图5-2-14）位于中街路北。光绪二十七年（1901年）、宣统元年（1909年），林洪元先后创办吉顺昌、吉顺洪两家丝房，民国3年（1914年）合并成吉顺丝房。1914年初为两层楼，但也是当时该街新型楼房的开端，后于1928年请留学归国的建筑师穆继多在原址重新设计5层砖混结构大楼，仿“洋房”建筑形式，建筑面积为2336平方米。楼顶上建有圆顶式塔楼一层，主体为4层。其建筑规模居中街地区商业建筑之首，其建筑样式成为中街商铺竞相追逐的样板。

位于吉顺丝房左侧临钟楼街口的吉顺隆丝房（图5-2-15）以及处于临鼓楼街口、道北的泰和商店（图5-2-16），同样是穆继多设计的两座巴洛克风格的建筑。这两座建筑在立面处理上相似，采用了与吉顺丝房大体相同的设计手法，通过颜色、装饰的细部处理以及规模和侧立面的设计，追求不同的效果。泰和商店始建于1927年，为钢筋混凝土结构的4层商业楼房，建筑面积1125平方米。吉顺隆丝房始建于1928年，建筑面积为1274平方米，建筑规模为4层，地下1层，砖混结构。吉顺丝房、吉顺隆丝房、泰和商店无论体量还是巴洛克式造型，在中街建筑中都格外引人注目。它们分别处于中街的首尾部位，是构图的重点。它们沿中街路北展开，其体量并没有对街道产生遮挡，而且在阳光的映照下，通过建筑体量本身和正立面上细部的凸凹变化产生了极其丰富的阴影效果，使得它们十分壮观、生动。

穆继多虽是留学归来的建筑师，但是这几幢建筑并没有完全照抄照搬西方的巴洛克建筑形式，他在其中融入了本土的设计元素，既满足了人们对西方建筑形式的追求，又适应了人们心底对传统文化根深蒂固的情结，其中最显著的是对西洋柱式的创造性运用。在这几幢建筑中运用了大大小小、方圆各异的柱式，但仔细观察，没有一处完全符合西洋五柱式的规则，它们是通过设计师之手，独具匠心的创造品。这种“中华巴洛克”建筑形式，通过它的动人、热烈，得到了人们的好感和认可，同时为老板带来了显著的经济效益，

图5-2-14　吉顺丝房

图5-2-15　吉顺隆丝房

图5-2-16　泰和商店（来源：《沈阳近现代建筑》沈阳市城市建设档案馆、沈阳市房产档案馆编著）

更加促进了中街商业建筑的更新与发展。

穆继多设计的又一中街商业建筑——利民地下商场（图5-2-17），位于中街路南，吉顺丝房对面。该建筑始建于1929年，建筑面积为2990平方米，由其姐夫——当年热河督统、东边道镇守使阚朝玺出资，穆继多将其设计为钢筋混凝土结构，地上2层、地下1层的商业建筑。它突破了商铺的标准模式，将主入口置于地上一层和地下一层营业大厅的中间，有效地提升了地下层的商业效益，同时也使建筑高度同周围环境保持着宜人的尺度关系。

通过中街建筑的设计，刚刚回国的穆继多获得了展示才华、实际锻炼的大好机会，同时开始了他在沈阳的建筑创造之路。

（2）住宅建筑——阚甸唐寓所、吴铁锋吴公馆

多小公司设计的住宅建筑大都是占地面积较大的洋式楼房，有花园庭院。建筑师在住宅规划的基础上设计出了满足沈阳地域特征的、西洋韵味的住宅建筑。

阚甸唐是东北军团长、旅长，其父为阚朝玺，因此，阚甸唐是穆继多的外甥。阚甸唐寓所，位于和平区和平北街路东65号，占地面积为2640平方米，建筑面积为836平方米。建筑规模为主体2层，砖木结构。该建筑造型新颖，别致大方，高墙封闭，庭院宽敞幽静。

建筑（图5-2-18）的一角为多边形的塔楼，成为建筑的最高点，建筑的腰线、窗台、基座十分简单、质朴而优雅，有着英国“都铎”风格的韵味。主入口利用多级台阶和坡顶的雨篷，较细的列柱，取得了加大进深的透视效果，同时突出了主入口。平屋顶上的栏杆由中国传统的建筑构件——牛角的变形物来支撑，既增强了建筑立面的韵律，又增添了中国本土建筑的韵味。

吴铁锋公馆（图5-2-19～图5-2-22）同阚甸唐寓所一样，有宽敞的庭院，从简易的总平面图上可以看出，穆继多把建筑放在基地偏后的位置，前面按照西方的规划方式设计了较宽敞的环形的道路，中心留有圆形的花园。

建筑的平面布局紧凑，通过折角的处理使整个平面活泼起来。每个房间长宽比例恰当，入口门厅的处理既可阻挡沈阳冬天的寒风，又增添了一定的私密性。阳面开窗较多，满足采光需求，丰富建筑立面。建筑立面整体对称，通过不同的窗的处理和局部的退让，在规整中又产生变化。中间台阶、入口、二层阳台栏杆和高高的穹顶可集中人的视线，增强整体建筑的气势。如今虽然只能看到当时的建筑设计图纸，无法看到实景，但仍能感觉到吴公馆整体比例的和谐和建筑师设计水平的成熟。

（3）办公建筑——多小建筑公司洋式楼房、东记印刷所、琅环室门市楼

图5-2-17　利民地下商场

图5-2-18　阚甸唐寓所（来源：《沈阳近现代建筑》，沈阳市城市建设档案馆、沈阳市房产档案馆编著）

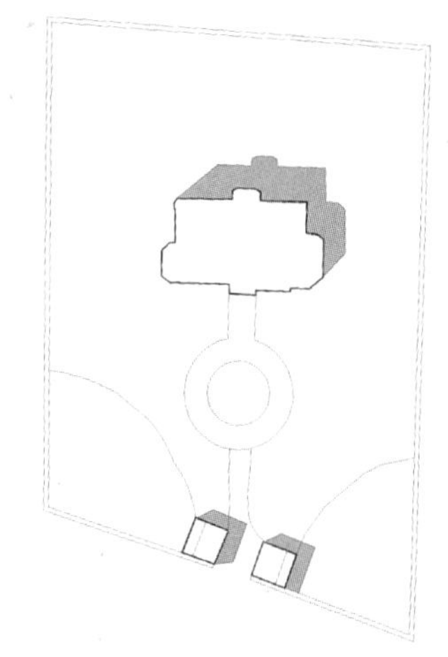

图5-2-19　吴公馆规划图（来源：沈阳市档案馆藏建筑蓝图）

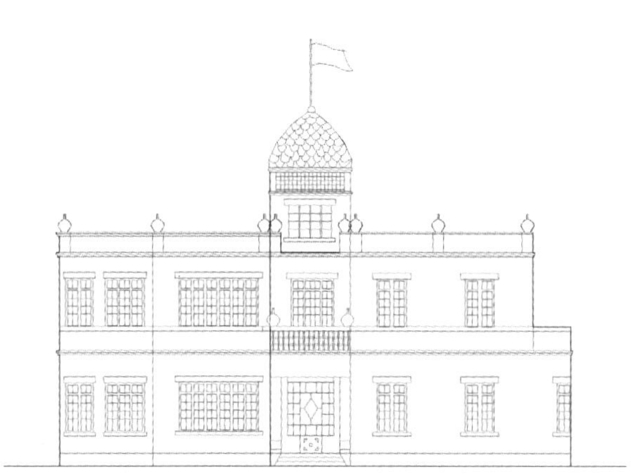

图5-2-21　吴公馆正立面图（来源：沈阳市档案馆藏建筑蓝图）

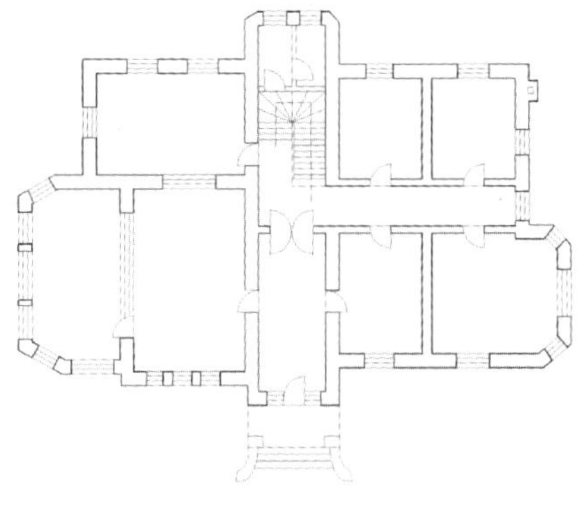

图5-2-20　吴公馆一层平面图（来源：沈阳市档案馆藏建筑蓝图）

图5-2-22　吴公馆侧立面图（来源：沈阳市档案馆藏建筑蓝图）

多小公司设计的办公建筑，整体给人简洁挺拔的印象。注重中西文化的结合，在线脚、屋顶、栏杆等细部处理上习惯采用西方巴洛克的设计方法，但内容是反映中国传统建筑文化的元素。建筑平面的设计上采用符合办公建筑的大空间，便于使用和分割。

多小建筑公司洋式楼房平面由三个相对独立的2层门市小楼拼接组合而成，砖木结构，每一个单元里有独立的出入口和采暖设备，沿街一面开窗较大，正立面丰富，背立面简单。建筑为坡屋顶，正面女儿墙高高凸起，由三个半圆形式打破屋顶的横线条，增强竖向感，上面装饰麦穗和花纹，从中可以看出欧洲巴洛克的影子。

东记印刷所（图5-2-23～图5-2-25）为3层洋式建筑，它为前后两座楼房，3层都是通过中间的通道连接，设有地下室，其中安置锅炉房。建筑为砖混结构，侧立面简单，烟筒高高凸起，配有简单的线脚，给人挺拔高大的感觉。背立面通过地下室和每层的开窗形成韵律。正立面热烈丰富，女儿墙平券中有圆券凸起，券旁做柱墩，墩上有几排横线脚，顶上有花饰，是文艺复兴壁柱处理的变体形式。立面整体对称，中轴线上通过二层、三层的阳台栏杆，二层窗的山花处理和华丽的主入口形成视觉的中心，更显建筑的豪华与壮观。

图5-2-23 东记印刷所（来源：翻拍自沈阳市金融博物馆展示窗）

图5-2-24 东记印刷所立面图（来源：沈阳市档案馆藏建筑蓝图）

琅环室门市楼，现为沈阳市证券公司，砖木结构，地上3层，地下1层，1928年10月设计，1929年竣工。该楼为多小公司建筑人丛永文设计，建筑整体给人厚重的感觉，入口处两根两层通高的圆柱不仅突出主入口，而且同立面凹入的主入口的虚实比例更加增添了建筑的稳重感。二层阳台和三层挑出的楼板用牛腿支撑。

（4）文化教育建筑——冯庸大学、奉天省立女子师范中学

多小公司设计的文化教育建筑中引入了西方学校建筑的规划模式和教学体制所需要的房间组成，注重同周围环境的关系和建筑的使用功能，建筑细部处理上尊重中国原有文化。1927年秋，在奉天城西南15里的地方（今滑翔小区），一组巍峨的红色楼房拔地而起，这是一所新建立的学校——冯庸大学。冯庸弃官办学，选择多小建筑公司为冯庸大学规划和设计。校内有主楼两座、大礼堂一座，建筑物为红色。其主体建筑由三座

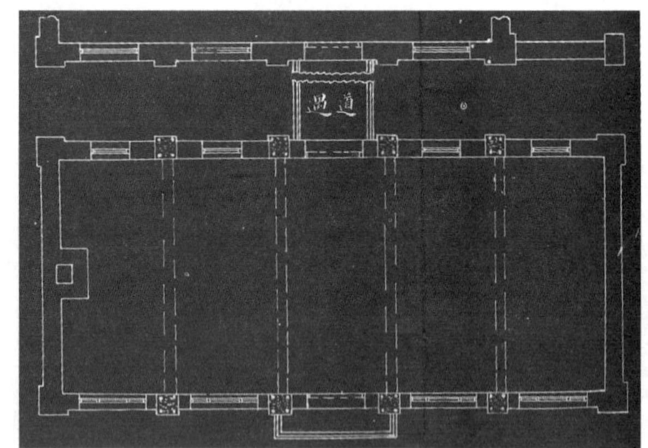

图5-2-25 东记印刷所二、三层平面图（来源：沈阳市档案馆藏建筑蓝图）

楼房毗连组成，面向东，以中庸楼为中心，南曰“仁楼”，北曰“忠楼”，三座楼之间有空中廊道连接。中庸楼上层为大礼堂，礼堂后院二楼上有放映电影的设施，下面是工厂；仁字楼为课堂、理化实验室和办公楼；忠字楼为学生宿舍、图书馆及校长室等。楼前院心是花坛，中竖校旗，高插云天。铁旗塔后面是主楼。主楼左边是体育场。

场内有400米跑道和田径场、场球和体操设备。体育场西为教授及职员宿舍等附属建筑。体育场北面是工厂，有铁工厂、木工厂、发电厂、印刷厂、锅炉房。学校设有水塔，水电自给，自成一个生产系统。主楼后面的东北是食堂和仓库。北部距主楼略远的地方，为飞机场，修有小型飞机跑道。在这里，可以骑马、射击。校园通行之路皆铺石子沥青，道边夹植杨柳榆槐，丁香石榴。办校初期聘请穆继多教授讲授高等物理，同样留学美国的潘承孝教授讲授高等力学。可见，冯庸大学同穆继多的渊源颇深（图5-2-26）。

奉天省立女子师范中学（图5-2-27、图5-2-28）为多小公司建筑人丛永文设计，建筑为2层，平面左右对称，一层中间为通道，通道立面设有西式多券拱门。左右两边各有4个小教室，1个大教室。建筑为外廊式，两个端部设有上二楼的双跑楼梯，坡屋顶，中心处有老虎窗，其他房间开窗以不同纹饰的中国窗棂组合而成。整个建筑布局合理，栏杆和柱式体现了中国传统建筑的韵味。

3. 穆继多以及多小公司的建筑思想

（1）注重中西文化的结合

从多小公司在沈阳的部分建筑作品中可以看出建筑师极其重视中国的传统建筑文化和符号，在浓重的西洋建筑形式中，总是融入中国传统的元素，无论是中国传统的建筑符号还是体现中国传统文化的标记，满足了当时人们心底对传统文化根深蒂固的情结。作为现代人的我们在发现建筑师精心的细部处理时，更是感到震撼并从中体会到了建筑的情趣。

（2）注重建筑的功能性

多小建筑公司设计作品虽然涉及多种建筑类型，但它们都体现了建筑师注重建筑使用功能的特点。如商业建筑中，在室内留有大空间，楼梯的处理既起到分割商业区的作用又便于人员的疏散；办公建筑采用独立的楼梯和出入口，避免人员的互相干扰；住宅建筑中，会客与卧室分区明确，保证使用者的私密性。

图5-2-26 冯庸大学鸟瞰图（来源：沈阳教育志）

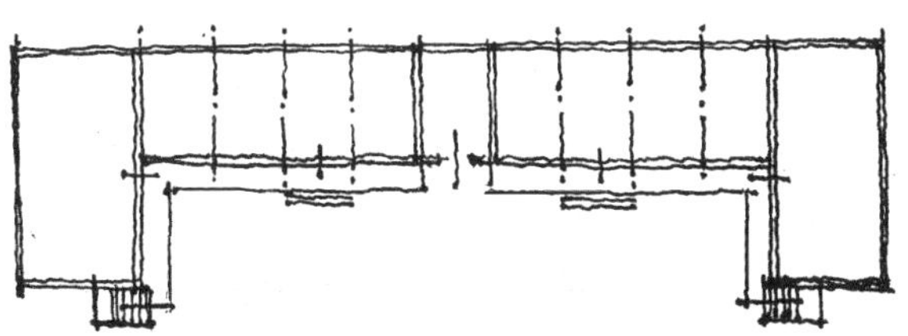

图5-2-27 奉天省立女子师范中学平面图（来源：临摹自辽宁省档案馆藏建筑蓝图）

图5-2-28 奉天省立女子师范中学立面图（来源：辽宁省档案馆藏建筑蓝图）

图5-2-29　李树堂住宅正立面图
（来源：临摹自沈阳市档案馆藏建筑蓝图）

图5-2-30　李树堂住宅背立面图
（来源：临摹自沈阳市档案馆藏建筑蓝图）

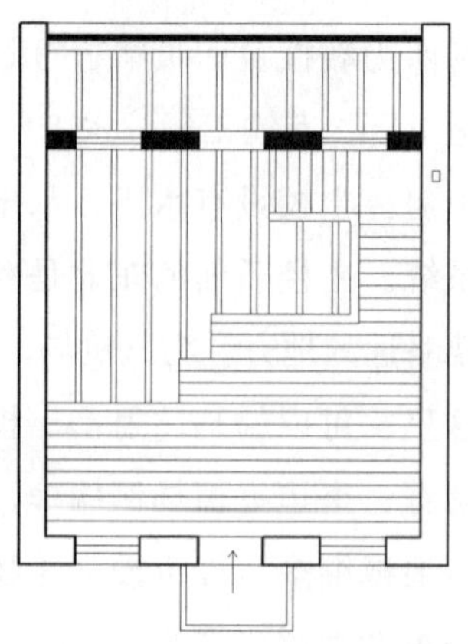

图5-2-31　李树堂住宅二层平面图
（来源：临摹自沈阳市档案馆藏建筑蓝图）

穆继多留美及非建筑学专业的学术背景，在他的设计作品中有所反映。他的作品可以毫无顾忌地突破学院派在建筑形式上的种种“清规戒律”，将西洋建筑中最华丽、最出彩的部分为我所用。因此，这些作品总是以一种热烈、繁琐、出奇的形象出现在人们面前，而不讲究规矩与严谨。这一点迎合了当时社会对洋风建筑的世俗审美取向，也被追求奇异奢华的商业建筑所青睐。

穆继多以他优秀的建筑设计能力带领多小公司的建筑师们为沈阳近代设计了很多优秀的建筑作品，他们以真正的建筑设计实力成为沈阳当时最大的本土建筑设计机构。

（三）沈阳近代其他优秀的本土建筑师与建筑设计机构

1. 土木工程类相关专业毕业的建筑师及其建筑机构

（1）李圭瓒与华泰工程公司

驻奉华泰工程公司位于当时的奉天商埠地二经路上，该公司注册资本金为奉大洋十万元，聘请李圭瓒任工程师，公司曾负责修建东三省兵工厂，工厂车间、办公室、宿舍、仓库等工程。

工程师李圭瓒，生于1893年，字瑜纯，山东潍县人，毕业于上海同济医工专门学校土木工科（现同济大学），擅长土木建筑工程，是沈阳土木专业出身的一位优秀建筑师，曾经历任胶澳商埠督办公署工程师、建筑科长，西昆铁路总工程师，奉海铁路主任工程师。他在沈阳的代表作品是李树堂住宅。该住宅是一个中西结合的典型代表，平面为中国传统建筑形式，长方形，功能简单。正立面仿欧式的屋顶，高高凸起的女儿墙，模仿海贝形态的自由曲线，上面又装饰有模仿自然界动、植物的自由随意的曲线形态，丰富而热烈。背立面为外廊式，沿室外楼梯上二层，应用了中国传统的栏杆和柱式，再加上欧式的屋顶，别有一番韵味（图5-2-29～图5-2-31）。

（2）阜成建筑公司

“商埠开关以来，建筑事宜日益繁多，阜成建筑公司，应时而起，已著相当之成绩。”[①]阜成建筑公司总经理为张维诚，注册资本金为现洋五万元，曾任江苏财政厅科员、上海义袋角铁路税捐局长、北平交通部一等科员，后在沈阳大西边门外成立阜成建筑公司。

奉天阜成建筑公司在《盛京时报》刊登公司广告称：“十一年度营业颇见发达，惠顾诸君雅意起见，特聘请最优等之工程师林喜亭君绘图技师，李星垣君计划工程各事，二君皆久绍弓传，

① 见《盛京时报》。

富于建筑学识。”奉天阜成建筑公司“办理有年，信用昭著，素承顾主嘉许，工程几有应接不暇之势，现聘李馨华为工程师，经验丰富，工程一项精益求精”。李馨华在沈阳设计有成泰皮靴厂、杨景荣杨宅等建筑。工程师李馨华因事辞职后，聘请上海同济大学工程学士李芳联任商号工程师之职。

李芳联生于1902年，河南人，上海同济大学工程学士，曾任上海市政府工程师、奉天合群建筑公司工程师，后到阜成建筑公司任工程师。在沈阳设计有辽宁商埠自强里张惠霖公馆接修住宅、李少白市楼等建筑。

成泰皮靴厂为李馨华于民国十九年设计，建筑平面近方形，2层洋式建筑，坡屋顶。正面山墙高高凸起，成半圆形，雕有花卉，一层窗亦为圆券装饰。

（3）路铁华与咸宁工程公司

咸宁工程公司总经理解玉岷，曾在北京、天津、奉天承办东北医院等工程，成立咸宁工程公司，注册资本金为现大洋五千，该公司设计包办土木建筑各项工程。

总工程师兼经理路铁华，生于1893年，江苏宜兴人，南京河海工程专门学校毕业，擅长河工桥梁、道路、建筑修建，主要技能是建筑、土木工程。他曾任营口辽河正测量员、安东市政工所工程师，又在奉天从事建筑土木工程多年，如在商埠地三经路及大西门一带的建筑楼房设计。他在沈阳的代表作是中街中和福茶庄楼房。

古香古色的中和福茶庄，位于沈河区中街路54号，繁华的中街路北，1882年（清光绪八年）由河北冀县人李成堂创办，是当时四平街建立的知名老店（平房），1929年重建。新建茶庄地上3层，地下1层，内设地下锅炉供暖，整体为砖混结构。正立面是明显的中西折衷样式。二层设有外廊，柱为红木圆柱，柱头为方形，简洁的混凝土栏杆，与带着透空雕饰楣额的大红柱子结合在一起。四根朱红色立柱上的金牌匾书有“西湖龙井茶，洞庭碧螺春；黄山花云露，老竹岭大方”的对联，三层高起的圆形西洋式女儿墙上，装饰着凸出墙面、蹲踞昂首、象征吉祥的麒麟标记。女儿墙左右是八面形攒尖亭，在亭中可品茶、休憩，整个门脸装修得格外醒目而又古朴。中和福茶庄中、西建筑手法混用，组合恰当，颇具个性，在中街有很强的代表性和识别性。然而，这幢沿街立面很有特色的茶庄，其内部格局仍沿用传统方式，背立面极为简单。建筑师能够完全根据建筑和环境的需要，大胆借用和改造西洋建筑形式，同时反映出建筑师对中国传统建筑文化的热爱与留恋，通过对西方建筑的理解以及对其建筑符号的直接撷取与应用，是中国土生土长的建筑师以其独特的方式对西方建筑形式本土化的尝试（图5-2-32～图5-2-34）。

图5-2-32　中和福茶庄（来源：《沈阳近现代建筑》沈阳市城市建设档案馆、沈阳市房产档案馆编著）

图5-2-33　中街内的中和福茶庄（来源：《沈阳历史建筑印迹》中国建工出版社）

图5-2-34　中和福茶庄室内照片（来源：《沈阳近现代建筑》沈阳市城市建设档案馆、沈阳市房产档案馆编著）

（4）华信建筑公司

毕业于上海徐家汇土山湾工艺学校的杨润玉（1892-？）曾任英商爱尔德洋行“助理建筑师”，于1915年创办“华信建筑公司”、“华信工程司”，后改称“华信建筑事务所”。“华信工程司为敝工程司十余年来，北京、天津、上海、奉天各埠共同议定之名称，订有规约互相遵循，其性质兴建筑设计处绘图所等相关边缘，敝工程司向在京、津、沪、奉各埠专事设计中西新旧各式公共场所、住宅及桥梁等建筑图样，并代业主负责。”

殷俊负责华信工程公司奉天华信工程司设计部。殷俊，生于1887年，江苏省宝山县人，上海法文书院工科毕业，擅长设计中外新旧各式楼房，曾任上海自来水公司、福茂洋行、华信工程司等处工程师及北京国货展览会工程师、农商部工业技师并且获得过农商部奖章。

（5）復新建筑公司

復新建筑公司为天津復新建筑有限公司驻奉分公司，该公司以土木建筑工程为宗旨，天津总公司于民国18年3月申请并获得辽宁省会商埠营业许可证（商字第四一九号），即在沈阳成立分公司，同年承建东北大学汉卿南楼、水塔、图书馆及沈阳电影院等工程。公司设有正、副经理各1人，工程师1人，监工负责人3人，采办会计、收发材料员6人，聘请建筑技术人陆绍初为工程师，经营建筑绘图设计各项工程（表5-2-3）。

復新建筑有限公司　　　　表5-2-3

公司	地址
天津总公司	法界三十五号路
北平分公司	西京畿道三十一号
辽宁分公司	大西边门外大街路南
哈尔滨分公司	道程中国十五道街

復新建筑公司驻奉分公司经理是温维湘，生于1886年，广东中山县人，北洋大学土木工科毕业，曾任四洮路工程科长、奉海路总工程师、呼海路总工程师。

副经理陆绍初，生于1888年，河北唐山市人，美国哥伦比亚大学工科毕业，美国蔡来士得大学工科毕业。曾修建粤汉铁路建筑工程，任汉口亚细亚建筑工程师，后任復新建筑公司副经理兼工程师。他又聘请在沈阳市政公所管辖内经营建筑设计绘图各项工程的刘秉仁和美国密歇根大学工科毕业的工程师黄森光任建筑处助理。陆绍初设计了沈阳小南门里交通银行新楼。

小南门里交通银行新楼是在原有建筑的前面新建的营业部分。该建筑是当时沈阳少有的中国建筑师自己设计的银行建筑之一。该建筑为3层，底层设有营业区（营业室、客厅）、办公区（经理室、会计室）、服务区（出纳室、司库、金库），其中服务区有单独的出入口，二、三层围绕中庭布置，二层有阅报区，三层有屋顶花园。建筑平面功能分区合理，而且富有新意。建筑立面注意虚实结合，强调竖向线条，增强了建筑整体的气势。

（6）许名杰

许名杰，生于1892年，安徽歙县人，天津国立北洋大学土木工程科毕业，获工科学士学位，主要技能是土木建筑工程，受聘于东北建筑房产股份有限公司任工程师兼土木工程设计工作。

东北建筑房产股份有限公司，注册资本金为现大洋十二万元整。公司共设四部，为总务部、工程部、房产地皮部、五金部。公司设总经理1人，暂设协理1人，总监理1人，各部设部长1人、工程师及办事员若干人。

工程师许名杰的主要专业为土木建筑工程，曾任安徽水利局测绘师1年，上海工部局工程员1年，天津美国马克敦建筑公司工程师5年。

（7）张福勤（图5-2-35）

张福勤，字朴忱，生于1905年，河北省静海县人，天津华利工程司土木专科毕业，主要技能是设计绘图。他于1920年（民国九年）毕业于高级小学，1921年即赴天津华利工程司，授业于刘仲华名下专学测绘设计技术，1923年毕业后即充绘图员职，1924年绘图监修曹香芹建筑住楼及客厅并文盛合市楼及赁租小楼，逾年经授师保荐于北平鸿美公司充绘图员，是年绘图监修华语学校，1927年回天津华丰公司充绘图员，绘图监修明星汽水公司及古愚堂王建筑住楼，笠年绘图监修李耀武住楼，1929年来沈充又新公司绘图员，绘图监修金鼎臣建筑平房一所，1930年监修闫总长住楼。

（8）张益庭（图5-2-36）

张益庭，生于1896年，河北省武清县人，私塾四年，天津永固工程司土木设计毕业，主要技能是设计绘图，曾任天津通达工程公司工程司、华益工程公司经理。1912年赴天津永固工程司英人安来森名下学设计绘图，毕业后任天津英国工部局监工员，1920年自创华益工程司，1929年来辽在金城建筑股份有限公司充工程师之职，绘图监工商埠二纬路王克洲公馆、九纬路刘旅长一飞住楼、营口世昌德及厚发和建筑市楼，1930年设计绘图、监造大北门里滕宅市房、山东省黄县县立中山中学，本溪湖兴盛东市楼等工程。

2. 在打样间成才的建筑师及其建筑机构

（1）刘锡武与义川公司

义川公司，位于奉天千代田通，经理为吴大星，生于1900年，山东青岛人，公司聘有技师刘锡武。

刘锡武，生于1892年，河北省宝坻县人，1912年入天津法国一品公司学习工程至1924年，毕业后任奉天马克敦建筑公司工程师，擅长土木建筑，后到义川公司任建筑工程技师，同时兼任经理。曾参与的建筑工程有天津南开大学楼房，大沽口无线电台，北戴河海宝医院，同福饭店，辽河上游河工水闸，奉天英美烟草公司，基督教青年会各楼房，中和福建筑楼房等。

在参与奉天基督教青年会的工程时，他的出色表现得到了丹麦著名建筑师艾术华的赏识，艾术华在1925年10月24日给市政公所工程处的信中

图5-2-35　张福勤（来源：沈阳市档案馆藏）

图5-2-36　张益庭（来源：沈阳市档案馆藏）

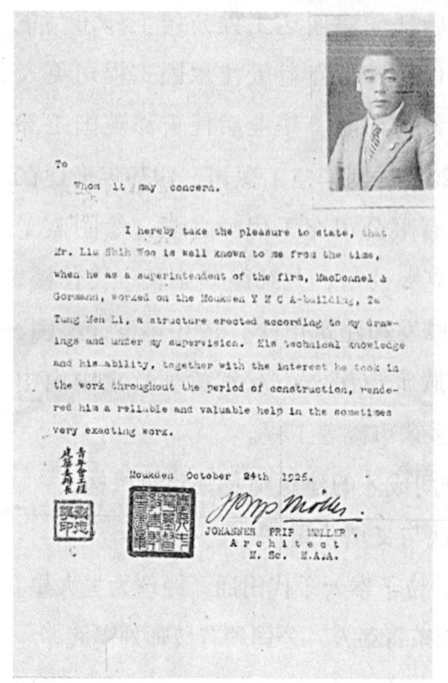

To

Whom it may concern.

I hereby take the pleasure to state, that Mr. Liu Shih Woo is well known to me from the time, when he as a superintendent of the firm, MacDonnel & Gormann, worked on the Moukden Y M C A-building, Ta Tung Men Li, a structure erected according to my drawings and under my supervision. His technical knowledge and his ability, together with the interest he took in the work throughout the period of construction, rendered him a reliable and valuable help in the sometimes very exacting work.

Moukden October 24th 1925.

JOHANNES PRIP MØLLER.
Architect
M. Sc. M.A.A.

图5-2-37　艾术华推荐信（来源：沈阳市档案馆藏）

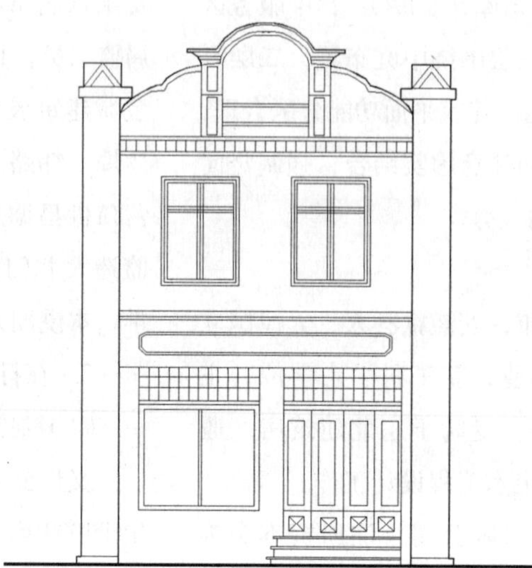

图5-2-38　华兴照相馆立面图（来源：临摹自沈阳市档案馆藏蓝图）

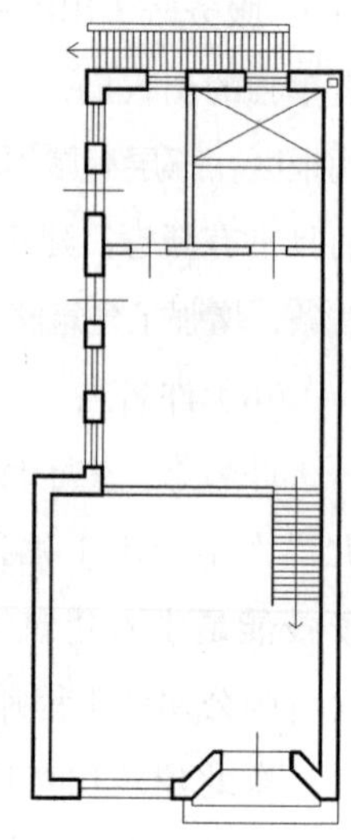

图5-2-39　华兴照相馆平面图（来源：临摹自沈阳市档案馆藏蓝图）

（图5-2-37）这样写道："他（刘锡武）作为义川公司建筑的负责人，表现出极强的工作热忱。欣赏他的专业技术和能力以及对专业的热爱。"

（2）富景泰与奉天文昌建筑绘图处

随着民族经济的发展，城市建筑发生了日新月异的变化。认识到建筑应该首先重视设计，所以富景泰在市区内大西关大街路南福音堂院内设立文昌建筑绘图处，聘请设计专业人才绘建筑图。

富景泰，生于1908年，沈阳县人，从俄国工程师德鲁仁宁先生处学习设计绘图兼工程事宜2年，主要技能是建筑绘图、设计工程等。1925年，在哈尔滨色国洛夫建筑公司负责助理设计工程兼绘图事宜，1926年在奉天市文昌建筑绘图处负责建筑设计绘图事宜。他在沈阳的建筑作品有沈阳徐俊忱商号、沈阳华兴照相馆等。

沈阳华兴照相馆（图5-2-38、图5-2-39），平面为中国传统商业建筑形式，长进深，窄面宽，功能上前面为商业用房，后面为私人住宅，并且后面有独立的出入口和楼梯。华兴照相馆采用向内折线形的主入口，既没有超出沿街界限，又留有入口平台。建筑立面为欧式建筑风格。两侧山墙高高凸起，中间为近似半圆的弧线形女儿墙，上面留有三个小窗组合而成的复合窗，强调和调节了构图中心。建筑外立面采用面砖，使面宽不大的沿街立面比例恰当，热烈丰富。

（3）陈玉亭（图5-2-40）

陈玉亭，生于1895年，奉天本城人，在三畲

图5-2-40　陈玉亭（来源：沈阳市档案馆藏）

建筑公司学习建筑绘图，主要完成有大帅府住宅、北大营修械司、陆军粮秣厂的绘图工作。

（4）李瑞祥

李瑞祥，生于1888年，河北省滦县人，最初在沟帮子铁路工程处向工程师——英人法兰提学习三年，1912年在滦县铁路工程处练习绘图三年。主要技能是绘图设计。曾于民国四年充唐山制造厂绘图员，继充花车厂监工员，1922年受锦朝路工程师——英人加格报司委托为该路绘图，完成并监修了各车站票房及碹明木桥等项工程。

（5）王霖生

王霖生，生于1881年，直隶丰润县人。1916年进美孚行建筑科至1923年出号。主要技能是专绘建筑各种房屋图样。曾绘制王省长住宅、粮秣厂罐头工厂等。

3. 从建筑类相关技术学校走出的建筑师及其建筑设计机构

（1）张佐清与东北产业公司附设建筑公司

东北产业公司附设建筑公司，注册资本金为奉大洋十万，设正、副经理各1名，技术、庶务、会计各1名。机构设三股：建筑股、采办物料股、监工股，各设主任1人，瓦工长、木工长各1人，大小工若干。

经理成文阁生于1886年，沈阳县人；副经理冯金齐生于1891年，原是东丰习艺所经理。聘张佐清为建筑技术员，公司为对工程作品负责，规定所有由张佐清绘制的图均属于该公司。1929年，因正、副经理均有官职，无暇顾及生意，股东一致辞退，后与同义兴合并改名同义合公司，技师位置仍聘张佐清担任，田景兴为经理，关贵忱为副经理。

张佐清，生于1886年，直隶保定清苑县人，保定中学毕业后进入奉天警务学堂，毕业后入东三省测量学堂，学满后又到京师军谘府测量学堂高等模范专科学习。他擅长各种测量、绘图、土木、建筑及采矿等工程。1915年，张受委派到洮南、辽源、葫芦岛等开埠工程任专员五年，并受奉天巡抚派至新民柳河工程司任职。在沈阳的建筑设计作品有：回回营分驻所小西关电路街北的清真学校、王宅建筑图、姚树华二层楼房、万育堂、康成久公馆、醒时报社等建筑。

清真学校图纸（图5-2-41）清真学校为二层建筑，平面由四个独立的三开间单元拼接而成，每一单元有独立的楼梯，利用楼梯底下的空间放置独立的采暖设备，均为北入口。建筑立面中西结合，坡屋顶配有凸起的山花，山花上雕有中国传统中代表吉祥的花卉，是当时欧洲“新艺术”风格在沈阳的本土化体现。每一独立单元以中间二层窗同其他窗的形式变化和凸出的阳台来吸引视线，突出中心，半圆形窗花和栏杆透出西方欧式建筑的韵味。

万育堂（图5-2-42）立面气势恢宏，歇山屋顶，但正立面同样是高高凸起的山墙，用砖在中间砌成圆券，券旁为柱墩，墩上做几排横线脚，

图5-2-41 奉天清真学校（来源：临摹自沈阳市档案馆藏蓝图）

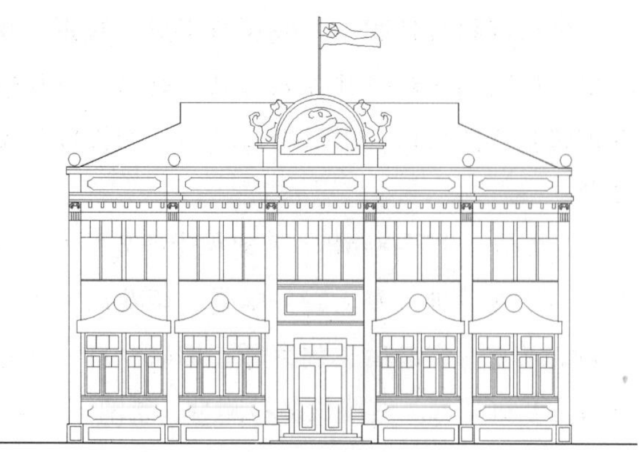

图5-2-42　万育堂立面图（来源：临摹自沈阳市档案馆藏蓝图）

图5-2-43　萃华楼金店（来源：《沈阳近现代建筑》沈阳市城市建设档案馆、沈阳市房产档案馆编著）

顶上盘踞两只狮子。女儿墙采用中国传统栏板的处理方式。六根二层高直通女儿墙的爱奥尼壁柱，很是壮观。主入口两根略带收分的壁柱融入中国传统建筑符号，更增添了建筑的气势，一层窗采用弧线同圆结合的装饰手法，使整个建筑具有西洋建筑的动感。

（2）同兴和建筑公司

同兴和建筑公司分三部，分别为木器部、古玩部、建筑部，位于鼓楼南。同兴和建筑公司经理为魏殿一，建筑部聘技术人刘如璋和马景霈。

魏殿一，生于1898年，河北省深县人，曾设计过沈阳城鼓楼南同兴和建筑公司本部大楼、便宜坊楼房、中街著名的萃华楼金店，允中堂市楼及住房、吴长麟堂公馆。

刘如璋，生于1889年，河北省柏乡县人，前清邑庠生速成师范毕业，修建京汉路第一段房工、桥工，石家庄纺纱厂全部工程，为井平获三县水利局开渠测量，监修沈阳中街泰和商店，绘制吴长麟公馆洋式楼房等。

马景霈，生于1893年，河北省涿州人，在北京工艺局传习三年，在沈阳惠工公司任技师三年，后承建八道濠电灯厂锅炉房工程，监修奉天医科大学宿舍，主要技能是设计绘图。完成有胥孙氏建筑设计、允中堂市楼及住房等。

萃华楼金店（图5-2-43），位于沈阳中街，现为沈阳市工商银行。该建筑始建于1928年，建筑面积1125平方米，建筑规模为3层，钢筋混凝土结构。以壁柱作为立面设计的重要元素，采用多立克式柱头，壮观优美。建筑将二层以上部分后退，由此而形成长外廊，创造了更为强烈的体量凸凹变化，极大地丰富了建筑立面。

允中堂市楼及住房，市楼为二层西洋式建筑，平面功能简单，砖混结构。建筑立面中轴对称，由四根二层高壁柱支撑高高的女儿墙，屋顶厚重，层次丰富。

吴长麟公馆，为三层建筑，平面为两个单元拼接而成，立面左右对称，通过三根壁柱分割，坡屋顶，正面山墙凸起，装饰山花，窗为每单元单独成组，腰线上以中国传统花纹装饰，富有韵味。

（3）李存耀

李存耀在沈阳的建筑作品有：永和皮店、邹瑞廷的瑞陞堂、中街南洋钟表店、承业堂、张玉山住宅、吴润田住宅、和兴建筑市房、刘捷三建筑楼房等工程。

南洋钟表店坐落在沈阳中街路南，由于沈阳中街自古就是商业街，为了避免遮挡路南建筑的采光，该建筑采用了跌落式的空间布局。建筑内部为中国传统的木架式结构，内设天井，平面形式也完全传承于中式格局。该建筑具有中街商业建筑的特点，正立面为西洋建筑形式，背立面简单。西式壁柱上装饰性曲线布满了圆拱形的凸凹构图。它的形象出众、动人热烈，富于商业建筑的感召力和诱惑力，为老板带来了显著的效益，也为中街的面貌大大添彩。

4. 本土建筑师与建筑设计机构的独特性

由于建筑师这个职业在中国近代时期为新兴的行业，我国建筑学教育起步又较晚，除第一批国外留学的建筑学专业的建筑师外，其他本土建筑师大都是通过土木工程、打样间学习和一些建筑类相关技术学校毕业的“改行”建筑师，他们不仅在外国开设的事务所工作，而且积极开设自营建筑设计机构，与外资设计企业一争高下，融入沈阳建筑市场。此外，他们还积极投身建筑施工与行政管理领域。日本东京高等工业学校窑业科毕业的杜乾学回国后加入市政公所工务处，为沈阳建筑业的法制化做出了很大的努力。

从沈阳本土建筑师的专业实践可以看出，虽然许多设计作品由于种种原因在形式上有折衷、复古倾向，但大都是中西文化的结合，特别是对中国传统建筑符号的灵活运用，而且亦不乏现代建筑思潮影响下的建筑作品。

从沈阳本土建筑师的观念来看，他们能够积极迅速地接受有别于古代传统工匠的建筑设计方式，学习西方近代科学技术，学习先进的设计方法，注重建筑绘图的表达。

所以，无论是专业知识背景、专业实践还是设计理念，都反映了本土建筑师为沈阳近代建筑的发展做出的积极努力和开拓精神，他们通过自己的奋斗，终于在沈阳拥有了一片天空，成为沈阳二三十年代建筑设计的主力军，为沈阳留下了很多优秀的建筑设计作品。

二、沈阳近代日本建筑师与建筑设计机构

自1905年日本凭借日俄战争胜利者的身份进入沈阳，并将“满铁附属地”据为己有，到1931年日本发动九一八事变，武力侵占沈阳全城，直至1945年投降。20世纪上半叶沈阳的建筑深受日本的影响。

沈阳有别于中国其他城市的最大的特点是它特殊的城市格局影响了建筑的发展，那就是沈阳的老城区、商埠地和满铁附属地三大主要“城市板块”的并存。这样大量日本建筑师进入满铁附属地，进入沈阳建筑市场，满铁与满铁所属建筑师成为沈阳最大的殖民建筑机构，他们强行承揽了沈阳众多的大型建筑工程；伪满洲国及关东都督府为日本侵华的另一机构，隶属于它们的建筑师在沈阳同样设计了大批具有日本和满洲风格的建筑作品；另一股不容小觑的建筑设计力量是独立开业的日本建筑师，他们在沈阳也有不少的建筑作品。

（一）沈阳近代日本建筑师来源

1. 从欧洲汲取营养的日本近代建筑师

19世纪末20世纪初的日本近代建筑，在西方的建筑理论、建筑形式及建筑技术传入日本之后产生了较大的变化，呈现出了“欧化”的建筑现象。

始自日本幕府末期，伴随着日本开国而涌入的欧美商人们开始建造“殖民式”（在日本被称为“洋馆”）建筑。政府在各个领域全力推进“欧化”政策，这一时期，这种被看作文明开化象征的建筑样式开始在各种银行、学校、各地政府建造中体现出来。政府还从欧洲招聘建筑师远渡日本导入正规的西方古典复兴和折衷主义建筑样式。如设计师康德尔［Josiah Conder (1852-1920)］，他的设计生涯几乎全部在日本度过，完成了推进日本近代建筑向西方古典主义样式过渡的历史任务，

同时，他建立了系统的日本近代建筑教育体系，他培养的20名工部大学毕业生和同时期从欧美留学归来的学生成为日本第一代建筑师。在日本近代初期，折衷主义样式又一次成为了建筑师创作的主要题材，建筑中出现了古希腊、哥特式、文艺复兴式、巴洛克式等古代建筑每一个鼎盛阶段的历史样式。建筑师任意模仿或自由组合历史上各种建筑风格，简化古典样式的同时，更加追求比例的匀称、构图的完美。

在直接搬用西方折衷主义建筑形式之后，受过专业训练的日本建筑师们开始从欧美的历史样式中获得灵感，探索具有东、西方建筑美学理念的新建筑样式，发展出融合和风设计趣味的流派，很多新的折衷主义建筑样式应运而生，出现了经过“转译”和再创造的“辰野式”、“帝冠式”等具有和风特色的新的折衷主义建筑。

1910年代开始，西欧新艺术运动等新建筑思潮不断传入日本，包括表现派、分离派、立体主义等，成为日本近代建筑发展中重视艺术表现倾向的代表。20世纪20～30年代，日本建筑师开始接受西方先进的现代建筑理论和设计方法，放弃繁琐和虚假的外装饰，强调实用和技术倾向，形式追随功能的现代主义建筑样式。

因此，在学习和引进西方建筑理论和建筑设计方法的过程中，这种“欧化”现象在建筑的外观风格上呈现出了三种不同的倾向：一是近代初期的西方古典主义样式和折衷主义样式的直接引入；二是从西方建筑历史样式中获得灵感，结合日本本土建筑特色，创造出新的折衷主义样式；三是受到国际现代主义思想影响的现代主义建筑倾向。

2. 经东洋人之手导入沈阳的西洋建筑

与中国大部分地区不同，近代沈阳刮起的西洋风并非来自西洋人的直接引进与推广，顶替他们的是来自日本的东洋人。一方面，日本强势地夺去了各国列强在东北的利益扩张，在沈阳的外来势力中形成了一支独大的势态；另一方面则来自日本将西洋文明奉为时尚，热烈追求的心境与实践。正因如此，日本人成为了助力西洋建筑传入沈阳的主要推手。不过有一点可以肯定的是，经东洋人之手导入的西洋建筑必然夹挟着他们自己的理解，不一定经典和“正宗”。当然，这种不够正宗的导入，却有可能形成另外的一种特色与“味道”。

负责满铁附属地建设的是南满洲铁道株式会社下辖的满铁建筑课。很多被派来中国的日本建筑师是有着西方建筑教育背景的中青年建筑师，他们将西方正在盛行的“折衷式”和“现代式”建筑风格传递进来的同时，也在当时全球活跃的建筑思潮的变化进程中，积极探索新的地域和文化背景下的“折衷式”和“现代式”手法。因此，通过日本建筑师“转译”的“欧式”建筑以及带有自创手法的多样建筑风格出现在沈阳城内，主要集中在满铁附属地的范围内。

另一方面，日建规划和建筑设计的先进性，虽然给沈阳留下了具有先进形态的技术产品，却没有在沈阳当地形成掌握先进规划思想和建筑设计的技术力量，建筑技术传播具有“非继承性”的特点。借助日本在沈阳的特殊地位，垄断了建筑市场、垄断了建筑工程设计项目。如果说在沈阳沦陷前，日本之外的外国建筑师和中国设计师只能在夹缝中寻找机会，那么，日本全面侵占沈阳之后，则变成了日本人的一手遮天。在建筑培训和教育方面，就更没有提升本地技术力量的条件与机会了。

最初进入沈阳的日本土木建筑技术人员主要是从事俄国东清铁路建设施工的技术人员，这些日本的建筑设计和施工组织，都是由个人组织，为了自身的利益而来，途径单一。日俄战争爆发后，日本建筑师则以多个渠道进入沈阳。根据其隶属关系的不同大致可以将在沈阳的日本建筑师分为两大类：其一，日本官方所属建筑师，其中包括日本在沈阳最大的官方机构——满铁所属部门的建筑师、日本关东都督府所属建筑师以及伪满洲国所属建筑师；其二是自主开业的日本民间建筑师。

（二）满铁以及满铁所属建筑师

1. 满铁建筑机构的设立①

1907年，满铁总部从东京迁到大连，设置满铁建筑组织总务部土木课建筑系（简称满铁建筑系）。满铁建筑系是拥有较强实力的满铁最初的建筑组织，之后，成为满铁建筑组织的母体组织，1908年12月组织改革的时候独立成为“课”的单位，作为负责“关于房屋建筑修理事项”的组织，称为总务部技术局建筑课。从那以后，尽管建筑课反反复复地经历了体制和名称的变化，但它作为满铁建筑营缮单位的性质一直持续到满铁消失为止均没有改变。以建筑课作为母体组织，在满铁被称为“本公司建筑课”，在公司外一般被称为“满铁建筑课”。

2. 满铁建筑机构主要建筑师

1906～1920年是满铁的初创期，也就是小野木孝治担任课长的时期，在这个时候，沈阳满铁建筑的设计工作全都由设在大连的满铁本社的建筑课所承担，这时满铁设计主要由四位毕业于东京帝国大学建筑科的日本第二代建筑师负责。②

小野木孝治（1874-1932），于1899年大学毕业成为海军技师，任职日本海军吴镇守府之后经历文部省委托之职，1902年接受中国台湾总督府委托去了台湾，翌年正式成为台湾总督府技师，在民政长官后藤新平手下，主要设计官方建筑。后来，后藤就任满铁总裁，提拔小野木转任满铁的技师。从那时起，直到1923年退休为止的16年间，小野木是满铁建筑课实质上的课长（1914年9月至1923年4月）。

太田毅（1876-1911），于1901年大学毕业成为司法省技师，1905年时兼任大藏省临时建筑局技师，1907年身兼上述二职并就任满铁的技师。他为了疗养身体，于1910年回到日本，翌年病殁，所以在中国东北地区的活动仅仅三年而已。然而，他所设计的建筑，从大连大和宾馆（现大连宾馆）到奉天驿，有颇多引人注目的作品。

横井谦介（1878-1942），1905年大学毕业后任职于住友临时建筑部，于1907年3月成为满铁的技师，担任该职直到1920年5月退休为止。在这期间，从1913年1月至翌年10月为止，曾由满铁派遣至欧美留学。

吉田宗太郎（1885-1959），吉田宗太郎在太田毅殁后，进入太田家作养子，成为太田宗太郎。1905年工手学校毕业，在警视厅当技师，1907年3月进入满铁，1910年8月离开满铁，9月到美国哥伦比亚大学读预科，1915年9月进入同大学建筑科，1917年6月哥伦比亚大学毕业，1921年9月同校研究所毕业，成绩优异，赴欧洲考察留学一年，1924年1月任职小野木横井共同建筑事务所，1929年4月再次回到满铁，1937年1月任满铁大连工事事务所长，1937年4月任满铁本社工事课长，1937年12月任满铁大连工事事务所长，1938年9月任满铁北支事务局建筑课长，1939年4月在华北交通工务局任建筑课长，1941年4月离开华北交通，加入奉天上木组，1945年1月离开上木组，1948年回日本。

相贺兼介（1889-1945），1907年4月加入满铁，1911年4月入学到东京高等工业学校建筑科，1913年3月毕业，1913年4月回到满铁，1920年3月离开满铁，1920年6月入大连横井建筑事务所，1925年再次进入满铁，1932年8月离开满铁，1932年9月任满洲国国都建设局建筑科长，1933年3月任满洲国总务厅需用处营缮科长，1935年11月在满洲国营缮需品局营缮处任设计科长兼工事科长，1938年7月辞职，加入满铁奉天工事事务所，1941年离开满铁，成为第一住宅会社代表，1943年加入大连福高组任建筑部长，1945年2月回日本，没多久后去世。

① 《满铁的使命及其事业》辽宁省档案馆藏。

② 西泽泰彦.草创期的满铁建筑课[J].华中建筑，1988,（03）.

（三）伪满洲国及关东都督府所属建筑师

1. 关东都督府建筑机构及建筑师

日俄战争结束后，于1906年9月1日日本在旅顺设立了关东都督府。关东都督府中设置了负责行政的民政部和负责军事的陆军部。1919年8月4日，两个部门独立，民政部变为关东厅，陆军部变为关东军。

土木课属民政部，当时设有土木、营缮、计理三个系，营缮系的性质属于建筑部门。关东都督府的管辖权不限于关东州，也负责铁路附属地警察、邮政事业，因而土木课的业务也涉及铁路附属地。

（1）关东都督府的建筑师

前田松韵，1880年出生于京都，1904年从东京帝国大学建筑学科毕业之后，成为满洲军仓库的雇员，于1904年9月渡海至大连，1905年1月受任大连军政署技师，并历任关东州民政署技师、关东都督府技师之职，负责营缮系，是日本人在中国东北地区活动最早的建筑家之一，在1907年10月被任命为东京高等工业学校教授而归国，1908年3月到关东都督府就任。

松室重光，于1917年始任土木课课长，1897年东京帝国大学建筑学科毕业，历任京都府技师（1898～1904年）、九州铁道技师（1905～1908年），于1908年3月就任关东都督府技师之职，1917年就任土木课长，1922年退职。

（2）关东都督府在沈阳的建筑作品

奉天警察署（图5-2-44）由关东厅土木课设计，钢筋混凝土结构，建筑规模为地上3层，地下1层。四壁用红色机制砖砌筑，墙基础牢固。正面中央高起并向前凸出，下面设有车道门廊，这是当时的官厅建筑常用的手法。但这栋建筑仍有不同于日本国内的官厅建筑之处：由于地段面对圆形广场，平面为呈弧形前凸的扇形。墙体为砖。楼板为钢梁上架拱形铁板再浇筑混凝土（“防火楼板”）。这亦可作为中国东北地区引入钢筋混凝土结构进程中的又一例子。

奉天自动电话交换局（图3-6-35），为3层钢筋混凝土结构。建筑横向上成三段式，但通过窗间墙的阵列处理使建筑竖向感特别强烈。入口在侧边通过多层半圆形台阶和拱券的入口处理突出主入口。整体建筑充满动势，规模宏大。

奉天邮便局（图5-2-45），建筑为2层，砖石结构，由“关东都督府通信管理局工务课”、“关东都督府民政部土木课”设计，“加藤洋行”施工。该建筑沿两条街成折角，交汇处和建筑的端点的顶部设绿色宝顶装饰，建筑整体协调统一。

2. 伪满洲国的建筑机构

（1）伪满洲国建筑机构的设置

1932年3月1日，在日本关东军的军事统治下，中国东北地区成立了满洲国，同年3月9日公布“满洲国组织法”与官制。根据这个官制，成立了最初的建筑机构“国务院总务厅需用处营缮课”，简称为“需用处营缮课”。

图5-2-44　奉天警察署（来源：《沈阳历史建筑印迹》中国建工出版社）

图5-2-45　奉天邮便局（来源：《沈阳历史建筑印迹》中国建工出版社）

（2）伪满洲国建筑机构在沈阳的设计作品

奉天电报电话局（图5-2-46），该建筑规模为地上3层，地下1层，钢筋混凝土结构。建筑两边的交汇处设计成圆角，一气呵成，具有韵律。立面上局部延伸7层塔楼，既满足功能需要，又统领建筑，使整体均衡，形成一个良好的构图。

奉天市政公署办公楼（图5-2-47），总平面为方形，中间配置天井，坐西朝东，东面为主楼，南、北两面为侧楼，西面为副楼，除东面主楼上建有3层塔楼外，该建筑规模为地上3层，地下1层。东面主楼正中为门厅，上部塔楼顶有圆形时钟面向东方，北侧楼建有礼堂，跨度15.2米，长32米。该办公楼外装修为赭石色釉面砖饰面。主楼门厅及室内楼梯为天然大理石贴面，走廊全部为水磨石地面。门窗为木制门单层钢窗，楼内水暖电气设备齐全。办公室为木制地板，室内顶棚及墙面为白灰饰面。全楼为平屋顶，女儿墙，卷材防水屋面。该办公楼体量大，外观雄伟，建筑设计和施工水平较高，在当时堪称沈阳一流的办公建筑。该办公楼于1995年改建扩建后增至5层。

图5-2-46　奉天电报电话局（来源：《沈阳历史建筑印迹》中国建工出版社）

图5-2-47　奉天市政公署办公楼（来源：《沈阳历史建筑印迹》中国建工出版社）

图5-2-48　奉天满洲国造币厂主楼（来源：《满洲建筑杂志》）

奉天满洲国造币厂主楼①（图5-2-48）为日伪时期建成的2层建筑。立面中部凸出，窗间装饰比例适当，富有韵律，具有现代建筑的风格。建筑一、二层设有单外廊，主入口设有玄关。南北向，中轴对称，平面规整。

3. 伪满洲国及关东都督府官方建筑机构的特点

伪满洲国需用处营缮科和关东都督府土木课的主要活动是伪满洲国新建建筑物、政府相关建筑和部分政府资助的公共建筑的设计与修建。

最初，伪满洲国需用处营缮科由满铁建筑课招聘技师相贺兼介为主任，奠定了它的体制。此后，又根据伪满洲国起用在殖民地统治机关有工作经验者为新机构主任的做法，与满铁建筑课初创之时，同时招聘台湾总督府技师小野木孝治为主任，因而二者体制极为相似。因国都建筑局是由关东军所设，仅由相贺兼介与关东军意见对立时即被迫辞职之事，足以证明伪满洲国政府是关东军的傀儡政权。

（四）独立开业的建筑师与其建筑事务所②

1. “银行建筑师”中村与资平事务所

中村与资平（1880-1963），1905年7月东京帝国大学建筑学科毕业，毕业后进入辰野葛西事务

① 满建志，谱图，1934，6.

② 根据西澤泰彦. 海を渡つた日本人建築家［M］. 東京. 彰国社，1996整理。

所，在该所承担的工作是负责第一银行京城支店的设计与现场监工，因此于1908年至朝鲜，竣工之后留在了汉城（今韩国首尔）。中村与资平于1912年在朝鲜汉城（今韩国首尔）开设中村建筑事务所，1917年为了朝新银行大连支店的设计施工，在大连开设事务所以及工事部。中村与资平在朝鲜半岛以及中国东北地区，以设计银行建筑、公共建筑为中心，有“银行建筑师”之称。在沈阳的建筑作品主要有朝鲜银行奉天支店和奉天公会堂。

中村与资平在日本国内和中国东北地区设计的银行建筑，均为正面有列柱或壁柱的西洋古典式，在朝鲜半岛设计的却多样化，分离派的、自由古典主义的都有。

朝鲜银行奉天支店（图5-2-49）地上2层，地下1层，砖混结构，是一座立面处理上较为成熟的古典复兴样式的建筑。建筑主立面对称、均衡，体现着古典设计原则，中央部位设有六根爱奥尼巨柱的凹门廊，女儿墙屋檐之上设有小山花，为突出主入口，把主入口上部女儿墙升高，并做三角形山花重檐形檐口，两边设颈瓶连接。墙面全部由白色面砖贴饰。在建筑转角处都作了曲线处理。立面在材料上运用了当时盛行的面砖，即墙面贴饰白色面砖，在材料上形成了砂浆饰面与面砖饰面的粗细对比。建筑为砖混结构，砖墙承重，木制密肋梁承托楼板，地上2层，地下1层，平面围绕广场呈倒八字展开，一层以对外营业为主，营业大厅布置在建筑正中，是通高2层的中庭，在二层大厅周围设过廊，大厅室内有石雕的藻井图案，内二层为办公区。由于平面为不规则方形，所以在设计中房间布局的平面形式也呈不规则形，并且设计者利用这一特点形成了趣味空间，如在二层经理室中利用不规则特性，设计了茶室，把本不方正的空间划分成方正的空间。在建筑中设置了两步楼梯，皆为水磨石面。建筑的入口根据功能需要为三个，主入口面向中山广场，主要引导办理业务的顾客人流，其他两个分别面向南京北街和中山路，为内部人员办公入口和外来办事人员入口。

图5-2-49　朝鲜银行奉天支店（来源：《沈阳历史建筑印迹》中国建工出版社）

中村与资平于1922年关闭汉城（今韩国首尔）事务所，让所员宗像主一继承大连事务所，自己回到日本在东京新开设了中村工务所。此后，他的作品几乎全在日本。

宗像主一，1918年毕业于东京帝国大学建筑系，1922年继承了1917年3月在大连开设的中村与资平事务所成立宗象建筑事务所。在沈阳设计了横滨正金银行奉天支店（图5-2-50），该建筑是面向中山广场的建筑物中门面最窄的。除壁柱和正面中央檐部的徽章外，可以说装饰很少，属于分离派作品。将平面由圆形简化为矩形的简洁壁柱和红白相间的墙面颜色更显建筑的美感。平面布局上，中庭三面设回廊，采光面积增大，营业大厅明亮。在内部装修上融入了东方审美意趣，体现了沈阳建筑深沉厚重的地域特征。该建筑地上2层，地下1层，立面柱头不是采用惯例中的“涡

图5-2-50 横滨正金银行奉天支店（来源：《沈阳历史建筑印迹》中国建工出版社）

图5-2-51 满洲日日新闻奉天支社（来源：《沈阳近现代建筑》沈阳市城市建设档案馆、沈阳市房产档案馆编著）

图5-2-52 奉天大和宾馆（来源：《沈阳历史建筑印迹》中国建工出版社）

卷”和“忍冬草”，而是将几何图案抽象简练成装饰符号。这栋建筑为砖混结构，其柱、梁、楼板已经采用钢筋混凝土，可以看作在东亚导入钢筋混凝土的进程中之一例。

2.“从满铁走出来的建筑师”共同建筑事务所

原属满铁的建筑师，从满铁出来后组建了个人建筑设计事务所，并在沈阳注册。由于早期在满铁的经历，使得他们具有获取项目的更多机会和经验，在沈阳完成有一些很有特点的作品。①

小野木横井青木共同建筑事务所是由几位从满铁走出来的建筑师成立的个人事务所。1920年从满铁辞职的横井谦介和1923年12月由满铁辞职的小野木孝治和青木菊次郎，一同成立了小野木横井青木共同建筑事务所（通称“共同建筑事务所”），该事务所于1925年2月因青木复职满铁之故，改成为小野木横井共同建筑事务所，后来由于小野木健康欠佳，于1930年12月解散。它是日本在中国东北地区最大的私人建筑事务所。

横井谦介1905年毕业于东京帝国大学建筑学科，1920年从满铁辞职设立横井建筑事务所，1923年并入小野木横井青木共同建筑事务所，1930年事务所解散后继续设计活动。他设计有原满洲日日新闻奉天支社（图5-2-51），1937年竣工，福昌公司施工，是沈阳现代建筑的代表。此栋建筑位于道路交叉口，转角处设有塔楼，为都市景观增添了不少风采。塔楼、二层的圆窗、整栋建筑的均衡关系，都使人看到了表现派的影响。

吉田宗太郎（1885-1959）在沈阳的代表建筑作品除接替太田毅完成的奉天驿设计之外，还有奉天大和宾馆（1927年设计，1929年竣工，与横井谦介共同设计的著名作品）。奉天大和宾馆（图5-2-52）是作为满铁直接经营的宾馆，为了吸引和满足日本人和西方人所需的高标准生活服务要求而设置，这栋建筑是由满铁邀请四家事务所：小野木横井共同建筑事务所、中村建筑事务所、井手建筑事务所和德国建筑师拉维奇的事务所参加设计竞赛，优胜者取得设计资格，最后，小野木横井共同建筑事务所以

① 西泽泰彦. 关于日本人在中国东北地区建筑活动之研究 [J]. 华中建筑，1988，(02).

第一名而获设计权，交由横井谦介与太田宗太郎设计。[①]大和宾馆代表了20年代沈阳大型饭店的设计水平。这是一栋钢筋混凝土结构的4层建筑物，设有带乐池的宴会厅和台球室等，因而成了在沈阳的外国人的一个社交场所。主要意匠为模仿19世纪末20世纪初美国的商业建筑、办公建筑中常用的连续拱券处理方式。从外观上看，其正面有连续拱券，二、四层逐层后退，而两端八角形平面的楼梯间向前凸出，从而强调出建筑物的轮廓，体现着古典浪漫主义的风格。

3. “东北领事馆建筑师”三桥四郎

辛亥革命前，在中国东北开设的13所日本公馆中，建有新馆舍的只有吉林、奉天、长春和牛庄四馆。其建筑设计师都是一个人，即当时在东京主持一家个人建筑事务所的建筑师三桥四郎。其后在20世纪10年代末又新建了铁岭、辽阳、珲春、哈尔滨、齐齐哈尔等五馆馆舍，所以三桥四郎可以称为“东北领事馆建筑家”。[②]

三桥四郎（1867-1915），1893年毕业于工部大学校造家学科（东京帝国大学建筑学科的前身），1908年在东京建立三桥四郎事务所，是个人事务所中的佼佼者。日俄战争后，到中国东北设计奉天、长春、牛庄、吉林的日本领事馆，也承担这些项目的监理之责。由于三桥四郎在先期开工的吉林日本领事馆项目的设计实例得到了公认，日本外务省把奉天日本总领事馆设计委托给三桥四郎。外务省、满铁、三桥四郎三方于1911年2月8日签订了设计和工程监理的契约，于2个月后的1911年4月完成，并将设计案提交给外务省。外务省把三桥四郎送来的图纸转给了大藏省临时建筑部审查，大藏省临时建筑部部长妻木赖黄把三桥案修改后送回外务省。妻木的修正案在建筑物正面的中央加了一个巨大的山墙，在平面上把三桥计划的大门厅改成一个普通走廊。看了大藏省临时建筑部修正案的三桥立即为自己争辩，最后，在山墙和平面处理上采用了两者的折中方案。由于设计的变更，于1911年7月20日开工，比预定迟了3个月。工程由大连的加藤洋行工程部承包，高冈又一郎施工，1912年8月30日竣工（图5-2-53）。

图5-2-53　日本总领事馆

三、沈阳近代西方建筑师

进入沈阳的西方建筑师主要是在中国其他大型对外开放城市开设事务所，在沈阳获得委托和参与大型建筑的投标而开始设计工作，其中在沈阳发展具有较大影响的是丹麦传教士建筑师艾术华和宝利公司德国建筑师马克斯，他们为沈阳带来了欧洲盛行的现代建筑形式和先进的建筑技术，促进了沈阳建筑的现代化进程。

（一）传教士建筑师——丹麦艾术华

1. 成长背景

艾术华（Johannes Prip-Moller）[③]生于丹麦的鲁兹克宾（Rudkobing），是丹麦建筑史上一位著名的建筑家。他的父亲是一位医生，出自一个家庭成员主要由律师和医生组成的家庭，母亲是德国著

---

① 现代史资料第32卷　满铁（二）. 1966年：116. 转引自陈伯超，张复合，村松伸，西泽泰彦. 中国近代建筑总览沈阳篇[M]. 中国建筑工业出版社，1995：24.

② 陈伯超，张复合，村松伸，西泽泰彦. 中国近代建筑总览沈阳篇[M].中国建筑工业出版社，1995：28.

③ Tobias Faber. A DANISH ARCHITECT IN CHINA Hong kong, 1994.

名传教士的女儿。

艾术华最初成为了丹麦的砖匠学徒，在这段时间里，他去了一个技术学校。在1911年，他成为一个真正的砖匠并且掌握了较好的建筑技术。同年，他被丹麦艺术学院（the Danish Academy of Fine Arts）建筑学专业录取。尽管通过9年的学习，1920年他才通过他的最终考试，但在那时，学院大部分的课程是在晚上上的，所以所有的学生白天在制图室工作。艾术华曾在当时许多著名的建筑事务所工作，并且因为他勤奋、乐观、果断，结交了很多建筑界的朋友，特别是当时的青年建筑师。在1917年，他已经成为当地年轻人组织的建筑师协会的委员会成员，并且他被推选为主席候选人。在选举中，艾术华最终成为该协会的秘书长。

在学院学习的后几年，1915～1918之间，艾术华被给予一些辅助的私人的设计任务，他设计了在鲁兹克宾的熟人的住宅和Falster的岛屿农场的扩充，他设计了一系列的家具、门装置和青铜色奖章，就像他在学院学习一样，是一个完全的丹麦传统古典主义者，无论是从他的设计和在杂志公开的言论，还是那几年他对作业的批改中，特别是在艾术华1918年设计的儿童之家中都有明显的体现。

他立志到中国从事他的建筑抱负。为此他准备去美国补充建筑技术知识，因为他听说美国建筑技术正大规模地涌入中国。那时丹麦建筑师到美国学习是非常罕见的，也许是他的同伴并不关心除他们之外的世界，第一次，艾术华证明了在丹麦建筑师中他的独特性和前瞻性。

在决定到美国后，艾术华先访问了在丹麦著名的小城镇规划的先驱者，他于1876～1890年生活在芝加哥，作为一个建筑师和一个构造工程师，他独特的、显著的贡献是在钢结构方面，这些都是艾术华非常关心的。艾术华在1920年到达美国，进入哥伦比亚大学，在那里他学到了先进的建筑技术课程。艾术华学习静力学、工程科学、建筑材料、建筑维修，同时期，他应用他所学到的专业技能设计了一个大的工程。通过这些，艾术华熟知了美国建筑学的传统、材料和当代的发展方向，这些都在他到中国之后，被证实非常有用。

1921年春天，他结束了他在哥伦比亚大学的学习，获得了工学硕士学位，并且辅修了规划和写作交流等相关科目。

2. 在沈建筑创作经历

在1921年3月，回丹麦，并且立刻向教会申请到中国。1921年4月21日，他们决定答应艾术华的申请，在教会领域负责建筑工作，并将把他介绍给在满洲的教会。

丹麦传教服务在中国开始成立传教机构是1891年。首先，它主要驻扎服务在汉口。来自几个不同国家的传教士在那工作，彼此竞争着各自的范围，具有很明显的殖民地时期的特征。丹麦人在那进行着相对较少的教会活动，原因是苏格兰传教地区有十分独立的一个较大的区域，也就是在满洲的辽东半岛，为了表示在某些范围的合作，苏格兰人愿意让出满洲的奉天、丹东和海军港口旅顺港给丹麦。

约翰·拉斯慕森（Johannes Rasmussen）是一位那个时期满洲著名的丹麦传教士，他和他的妻子申请传教机构在奉天为盲人建立一所学校。在他们的朋友伊莉斯（Elise Bahnson）的推荐介绍下，艾术华被派出负责这项工作，这个工程计划在1921年的秋天开始。艾术华很快被派到中国，因为在他开始工作之前要有足够的时间学习一些汉语，也想介绍艾术华去满洲其他的传教机构，计划在1922年正式开始实施。

到中国后，艾术华先在北京语言学校学习。1922年春天抵达奉天之后，首先从事监督管理重建任务。后来，艾术华在李先生——一位中国富商的资助下开设了他的打样间。李先生是一个年轻的中国人，没有设计经验，但是非常了解建筑材料和价格，虽然他需要负责自己的家族产业，但是他也热爱建筑方面的工作。不久，艾术华雇用了一对从北京营造商学校毕业的年轻的技术人员，开始了他在沈阳的建筑创作生涯。

艾术华从1922～1927年在沈阳从事建筑设计。在他刚到中国那几年，除了建筑工作，同时还通过会议和讲座参与丹麦的传教士工作。艾术华说他的不幸在于教会认为他是一个商人，而商人团体认为他是一个传教士，他似乎不属于任何的组织。他的建筑工作导致他没有时间真正地做传教士的工作。他不想像个商人一样只关心钱，不关心建筑的质量。他为基督教做了设计，但是没有费用，这使他和他的两个合作伙伴陷入了经济的危机。他也没有钱来资助基督教的传教事业。在丹麦，工人的指导工作每天需要一到两个小时，而在中国则需要付出一整天的努力，艾术华对此投入了他大部分的精力，这仍然使苏格兰教会很不开心。艾术华也拒绝为陆军和海军工作，这样他没有引起基督教会任何的重视。另一方面，基督教会似乎更需要一个真正的技师而不是一个想成为艺术家的被认为不切实际的建筑师。泰勒，一个造船的工程师，即使他擅自修改了艾术华的设计图纸，忽视“空间的感觉”指导施工，对于这些，教会的人视而不见，似乎这种人才是教会真正需要的，苏格兰教会希望能免费获得每一样东西。

对此，艾术华说：“一个人有极大的合作天才和对商机的极大敏锐才有可能成功地同苏格兰人相处良好。”没有一个当地的传教士理解一个建筑师需要工作费用，他们认为艾术华仅仅是在攒钱。丹麦的传教机构要求降低他本来非常合理的费用，这些都使他很苦恼，1927年不得不回国。

3. 在沈阳的代表性作品（表5-2-4）

艾术华在沈阳的代表作品列表　　表5-2-4

作品	时间
盲女学校	1925年4月
基督教青年会大楼	1923～1926年
为王先生设计的住宅	1925年
王礼堂住宅扩建	1925年
王处长公馆	1923年设计
李先生重建住宅	1923～1924年
Mr.Gran住宅规划	1925年10月
女子医院与女学生宿舍	1922年
苏格兰在沈艺术学院	
丹麦传教士住宅	
邮政支局	
沈阳满洲关税新址规划	

（1）办公建筑

1）基督教青年会大楼

沈阳基督教青年会YMCA是艾术华在沈重要的代表作品。该建筑设计建造于1923～1926年。建筑由两层屋顶、两个屋脊组成。最高的屋脊下面有一个宽的带形窗，给凹进的三层楼送进阳光。该建筑很好地表现出了艾术华在丹麦学习的建筑设计的细部处理。由于艾术华在沈阳的居所就在建筑的附近，所以他尽可能每天都去监督和指导，在中国工人的积极配合下，基督教青年会大楼顺利完工。当时基督教青年会的总干事是美国人普莱德。由于外籍传教士普莱德、雍维林等在1922年、1924年的两次直奉战争中参与了调停活动，张作霖得到了好处，故张作霖于1923年慷慨地将城内大南门里景佑宫胡同的道教景佑宫旧址地皮拨给了青年会，根据委托人的意愿，艾术华将其设计成了一个规模较大、折衷式的建筑样式。基督教青年会虽然是宗教性团体，但它是基督教的一种社会教育机构，和专门从事传教的教会有所不同。因此，艾术华在内部设计上，尽力去使客人在公共场所的感觉好比在家一样，因此，他的内部入口设计是看上去很大的一个会议厅，这个厅同时作为俱乐部房间和起居室服务于基督教青年会，在这里他展示的建筑的细部和色彩的灵感都来自于中国传统的建筑风格。在功能安排设计上，艾术华充分考虑到在正常的礼仪下中国人不喜欢用西方的厕所，会把所有的垃圾填充在厕所的盆里，好像把它当作一个垃圾箱，于是，在基督青年馆，艾术华在室内仍为西方人预留厕所，同时为中国人设计一个在室外的专门的水室。在1926年，基督教青年会在开幕式上受到格外的欢迎（图5-2-54、图5-2-55）。

图5-2-54 基督教青年会当时照片

图5-2-55 基督教青年会室内照片

2）邮政支局

邮政支局是艾术华为日本设计的一个具有西方古典建筑风格的2层办公建筑。一、二层采用不同样式的窗套丰富立面，但具有艾术华建筑师风格的田字形窗棂又使建筑构图得到了统一。以厚重的壁柱和弧线装饰的入口大门突出了建筑主入口。在入口处设计一个较宽敞的大厅，满足人员流动。在入口的值班室内，建筑师细心地设计了满足东北人生活习惯的火炕，高高伸出的烟囱又丰富了建筑的立面。

（2）住宅建筑

艾术华除接纳一些传教机构的建筑之外，还为当时较富裕的中国政府官员重修和扩大他们的住所。

1）王礼堂住宅扩建（图5-2-56、图5-2-57）

1925年建筑师艾术华为王礼堂——一位公众官员设计了府邸扩建工程。在艾术华手绘的规划图中，北面两座连接在一起的“Z”形建筑就是增建建筑，如此规划，为用户留有大块的私人用地，建筑与建筑之间形成小院落，而且整个构图虚实比例恰当，通过入口廊道进入各个院落，保证各

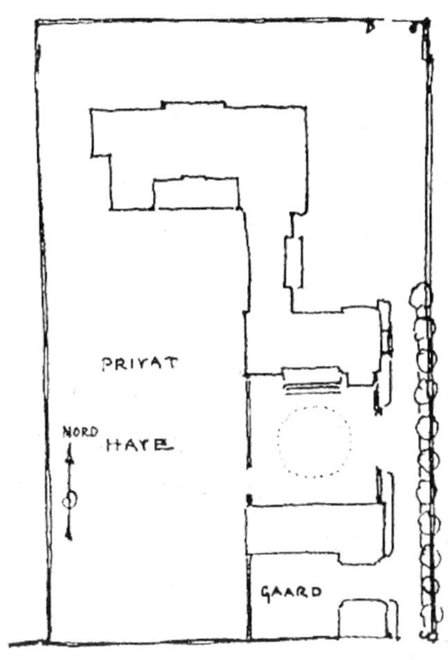

图5-2-56 王礼堂住宅规划

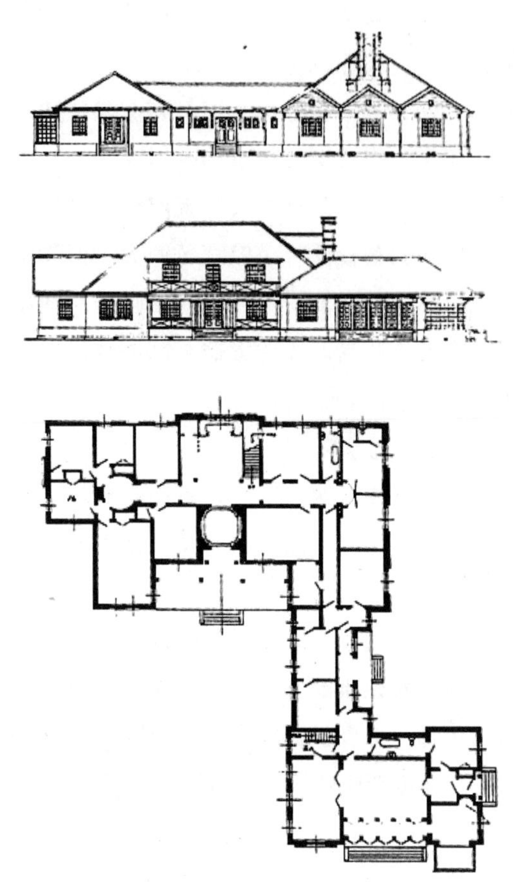

图5-2-57　王礼堂住宅平立面图

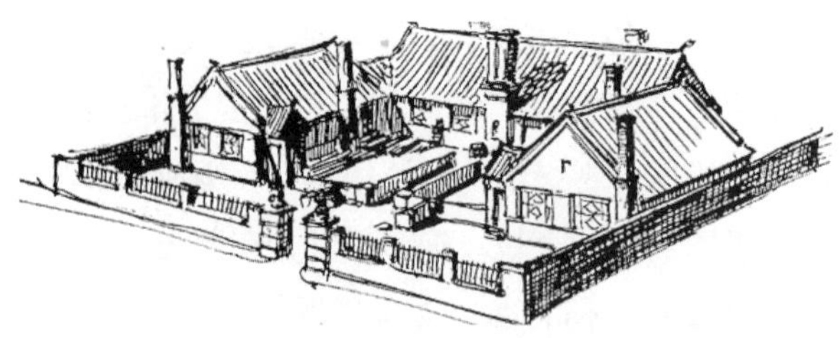

图5-2-58　王先生四栋住宅透视图

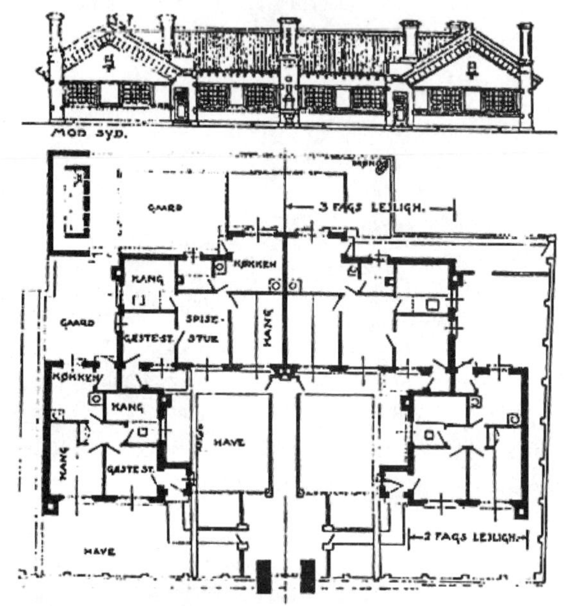

图5-2-59　王先生四栋住宅平立面图

相对独立的生活空间和建筑的私密性。建筑是典型的具有欧洲建筑风格的住宅建筑，特别是艾术华在主体房子最东边末端的坡屋顶尖顶两端设计的山形墙，更显丹麦古典主义建筑的味道。立面处理有新意，灵活运用各式坡屋顶，建筑高低错落，栏杆、列柱、格窗等建筑符号丰富建筑细部。平面布局，各单体平面中轴对称，入口处都设计为门厅，通过走廊尽端形状的变化丰富建筑空间，建筑内部设置西式卫生间，每个单独的房间都尽量设有储藏空间，建筑整体韵味十足，充分显示出建筑师的设计能力。

2）为王先生设计的住宅（图5-2-58、图5-2-59）

为王先生——中国政府官员，艾术华设计了一个紧密的建筑群，一共有四栋住所。建筑师按中国模式，使建筑围绕着院落，整个院落外被围墙和中国式入口大门包围，是一个典型的中国式传统住宅。建筑的立面处理上，通过两个高高凸起的烟囱取得建筑的制高点和均衡性。四栋建筑通过两个小花园各自有通往各自家的小路，每栋建筑都拥有自己的庭院，建筑群整体合一又相对独立。艾术华尝试根据中国建筑民居的习惯，设置纵长的两个或三个面向南向的房间，每一个官员的住宅都有一个为妻子和孩子建造的起居室，其次，有一个小的厅和能够让丈夫在家办公的学习工作室，以便他也可以在家工作。根据中国的传统，艾术华在每个房间修建了炕，在每一个房子内设计两个壁炉以便屋里所有的炕都是热乎的。在整个建筑群的角落有大家公用的厕所，便于定期清理。这个建筑群在1925年完成。

3）王处长公馆

王处长在1923年请艾术华设计公馆内的新建楼房。在建筑立面设计上，建筑师亦采用了方格窗、欧式烟囱、挑檐很深的坡屋顶等设计元素。建筑平面，通过门厅阻挡寒风，建筑采用三跑楼梯，利用走廊连接各使用房间。一楼南向房间主要为客厅、书房、餐厅和带有炕的卧室，北向安排厨房、洗衣房等辅助房间；二楼设有主卧室，主卧室拥有独立的能洗澡的卫生间，三个孩子的房间都设有储藏空间，女孩子的房间更设有私密的休息空间，和一个客房。从建筑的平面设计上可以看出住宅设计的现代化趋向。

4）李先生重建住宅（图5-2-60～图5-2-62）

1923～1924年，艾术华在沈阳为资助他开设打样间的李先生重建住宅，该住宅是一个典型的中国

图5-2-60　1923年李先生住宅

图5-2-61　李先生住宅大厅

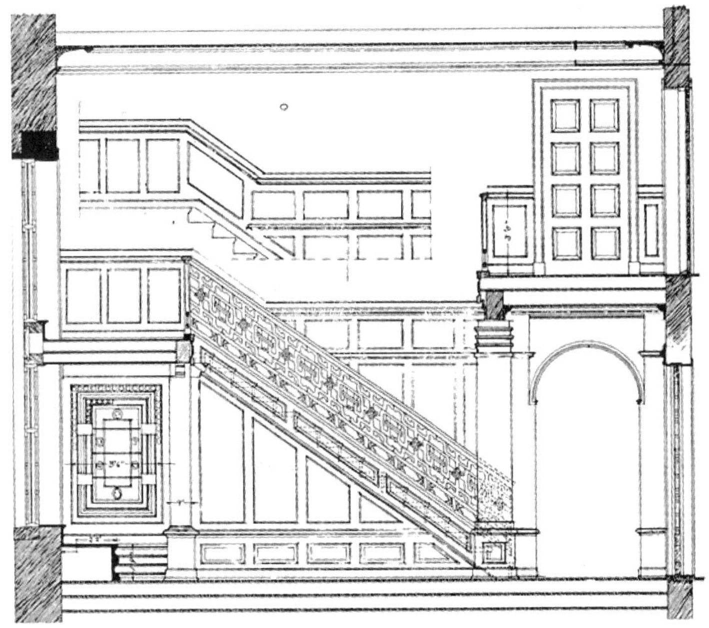

图5-2-62　李先生住宅楼梯细部

传统建筑，特别是大厅，具有强烈的中国传统建筑的特点。其中通过高超的做工和良好的细部处理实现了建筑师特意强调的最能够表达中国风的建筑栏杆设计，在那里他倾入了自己的爱心，体现出他对所热爱的这个国家和自己祖国文化良好结合的追求。作为一个外国建筑师，对中国传统文化的如此用心，实在难能可贵。

（3）教育建筑

1）盲女学校

盲女学校（图5-2-63～图5-2-66），艾术华在1925年4月为此绘制了平面图、节点图、立面图等，从当时的实景照片中可以看出建筑的厚重的感觉和基督教青年会很像，建筑只通过简单的窗间墙和烟囱的处理实现了和谐的比例和优美的韵律，而丰富的坡屋顶和山墙的装饰又体现着欧洲古典建筑的风格。在建筑平面设计上，建筑师充分考虑使用者是盲女，在二层采用通畅的大空间，一层房间也采取了各房间串通的流线设计。

2）女学生宿舍

女生宿舍是女子医院的一部分，建筑在平面设计上通过四个入口区分不同的功能部分，整体

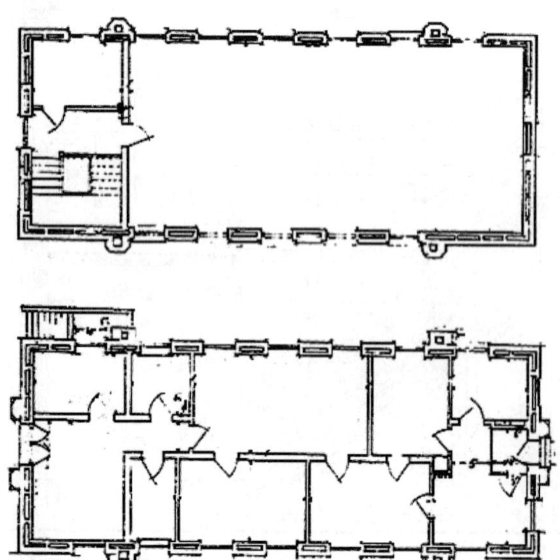

图5-2-63　盲女学校的平面图

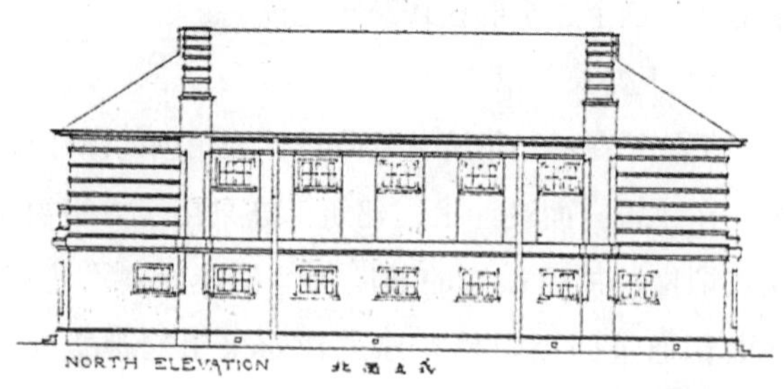

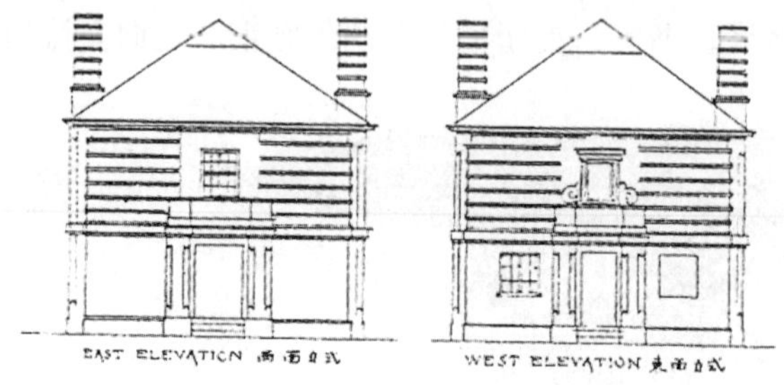

图5-2-64　盲女学校立面图

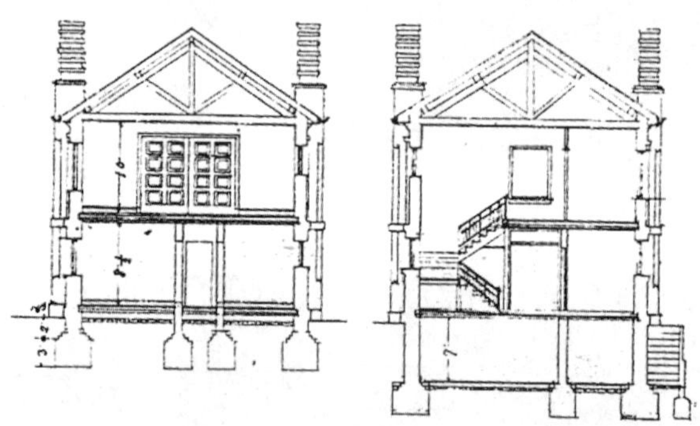

图5-2-65　盲女学校剖面图

图5-2-66　盲女学校实景照片

又通过折线围合在一起。建筑功能上主要分为：礼堂、健身房、幼儿室、教室和宿舍以及相应的服务用房。建筑设备齐全，满足各种使用要求，细心的建筑师在教师宿舍里设炕，而在年轻的学生宿舍里设床，并且在尽端设有起居室。

4. 艾术华在沈建筑作品中体现出的建筑思想

（1）尊重地方建筑文化

从艾术华在沈阳的建筑作品中可以发现他是一个具有很强敬业精神和职业敏锐性的建筑师，他充分挖掘当地的地域性特征与文化，在设计中结合当地居民的生活习惯和审美标准，他的建筑作品是西方建筑同中国古老建筑文化良好的结合，重视使用性、经济性以及建筑的持续发展性。艾术华在沈期间住在一个丹麦使团为他提供的一个传统的中国式住宅内，他充分了解沈阳人的日常习俗和建筑文化，从他的作品的室内细部处理上就可以发现大都体现了中国建筑风格，特别是他认真分析了中国人的使用心理和习惯，如在炕和卫生间等设计中都注意体现中西差异，设计尽量满足使用者的习惯。

（2）注重建筑的空间感

艾术华是一位专业素质极高的建筑师，他在沈阳的建筑作品都体现了他的专业能力，特别是他对建筑空间质量的追求，是当时在沈设计师中的佼佼者。建筑师在平面上以圆形、多边形等打破传统方形的平面形式，丰富建筑空间，又经常以多种楼梯形式取得空间变化。在主要的使用房间，例如住宅的卧室，他都预留小门斗，也利用储藏空间，便于生活需要的同时，使房间空间规整，他的设计作品体现了现代建筑注重功能和空间的主流思想。

（3）“简便、快捷”的规划理念

建筑师艾术华在沈阳同时涉及建筑规划。如沈阳满洲关税新址规划设计和Mr.Gran住宅区规划。沈阳满洲关税新址规划是典型的欧式规划模式，通过变化不同花园的形状、水池的设置、行道树的种植、便捷的交通组成一个丰富壮观的官方办公区。Mr.Gran住宅区整体左右对称，但通过入口打破了这种单一的布局。艾术华认为：“建筑是一个时代的表达，在规划中避免冗余，尽快到达房子是很重要的事。”他的这一理念在王先生四栋官方住宅中也有很好的体现。

（4）传授建筑设计思想的国际精神

近代有很多外国建筑师进入沈阳市场，他们或者为了经济利益，或者为了国土的扩张……但艾术华这位以传教士名义来沈的建筑师却具有着国际主义精神。他认为：“用一种人们熟悉的建筑学的构架来向一个新的国家介绍建筑上的思潮和想法，这些想法的传达是一个具有极大的国际意义的表达的完成。特别是在我们这个任何地方都强调国际特征的时代，建筑师不是国家和民族的桥梁就是会加宽裂痕。建筑师依靠的方法就是建筑师能够使用的一切用于完成所给予的任务的技能。”他这种传授建筑设计思想的国际精神塑造了他在沈阳的一系列优秀的建筑作品。

（二）多产建筑公司——宝利公司与德国马克斯

1. 公司成员组成

宝利公司成立于1927年（民国16年）3月，承揽各种建筑楼房的设计、土建、铁工、洋桥等各项工程，由经理马克斯个人投资营业。马克斯生于1874年，德国柏林人，公司聘用巴立隋为工程师。

巴立隋，奥地利人，生于1887年，1912年卒业于奥地利白拉克工程大学，名列甲等，得工程师文凭，欧战时历任俄国军队工程课长，后至海参崴为承造人建大戏院，在哈尔滨为市政公所承建各种房屋及设计各种工程。在京、津、沪各地经营建筑业前后共计十余载，专代业主测量、设计、绘图、监工及经理房产等事。1923年通过农商部甄别全国工程师考试并授予工业技师凭证，1925年春为东北大饭店工程设计及监工之事来奉，后加入宝利公司任工程师。

2. 主要的建筑工程

马克斯在奉天作为土木工程师、建筑师和承造人，绘图及建造兵工总厂、自来水管发电所、药厂、新厂、旧厂、化验厂、硫酸厂、钢厂、枪厂、枪弹炮厂、炮弹厂、机关枪厂等。建造及设计上述各厂及其他厂房之排水管。数年来，各兵工厂所有洋灰铁筋工程均由他设计。设计及安装兵工厂、枪厂、机关枪厂、炮厂、炮弹厂暖气等设备。设计及建造兵工厂总厂、钢厂、机器厂、枪弹厂、化验厂内暖气地沟。设计及建造车轧机地墩及印锤地墩。各兵工厂内设计并安装锅炉。设计建造各兵工厂内烟筒及发电所电线杆一千根。设计及建造各兵工厂内各式厂房。设计、建造下列各公宅：少帅公馆、兵工厂工务处白处长公馆、吴晋公馆及他自己的住宅等（包括房内工程如暖气、自来水、卫生装置、排水管、电灯、电铃等）。同时设计了辽宁省立第一师范建筑图。

第三节 沈阳近代建筑（设计）管理机构的建立与体制的完善

沈阳近代化的市政管理体制是随着建筑行业的发展而逐渐完善起来的，而管理体制方面的近代化转变相对滞后于实际建设。

一、沈阳近代建筑管理机构的建立与发展

（一）清末时期建筑业管理体制

沈阳地区建筑业最早出现的政府管理机构是盛京工部。1625年（后金天命十年），努尔哈赤迁都沈阳，1634年（后金天聪八年），沈阳改称盛京。1636年（清崇德元年），盛京成为清朝都城，随着清王朝政治、经济、文化的发展，建筑业随之兴旺发展。1644年（顺治元年），清政府迁都北京，盛京成为陪都。作为“一朝发祥地”的盛京，清政府于1657年（顺治十四年）设立了盛京工部。清末，1840年（道光二十年）至1905年（光绪三十一年），沈阳地区建筑业主管机构仍为盛京工部，实行的是传统的工官制度下的管理体制，负责对盛京之宫殿、寺庙、陵寝及所属府、洲、厅、署之城垣、营房、仓库、道路、水利等工程的修缮；新建工程则由盛京工部批准，并由盛京工部及各府、洲、厅官府负责工程设计、施工、用料、费用、工期、质量的管理。工程施工主要采取徭役制和募雇制，征招泥木匠人和作坊建造、修缮，由官府付给酬劳。一般民用住宅、商号、作坊主要靠乡里邻间互助建立或出资由泥木匠人、作坊包工包料建造。1905年（光绪三十一年）盛京工部撤销，其所管事务由盛京将军赵尔巽兼管。

此时的建筑业管理体制主要是封建社会下的传统管理模式，重建设轻管理，是为官方建筑提供服务的机构，对于民间的居住建筑和商业建筑，大都任其发展。

（二）民国初期建筑业管理体制

1. 奉天市政公所的设立（图5-3-1）

1905年（清光绪三十一年）12月奉天巡警总局开始兼管建筑工程事宜，同时，清政府在沈阳设置奉天省。1906年（清光绪三十二年）奉天建筑所成立，这是奉天历史上第一个专事营缮管理的机构。

1907年（光绪三十三年），奉天行省设民政司营缮科管理土木营造事宜。同时6月，东北三省总

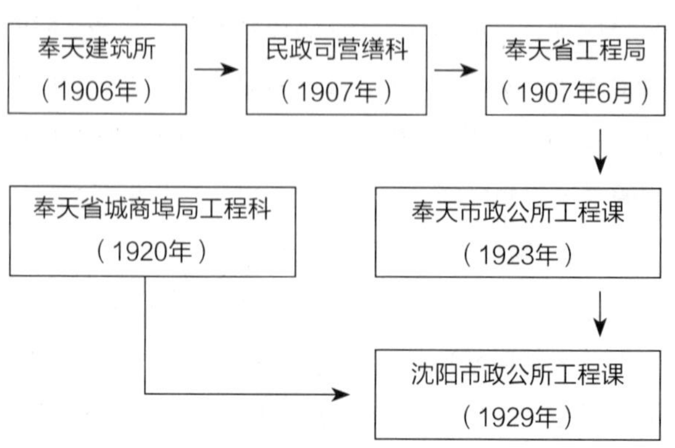

图5-3-1 奉天市政公所设立

督徐世昌在奉天府设立奉天省工程局，“管理衙署、军营、学校、厂矿、道路等工程，对已修工程实行验收，对新建工程实行勘估”等。

1906年，清政府被迫将沈阳古城西边门外21平方公里的地方辟为“商埠地”，成为城市的中心地带，供外国人在这里租地建房、居住、经商。外国人在沈阳兴建大量近代建筑的同时，也将西方的建筑制度引进了沈阳，客观上促进了国外建筑形式和管理机制在沈阳的传播和发展。1920年（民国九年）奉天省城商埠局成立，下设主管土建事宜的工程课，管理商埠地区内住宅、商号、工厂、学校、道路、上下水、煤气等工程的维修和兴建。

随着地方民族工商业的发展，建筑工程量日益扩大，除官府作坊外，在民间专业化的以承包工程为营利目的的私营营造厂、建筑公司开始出现。作为建筑业管理机构的奉天省工程局、奉天省城商埠局工程科等，开始对土木建筑工程实行质量验收、勘查等管理制度。大部分工商业，公共建筑工程开始实行承包营造的办法。

1921年（民国十年）后，一部分建筑公司，开始由从国外学习建筑专业的知识分子或国内学校培养出的专业人才开办，使建筑公司的素质发生了变化，由过去建筑一般民房、客站、商号、小工厂发展为能承担较为复杂的大型建筑工程，特别是随着奉系军阀地方军事工业、民族工商业、文化教育事业的发展，使得私营建筑公司迅速发展，并产生了一批具有近代施工技术与经验的建筑工人，但同时也出现了建筑技术人员专业水平良莠不齐的现象。为了便于管理和规范建筑市场，再加上1922年5月，张作霖在第一次直奉战争中败北，北京政府撤掉了他的本兼各职。他一气之下，宣布东北独立，实行东三省“联省自治”。为提高奉天省城地位，加强对省城的管理，1923年（民国十二年）8月，奉天省将沈阳古城区及商埠地一带划分为市区，开始市的建置“以省垣市政不良，由于素未请求之故。兹为壮观瞻、便交通起见，拟施行省会市政仿京办法，组设市政公所，以专责成而利进行”，[①]正式成立第一个市级管理建筑业的机构——奉天市政公所，下设工程课，作为建筑业的管理机构，专门负责建筑市内道路及其他工程。

1929年（民国十八年）东北政务委员会将奉天市政公所改称沈阳市政公所，同时将奉天商埠局及工程课交由沈阳市政公所工程课管理，其业务，除市区建设、规划外，主要负责土木建筑营造厂商的登记、建筑物的勘查、公共建筑物的管理等。

2. 市政公所工程课管理职能

在市政公所章程中规定工程课掌管的事务有：“一，市区之规划；二，道路桥梁沟渠水道及上水道电车等项之建设及修理；三，关于街树之种植及保护；四，图案之测制；五，公园及公共建筑物之经理并私人各种建筑物之取缔；六，其他关于市之工程事项。”其中工程课掌握建筑活动管理的三大权力，即建筑法规的制定权、建筑设计图纸的审批权、房屋建造中的监造权。工程课对于建筑活动的管理职能正是行使这三大权力的具体体现。

（1）制定有关建筑法规

根据奉天省的规定，将奉天省警察厅管理的奉天市道路、沟渠、桥梁建筑及其土木、市区规划交奉天市政公所工程课管理。工程课制定了一系列建筑章程：“市政所规定房捐”、“奉天市政公所呈修正取缔市街建筑章程”、“取缔建筑公司及与建筑公司有同等性质之营业者规则”等（后文有详述）。通过这样的法规，要求建筑活动必须符合章程，使沈阳建筑行业相对法制化、规范化。凡兴建房屋均要按章程设计，并交工程课审批，申请中要求包括建筑主、包工人、建筑地址、原有建筑、施工图纸、担保人等近十项内容，工程课

① 《盛京时报》记载。

派技工到现场实地考察，真正合格者方可领取建筑许可证。

（2）建筑设计图纸的审批

市政公所工程课对建筑设计图纸的审批要求严格，对绘制不认真的图纸不予审批并且对绘图的建筑公司有相应的如罚款等处罚，力求从设计图纸审批这个管理程序上杜绝隐患，确保建筑质量。市政公所为提高设计图纸的深度，曾登报指定绘图处，“为取缔各建筑公司之绘图特指定大享、华北、肇新三公司为有绘图之能力，否则亦需持所绘之图送由该指定之处审查”。[①]

（3）监造房屋

所有房建活动均须向市政公所工程课申请建筑许可证，且以设计图纸通过审批为前提。无证开工将受查处。对申请建筑许可证的项目，工程处派专门的技师亲自到现场勘察审核，确保建筑申报的真实性，核查后才发给建筑许可证，在建筑竣工后，同样要通过审核。

这种环环相扣的管理程序正是管理制度系统化以及机构设置科层化的表现，接近现代管理模式。有关建筑许可证核发对象的规定十分细密，凡新房建造、老房修建、搭建晒台、店面装修、雨篷招牌、栅栏围墙、挖土填地等均须请领建筑许可证。

（三）沈阳日伪时期及光复后建筑业管理体制

1931年（民国二十年）九一八事变后，改沈阳市政公所为奉天市政公署。奉天市政公署下设工务处土木建筑股，管理土木建筑事宜。工务处“全面主管城内各区域、商埠地房屋规划、营造、修缮；土木设计，估价、投标；新建工程请照、调查；已建工程查验等”。沈阳日伪时期的建筑管理体制注入了日本国内的建筑管理模式，并且日趋现代化，但是由于日本对中国东北的侵略目的，使其管理体制制约了中国建筑师和建筑设计机构的发展。

1945年8月，抗日战争胜利，八路军进驻奉天市。9月，国民政府改奉天市为沈阳市。10月10日，沈阳市成立了人民政权组织——沈阳市民主联合政府，下设主管建筑业的机构——工程处。1946年3月，国民党军队进驻沈阳，成立了沈阳市政府，下设主管建筑业的管理机构——沈阳市政府工务局。工务局设工务、道路等科，主要负责：公共建筑管理；私有建筑指导与管理；其他公共土木建筑工程管理；河道、水利工程兴修与管理；土木建筑业者登记、注册管理等。

1948年11月2日，沈阳解放，3日，沈阳特别市政府成立，接收了国民党沈阳市政府工务局，20日，沈阳特别市政府建设局成立。其业务职能：负责建筑物营造，技术人员登记审查，建筑材料购买保管；负责道路、桥梁计划，修补建筑及公共房舍的检查、营缮计划；负责度量衡的核定；负责农林、苗圃、陵园、公园的保管与计划发展；负责都市计划，调查设计及街道测绘；负责城市修建，厂矿、机关恢复维修管理；负责取缔违章建筑物等。

二、沈阳近代建筑业管理机构相关法律法规的制定

（一）“取缔市街建筑章程”的颁布

“取缔市街建筑章程”是1923年奉天市政公所成立后，颁布的一部既涉及城市新旧建筑管理、市政设施管理又规定建筑审批要求等相对较全面的建筑法规。从此沈阳市政管理走向法制化，特别是它关于报送工部课的设计图纸的要求，有利于规范建筑设计的市场和提高建筑设计的水平。

奉天市政公所呈修正取缔市街建筑章程

第一条　本章程凡在奉天市内各街巷无论局所庙宇工厂商场市房民房及其他一切建筑工程之

① 《盛京时报》刊登市政公所公告。

取缔事项均通用之。

第二条 房垣无论新修翻修或添改建筑人均须备文连同图式二份于兴工前二星期呈报市政公所及警察厅会同勘验批准缴费给照后方得兴工，其隐匿不报者，不遵批示办理者一经查出除令停工补报改正外并处以十元以上百元以下之罚金，惟房垣因雨坍塌或发生危险者得先行兴工修理面仍呈报本公所查核。

第三条 建筑人应填具左列各项呈报本公所批示给照

一、姓名、街名及门牌号数

二、建筑图式应将房屋之正面、剖面、平面等图逐一绘刊附注尺寸墙垣之高度及四至尺寸均须详加说明以备考查倘图式潦草或者漏错误及注记不明之处得令更正或发还另行绘报。

第四条 建筑楼房及公共场所者应于呈报时将内容构造人及材料成分详细备注，以备审核。

第五条 建筑分三等，商店、旅馆、饭馆、工厂及其他多人聚会场所为一等，新式楼住房为二等，旧式住房为三等。

第六条 建筑图样呈验后须交许可照费及验图费

甲：建筑凭照费为三等

一等凭照奉小洋五元

二等凭照奉小洋三元

三等凭照奉小洋一元

乙：建筑验图费凡属一等，房间每立方缴验图费每立方奉小洋四角，二等房间每立方丈缴费奉小洋二角，三等房屋建筑准免验图费

第七条 房屋立方尺之计算以所建房屋之宽深高三者相乘，宽与深均自墙之外边量起高度自最下层地板起至屋顶止，如是人字式屋顶者量人字形之一半。

第八条 房屋所注之尺寸均以农商部新公布之营造尺为标准，如因习惯上用英尺或公尺者亦可，但本所必按营造尺扣算。

第九条 建筑人领照开工后所有一切砖瓦、木料等均须堆存工地范围之内不得占用道路，其因工地太狭，有不得已情形者须呈请本公所派员勘查酌兴路旁之一部，不得任意堆放，不遵者处以十元以上五十元以下罚金。

第十条 房垣无论新修，翻修或添改均须依照本公所之扩充道路尺寸退让之，其仅属修补油饰墙壁门面均不在此限。

第十一条 凡空地新建旧房改建者如有界址不明或其他呈报时将契据一并呈验以防侵占而杜纠葛。

第十二条 房屋临街一面所造之雨搭幌杆招牌、阶石、铁栅等不准伸出街外进者加罚。

第十三条 房垣接临沟渠者不得侵占填筑或立椿盖屋及建楼跨出。

第十四条 各大街旁房屋门前不准安设障碍等，其管前滴水亦须接以水槽水管引入地底或马路沟渠中不准向人行路面顺泄。

第十五条 除范第二条处罚已规定外还犯其余各条规定者处2日以下之拘役或十元以下罚金。

根据以上法规内容可以看出它反映的内容：

1. 限定的对象

该法规适用于全市范围内无论是公共建筑还是居住建筑，无论是新建建筑还是改建建筑。虽然居住建筑体量较小，但它在建筑中所占比率较大，这样统一管理，有助于提高城市整体建筑质量，防止乱改乱建，保障市政面貌。关于图样审批与核准的手续，均把建筑分类划分，不同的建筑类别，规定不同价位的凭照费和审图费，这样有针对性，公平合理。

2. 关于报送工程课审批的设计图纸之要求

在报送工程课审批的设计图纸中应包含建筑房屋的正面图、剖面图、平面图等，并且要逐一标注尺寸和外墙的高度以及建筑四周的尺寸，为了便于工程课审查，必须尺寸详细而准确。如若

是建筑楼房及公共场所，在呈报时要备注构造人和材料成分，保证房屋质量和安全。图纸中的房屋标注尺寸均以农商部新公布的营造尺为标准，如因习惯上用英尺或公尺者亦可，但公所必按营造尺扣算。统一的规定有利于建筑图纸绘制的模式化和标准化。

3. 关于市政设施的规定

市政公所对建筑施工的场地范围亦有规定，不得占用道路，如果场地太小无法施工，也需要市政公所人员指定场地。关于市政设施，为了保证公所拓宽道路，改建房屋必须按新规定退还马路用地，房屋的滴水等排水设施必须避开行人路面。在法规的约束下，保证城市市政设施建设。

（二）民国初期建筑营业管理制度的建立

随着建筑营造业的发展，奉天市政公所在1927年（民国十六年）对全市建筑营造业进行调查，发现各类承建单位“具有管理知识或施工经验的不过十分之一二，而资微艺劣，以旅馆为宿地广肆招摇，以营业为名行欺骗之实者十居八九。承建工程只粉饰外观，不务实际，有些工程未竣工而建筑物即倾斜，甚至中途背约，携款匿居。”“市政公所李市长以各建筑公司之工程师有无建筑及设计之能力自觉考验后方能确定乃各行各公司职工程师来所缴验证书审查合格始准充任云。”[①]针对这种情况，同年6月29日，奉天市政公所发布“建筑公司及与建筑公司有同等性质营业者规定”，对私营建筑公司实行营业许可证制度，对包办建筑工程者、绘制图样的营业者、工程师、建筑制图师和其他从事建筑营业的技术人员进行资格审查，对审查合格的建筑技术人员发给建筑技术人许可证，无证经营和聘用无证技术人员的建筑公司都要进行罚款等相应的惩罚。同时规定从事建筑营业者必须具有资本金奉大洋十万元以上，合格者领取“营业许可证”，对未经许可私自营业者予以百元或千元的罚金或取缔。

取缔建筑公司及与建筑公司有同等性质之营业者规则

第一条　凡建筑公司、建筑工程师、建筑制图师及其他具有同等性质之建筑营业技术人员在奉天市内包办建筑工程及绘制建筑图样时除遵守一切应守之法令外须遵守本规则办理。

第二条　第一条列举之营业者须备请求书呈请本公所注册经本公所考核给予营业许可证方准营业。

请求书内应填注左列各项：

一、营业者之商号名称或姓名

二、营业者之年龄

三、营业者之原籍

四、营业者之现住所

五、营业者之学历

六、营业者之资本金

第三条　建筑公司至少预备有资本金奉大洋十万元以上并出具相当之保证方能注册准予营业。

第四条　建筑公司须聘用相当技术人若干名

从事建筑营业之技术人以左列各项资格为标准

一、曾在中国或外国各土木工科专门学校毕业领有文凭经本公所发给许可证书者。

二、在中外建筑公司曾充工程设计技师，对于技术富有经验并得有各该公司确实证书，复经本公所考验合格发布许可证书者。

三、具有以上两项同等之学历及经历经本公所考验合格发给许可证书者。

第五条　建筑公司除遵照本规则第二条之规定外于呈请注册时须将该公司组织人员数目、姓名、履历及技术人许可证书呈报本公所查核。

第六条　从事建筑营业之技术人员须查照第四条之规定出具证明考核呈请本公所审核以便发

① 引自《盛宗时报》。

给许可证。

第七条 建筑公司经本公所审查合格发给许可证书时须缴纳注册费三六奉大洋五百元，建筑技术人须缴纳注册费三六奉大洋一百元。

第八条 经本公所注册之建筑技术人如设立营业所开始营业时，须来所呈请营业许可证书，缴纳营业注册费三六奉大洋三百元。

（注：建筑公司及建筑人承包工程均以现洋为本位动辄数十百万，兹仅以以上两条规定注册费三六奉大洋一百元至五百元实属轻微。）

第九条 建筑公司或建筑技术人之制图设计须照左列规定办理索费

一、楼房蓝图及说明书每立方丈三六奉大洋三元

二、市民房蓝图及说明书每立方丈三六奉大洋二元

三、其他房屋蓝图及说明书每立方丈三六奉大洋一元

（注：现查建筑公司及建筑人员对建筑主每索绘图费现大洋数百元实属骇人听闻，兹特规定数目以限制之。）

第十条 建筑公司或建筑技术人员未经呈准许可私自营业者一经查出处于百元以上千元以下之罚金，其不在奉天市内者如欲包办奉天市内之工程图样设计等项亦遵照各条办理否则不予许可。

如以未经本公所许可注册之公司或人员所绘之图样及设计等向盖以曾经本公所许可注册之公司或人员之图章或有同等之行为者得准照本条第一项之规定处罚之。

市政公所颁布此项规定后，对建筑营业者严格审查，对各建筑公司的设计水平也严格监督和审查。1927年，文昌绘图所曾因周忠成住宅绘制草而处罚三六大洋二十元，以示警告，可见市政公所工程课的严格执法。在他们的管理下，沈阳迎来了建筑发展的高峰期。

（三）民国初期建筑师考核制度的确立

对建筑技术人员的资格考核主要有两种方式：

一是建筑师自己申请免试，这要求只有在建筑专门学校毕业或从事建筑专业在三年以上者才可以申请，同时要求有一定经济实力的商户推荐和担保。国立北洋大学毕业的建筑师穆继多、辽宁省立第一工科高级中学校土木科毕业的杨遇春、美国工科大学毕业的陆绍初等很多沈阳近代优秀建筑师都是这时申请免试合格，发给建筑技术人许可证的。

第二种考核办法是统一报名申请参加资格考试。在报名申请中需要详细填写姓名、原籍、年龄、现住所、学历、经验、主要技能等，然后通过市政公被所审查的申请人会被通知参加统一的考试。

1929年（民国十八年）6月建筑技术人资格考考题[①]

A 构造强弱学

梁之断面4×8时向垂直载重于长边与载于短边其强度之比较如何？就沈阳市冬季风雪关系。旧式住宅应如何改善，并用何种材料方较经济与耐久，试详言之。

最强洋灰砂，需用洋灰、石灰、河砂及水各几分之几掺和而成。

沈阳市最优砖与最劣砖比较，其吸水量各为砖重之几分之几？

B 建筑材料学

泥土地层墙基，必入土中较深。如遇有汽孔及引湿材料时，须用何种方法，可免潮湿上升。并举有汽孔及引湿材料之种类。最强洋质沙，需用洋灰石灰河砂及水各几分之几掺和而成。

C 建筑施工法

拟在泥土地建筑二层楼房一座。关于该楼之地基，用何种施工法为相宜，试用挖槽述之工竣。如遇石砾地层与砂土地层，其地基应如何做法，

① 摘自沈阳市档案馆藏近代档案。

试各言之。

D 实地设计

某居家族十人，内有小孩三人（在十岁以下）外有男仆三人，女仆二人，拟在罄折形黄土地皮上，建筑住宅一所，预备工料费现洋一万五千元，试计划其房屋及围墙，应如何建筑，其工料费用简单说明，并绘具平面图及主房正面图。注意：比例用中国营造尺百分之一，工业区及成城图各大街及楼房应绘正、剖、平、侧、背五面并须附带说明之。

参加此次考核的共有16名技术人，其中有缺考和成绩不合格者5名，其他均通过考核（表5-3-1）。

成绩合格者成绩单：

考试共分四个部分：构造强弱学、建筑材料学、建筑施工法、实地设计。四个部分的考题借鉴了国外建筑学教育体系，注重结合地域的特征，根据沈阳的气候地理条件有针对性的考核，考题包含了建筑结构、建筑材料、建筑构造、建筑施工、建筑预算和建筑造价、建筑设计等问题。可见，当时管理人员的专业水平和对建筑技术人员综合能力的要求是很高的，考核是全方位的，对专业知识的掌握要求扎实，不仅要精通各种建筑样式，能够根据不同业主的需要，提供相应的建筑设计方案，并且要求有一定的实际工程经验，指导建筑施工，“专任监察各种工程解释图说之疑义，查视工匠有不合格者即令包工人去之，指定存料地点、临时供给本工程各种建筑物之详细大样，说明做法，试验各种材料之品质，如品质不良有碍建筑之坚固指令包工人当即换之，如承包人所呈某项代替之工料是否与说明书有相等价值亦由工程师斟酌审定”等责任。

这些建筑技术人领取许可证后，由各建筑公司聘任，聘任期间，要求服从公司管理，所设计和绘制的建筑图都属于该公司的工程项目。他们参与设计了许多优秀的建筑物，像在天津法国一品公司学习的刘锡武领取技术人许可证后加入义川公司，主持施工了沈阳YMCA大楼（沈阳基督教青年会）；天津警察厅工程科测绘传习所毕业的孙恭寿被宝全建筑公司聘请为建筑技师，设计绘制了商埠袁绶卿电影院等，他们在沈阳全市范围内，指导参与建筑活动，使沈阳近代建筑的设计水平普遍提高，为沈阳的发展提供了物质基础和生活

民国十八年六月七、八两日考核建筑技术人评定分数　　表5-3-1

人名	构造强弱学	建筑材料学	建筑施工法	实地设计	总分	平均分
孟传魁	74	78	100	94	346	86.5
刘如璋	57	89	88	85	319	79.75
刘锡武	60	83	78	97	318	79.5
朱仲三	70	79	69	86	304	76
张香圃	70	77	63	85	295	73.75
孙恭寿	45	83	85	73	286	71.5
李瑞祥	45	47	84	74	250	62.5
吴甲三	67	63	42	76	248	62
高玉书	44	64	56	80	244	61
许瑞增	45	63	55	79	242	60.5
蔡阔亭	60	64	53	64	241	60.25

场所，是沈阳近代建筑队伍的骨干力量，创造了沈阳近代悠久的建筑历史。

（四）工程招投标制度的兴起

进入20年代后，随着近代新式建筑的建造，受国外建筑业经营方式的影响，沈阳地区的建筑业开始引入招标制，一些大型工程开始实行招标办法。工程招投标制度作为竞争机制而被引入，早期的工程招投标制度的推行必须具备的条件：对建筑施工质量及造价控制要求提高，建筑市场存在一定的竞争空间；有人将其引入原无此制度的中国；中国工匠能接受，适应这一制度并做出积极回应。沈阳具备了推行的条件，一些拟建工程的业户认识到实行招标承包可以降低造价，促进工期，提高质量，因此，工程建设单位根据工程情况制定招商投标简章，公开向社会招标，施工承包商都可前去投标。

最开始各项工程预算数目估价保密，而投标商人只得自行估价，标价物品在预算全额之内最廉价格获得标。这就引起各建筑公司通过各个环节刺探、通融，多方营求以希望得到估价。这样一来，估计价格无法保密，得到情报的承包单位无论其技术经验如何，均能按照预算投标以求得工程项目，而究竟有无承包该工程之能力暨承做该项工程能否良好则无法保证，偷工减料者屡见不鲜。鉴于此，将投标制度变更为“所需之工料价额、杂费余利等项分别切实，估计造价，预算先于招标承包时宣布周知，并说明此项预算是属最高价格，凡来投标者均须在此预算之内，而取最廉之标价承包，其估计价格超过公布预算数目者即毋庸来投。”如东北大学文法科课堂及宿舍、奉天总商会、奉天市政公所汽车厂厂房、油库等工程都是采取招标方式营造的。同时，大型建筑设计也采用这种招标设计方案的方式，张氏帅府红楼群就是张学良夫妇在招标过程中选中杨廷宝先生的设计方案的。

事实证明，招投标制度引入的竞争机制与契约关系对建筑工程具有积极推动作用。这期间，公共媒体开始成为招投标制度的有力支撑。这类招投标广告：“奉天电灯厂招商投标承修厂房”、“冯庸大学招标建校舍”、“京奉铁路管理局招标承修皇姑屯机车房”等时常见诸报端。

奉天电灯厂招商投标承修厂房在《盛京时报》刊登的广告：“本厂现拟建筑电机房一所、抽水机房一所、工人宿舍四十九间，以备应用，有愿承包此项工程者即于四月二十一号以前到本厂庶务处领取标单、详细估单、详细图表工程说明书，并缴纳领标押款奉大洋十元，所投函务须封固注明投标承修厂房字样于四月二十五日以前妥交本厂庶务处，于四月二十五日午后一时在本厂当众开标。”该广告内容反映出几个重要问题：并未限定营造厂商的国籍；并未要求考察营造厂商以往业绩；要求投标文件须注明报价，任由甲方挑选。

三、沈阳近代建筑行业社团组织的建立及其功能

（一）沈阳近代行业社团发展概况

1. 传统的行业帮会

自19世纪末期起，随着沈阳地区建筑业的发展，出现了建筑工匠的行会组织，如木匠、瓦匠、抹灰匠等，为了维护自身的利益，在亲友、同乡的基础上结成的以某一地区（原籍）为标志的行业帮会。这些帮会以省内地区划分，可分为大连帮（辽南一带）、沈阳帮（辽中、新民、沈阳城郊一带）；以关内外划分，可分为山东帮、河北帮（主要由来沈阳谋生的建筑工匠组成）。这些帮会的宗旨是保护同乡，进行劳务竞争，增进自身的利益。他们一般是在有号召能力、组织能力，具有一定技术的包工头、能工巧匠的带领下，自愿结成，成员多者百余人，少者数十人。这种原始的、带有浓郁地方特色的帮会组织一直延续到沈阳解放前夕。随着帮会组织的发展，逐步产生了封建把头，他们利用封建宗法关系残酷地压迫剥

削工人，使行业帮会由自发的、保护自身利益的群众组织变成了你争我夺的、尔虞我诈的、封建的、封闭性的、落后的帮派组织。沈阳解放后，随着建筑工人的固定、国营建筑企业的建立，这种原始的帮会组织和封建把头剥削被消灭了。

2. 同业公会

同业公会，是自“中华民国”成立后，由各城市工商及建筑营造业在内的各行各业依法组织的群众团体。一般由实力较强，信誉较高，有影响的承包商联合同行业组成。沈阳地区自1921年（民国十年）后，陆续出现包括营造业在内的同业公会。同业公会是其成员为对外营业竞争之联合机构，宗旨是“矫正本行业业务上之弊害，增进其利益”，其职能是“约束同人，使勿为无理竞争，兼互通消息，详悉行情”（表5-3-2）。

辽宁省城建筑同业商号对应业主或经理人姓名表　表5-3-2

辽宁省城建筑同业商号对应业主或经理人姓名	
四先公司	高文中
合顺东	何岐山
华泰工程公司	解玉崑
沈阳建筑公司	杨惠卿
隆记建筑公司	刘爽卿
同一做房	李向午
起业公司	李甸文
崇德公司	李岳东

3. 日本在沈阳的近代建筑行业社团组织

近代日本在沈阳的建筑行业社团主要有1919年成立的“满洲土木建筑业组合”奉天支部、1924年“满洲土木建筑业协会奉天分会”、1934年“日满土木建筑业协会”奉天支部；以及“满洲土木建筑公会奉天支部”、“满洲建筑协会”等。

（1）“满洲土木建筑业组合”

1905年，日俄战争结束后，从日本来中国东北的为日本野战铁道工程服务的土建承包商，滞留在奉天、安东、铁岭、营口等地，其中实力较强的承包商大仓、间岛、管原、鹿岛等土木组、工务所，纷纷成立了工友会。1908年4月，“南满洲铁道株式会社”在大连成立，各地的承包商和工友会陆续迁移到大连。同年5月17日，这些土建承包商及工友会联合创立了“满洲土木建筑业组合”。

“满洲土木建筑业组合”，除土建承包业者参加外，还有建筑材料商业者参加，是一个行业性的组织。

随着南满铁道建设工程的逐渐增多，“满洲土木建筑业组合”的工作量日益加大。1909年，“组合”进行了改组，参加组合者纯为土建承包者。1921年4月，“组合”为了更好地促进土建承包者与业主发包者之间的关系，成立了“组合”改善研究委员会，1922年9月废除了组合长制，设立了有酬劳的理事长制，同年11月，大町谷佐专职任理事长，上木仁三郎任常务理事长，强化了职能机构，编制了“同行业组合的管理规划”，设立了组合成员共同使用的材料堆放场地。

1919年11月，“满洲土木建筑业组合”在奉天设立支部。

（2）“满洲土木建筑业协会”

1928年10月，“满洲土木建筑业组合”在大连改建为“社团法人”，成立了“满洲土木建筑业协会”，（木神）谷仙次郎任会长，高岗又一郎为副会长。“满洲土木建筑业协会”下设总务部、调查部、劳务部、工务部、共济部、编辑部，设有奉天分会、大连分会及若干支部。“满洲土木建筑业协会奉天分会”成立于1924年。

（3）“日满土木建筑业协会”

1934年，“日满土木建筑业协会”在长春市成立，设哈尔滨、长春、奉天三个支部。“协会”奉天支部会长为（木神）谷，副会长为张保先。有日籍会员单位23家，中国人会员单位12家，主要是四先贸易建筑公司、大兴工程公司、大东公司、复新明记建筑公司、同兴和允记公司、复元建筑公司、东兴工程公司、同兴土木建筑公司、沈阳建筑公司、东生建筑公司、华兴土木建筑公司、复兴土木建筑公司。

（4）“满洲建筑协会”

1939年，日本在东北的一些建筑业知名人士、技术人员、著名承包商，在奉天成立了“满洲建筑协会”，为社团法人。

“满洲建筑协会”之目的是“期待满洲建筑界的健实地发展”。其主要任务：① 关于建筑各项事宜的调查研究；② 关于会志与有关建筑图书的出版；③ 举办有关建筑方面的报告会、展览会等；④ 解答有关满洲建筑的各种质疑与介绍；⑤ 其他建筑方面的重要事项。

4. 沈阳近代其他建筑行业社团组织

在沈阳近代建筑行业社团组织中，除了同业工会和由日本人成立的满洲土木建筑业组合和各协会外，外来的西方建筑师在沈阳同样拥有自己的社团组织。但由于他们来自不同的国家、不同的背景，所以他们的社团较为分散，类型更是多样，其中有教会组织，例如丹麦建筑师艾术华所在的苏格兰教会组织，该组织原则上为建筑师提供主要的设计任务和保障传教士建筑师的权益；德国建筑师俱乐部是由德国建筑师组成的团体，通过休闲娱乐的形式，促进外国建筑师在沈阳彼此交流和互相帮助。

（二）行业社团组织的功能和意义

1. 制定行业社团标准

各个行业社团组织积极开展工作，编定行规等合同和标准文件，管理发展，严格要求。例如建筑同业公会设定章程，主要考查同业弊害、研究同业改善事宜、评议和解同业之争执等，规定同业会会员有选举权、被选举权及决议权，并且不得妨害同业会名誉或远背会章。该项合约中明确规定了建筑同业会的工作性质、人员组成、管理方式、经济来源、惩罚约束措施等方面的内容，从中我们可以看出，它已经得到业内人士的认可。

2. 出版刊物

行业社团组织创办自己的刊物，既可提高社团成员的专业水平，又起到宣传、管理的作用。其中满洲建筑协会创办的《满洲建筑》杂志是在东北主要的也是影响较大的建筑类杂志，它介绍了满洲古今建筑情况、专业建筑师建筑思想、最新的建筑作品和研究论文、国外最新的建筑作品和建筑技术以及建筑学会的发展情况等各方面跟建筑有关的知识。

3. 提供行业社团的保护和咨询服务

各行会社团组织定期活动，互相交流，同时提供咨询服务，保护会员的利益，提高会员的专业水平。

例如沈阳建筑同业会是主要为本土建筑师服务的社会团体，满洲建筑协会主要为日本的建筑师服务。但无论服务对象倾向于谁，沈阳的行业社团都是为该社团提供保护和发展的忠实机构。

4. 行业社团的宗旨和意义

通过上述的有关史实的整理和分析，可见行业社团的宗旨是占有市场、确保行业社团的利益。“建筑同业会”是标准的“行业协会”，如制定行业标准、提供交流的机会，其本质自然是利益协调与行业保护。它促进同业团结，维护行业整体利益，在一定程度上利于维护自由竞争的秩序；而“满洲建筑协会”则是对日本在满洲的建设、建筑业的发展、宣传交流以及保护与加强日本建筑团体与个人的利益与名誉起了非常重要的作用，如出版建筑专业刊物、建筑交流会议等。它们都支撑了新生的建筑设计行业，促使社会提高对建筑师的认同程度，为引入西方的先进经验、加强本土建筑设计的系统性与正规化作出了一些工作。它们为建筑师在社会立足，与其他不正规的建筑团体争夺生存空间，扩大知名度，进行自我认同和宣传做出了努力。

沈阳地区建筑业最早出现的政府管理机构是盛京工部。此时的建筑业管理体制主要是封建社会下的传统管理模式，重建设、轻管理，是为官方建筑提供服务的机构；到民国初期，随着沈阳市政公所工程课的设立，在沈阳出现了由西方人传入的建筑管理模式，这种环环相扣的管理程序正是管理制度系统化以及机构设置科层化的表现，接近现代管理模式；在沈阳日伪时期，建筑管理体制注入了日本国内的建筑管理模式，使其出现了建筑设计、建筑技术、建筑材料和施工等方面都相对完善的管理体制，并且日趋现代化，但是由于日本对中国东北的侵略目的，使其管理体制严重地限制了中国建筑师和建筑设计机构的发展，具有独霸性和狭隘性。民国初期以来，经伪满到国民党统治时期，沈阳地区建筑业的管理体制主要是通过采取营业许可证的制度，来加强对承包者资格、设计、施工、质量及招标的管理，只是由于当时政治形势的紧张和统治者出发点的不同，始终没有形成统一规范化的管理程序，但是从中反射出了沈阳近代建筑师的执业水平的日趋成熟和社会对建筑发展的重视。

在建筑制度方面，建筑营业管理与建筑师考核制度的确立与完善，保障了沈阳建筑市场中建筑师的技术水平和建筑公司经营的体制化和正规化。随着中国工匠对西式建筑技术由陌生到熟悉，他们开始积极同外来建筑机构共同参与工程招投标竞争，成立以确保市场和会员利益、提供保护和咨询为目的的行业社团。可见，沈阳近代建筑管理机构的出现和发展与建筑师登上历史舞台具有同样深远的历史意义，它实际上是在沈阳领土上出现的一套具有现代意义的建筑管理体制的雏形，成为了中国建筑现代转型在制度层面的“推动力”。

06

沈阳近代建筑的本土化及其标志性特征

第一节　本土化——中国建筑近代化的本质体现

建筑的西洋化成为中国近代建筑发展的主要成分，其本质却在于外来文化的本土化。

“本土化”的命题恰是一度盛行的中国近代建筑“欧洲中心论”的悖论。对待中国近代建筑，西方学者，也包括迄今为止一些尚未建立起完整认识的中外同仁，被“欧洲中心论”的片面思潮所左右，认为近代建筑根植于欧洲，散落于世界各地的近代建筑皆是欧洲近代建筑的“舶来品”。然而，事实上，“欧洲中心论”在强调近代建筑产生于欧洲这个历史客观的同时，忽略了近代建筑的发育、成长过程，忽略了它导入不同地区，为适应当地条件而经历的本土化的变异，甚至发生某些本质上异化的过程，而这个过程是建立起某种建筑体系实质性过程的重要部分。忽略或否认这一点，就难免得出片面以致错误的结论。

一、中国建筑近代化的本质在于本土化

由于近代中国处于半殖民地半封建社会，中国的近代化进程蹒跚而曲折，当时被强力撞开的国门使得中国的开放是被动的。中国近代建筑的发展属于“后发外生型现代化”。世界近现代建筑的发展道路不是仅有一条，中国近现代建筑的发展所走的道路完全不同于欧美。由于中国近代化的“后发型”和“外生型”属性，便会在中国建筑近代化的初始阶段出现原封不动的“克隆式”建筑，但是不同文化在相交之时势必会经历冲突、碰撞而后融合的过程，不顾地域气候、文化、生活方式而单纯照搬的西洋近代建筑势必会让人们觉得“食洋不化”，会被地域所淘汰，只有根植于本土传统文化的深厚积淀，适时创新，才能在新的土壤上发展。因此，传入中国的近代建筑便开始了“本土化”的发展历程，而脱离亦步亦趋地照搬西方近现代建筑的发展模式。“本土化”的近代建筑体现了人们立足于自身的基础探索中国近代建筑发展的历程。

在这种观点下重新审视沈阳的近代建筑，便会欣喜地发现古老的中国传统文化在面对汹涌而来的国际化的时候，顽强地发挥着自身的作用，尽管有时很微弱。两种文化发生碰撞、交融后，反映在建筑形态上便是中西混合的式样。在相当长的时间里和许多人的心目中，这种建筑形态都被冠以“不伦不类”、“混杂”等含有贬义的标签。但正是这种“不纯正”的现象体现了建筑的本质属性——地域性，是探索具有中国本土特色的建筑现代化的成果。因此，从建筑的地域性角度来说，“本土化”建筑自然高出“克隆式”建筑。其

所包含的价值和意义远远大于“克隆式”建筑。

二、近代建筑历史的本质是“发展”而非“搬迁”

建筑历史的本质在于发展，而非搬迁。中国近代对西洋建筑的接纳与引进，从整体上讲，绝非简单的移植过程。其中包括引进一种完全不同于传统建筑的洋风建筑形式时，为适应当地的建筑材料和施工技术所必须采取的替代与改进手段；包括为获得当地社会认可，而对建筑形态或结构技术的被动改进；包括为满足与原生地不同的使用功能和经济条件而必须进行的调整与完善；包括因对新建筑理念的追求而对原型模式所作的主动变化与突破……所以，从严格意义上说，除个别对国外建筑完全的复制者之外，绝大多数的引进都存在着本土化的成分，只是本土化的程度有所区别。

完整的文化交流过程应当包括文化的传播、融合与更新三个阶段，这三个阶段互有联系，互相叠合。文化交融过程中既包括被动的自然演变过程，也包括主客体文化自觉的、有目的的主动选择、融会与创新的过程。

沈阳近代西洋建筑虽然最初是克隆的西式建筑，但随着文化交流的不断深入，西洋建筑也在本土化的过程完成了自我的更新与再发展，走出了不同于在西方文化环境中发展的近代建筑之路，这正体现了文化客体的主动选择创新的特质。事实上，建筑发展到今天，人们已经明确地认识到它的内涵和外延是不断地变化着的，实在是不能以建筑是功能或建筑是空间简而言之地概括。建筑的发展也并非完全尊重学院派的旨意。西洋建筑本土化是中西建筑文化相遇之时的必然产物，也体现了建筑的本质属性，对具体环境的尊重和适应。西洋建筑的本土化再发展摒弃了与本土相矛盾的诟病，使其能够适应地域的条件，真正地融入本土建筑之中，又一次证明了近代建筑历史的本质是发展而不是某种类型建筑的“搬迁”。

三、沈阳建筑的本土化在西洋建筑置地过程中的体现

从欧洲摄取营养而得以发展的沈阳近代建筑，经历了选择、模仿、改进和再创造的过程之后，成熟了起来。被引进沈阳的西洋建筑在它的置地过程中，从与传统观念、生活方式、当地建造技术、自然条件相结合这四个方面反映了其本土化的过程。

（一）与中国传统观念相结合

中国社会的传统观念是历代相沿积久、约定俗成的风尚、礼仪、习惯的总和，是对人们广泛行为和文化心理的规范。近代沈阳新型的西洋建筑在结合审美及文化习俗上做出了尝试。

1923年（民国十二年）由“满铁”建筑课设计的北京的荒木清三作为顾问的满铁奉天公所于1924年竣工。砖结构与钢筋混凝土混用的2层建筑，外观采用中国式的黄琉璃瓦大屋顶、钢筋混凝土制作的斗栱、粉墙彩画，基底做成假石砌饰的基底层及圆形拱券入口形状，从建筑整体到细部都明显地体现出了用现代材料和技术着意表达中式传统做法的意图。公所的平面中心是庭院，四周围合着券廊（图6-1-1）。在建筑空间的处理以及中西建筑手法的融合使用等方面都充分地实现了以西式的、现代的技术取得与沈阳故宫相呼应，并完美融入老城区传统文化环境的目标，是20年代杰出的实例之一。

又如奉天放送局（图6-1-2），这个建筑面积仅有3000余平方米的1层建筑（局部有小塔屋、五脊顶形式），立面为三段式。上段为黄琉璃披檐，檐下有装饰的斗栱层。中段墙身由黄褐石色面砖贴饰，与勒脚的白水刷石饰面形成色彩与轻重的对比。此建筑虽然没有体量的变化，但是通过这些细腻的手法及对比例的适度掌握，使得立面形成了视觉上的三段式，既丰富而又适可而止，是现代与传统相结合的成功范例。

图 6-1-1 原满铁奉天公所
(a) 内院拱券廊；(b) 檐下装饰；(c) 檐下斗栱

图 6-1-2 原奉天放送局舍（来源：http://news.ifeng.com/gundong/detail_2013_09/29/29978355_0.shtml）

除此之外，还有中国建筑师在设计新式西洋建筑时作出的本土化尝试，如吉顺丝房是大型商店改建的典型代表。它由吴俊升投资兴建，高4层，为三段式。基段由通高2层的8根巨柱构成，中央2根为圆形，两旁列柱为平面化方形壁柱，二层在柱间设小阳台，栏杆为“寿”字变形图案，阳台下有混凝土质的斗栱及象鼻出挑。三至四层为中段，三层设通长阳台，在入口上方折起，下用混凝土模仿做出雁翅板，中段墙面也均在入口上方凸起。四层阳台随开间大小而设，为内凹曲面形，凸起的墙体与内凹的阳台对比，造成了整个立面的起伏流动的感觉，取得了巴洛克所追求的动势，同时中段用开间大小的窗、三角形窗罩、拱形窗以及矮柱的重复使用形成韵律感。基段两层高的平实列柱又衬托了中段的热烈、华丽。上段为宽阔的折线式出檐。屋顶设八角形大亭，上覆绿色穹隆，丰富着中街的天际线。

又如同样由吴俊升投资兴建、穆继多设计的位于吉顺丝房左侧临钟楼街口的吉顺隆丝房以及处于临鼓楼街口、道北的泰和商店，都采用了与吉顺丝房大体相同的设计手法，只是在规模及装饰上有些差别。其中，尤其应该特别提出的是这几幢建筑中对西洋柱式的创造性运用。在这几幢建筑中到处运用的大大小小、方圆各异的柱式中，没有一根是标准的西洋五柱式，而且这种非标准，并非如早期因工匠不谙西洋营造方法，使柱式显得不得要领，而是一种着意的创造。比如柱头的雕刻内容，在泰和商店中运用的柱式，其柱头中心部位雕刻着中国传统的吉祥动物蝙蝠伸展两翅，下由菊瓣扶托，四角垂穗，柱帽及柱胫刻有回形纹，整个地将西洋柱式的雕刻内容置换成大众们喜闻乐见的吉祥图案，而且比例尺度适宜，可谓“西洋的形式，中国的内容”，在这样大众化的商业场所，这种中西结合的创造，是非常实用而又有新意的。也正因为有这样众多装饰细节取材于传统的创造，在整体上又通过壁柱的方圆、长短、单双的不同组合，墙体的折起，阳台等小构件的曲面化这些简单的塑造手段来获得巴洛克样式对流动感的追求，因此，有外国学者称之为“中华巴洛克”。由于它的形象出众、动人热烈，富于商业建筑的感召力和诱惑性，建成后为企业老板带来了显著的经济效益，也为所处的街道增添了光彩。

（二）与中国传统的生活方式相结合

沈阳有一种特殊的商场，当地人把它叫做“圈楼”，这一称谓源自它不同于其他商场的售买方式。这是一个平面为环状的建筑，柜台与商街均沿环状排列，顾客沿环形商街有顺序地在行进中浏览和交易（图6-1-3）。这种圈楼在沈阳有好几处（太原街圈楼、平安菜市场圈楼、大东副食圈楼、广州商场、北市场圈楼、铁西圈楼、北行圈楼、南塔圈楼、南市场圈楼、大西圈楼等），外地却很少见。

中国传统的商市不同于欧洲，欧洲的商市发源于广场，在一片宽阔的用地上涌满了交易的人群（图6-1-4）。这种景象延续至今，只不过由室外搬进了室内，形成了现代大厅式的商业中心，甚至仍以“××广场”称谓。而中国传统的商市形式主要为街道，沿街店铺呈线性布局，具有序列性（图6-1-5）。将这种街市空间同大厅式的购物空间结合起来，恰能够在满足现代购物行为的同时又形成与传统商业方式的对接，在现代商厦“体内”注入传统文化的元素。事实上，南方与北方传统商街的空间绩效有所不同。南方传统商街两侧的店铺临向街路的外墙全部敞开，仅以柜台分划室内外的空间界域，街道空间与店铺的室内空间相互渗透，街道既作交通又做买卖，人们在行进当中边浏览边购物，气氛浓郁、亲切。而北方商街限于气候条件，使得这种气氛难免会淡漠许多。冬季寒冷的天气令街侧店铺不得不将临街外墙封闭起来，街道成为单纯的交通空间，而真正的商业行为则需要进入室内，人们进进出出的过程使得购物氛围被大幅淡化。造成这种扫兴的空间元素，就是各店铺临街的这道“墙”。圈楼将商街放入室内，寒冷的气候失去了威慑力，临街外墙可以充分敞开，店铺内空间得以释放，北方商街终于可以获得南方商街的优越性，这恰是现代大型商业空间为传统商街所带来的利好条件和所注入的新的活力。

图6-1-3　原春日町（今太原街）圈楼（来源：《沈阳历史建筑印迹》）

图6-1-4　欧洲商业广场（来源：研究所内部资料）

图6-1-5　中国传统商街

圈楼将市场由室外搬到了室内，将西式的商业理念和建筑形式附加到当地的市场之中；圈楼又将中国的传统商街保留并延续到现代空间之中，犹如加了屋顶的老街，使得行进与交易成为一个统一的过程，将冬季街面的冷清变得如同春秋般的热闹。圈楼正是在引进西洋商业模式的过程中，结合地方传统交易方式创造出来的一种中西合璧式的新形式。它不仅改善了买卖双方的交易环境，更为东北寒冷的气候提供了适宜的条件，弥补了北方商街相对于南方传统商街的不足。

圈楼，来源于西式商场，却更贴近于本土生活；圈楼，来源于本地商街，却在建筑形式和交易条件上更具有现代商场的优越性。

日本在一些建筑活动中也着力于与本土的传统和地域特征相适应。因沈阳不同于日本风土的寒冷气候，日本曾竭力学习俄罗斯建筑与满族民居之砖砌建筑的结构方式及防寒措施，包括早期直接引入附属地的“殖民地式”外廊式公寓，后期为适应冬季寒冷的气候而改为内廊的“寮式”公寓，也包括对住宅中不同壁炉式样与做法的研究，其后又深入研究和尝试应用不同的经济实用的供暖方式，使得沈阳的日式住宅建筑的造型也出现了不同于本国的、由于特别强调防寒保温而形成的厚重、封闭的建筑特征。

20世纪30年代由满铁建筑课开发设计，南满洲兴业会社施工建成的大批“满铁社宅”是最具有日本居住环境特质的住宅建设。“满铁社宅”在建筑风格、建筑技术等方面仍具有一定的历史价值。

满铁社宅根据家庭成员组成及生活方式，分为几类标准型。它们均为2层独立式坡屋顶住宅，每家每户都有自己的花园及仓储等用地。虽然住宅的规格大小不同，但就其室内生活方式来说，都是“和洋折中”的。也就是说，居间、寝室、厨房、浴室等房间都是和室，在门厅旁的一二间客厅为洋室，和室中保持着“床之间”、神完（神棚）、佛坛、壁橱等文化生活设施，房间也完全由隔扇、推拉门等分隔，并且，在寒冷的东北，依然设有日本人传统的南向外廊空间，也称日光室。另外，虽然从保健卫生的角度来看，应该采用椅子式的生活，但是从传统习惯、心理、精神要求方面来说，还是保留了榻榻米式的生活，内墙只是分隔墙，室内布置成“仿木构”的样式，住宅层高仅2.4~2.7米。这种生活方式与居住空间完全不同于中国人，和日本人的起居方式及人体尺度相适应。中国自宋代以后普遍为高足家具，垂足而坐，就住宅组说，在北方形成了层层院落围合的家族聚居的居住形态。

（三）与当地建造技术与材料结合

对西洋建筑的引进，往往面临着当地条件无法满足原建筑形态所依托的建筑材料与建筑技术保证的前提，于是寻找当地所熟悉的或创造某种替代性的做法与材料成为引进过程中的一个关键。比如银行建筑是近代从西方“进口”的新的金融与建筑形式，该类建筑在植地过程中也必然要解决这个问题。

辽宁公济平市钱号在向现代银行过渡的过程中实现了对建筑的改造。建筑整体为二层楼房，附带地下银库和屋顶花园。在它的修建过程中，更体现了当地做法与现代技术的融合以及“中体西用”的哲学理念。

如：在公济平市钱号的施工工艺与材料选择方面。基础的施工流程是先由监工人按照图样划出白灰线，并且在业主与工程师共同查验后下灰土。建筑用料整体采用的是中国传统的上等青砖，用传统的粘合剂——砂子、白灰砌造。建筑前墙以及外立面的柱子均采用水刷假石做法。新银库的楼板及洋灰大柁、过木屋顶花园的楼板、上屋顶花园之楼梯皆用混凝土铁筋建造。玻璃房顶上层做铁丝玻璃，下层做花玻璃。

中式传统砖墙与西式过梁的结合：建筑采用了中国传统青砖的砌筑方式、粘合剂的配比以及灌浆方式，但在尺度较大的门窗洞口处采用了洋灰过梁；防水层的技术做法：铺设沥青一层，2号油毡一层，其上再擦沥青一层；混凝土的配比：沈阳近代建筑的混凝土配比会根据所处的建筑位置的不同采用不同的配比比例，这同现代多种混凝土强度等级的适应性有异曲同工的功效；掌握结构的特性：当时虽然混凝土技术已传入沈阳，但在建筑设计过程中，建筑师还不能随心所欲地采用此种新的结构类型，而是了解结构的特性，仅在砖木结构技术解决不了的构造位置谨慎地采用混凝土结构。

实际上，依赖当地材料和技术所修建的西洋式建筑绝非个别，反而大多如是，遍及沈城。另一方面，由于受材料和技术的局限，西洋建筑也往往变得不那么“西洋”，更衍生出某种另类的建筑形式——一种东西方文化相互作用、相互融合的新的结晶。这一特点贯穿于沈阳建筑近代化的全过程之中。

（四）与沈阳本土自然条件、经济条件相结合

这一点几乎是所有的外来建筑都曾面临的问题，我们仍以满铁社宅为例。俄国人从本国带到沈阳的寒地建筑技术曾成为日本人借鉴的样板。

俄国建筑文化对近代沈阳建筑产生的最深刻的影响便是带来了先进的结构技术和建筑防寒措施。俄国的居住建筑耐寒性非常好：建筑墙体厚实；在房屋周围设有排水设施和墙上设防水层以防止地基受冻；地板下和天棚上加5寸厚的土或炉灰作隔层，同时铺设双层板防寒；小房间做到空气流通；窗户装有双层玻璃窗，或者再安装窗户板御寒；门也做成双层的等。这些防寒保温技术后来为当地提供了可资借鉴的经验与技术。

满铁社宅为了避免过多的外墙面给房间的保温造成负担，平面形式起伏变化不大，表现出了集中紧凑的特点。住宅多为内走廊式。南向房间进深大，窗洞也相应较大，多布置为家人利用率较高的起居室、餐厅等房间，还有老人和儿童的卧室等；北向房间进深小，窗洞尺寸也相应较小，多布置厕所、浴室、仓库等辅助用房。

围护结构合理的构造做法，是解决建筑防寒的重要措施，使室内热损失达到最低程度，同时抵御冬季室外空气侵入室内。它包括墙体、楼地面、顶棚及门窗等部分的细部构造。室内热量散失主要发生在墙体内的热交换，即结构本身的传热过程中。墙体的总热阻决定了其传热的能力，一般总热阻越大，热量散失则越少。本地传统住宅通常是以厚重的墙体有效地起到阻热交换、防寒保温的作用。因而也引起了日式住宅对墙体内部传热问题的注重，外墙采用一砖半（420毫米）厚、二砖（540毫米）厚的墙体，提高了围护结构的总热阻。在此基础上对红砖从技术上加以改进。另外，墙体除使用红砖外，还大量地使用热阻值大的空心砖，空心砖与空心砖间用轻质灰浆粘接，使它们之间形成多层封闭的空气间层，达到更好的保温作用。楼地层地板的保温主要是通过隔绝地下的水蒸气上升来实现。在夯实的素土上填入干燥砂土做垫层，砂土上通常抹洋灰，形成隔绝层。地板的木龙骨不直接与洋灰地接触，而是放在地砖垛上，并以油毡防潮。砖垛不但扩大了龙骨承压的面积，而且在地板与洋灰地之间形成了空气流动间层，有利潮湿空气的干燥。层间楼板层用木材来做，木材本身是很好的隔热和隔声材料。另外，吊顶与地板间还加入50毫米厚的干燥砂做保温层。顶棚保温层做在天花吊顶的上部。保温层由锯末和石灰以5：1的比例构成，锯末的保温性好，石灰能够吸收空气中的水蒸气。屋面构造中不做保温层，它的构造简化了，屋架内的气温与外界空气相差无几。这样，顶棚内很少出现凝结水蒸气而使木梁架受腐蚀的现象。

对于门窗的防寒，日本传统的推拉门由于门扇过大，封闭不严，只利于通风而不利于保温，但席地而坐卧的生活习惯又使他们在住宅中不能抛开推拉门。在不断地研习中，在日式住宅中一般把进户门做成平开门，而室内各房间门做成传统的推拉

门，使推拉门的缺点得以弥补，同时也适应了在不同气候条件下对推拉门的使用。外门的位置一般都面向街道。在方位上既不占最好的方位（东南向），也不占最差的方位（西北向），这使得冬季寒冷的西北风不能随门而入。进户门一般做双层两扇平开门。门缝结合处钉挡风木板条或把门框做成企口，以防开关门时冷气的渗入。住宅内进户门处均设门斗，作为屋内外一个过渡的空间。日本的格子窗与推拉门一样对通风有利，对保温不利。在日式住宅中没有采用格子窗，而是采用防寒效果好的双层平开窗，为便于冬季糊窗缝，两层窗均内开，冬季还要在两层窗之间添砂土或锯末。

对本地气候条件的认识与适应，是引进外来建筑时普遍面对并且必须给予回答与解决的问题。实际上，这经历了一个过程，也付出过学费。如原奉天省谘议局建筑，是伴随着对西方议会制度的引进引入了这一建筑类型，华美、精致的建筑造型，至今仍令人们赞叹不已。然而，当年的建筑却采用了完全不适合本地的露天外廊，这种连续拱外廊的形式作为欧洲议会建筑的重要符号被普遍采用，它成为当时各省修建谘议局建筑无一例外的做法。但是，不讲情面的寒冷气候立刻使人们意识到其中的错误，随后毫不犹豫地将外廊封闭起来。同样的情况在东关两等小学课堂楼和满铁社宅低等宿舍楼中都曾出现，这是西洋建筑被引进沈阳在植地过程中的一种具有普遍性和必然性的经历，也是本土化对西洋建筑进一步完善和发展所做出的反馈式推进。

四、近代建筑的本土化评价

对待外来建筑的引入，应正视两个方面的问题。首先，既承认中国近代建筑中外来文化的主流作用，也承认它在中国大陆植地过程中的本土化——结合地域条件和地域文化的环节，承认它在这个过程中发生变异的结果。其实，这种变化恰是外来文化在导入过程中积极适应当地条件而得以生存、被注入生命力的结果。只有如此，它才能够以强势基因继续影响着本土文化，能够被本土文化进一步吸收、改造并相互结合。

其次，建筑作为艺术的一个门类，从建筑设计的层面品评一个作品，最重要的在于对其满足实用和美观前提之下创造性因素的评价。对于中国近代建筑而言，它的本土化过程属于对建筑原形态的再创造，是促进建筑发展的本质体现。因此，应看到西方建筑进入中国的过程中被吸收、被改造的本土化现实。这是中国建筑文化吸纳外来文化的重要程序，是中国近代建筑发展重要的和实质性的组成部分。应建立起以“外来文化本土化水平高者为上品”的评判准则。中国近代建筑的价值，恰恰在于外来文化的导入及其适应于本地条件的变异过程与结果。评价中国的近代建筑，不仅要看它是否带来了先进的文化与技术，更要看它是否有所改进与再创造，还是仅仅作为洋风建筑的“克隆版”。尽管不可否认对少量纯正洋风建筑的引入有其作用和意义，但只有摆脱了全盘照搬的羁绊，纳入与本地条件相结合的正确轨道，注入了再创作的因素，才真正具有建筑的艺术品质，也才是建筑发展的真正体现。

从另一个角度看，本土化也推动了西洋式建筑的再发展。这往往体现在以下两个方面：一是由于需要满足洋风建筑的落地条件，而推动和加速本地适应性技术的发展，也有利于被引进建筑类型的自身完善；二是当地相对于其原生地的不同需求，促使从西洋建筑的原形中衍生出改良型的或是全新的形态，也对新技术的出现和发展提出更高的目标和要求。

第二节　沈阳建筑近代化的标志性特征

近代建筑的英文表达“Modern Architecture”并不能将它与现代建筑十分明确地区别开来。事实上，现代建筑作为近代建筑的延续，没有发生质的变化。在这一点上，它不同于古代传统的石构或木构技术，在进入近代以后，由于受到工业革命浪潮的巨大冲击，建筑发生了根本性的嬗变与跨越。尽管中国的历史断代更多地受制于本国政治的影响，但是，由于近代中国处于一种任由西方列强摆布的特殊历史时期，西方影响成为左右中国近代历史断代，以至社会生活各个层面的发展与转变的决定性因素。在这种背景下的中国近代建筑也必然开始偏离了亘古以来的传统轨道，转而追随西方建筑的发展路径。这也使得原本在世界上独树一帜的中国传统建筑完成了一次相对于西方近代建筑演变跨度更大、转化更为彻底的变革。

就建筑本体而言，中国建筑近代化的标志性特征主要体现在文化和技术两个层面上。

一、沈阳近代建筑发展的文化特征

世界上延续时间最长的建筑体系，莫过于中国传统的木构建筑。几千年的历史使它得以充分的成熟，甚至长期傲居东方之首。直到西式建筑在洋枪洋炮的掩护下，洞开了中国大门，揭开了中国近代建筑的历史，并迅速地替代了几千年来一直占据着主导地位的中国传统建筑，而成为这块曾被东方文明牢固统治着的中国大地上的主宰。在这个“反客为主”的特殊时期，部分的“建筑洋化现象”也来自国人自己。一旦人们长期在头脑中所形成的甚至带有一定盲目性的高傲与自信，受到无情的、毁灭性的打击之后，难免走向另一种“自觉”——对强势文化产生某种崇拜与追随。于是，建筑的西洋化成为中国近代建筑发展在文化层面上的标志性特征。

虽然西洋风几乎可以覆盖近代的中国全境，但不同地区的本土势力与传统文化又在不同方面和不同的程度上对西洋建筑进行着适应性的接受、融合、改造与抗争。近代的沈阳是一个极具地域性特色的城市，相对于中国的其他地区，它又具有两大特殊的背景环境。因此，沈阳的近代建筑在普遍性西洋化的同时，又呈现出某种与众不同的地域性特征。

一是清末及民国时期，面对外国列强的贪婪豪夺，中国政局却呈现为军阀混战、一盘散沙。对外屈辱懦弱，对内则为争得一杯残羹而不遗余力。鹬蚌之争更使得西洋势力长驱直入。沈阳则是奉系势力的大本营，“绿林”出身的张作霖将沈阳牢固地掌控在自己手中，作为进而向各派系争夺全国大权的根据地。因此，外来势力在进入沈阳的过程中，受到本土奉系势力的强势阻击。二者互不服软，又互有妥协，形成一种对抗与制约。于是，外来的近代建筑文化在进入沈阳的过程中，并非能够如同在其他地区那样呈现出居高临下、独往独来的势态，而是更多地体现为不断地受到本土文化抗争、被本土文化改造、与本土文化相互融合的运作与结果。这种背景下生成的建筑形态，既体现着“西洋风”又渗透着“东北风”；既改变着人们头脑中的固有建筑样式，又在新奇的洋式建筑中不断地流露出为人们所熟悉的传统信息。沈阳的洋式建筑谈不上“正统”、“经典”，甚至有些“不伦不类”，但它们并非源于“克隆”和“移植”，而是一种具有再创造性质的设计结晶。沈阳近代建筑中被叫作“洋门脸”和“中华巴洛克”的两种建筑最具代表性。

“洋门脸”—— 建筑的影响总是先外后内。人们接受一种建筑形式也总是最先注意到它表层的、直观的外部形象，所以沈阳洋风建筑传入的早期，除少数直接由西洋建筑师亲手完成者外，相当部分只是注重在外观上的模仿，甚至只是在建筑的正立面上作门脸式的西洋装饰，而在建筑的其他部分，在建筑的内部结构和空间组合方式等方面仍旧采用传统做法。老百姓把这一类建筑称作“洋门脸建筑”（图6-2-1）。即使是外部形象，也常常是在原来砖墙木构的外墙表面，以石材或混凝土做一层洋式表皮。这种表面装饰的西洋化程度又有所不同，有的搬用得“地道”些，有的仅用一些符号，有的用在建筑的某一立面，更有的仅仅是将西洋装饰点缀在院墙、院门上。对设计者和建造者来说，传统的做法更为得心应手；对使用者来说，也更符合本地长期以来的生活习惯。当然，这类建筑也不乏优秀者，它们对于引进外来信息与文化，对于后人了解当时的历史、了解当时的建筑与生活，都有其独特的意义和价值。

“中华巴洛克”——日本对沈阳近代具有西洋建筑形象的折衷主义建筑类型所赋予的专有称谓。这是源于巴洛克思潮对学院派经典、规范做法的反叛，追求热烈、新奇与躁动效果所形成的一类建筑内涵的重塑。沈阳近代的一些建筑，特别是许多出自本土建筑师之手的设计作品，在引进和学习西洋建筑的过程中，没有严格地遵循西洋古典建筑的规定形制，而是将西洋建筑中那些最为热烈、最具洋风特色、最有视觉冲击力的典型片段拼凑在一起，又毫无顾忌地将他们平时最为喜爱的中国传统因素加入其中，所形成的别开生面的“洋风建筑”。有些书上称它们为罗马式，也有的称其为巴洛克，其实，它们与哪种流派、哪类风格也搭不上边，只是一碟拼盘，最多称其为折衷主义思潮之产物（图6-2-2）。这是因为沈阳人所关注的只是是否符合自己的“时尚口味”，是否满足具体的使用需要，是否具有技术保障的可操

图6-2-1 洋门脸（来源：《沈阳历史建筑印迹》）
（a）原迫击炮厂；（b）原孤儿院；（c）原清真东寺；（d）原奉天将军行署

图6-2-2 中华巴洛克
（a）原肇新窑业办公楼；（b）原吉顺隆丝房；（c）张氏帅府大青楼

作性。中西方不同的思维、不同的手段、不同的技术与不同的艺术搅在一起，出现在建筑的空间组合、结构系统、内部装饰，以至建筑的外观形象之中。有人贬之为“不伦不类”，却也有人说这是“洋为中用”、“尽为我用”。当然，在这种建筑中再创造与设计的水平不尽相同，有的使二者在一栋建筑之中结合得体，甚至比完全照搬更为合理，也有的较为生硬，给人以拼凑之感，并不成功。但这只是设计者水平的一种体现。尽管在一座城市中适当地搬来少量经典之洋风建筑也是可以的，但从总体上和本质上说，创造性地引进与设计应属于建筑创作更高的一个层次。

二是中国东北地区的两个强势邻国——俄国和日本历来对东北的黑土地、丰富的资源与物产垂涎欲滴，借助鸦片战争之后各国列强联手侵华的机会，加大了争夺各自在华利益的步伐和力度。由此而爆发的日俄战争最终将东北纳入了日本独家侵占和抢掠的势力范围。日本一方面“理所当然”地进入奉天，另一方面又极力阻挠其他西方国家势力的渗透与进入，形成了日本在沈阳独霸、独统的局面，以至于1931年之后，东北完全地沦为日本的殖民地。因此，日本在沈阳留下了数量众多的建筑和痕迹至深的文化影响。

这时的日本，正值明治维新之后的崛起时期。大批留欧建筑师学成归来，沈阳成为他们展示专业才能与学习成果的大舞台。当时出自外国人之手的西洋建筑绝大比例都是经日本建筑师之手的间接性引进（图6-2-3）。他们将当时欧洲最为流行的建筑思潮带到沈阳，其中也不乏他们自己对西洋建筑的理解和体会，与此同时，他们又将日本的建筑文化与传统做法融于其中。为了适应沈阳的寒冷气候、适应本地的建筑技术和建筑材料，他们又对西洋式建筑进行着地域适应性的调整与完善。因此，近代在沈阳出现的即使是由外国建筑师设计的洋风建筑也与其他地区的西洋建筑有所不同。

基于以上两方面的原因，沈阳的近代建筑发展在总体上体现为西洋化的同时，又在很大程度上注入了本土化的因素。因此“具有鲜明地域性特点的西洋化建筑”成为沈阳近代建筑发展在文化层面上的标志性特征。

二、沈阳近代建筑发展的技术特征

中国传统的木构建筑经过长期的发展，建立起了一套十分成熟、完备的技术体系。愈是成熟亦就愈是固步。正值中国建筑难于再有所突破，西洋风暴刮了进来。近代建筑以全新的形态另辟新路。于是，古老的体系受到前所未有的冲击，发生了质的变化。而这种转变，又是以建筑技术跨越性的进步作为前提和依托。近代建筑技术的

图6-2-3　经日本人之手引进的西式建筑（来源：《沈阳历史建筑印迹》）

发展步幅是巨大的，正是这个时期的技术成就，为现代建筑的发展奠定了直接而坚实的基础。

沈阳建筑近代化的初期，从建筑技术层面上，属于一种用传统技术对西洋建筑形态适应性的应用阶段。西方近代建筑是在石结构的基础上过渡到混凝土结构，由于混凝土与石头具有类似的坚固、敦实、大体量和可雕塑性，由石头向混凝土的转变不但使建筑的基本性格和形态能够得以保留，又为建造带来了巨大的便利与灵活。在西洋建筑样式传到沈阳，而石头和混凝土的材料与建造技术未能及时跟进的情况下，充满智慧的前辈们尝试着用当地现有的材料和技术对完全陌生的建筑形式与空间进行适应性的尝试，并塑造出了许多令人惊叹的优秀作品。其中奉天省谘议局即其中的一个典型代表，它以精湛的青砖砌筑技术和砖雕艺术将本属混凝土或石材特有的技术美演绎得淋漓尽致，其绝世的“替代技术”至今令人惊叹不已（图6-2-4）。

不过，沈阳建筑全面近代化的进程，还应从“新材料、新技术支持下的西洋式建筑的设计与建造”算起。那么，沈阳近代建筑发展的技术性标志，主要包括以下几方面的内容：力学在建筑中的具体应用、钢筋混凝土材料与技术的引进、建筑设施与设备的近代化、建筑功能的专一性与多样性以及工业建筑的出现与发展。

（一）力学在建筑中的具体应用

中国传统建筑在许多方面都体现出对力学的感性理解和应用，但从不进行具体的结构计算，只是从大的方面进行控制，而具体部位的构造采用大材大料，确保建筑的安全与坚固。随着洋风建筑的进入，建筑中所蕴含的建筑力学就一起被带到近代建筑之中。这是建筑发展过程中最为重要的一步跨越。

在沈阳近代建筑中，最早的力学计算应用在屋顶部分。三角形木屋架的出现，标志着近代建筑的实质性开端。用三角形屋架取代抬梁式屋架使得木材用料大大地节省、建筑跨度可以更大、屋架受力更合理，并有效地减轻了屋面的重量。在沈阳近代早期的建筑中就已经有三角形木屋架的应用，一开始是出现在由外国人在本地设计的建筑之中，逐渐地被中国设计师所学习和接受。

图6-2-4　原奉天省谘议局

本地近代建筑的发展顺序是由表及里，力学计算也是由外至内：最初只是将外围护部分的形式塑造成西洋样式，而结构系统仍以中国传统的木构框架作为承重体系；此后，首先在屋顶的结构部分发生了变化，经过力学计算的三角形木屋架成为近代建筑走向科学化的第一步；进而，外墙变成了承重体，由外围护部分变成了外围护结构，这时楼房各层内部的承重系统仍为木构框架；以承重墙和梁柱系统构成的砖混结构、钢筋混凝土框架结构以及多种高层建筑结构标志着建筑技术近代化的真正实现与完成。

（二）钢筋混凝土材料与技术的引进

青砖、木材是长期以来构建沈阳传统建筑最主要的材料。洋风建筑的进入，首先体现在建筑的样式上，材料和技术仍是传统的延续，这一点在前面已经谈到。尽管这种状态打破了传统建筑材料和技术长期以来与建筑形式之间所形成的牢固、稳定与平衡关系，并推动和刺激着它们的适应性革新与提高，但是，毕竟传统材料和技术与一种全新的建筑体系并不能实现全面的对接，它们对近代建筑的空间、结构和理念的实现与表达往往很牵强，甚至力不从心。新型建筑材料和建筑技术的跟进与发展就成为了必然。

红砖技术借日本人之手被带入沈阳。红砖的引进并不完全出自建筑样式的需要，由于红砖具有更好的受力性能，随着砖混结构形式的出现，红砖也自然地出现在建筑之中。由太田毅和吉田宗太郎于1908年设计的特大型火车站——奉天驿，以“辰野式”的建筑形象令人耳目一新。红色砖墙、白色线脚、绿色穹顶形成的色彩构图打破了沈阳城的单一色调，成为城中红砖建筑的典型代表以及大型砖混结构具有综合性服务功能公共建筑类型的开端。而在由中国人设计的建筑中，红砖的使用则首先体现在它的装饰方面，再逐渐地被用作承重材料，显示出它的受力优势。早期建造的奉天东关模范小学堂教学楼和奉天省谘议局大楼（图6-2-5）都是仅用红砖作为青砖的点缀，而此后红砖建筑则越来越多并替代了青砖的主体地位。

图6-2-5　以青砖墙体搭配红砖雕饰的原谘议局大楼

图6-2-6　原七福屋百货店（来源：《沈阳历史建筑印迹》）

建筑材料历来是激发建筑革命性变革的重要因素之一。沈阳近代建筑发展迈出的最大一步，莫过于钢筋混凝土的引进与应用。钢筋混凝土技术进入沈阳并不很早，但发展很快。虽然1906年由日本人设计建成的七福屋百货店（图6-2-6）已是城内一座钢筋混凝土结构的多层公共建筑，但直到1910年前后的公共建筑大多仍采用砖木形式。一方面在于混凝土技术的普及需要时日，另一方面，当时认为“钢筋以欧美者为合格”，舶来品的价格自然昂贵，也成为早期难于普及的重要原因。即

图6-2-7　奉天电灯厂（来源：http://image.haosou.com/v?q）

使是实力雄厚的张作霖于1922年建造的帅府大青楼，也仅是在建筑的前脸露台部位使用了钢筋混凝土结构，其他部分仍采用砖木结构，这相对于同期天津大多小洋楼建筑在结构形式发展的进度上有所滞后。然而，至20年代中后期，混凝土建筑迅速普及，特别是大量出现在公共建筑和工业建筑之中，这与近代社会生活对建筑功能和建筑空间的特殊需求以及政府和日本对该项技术的强力推进密不可分，从而造就了近代建筑的突破和快速发展。

（三）建筑设施与设备的近代化

设施与设备的近代化促成了建筑业的革命性发展。它是基于近代城市市政条件和水平飞速跨越的基础之上，其中，电的应用又是其前提与关键。1908年沈阳电灯厂的建成并正式发、送电（图6-2-7），揭开了沈阳城市与建筑设施和设备近代化的大幕。随之而来的，除了水、暖、电进入建筑之外，也进一步扩展到施工技术和施工效率的大幅提高。

国外的设备与技术被引进的同时，也在按照当地的具体情况和要求被改进着、完善着。由日本人设计的满铁社宅为了适应沈阳寒冷的气候，创造性地将俄国人使用的一种叫作“撇拉沓”的供热方式加以改造——在几个相邻房间共同的屋角处设一个圆柱形的壁炉，一炉可以同时为几个房间供暖，既节能又有效地减少了对房间的污染程度，进而被推广到多类公共建筑之中。此后，集中供热方式又进入到建筑之中。设备技术的发展需求又促进了相应学科（诸如建筑电气、建筑给排水、供热通风）的引进和应用。与此同时，建筑中的科技含量得到大幅提升。自此，建筑设备真正成为建筑业的重要成分：设备设计成为建筑设计不可缺失的组成部分，电梯出现在公共建筑之中，有轨电车代替了马拉铁道，沈阳也成为国内最早广泛应用煤气的城市之一。建筑设备与技术也成为沈阳现代工业和工业建筑产生和发展的前提与必备条件。

（四）建筑功能的专一性与多样性

中国传统建筑虽有殿、堂、轩、亭等称谓之分，但其空间形式大同小异。若用以居住，规模大、装修豪华者可作宫殿或神殿，反之就为民居。四周以墙壁实围者称为“堂”，以门窗虚围者则为“轩”。单侧不设墙可作“廊”，双面无墙者为“门道”，三侧不设墙可用作“戏台”，四面皆无墙乃“亭”也。几乎可以说，中国建筑是以不变之空间应对万变之功用。这也是基于中国古代社会生活内容相对单一，对建筑空间特点的要求不高，而以梁柱作为主要承重构件的木构框架体系，基本可以满足不同的生活方式，而不必在增加建筑类型方面花费心思了。

近代，伴随着西洋式建筑进入中国的也包括丰富多彩且前所未见的生活方式。单一类型的空间形式逐渐不能满足相互差别巨大的行为模式和

(a)

(b)

(c)

图6-2-8 (a)原朝鲜银行;(b)原东拓银行;(c)原正金银行

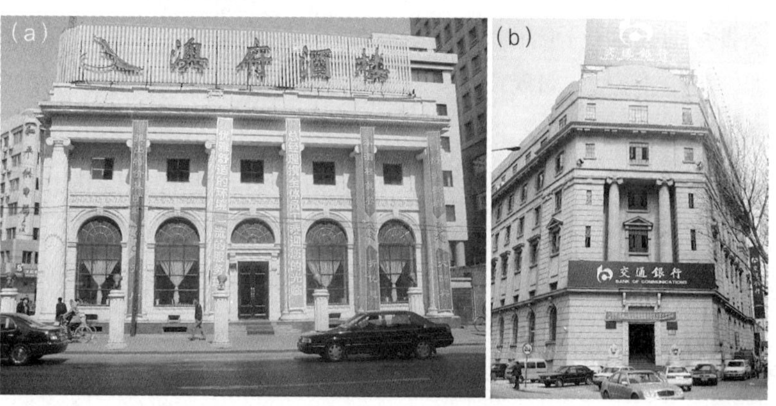

(a)

(b)

图6-2-9 (a)原花旗银行;(b)原汇丰银行

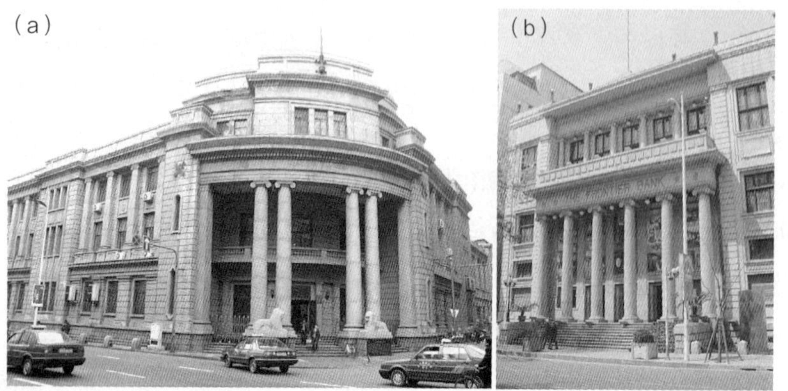
(a)

(b)

图6-2-10 (a)原东三省官银号;(b)原边业银行

人们对个性空间品质要求的不断提高。于是，有声电影院、百货商店、电报电话局、西式医院 、洋学堂、广播放送局、体育场……多种多样的新的建筑类型应运而生。建筑功能专一化、多样化成为沈阳乃至中国近代建筑发展过程中的显著标志之一。不同的建筑功能不仅令建筑空间的形态丰富起来，也为建筑技术的发展注入了极大的推动力。对大跨度、灵活分隔、高层、专业工艺等的需求，使得建筑的科技含量迅速提升。原本以手工劳动作为特征的建筑业开始与科学技术接轨，并进入到同步发展期。

于20世纪20年代兴建的银行建筑成为沈阳近代数量为众的一类新型公共建筑。由日本人设计修建的朝鲜银行奉天支店（1919年）、东洋拓殖银行奉天支店（1922年）、横滨正金银行奉天支店（1925年）（图6-2-8），美国人设计的花旗银行（1921年），英国人设计的汇丰银行（1932年）（图6-2-9），中国人自行设计的东三省官银号（1929年）、边业银行（1930年）（图6-2-10）、志诚银行（1932年）等西式金融建筑改变了中式钱庄、票号的四合院式传统格局。另外，如满铁大连医院奉天分院本馆（1909年）、耶稣圣心堂（1912年）、满铁奉天图书馆（1921年）（图6-2-11）、东北大学理工楼（1925年）、奉天邮务管理局（1927年）、吉顺丝房（1928年）、奉天大和宾馆（1929年）（图6-2-12）、奉天国际运动场（1930年）、同泽俱乐部（1930年）、平安座电影院（1940年）（图6-2-13）……内容丰富的新建筑类型如雨后春笋般出现在近代沈阳城中，显著地改变着沈阳的城市形态，记载着沈阳建筑近代化所取得的成就。

图6-2-11　（a）原满铁大连医院奉天分院；（b）耶稣圣心堂；（c）原满铁图书馆

（五）工业建筑的出现与发展

进入近代之前，沈阳的工业基础十分薄弱。清末，在洋务运动、戊戌变法的刺激下，盛京（沈阳）地方当局开始考虑修建铁路、开设矿山、开设工厂等事务。1895年盛京将军依克唐阿奏请清政府批准，成立了“盛京机器局”（后改名奉天机器局）——沈阳第一次出现了官办的机械厂，成为沈阳现代工业的开端。特别是进入民国时期，张作霖为发展奉系实力，大力发展工业和铁路。军事工业、炼铁业、机械工业、机车制造、飞机修理等成为沈阳近代工业的主体产业。沈阳被迫开埠以后，沈阳的民族工业在与外来资本工业竞争的过程中，得到了更加迅速的发展，很快在中国成为举足轻重的工业之城。1931年沈阳沦陷，成为日本的殖民地，沈阳工业全部落入日本人之手。鉴于沈阳的工业基础，日本人操纵的伪满洲国为其侵华战争需要，将沈阳作为工业中心，加速进行建设。在继续发展原有工业的基础上，又倾全力开发和建设沈阳铁西工业区，一大批规模、设备、

图6-2-12　（a）原大和旅社；（b）原吉顺丝房；（c）原东北大学理工楼

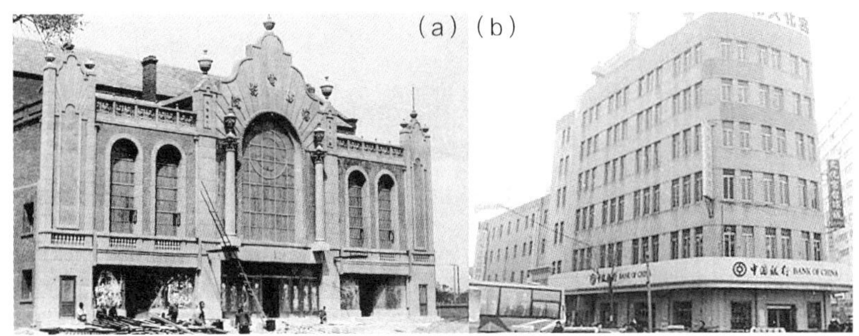

图6-2-13　（a）原同泽俱乐部；（b）原平安座电影院

产品皆为一流的工厂建成投产。重工业城市从此成为沈阳城市性质的基本定位。尽管日本战败投降前对沈阳工业进行了摧毁和破坏，但新中国成立以后国家的大规模投入与建设，使沈阳成为国家重要的工业基地和闻名遐迩的工业之都（图6-2-14）。

图 6-2-14　新中国成立后沈阳铁西工业区景观

图6-2-15　奉天英美烟草公司（来源《沈阳历史建筑印迹》）

工业的需要促动着工业建筑的进步，也为其发展提供了优越的条件和保障。进入近代之前，沈阳发达的传统手工业对建筑并没有过多的要求。然而，现代的大机器生产完全改变了小作坊式的生产方式。不同的生产线、不同的生产工艺对工业建筑提出了与其他建筑类型完全不同的要求。特别是在巨大的内部空间、良好均匀的采光和通风条件、能够运行生产的起吊设备、耐热耐腐蚀的工作环境、必须严格遵守的生产流程、不同设施设备的安装与使用要求等多方面都对建筑提出了特殊的要求。正是新技术和新材料的出现为工业建筑的发展提供了必备的条件。最初，以三角形木屋架有效地加大了建筑的跨度。位于城内北中街的仓库即为采用了三角形木屋架的木结构体系，并装有简易电动提升梯。以钢材代替木材的三角形屋架使得建筑的跨度、受力与耐腐条件都得到了更大的改善。位于沈阳北市场东侧的原英美烟草公司的生产车间即属采用了三角形钢屋架的混合结构建筑（图6-2-15）。钢筋混凝土的普遍使用，令工业建筑的发展迈出了重大的一步。各种单层厂房、多层厂房、承担吊车运行工作的柱梁结构、锯齿形天窗、各种冷却设施、高大的烟囱、形形色色的传送装置……复杂的生产要求随着建筑技术的进步逐一得到了保证（图6-2-16）。沈阳相对先进的工业条件又对近代建筑的工业化以及建筑技术、建筑设备的发展与提高，给予了重要的支持和推动。沈阳近代的工业建筑与沈阳的近代工业同步，走在发展的前列，也成为沈阳建筑近代化的重要标志之一。

图 6-2-16　类型多样的工业设施

近代是建筑发生巨大变化和质的跨越的时代。沈阳建筑近代化的标志性特征既展示着沈阳建筑在近代的发展足迹，又体现了她在中国近代建筑史上的特殊地位。

参考文献

[1] 梁启超．梁启超全集（第2册）．北京出版社，1999.

[2] 梁启超．新史学．收入梁启超选集．上海人民出版社，1984.

[3] 彭坚汶．国父建国三程式之研究．台湾台北：中央文物供应社，1978.

[4] 李百浩．满铁附属地的城市规划历程及其特征分析．同济大学学报（人文 · 社会科学版）．1997.

[5] 胥琳．近代沈阳满铁附属地城市与建筑的现代化进程．建筑与文化．2013.

[6] 李晓宇，刘忠刚，张慧玲，林莉．沈阳太原街地区近代城市建设史研究1898-1948年．城市规划和科学发展——2009中国城市规划年会论文集，2009.

[7] 金士宣，徐文述．中国铁路发展史（1876~1949）．中国铁道出版社，2000.

[8] 包慕萍，沈欣荣．30年代沈阳“满铁”社宅的现代规划．第五次中国近代建筑史研讨会论文集．中国建筑工业出版社，1998.

[9] 罗玲玲，包慕萍，沈欣荣．沈阳“满铁”社宅建设活动探析——殖民地技术扩散的一个案例．自然辩证法研究．2009.

[10] 曹洪涛，刘金声．中国近现代城市的发展（第三版）．北京：中国城市出版社，1998.

[11] 孙雁，刘志强，王秋兵等．百年沈阳城市土地利用空间扩展及其驱动力分析．资源科学，2011.

[12] 苏崇民．满铁史．北京：中华书局，1990.

[13] 佐佐木孝三郎．奉天经济三十年史．奉天商工公会，1940.

[14] 朱松，吕海平．沈阳近代满铁社宅的防寒措施．沈阳建筑工程学院学报．1997

[15] 王湘，包慕萍．沈阳满铁社宅单体建筑的空间构成．沈阳建筑工程学院学报．1997.

[16] 戴建兵，吴景平．白银与近代中国经济（1890-1935）．复旦大学博士学位论文，2003.

[17] 孙鸿金，曲晓范．近代沈阳城市发展与社会变迁1898-1945．东北师范大学博士学位论文，2012.

[18] 曹令军，罗能生．近代以来中国对外经济开放史研究．湖南大学博士学位论文，2012.

[19] 费弛，刘厚生．清代东北商埠与社会变迁研究．东北师范大学博士学位论文，2007.

[20] 王骏．行政主体视野下的沈阳近代城市规划发展研究．武汉理工大学博士论文，2013.

[21] 殷健．沈阳城市形态演进研究．沈阳：东北大学硕士论文，2008.

[22] 郜艳丽．东北地区城市空间形态研究．吉林：东北师范大学博士论文，2004.

[23] 孙鸿金．近代沈阳城市发展与社会变迁（1898—1945）．吉林：东北师范大学博士论文，2012.

[24] 郭伟杰．谱写一首和谐的乐章——外国传教士和“中国风格”的建筑1911—1949年．香港中文大学，2003，(1).

[25] 董黎．岭南近代教会建筑．中国建筑工业出版社，2005.

[26] 丁晓春，魏向前．张学良与东北大学．东北大学出版社，2003.

[27] 费蔚梅著．曲莹璞，关超译．梁思成与林徽因——对探索中国建筑史的伴侣，中国文联出版公司，1997.

[28] 童寯．东北大学建筑系小史//童寯文集第一卷．中国建筑工业出版社，2000

[29] 刘宝仲．话我国早期建筑教育//杨永生．建筑百家言．北京：中国建筑工业出版社，1998.

[30] 王浩娱．“必然性”的启示——中国近代建筑师执业的客观环境及其影响下的主观领域，中国近代建筑学术思想研究．中国建筑工业出版社，2003.

[31] 陈伯超等．先哲人去业永垂　洒下辉煌映沈城——记杨廷宝早年在沈阳的建筑作品//中国近代建筑研究与保护（三）．清华大学出版社，2004.

[32] 林洙．建筑师梁思成．天津科学技术出版社，1996.

[33] 王伟鹏，张楠. 1928—1931年间的东北大学建筑系的教学体系和学生情况//中国近代建筑研究与保护（四）. 2004.

[34] 东北大学校史志编研室. 东北大学历史文献资料汇编2. 2000.

[35] 童寯. 美国本雪文尼亚大学建筑系简述//童寯文集第一卷. 中国建筑工业出版社，2000.

[36] 赖德霖. 中国近代建筑师的培养途径——中国近代建筑教育的发展//中国近代建筑史研究. 清华大学工学博士学位论文，1992.

[37] 刘怡. 中国当代杰出的建筑师建筑教育家：杨廷宝. 中国建筑工业出版社，2006.

[38] 刘思铎. 沈阳近代建筑师与建筑设计机构. 沈阳建筑大学硕士学位论文，2007.

[39] 张士尊，信丹娜译. 奉天三十年（1883—1913）. 湖北人民出版社，2007.

[40] Tobias Faber. A DANISH ARCHITECT IN CHINA. Christian Mission to Buddhists，1994.

[41] 陈伯超，张复合主编. 中国近代建筑总览沈阳篇. 中国建筑工业出版社，1994.

[42] 陈伯超. 沈阳都市中的历史建筑实录. 东南大学出版社，2010.

[43] 包慕萍. 沈阳近代建筑的演变和特征 1858-1948. 同济大学图书馆，1994.

[44] 丹 · 克鲁克香克主编. 郑时龄译. 弗莱彻建筑史. 知识产权出版社，2011.

[45] 中国科学院自然科学史研究所. 中国古代建筑技术史. 科学出版社，1984.

[46] 石四军. 古建筑营造技术细部图解. 辽宁科学技术出版社，2010.

[47] 沙永杰. “西化”的历程——中日建筑近代化过程比较研究. 上海科学技术出版社，2001.

[48] 李海清. 中国建筑现代转型. 东南大学出版社，2004.

[49] 邓庆坦. 中国近、现代建筑历史整合研究论纲. 中国建筑工业出版社，2008.

[50] 刘先觉，杨维菊. 建筑技术在南京近代建筑发展中的作用. 建筑学报，1996.

[51] 吴尧. 澳门近代晚期建筑转型研究. 东南大学，2004.

[52] 彭长歆. 广州近代建筑结构技术的发展概况. 建筑科学，2008.

[53] 王昕. 江苏近代建筑文化研究. 东南大学，2006.

[54] 王秀静. 山西近代建筑技术的探讨. 建材技术与应用，2009.

[55] 包杰，姜涌，李华东. 中国近代以来建筑教育中技术课程的比重研究. 建筑学报，2009.

[56] 陈志宏. 闽南侨乡近代地域性建筑研究. 天津大学，2004.

[57] 陈伯超. 张氏帅府——沈阳近代建筑发展的缩影. 城市建筑，2010.

[58] 薛林平，石玉. 中国近代火车站之沈阳老北站研究. 华中建筑，2011.

[59] 汝军红. 历史建筑保护导则与保护技术研究. 天津大学，2007.

[60] 沈阳市人民政府地方志编纂办公室. 沈阳地方志资料丛刊. 1985.

[61] 张志强. 沈阳城市史. 东北财经大学出版社，1993.

[62] 陈秋杰. 西伯利亚大铁路修建及其影响研究. 东北师范大学，2011.

[63] 石其金. 沈阳市建筑业志. 中国建筑工业出版社，1992:25.

[64] 徐苏斌. 比较 · 交往 · 启示——中日近现代建筑史之研究. 天津大学，1991.

[65] 西澤泰彦. 日本植民地建築論. 名古屋大学出版会，2008.

[66] 佐伯満一著. 佐伯實編. 満州 · 奉天四十年:佐伯直平兄弟の歩みと事業 [M].
東京：講談社出版サービスセンター，2007.

[67] クリスティー，矢内原忠雄訳. 奉天三十年. 東京岩波書店，1982.

[68] Tobias Faber. A DANISH ARCHITECT IN CHINA.

HongKong，1994.

[69] 南京工学院建筑研究所编. 杨廷宝建筑设计作品集. 中国建筑工业出版社，1983.

[70] 韩冬青，张彤主编. 杨廷宝建筑设计作品选. 中国建筑工业出版社，2001.

[71] 沙永杰. “西化”的历程——中日建筑近代化过程比较研究. 上海科学技术出版社，2001.

[72] 马秋芬. 老沈阳. 江苏美术出版社，2001.

[73] 许芳. 沈阳旧影. 人民美术出版社，2000.

[74] 林声. 沈阳城图志. 辽宁美术出版社，1998.

[75] 铁玉钦. 古城沈阳留真集. 沈阳出版社，1993.

[76] 赵玉民. 沈阳史迹图说. 沈阳出版社，2001.

[77] 伍江. 上海百年建筑史. 同济大学出版社，1999.

[78] 娄承浩，薛顺生. 老上海营造业及建筑师. 同济大学出版社，2004.

[79] 刘怡，黎志涛，杨廷宝. 中国建筑工业出版社，2006.

[80] 陈伯超. 沈阳中街与中街建筑//第四次中国近代建筑史研究讨论会论文集. 中国建筑工业出版社，1993.

[81] 西泽泰彦. 伪满洲国的建筑机构//第四次中国近代建筑史研究讨论会论文集. 中国建筑工业出版社，1993.

后记

中国近代的历史其实很短，仅仅100年左右。然而，就是在这短暂的历史时期内，沈阳城市和建筑却发生了巨大的变化：城市规模拓展了好几倍，城市性质由具有独立自主地位到多极强权鼎立，又沦为日本的殖民地，建筑功能类型由单一发展为多元，建筑技术更是发生了革命性的跨越……正是这些变化令城市与建筑进入了一个全然不同的发展阶段，令近代建筑史形成了一个独立的体系，也令沈阳近代建筑不同于其他城市和地区。

由于时代和思想认识方面的局限性，对中国近代建筑的研究起步较晚，直到20世纪80年代全国性的系统研究才全面展开，在众多学者的共同努力下，中国近代建筑史学科逐步成熟和完善。沈阳近代建筑研究也是从那个时候起步，并被纳入到全国性的研究体系之中。《沈阳近代建筑史》一书的面世，是由一个勤奋的、肯于钻研的、具有强烈事业心的团队经历几十年努力的成果。从基础性研究入手，到系统研究、专题研究，直到编史研究，每一步都付出了辛勤与汗水。看到研究的不断深入和成果的逐渐积累，并能够将这个不甚完美的成果奉献给同行与社会，作为这个团队的成员深感欣慰。回想起为此呕心沥血、日夜难眠的过程，也对那些前期为此打下基础及幕后付出大量精力的同事和研究生们充满了感激和敬意，尽管由于名额所限在本书作者名单中没有提及，但是他们为沈阳近代建筑研究和本书的撰著所作出的贡献不可磨灭。他们是朴玉顺、严文复、毛兵、吕海平、汝军红、付雅楠、高倩儒、鲍吉言、刘万迪、张晓阳、李安娜、刘贝等。此外，我们也会永远记住在这项研究中给予我们重要指导的建筑先驱、中国近代建筑研究的旗手汪坦教授和以清华大学张复合教授为首的中国建筑学会建筑史学分会近代史委员会的全体同仁，以及国内外为中国近代建筑研究作出重大贡献的同行们，对他们给予我们的学术支持和热情帮助深表感谢。

此书的出版本应标志着一段工作的告捷，然而在书稿的撰写过程中越来越多的问题呈现出来，有些要求我们扩大视野，有些需要我们深入考证，有些提醒我们重新认识，大量的待研课题摆在我们的案头——研究无止境，新一轮的工作即将启动。

陈伯超

2015年8月